大規模な土砂災害を伴った地震の分布

1 日本とその周辺の活断層と地震による土砂災害の分布 （建設省砂防部（1995）に一部追加）
基図は活断層研究会編（1991）「日本の活断層」のデータを使用

宝永地震（1707）と大規模土砂災害

2 大谷崩れの余色立体写真
林野庁 山 97-44, C 2-32〜34

赤色青色のメガネでごらんください

3 大谷崩れ下流の余色立体写真
林野庁 山 97-44, C 3-34〜36

4 七面山崩壊の余色立体写真　林野庁 山94-13，C13-4〜6

5 加奈木崩れの余色立体写真　国土地理院 SI-68-5Y，C12-6〜8

高田地震(1751)と上越海岸の土砂災害

「越後国頸城郡高田領往環破損所絵図」　（上越市文化生涯学習課市史編さん室所蔵）

6　高田地震(1751)による大規模土砂災害の位置図と海から撮った写真　（井上・今村 1999）

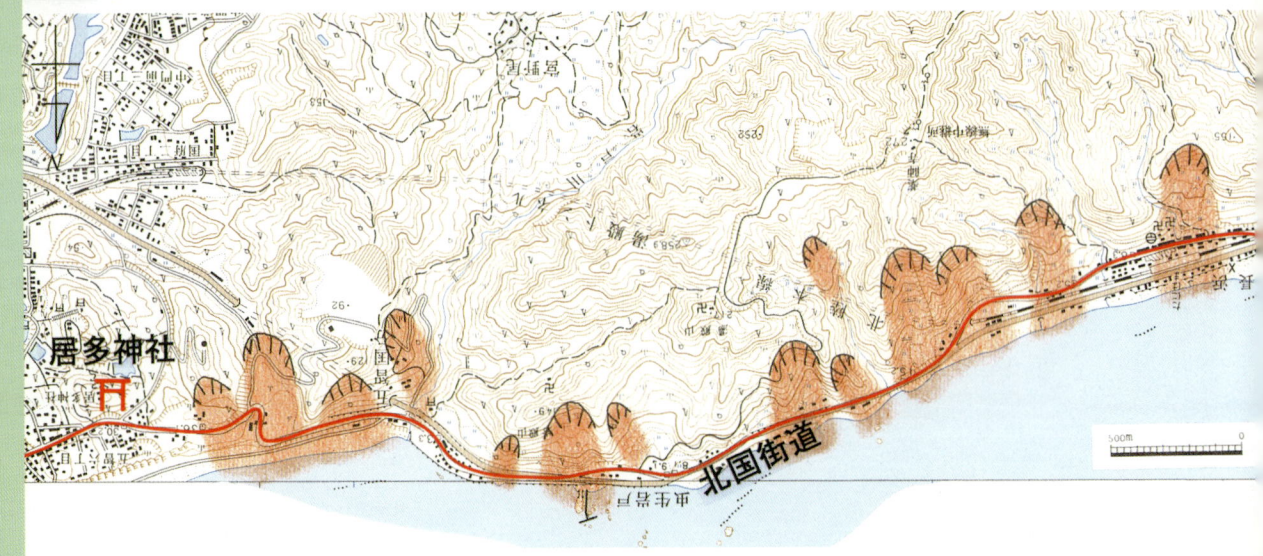

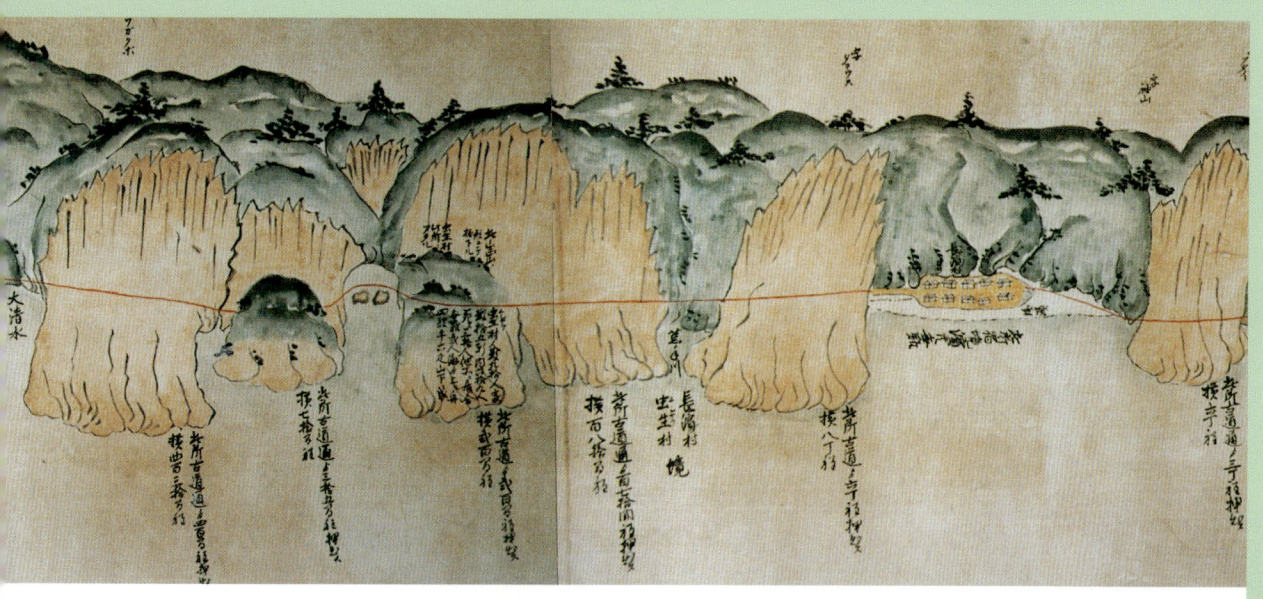

長浜

7 名立町の埋没者供養塔

8 名立崩れの海中崩落土砂から引き上げられた梵鐘

島原四月朔地震(1792)と眉山大崩壊(島原大変)

9 雲仙普賢岳・眉山周辺の余色立体写真　（井上, 1999）

10 雲仙普賢岳・眉山周辺の地形分類図　（井上, 1999）

凡例

- 平成溶岩
- 平成噴火の火砕流および土石流堆積物
- 溶岩流（古焼溶岩・新焼溶岩）
- 断層崖・リニアメント
- 急斜面
- 平滑斜面
- 陥没地・凹地
- 崩壊地
- 土石流堆積面
- 扇状地面
- 「島原大変」前の海岸線
- 「島原大変」による流れ山（岩屑流堆積物（一部海底））
- 流れ山の可能性のある地形
- 「島原大変」以前の流れ山（岩屑流堆積物（一部海底））
- 流れ山の可能性のある地形
- 砂礫地

11 寛政4年（1792）大震図
（島原市本光寺蔵、縦234×横136cm）

1 普賢山　2 地震鳴動並土中ニ而大筒を放候様成音城中近辺事茂御座候又者西北等之遠在強ク城近辺南方軽事も御座候　3 穴追谷　4 杉谷村之内千本木　5 小役人屋敷　6 足軽屋敷　7 小役人屋敷　8 城中　9 黄色町屋・赤星番屋

1. 以前高サ八町当時高サ凡五町程　2. 此辺次第二崩落今少し崩候ハ八山八九合ヨリ上前後ニ割通可申様子ニ相見申候　3. 此辺折々煙吹出申候　4. 此辺岩石谷間ニ崩落諸木まばらに残居申候　5. 此堅割六筋程御座候右割ヨリ石砂崩落候様にも相見又者吹出し候様ニも御座候勿論日々晴雨之　6. 此所四月朔日山割水押出し申候場所　7. 此谷地震度々にほられ深く相成候様子ニ御座候　8. 普賢山穴追谷焼迄城内構塀下ヨリ三拾町余　9. 此横幅凡八九拾間程　10. 焼口高サ凡三拾五間余　11. 杉谷村之内千本木　12. 此差渡凡廿四町程　13. 此辺次第二崩申候得共右穴最初之通二御座候　14. 此谷間折々鳴動仕候様子ニ相聞へ申候未危御座候付見分之者届兼申候　15. 此所島原村之内エノ原名百姓屋敷井戸出水強井側ヨリ吹出申候　16. 此辺長サ弐間幅九尺程地落入深サ凡五尺余茂御座候右近辺畑三反歩余水気相含申候　17. 此筋三月朔日地震之後見出申候右割レ深サ何程御座候哉難相分御座候得共七八尺程茂可有御　18. 足軽屋敷　19. 小役人屋敷　20. 此筋三月朔日地震之節地割通申候　21. 小役人屋敷　22. 杉谷村之内千本木　23. 一大手門ヨリ中木場村迄壱里　24. 此筋地割レ　25. 城中　26. 中木場村　27. 中木場村畑　28. 此辺中木場村人家御座候跡　29. 此類之山松木植り儘押出申候　30. 長サ南北凡八町余東西江幅百間程之所水湛末相分り不申候　31. 此筋当時海手江切流シ申候　32. 此辺島原村内今村名　33. 此辺硫黄之匂仕候　34. 此類之山之内土中ヨリ押出候様ニも相見申候　35. 海辺之儀者此後荒波等之節ハ相違ニ可相成儀難計御座候　36. 此辺女（ママ）徳村

12 島原大変大絵図
（島原市立図書館「松平文庫」蔵、縦152×横221cm）

島原四月朔地震（1792）と眉山大崩壊（島原大変）

13 島原城天主閣から見た現在の七面山と眉山

14 眉山大崩壊前後の鳥瞰図と平面図　（井上，1999）

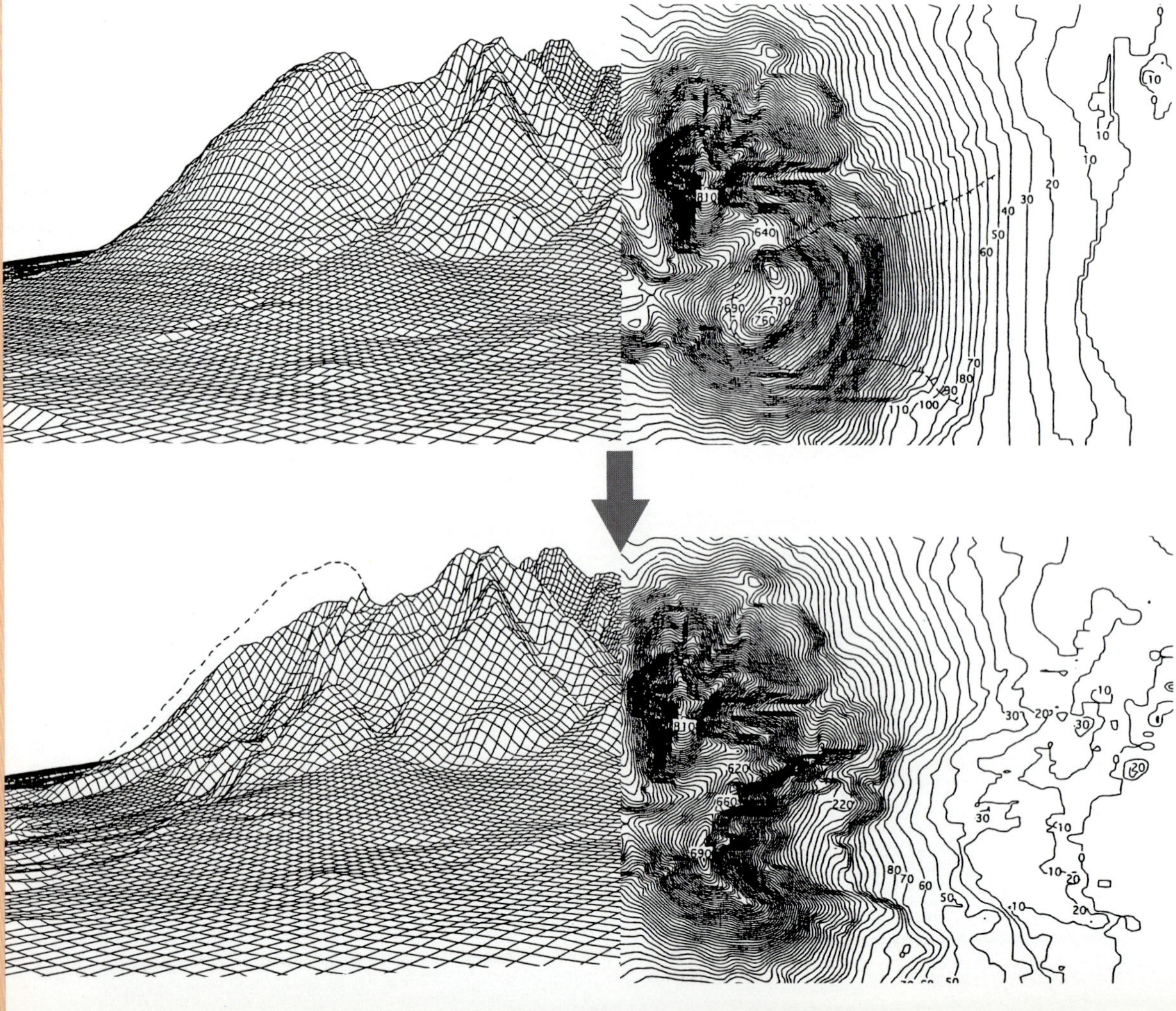

善光寺地震(1847)と松代藩領の土砂災害

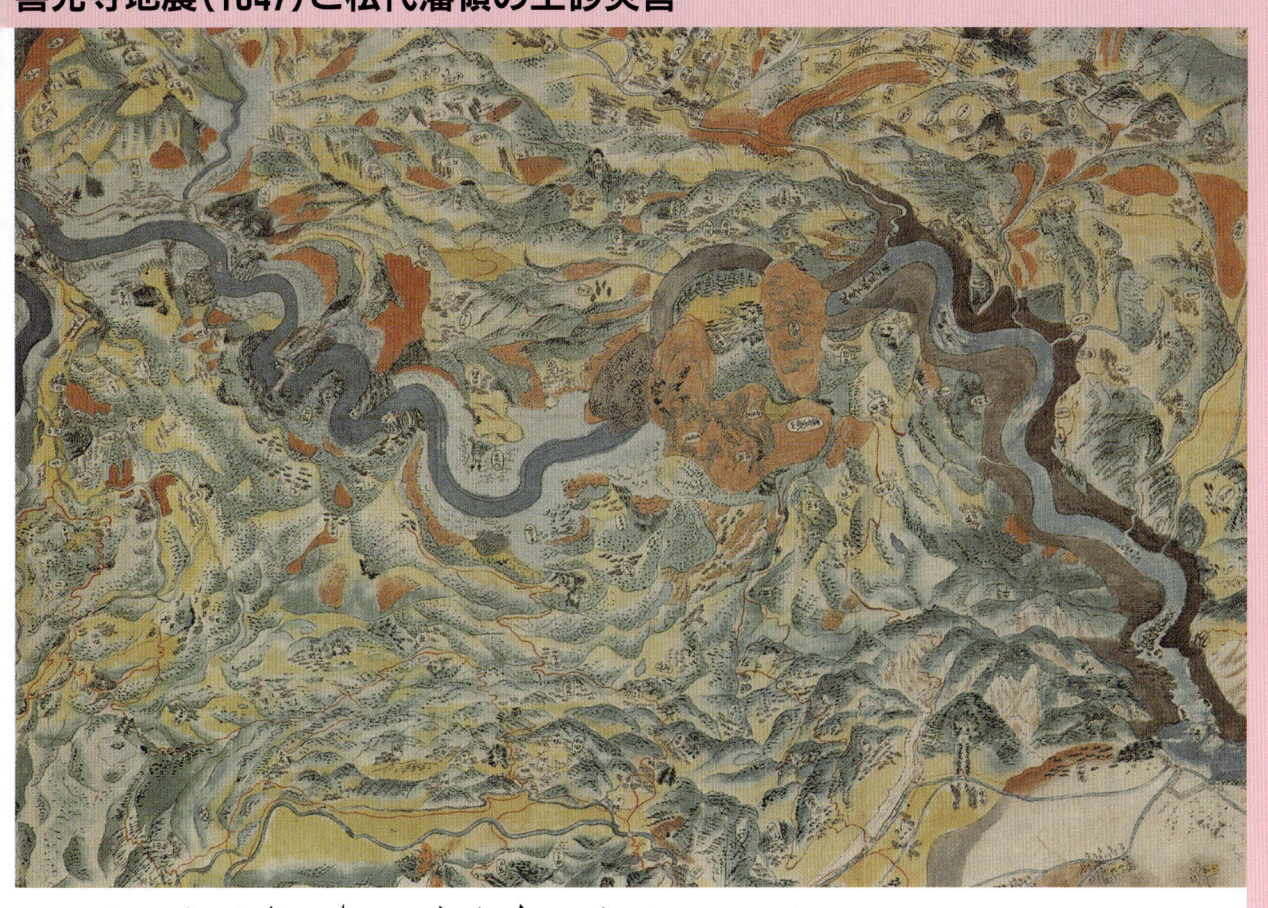

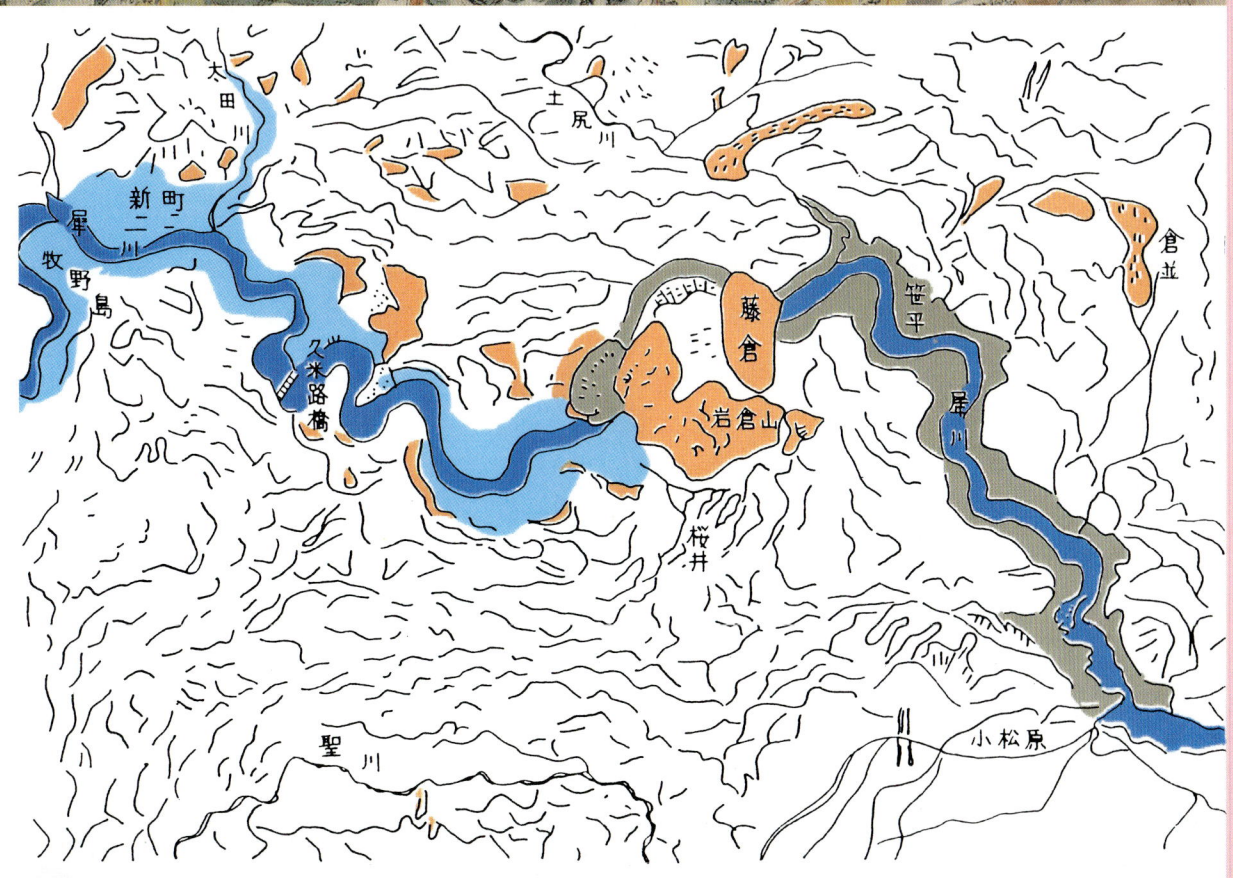

15 信州地震大絵図の一部 (1848, 松代藩, 真田宝物館所蔵, 縦152×横221cm)
下図岩倉山周辺の状況 (善光寺地震災害研究グループ, 1994)

善光寺地震(1847)と松代藩領の土砂災害

16 青木雪卿が描いた善光寺地震の災害状況
(善光寺地震災害研究グループ, 1994)
山田中下組天王社地望同上組震災山崩之図(図4-2.2の29地点)

現況写真

17 善光寺地震「地震後世俗語之種」15 (小林, 1985)
三月二四日大地震火災危難, 数万の人々群死苦痛の略図

18 善光寺地震 「地震後世俗語之種」 17
（小林、1985）
「山中虚空象山また岩倉山抜け崩れ、犀川の大河を止め、湛水に民家浮沈の大略」

19 善光寺地震 「地震後世俗語の種」 31
（小林、1985）
「犀川の湛水一時に押し破り、土砂磐石樹木民家と共に押出し、水煙の有様、川中島岡田川に見る」

20 善光寺地震 「地震後世俗語の種」 32
（小林、1985）
「犀川洪水一時に押し出し、三災の苦難に迫り、ここに命を失う図」

濃尾地震（1891）と根尾谷の土砂災害

21 根尾谷地変図　（岐阜地方気象台蔵）

22 根尾谷（水鳥付近）の崩壊斜面と現況写真

（岐阜地方気象台蔵）

（岐阜地方気象台蔵）

23 根尾谷（水鳥付近）の天然ダムと現況写真

24 水鳥の地下観察館北西法面の濃尾地震断層写真 （根尾村教育委員会，1994）

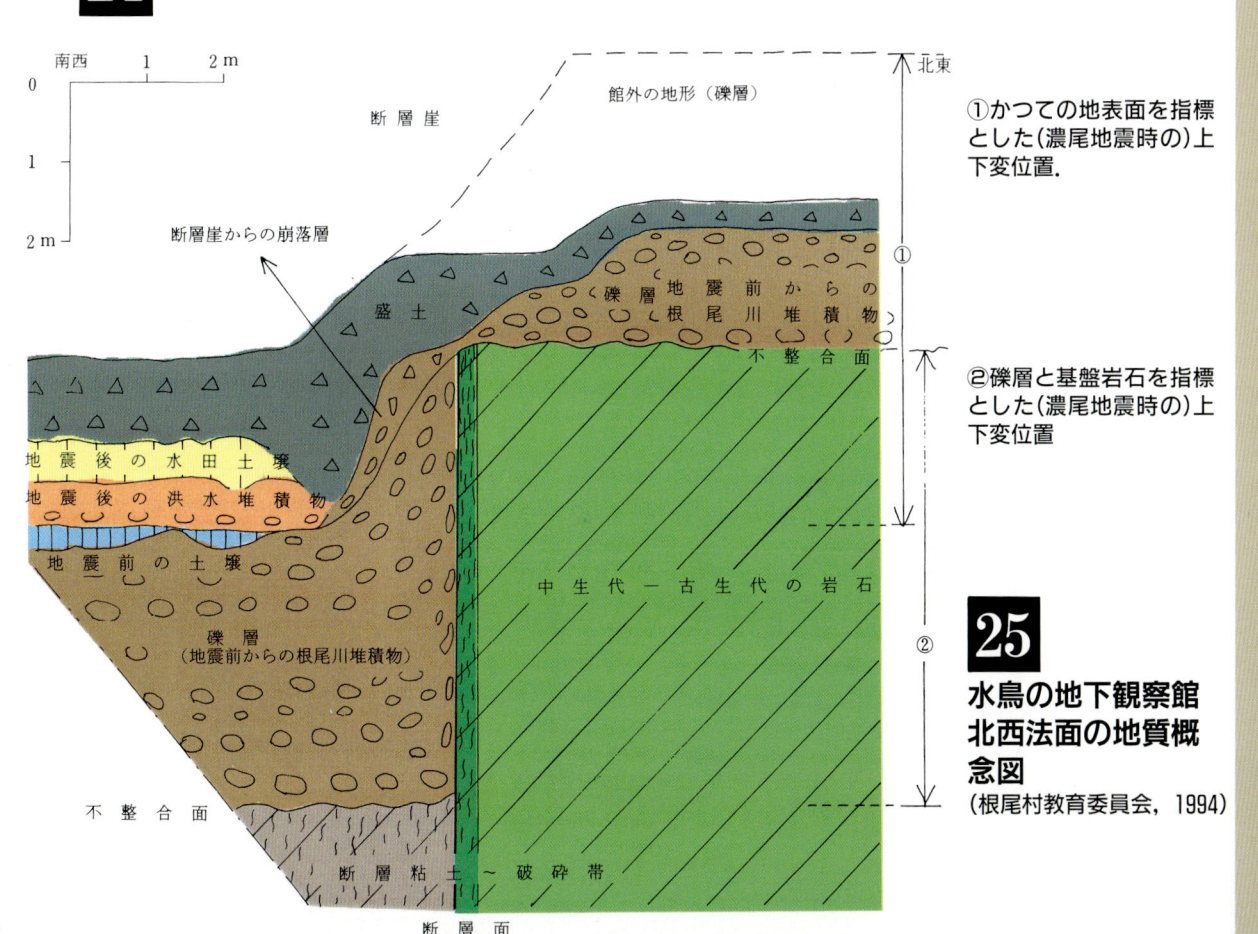

25 水鳥の地下観察館北西法面の地質概念図 （根尾村教育委員会，1994）

①かつての地表面を指標とした（濃尾地震時の）上下変位置．

②礫層と基盤岩石を指標とした（濃尾地震時の）上下変位置

南西　北東
断層崖
館外の地形（礫層）
断層崖からの崩落層
盛土
礫層（地震前からの根尾川堆積物）
不整合面
地震後の水田土壌
地震後の洪水堆積物
地震前の土壌
礫層（地震前からの根尾川堆積物）
中生代―古生代の岩石
不整合面
断層粘土～破砕帯
断層面

関東地震（1923）と丹沢山地の土砂災害

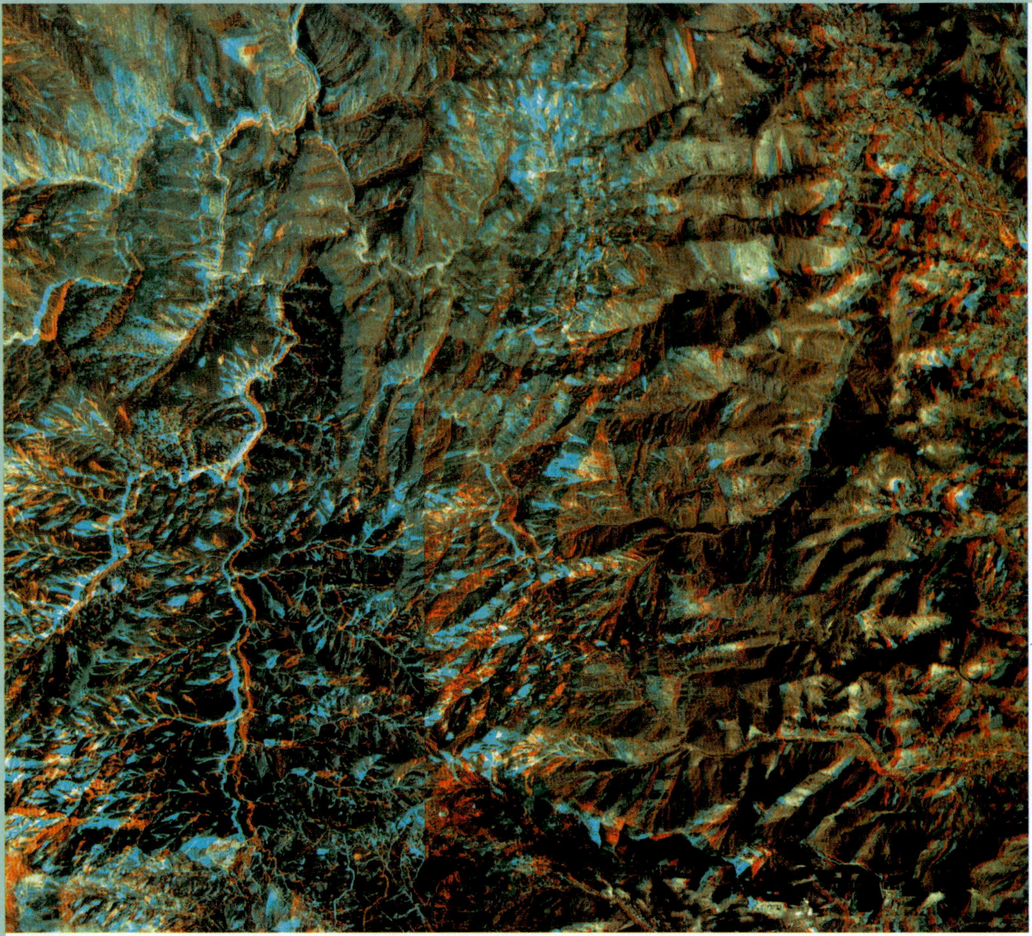

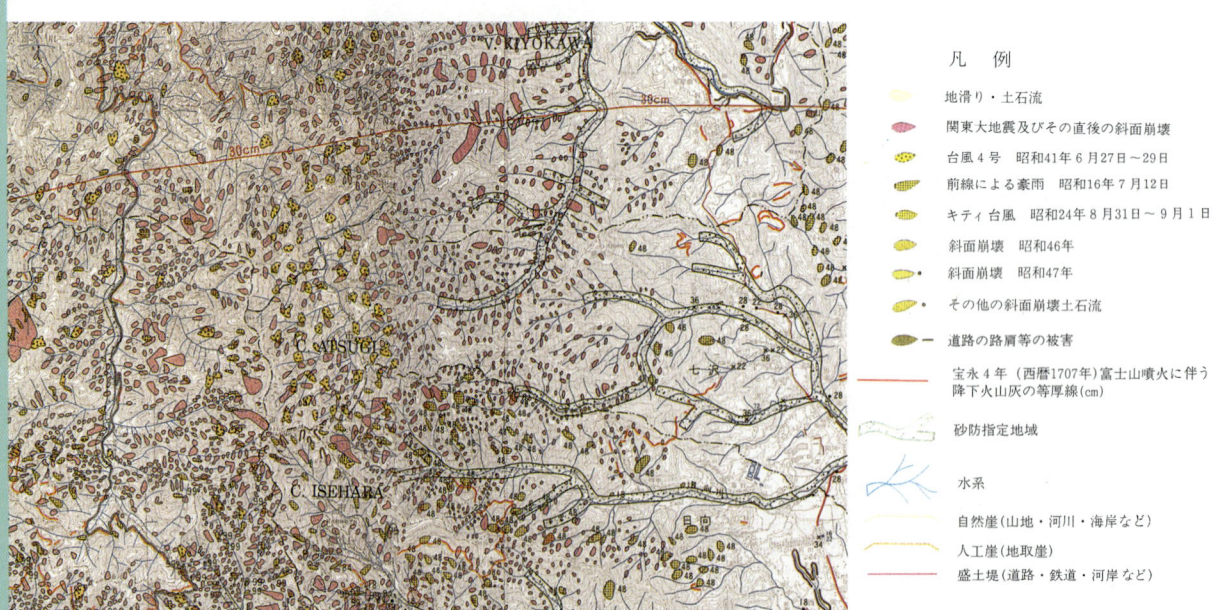

26 **丹沢山地大山周辺の余色立体写真** （建設省河川局砂防部，1995）
（米軍写真 1947 年 4 月 13 日撮影，M 223，41-43 縮尺 1/43740）

KIYOKAWA
30cm
C. ATSUGI
C. ISEHARA
日向
凡　例
地滑り・土石流
関東大地震及びその直後の斜面崩壊
台風４号　昭和41年６月27日～29日
前線による豪雨　昭和16年７月12日
キティ台風　昭和24年８月31日～９月１日
斜面崩壊　昭和46年
斜面崩壊　昭和47年
その他の斜面崩壊土石流
道路の路肩等の被害
宝永４年（西暦1707年）富士山噴火に伴う降下火山灰の等厚線(cm)
砂防指定地域
水系
自然崖(山地・河川・海岸など)
人工崖(地取崖)
盛土堤(道路・鉄道・河岸など)

27 **上と同じ範囲の災害実績図** （国土庁，神奈川県企画部企画総務室，1988，91）

兵庫県南部地震(1995)と六甲山系の土砂災害

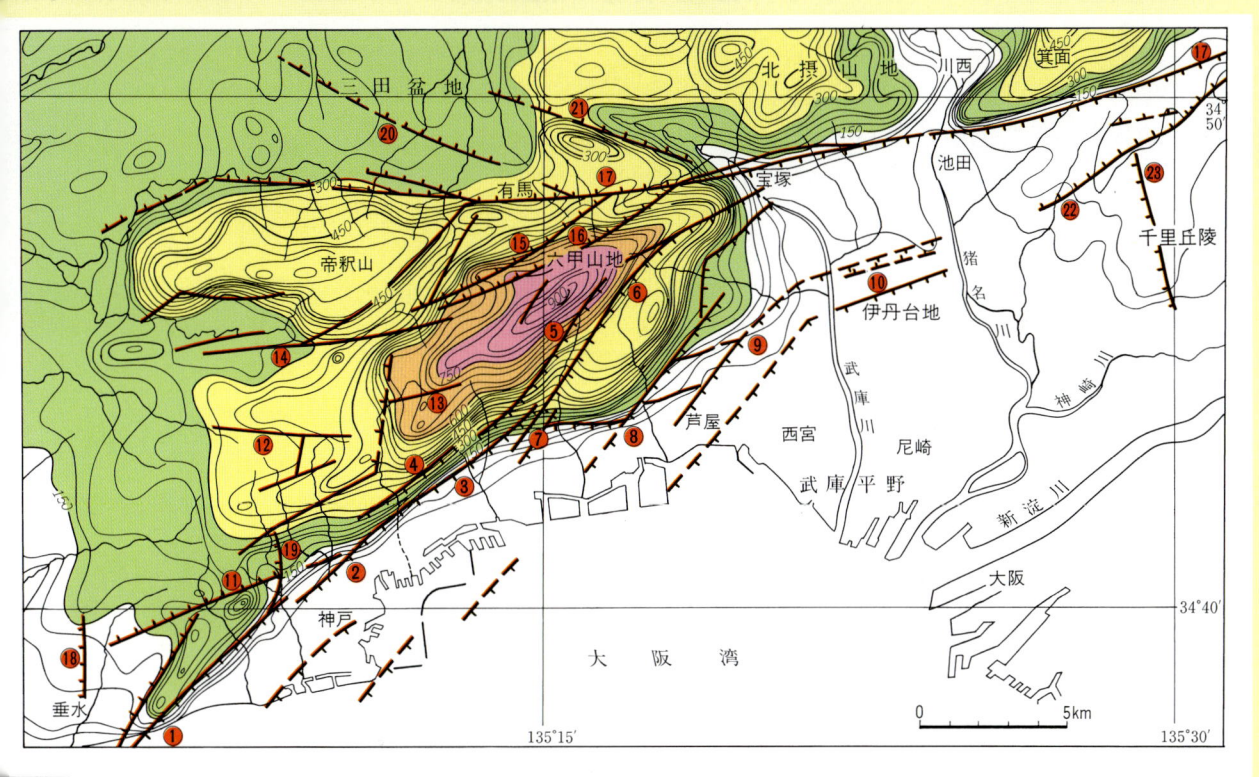

28 **六甲山地周辺の接峰面と活断層** （岡田, 1995）基図は3m間隔の接峰面等高線図．太線は活断層，点線は推定(活)断層，ケバ側が低下を示す．図中の数字は次の断層に対応する．1.須磨 2.会下山 3.諏訪山 4.布引 5.大月 6.五助橋 7.渦ヶ森 8.芦屋 9.甲陽 10.伊丹 11.高取山 12.万福寺 13.北摩耶 14.山田 15.射場山 16.湯槽山 17.六甲 18.高塚山 19.丸山 20.鈴蘭台 21.名塩 22.小野原 23.仏念寺

29 **兵庫県南部地震による六甲山系の主な山腹崩壊箇所および宅地変状箇所** （沖村他, 1996b, 1998）

凡例
- 山腹崩壊発生箇所
- 宅地変状発生箇所
- 震度VIIの範囲（気象庁調べ）

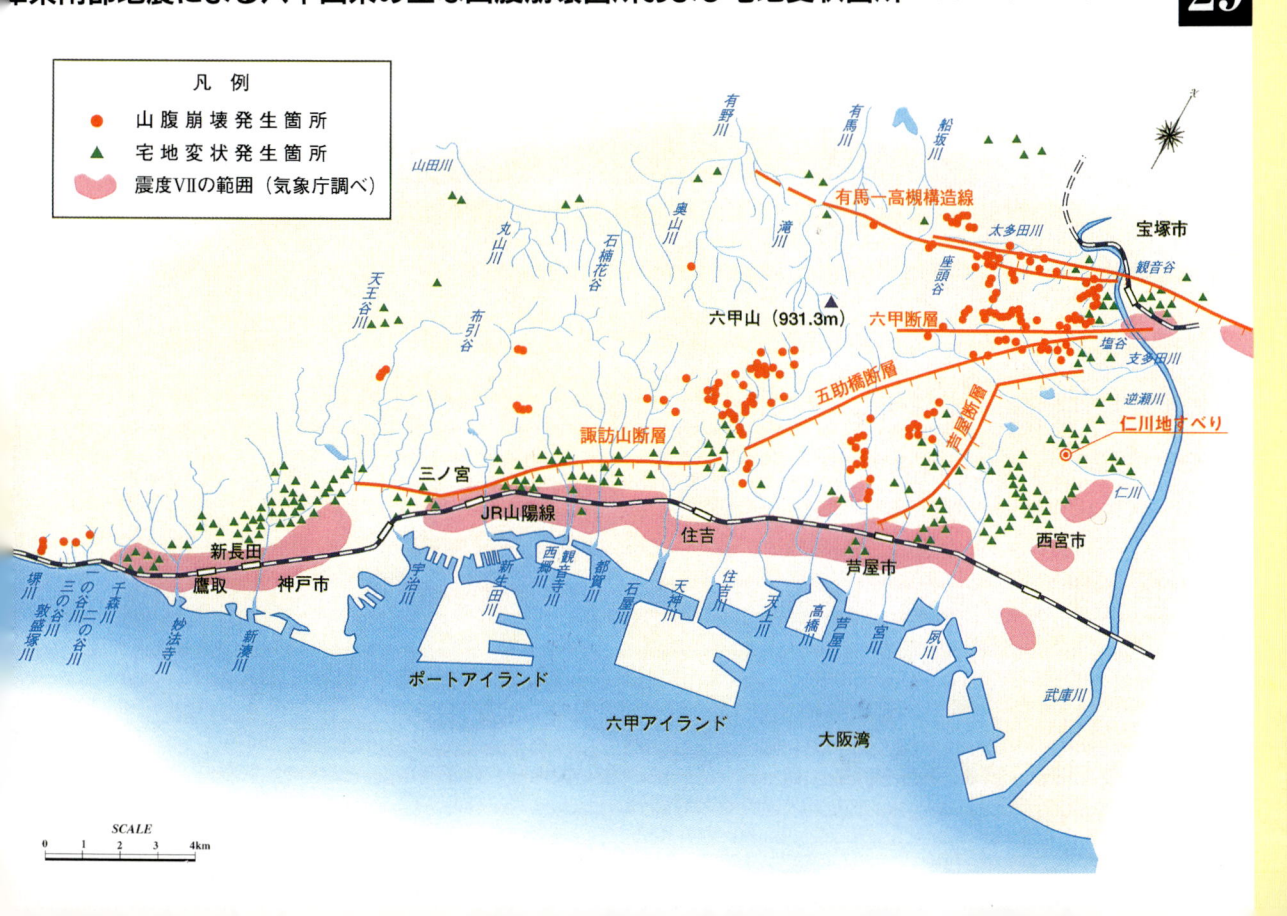

兵庫県南部地震(1995)と六甲山系の土砂災害

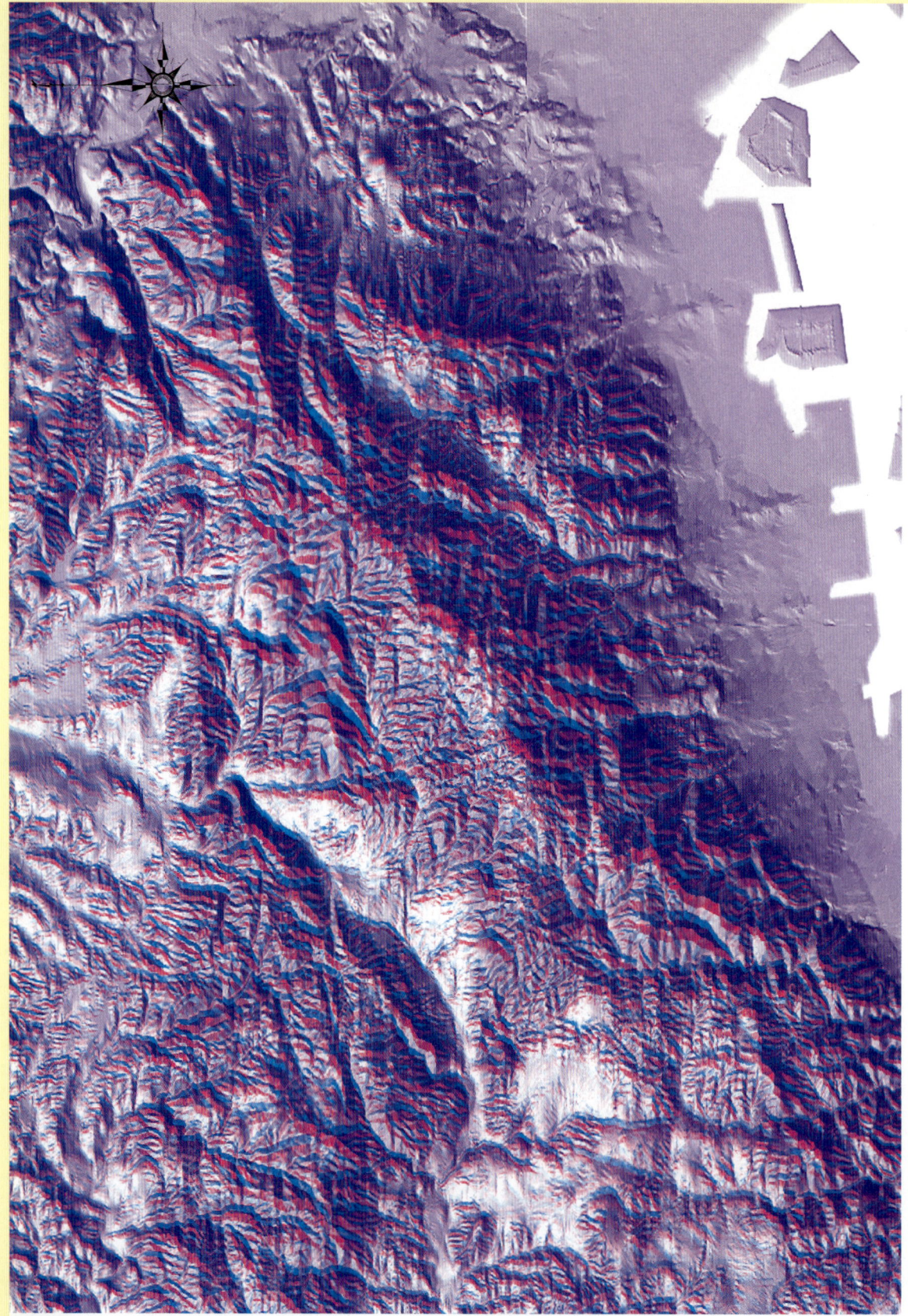

30 六甲山地の朱色立体写真 （データは国土地理院二万五千分の一地形図（10Eメッシュ）より北海道地図(株)作成

社団法人 砂防学会 地震砂防研究会
中村浩之・土屋 智・井上公夫・石川芳治 編

古今書院

まえがき

　平成7年（1995）1月17日，淡路島の北を震源とするマグニチュード7.2，震度7を記録した兵庫県南部地震が発生した．これによる被害は，死者6394人（平成9年調べ），総額約10兆円にも達するもので，関東大震災（1923年）以来の大きな被害となった．地震被害は都市部のみならず，六甲山系でも山腹崩壊，亀裂，落石等が約600箇所で発生し，その後の豪雨による土砂流出が懸念されたことは記憶にあたらしい．また，昭和59年（1984）9月に発生した長野県西部地震（M 6.8）では，御岳山南麓に約3600万m^3の大規模崩壊が発生し，これによる土石流は伝上川と濁川を約10 km流下し，王滝川に多量の土砂を堆積させ，王滝川を堰き止めた．このように極めて大きなエネルギーをもった地震活動により生ずる土砂災害は世界各地で発生しており，これによる土砂災害も個々の特徴を有し，それぞれに特異なものも少なくない．

　地震にともなって発生する土砂災害を軽減するためには，発生の場所と規模の予測を的確に行うことが求められる．しかも地震発生にともなう強震動は豪雨に比べ広範囲に影響するので，保全対象流域に震源が存在しなくとも，その強さと流域の特徴を考慮し，土砂災害が発生するケースを想定しておく必要があろう．ただし現状においては，流域単位での地震発生と地震動の強さに関する具体的な予測手段は持ち得ていない．したがって，あくまで地震が発生した場合といった制限はあるが，過去の事例を積み重ね崩壊面積率などにより起こり得る土砂生産量を予想しておくことが，災害の減少にむけ是非とも必要な基礎的な情報であると考えられる．

　このような状況を受けて平成7年度から社団法人砂防学会で

は地震砂防研究会を設置し，社団法人全国治水砂防協会と財団法人砂防・地すべり技術センターなどの研究助成及び建設省の御支援を受け，3年間にわたり地震により引き起こされる土砂災害に関する研究を実施した．本書はこの研究会メンバーが中心となり研究会の活動を通じて得られた成果に，国内の主だった地震災害事例や海外における地震による土砂移動現象を加え，地震による生産土砂量の予測にむけた基礎資料の整備と調査法についてとりまとめたものである．

本書執筆中の1999年9月21日午前1時47分，台湾では不幸にしてマグニチュード7.3（台湾中央気象局，米国地質調査所はM 7.7）の大地震が発生し，大規模な崩壊や地すべりの発生と崩壊土砂による河道閉塞がいくつか報告されている．この地震は，地震とともに発生するであろう大規模な土砂災害の事実を過去に遡って克明に呼び起こす．

本書が，地震により引き起こされる土砂災害の軽減にむけて基礎的な情報提供の一助になれば幸いと考える．

1999年11月

編者代表　中　村　浩　之

目　次

まえがき

第1章　地震の発生と地震動 ―――――――1
1.1　はじめに……………………………………1
1.2　地震の発生メカニズムと活断層……………1
　　1.2.1　地震を発生させる力　1
　　1.2.2　地震の発生メカニズム　2
　　1.2.3　断層運動の種類　3
　　1.2.4　地震波の放出　3
　　1.2.5　地震の大きさと地震動の強さ　4
　　1.2.6　地震の時間的分布　6
　　1.2.7　活断層と地震の長期予測　6
　　1.2.8　日本における強震動の観測　8
1.3　地震動の性質………………………………8
　　1.3.1　地震波の伝播　8
　　1.3.2　地盤構造や地形による地震動の変質　9
　　1.3.3　地震動の性質　11
　　1.3.4　地震動の推定　12
　　引用文献　13

第2章　地震による崩壊発生 ―――――――14
2.1　はじめに……………………………………14
2.2　地震による地盤災害 ………………………14
　　2.2.1　地盤災害の種類　14
　　2.2.2　地盤環境と崩壊　18
　　2.2.3　崩壊の発生分布面積　20
2.3　斜面安定と地震力 …………………………20
　　2.3.1　地震時の斜面安定計算　20
　　2.3.2　安定計算による崩壊の解析　21
　　引用文献　26

第3章　地震による大規模崩壊と土砂移動 ―――28
3.1　はじめに……………………………………28
3.2　大谷崩 ………………………………………28
　　3.2.1　安倍川流域と崩壊地の概要　28
　　3.2.2　崩壊履歴　30

3.2.3　土石流段丘の規模と侵食量　30
　3.3　七面山崩壊 ……………………………………………32
　　3.3.1　七面山と崩壊地概要　32
　　3.3.2　古文書にみる七面山崩壊　33
　　3.3.3　七面山崩壊の規模　34
　3.4　白鳥山崩壊 ……………………………………………35
　　3.4.1　崩壊地の概要　35
　　3.4.2　崩壊履歴　36
　　3.4.3　崩壊土量の推定　36
　3.5　加奈木崩れ ……………………………………………38
　　3.5.1　崩壊地の概要　38
　　3.5.2　地質と地形　38
　　3.5.3　崩壊堆積物　40
　　3.5.4　加奈木崩れの起源　41
　　3.5.5　まとめ　41
　3.6　雲仙眉山崩壊 …………………………………………41
　　3.6.1　1792年崩壊の概要　41
　　3.6.2　眉山周辺の地質構造と熱水の流れ　42
　　3.6.3　1792年崩壊までの経緯　43
　　3.6.4　1792年崩壊の原因　44
　　3.6.5　崩壊跡地の拡大　45
　3.7　御岳大崩壊 ……………………………………………45
　　3.7.1　地震と崩壊の概要　45
　　3.7.2　御岳山周辺の地形・地質　47
　　3.7.3　大崩壊の発生と土石流　47
　　3.7.4　山体崩壊にともなう土砂移動　49
　　3.7.5　災害後から現在まで　50
　　引用文献　50

第4章　直下型地震による土砂移動 ―――――――――52
　4.1　はじめに ………………………………………………52
　4.2　善光寺地震 ……………………………………………52
　　4.2.1　善光寺地震の概要　52
　　4.2.2　善光寺地震を記録した絵図や古資料　53
　　4.2.3　主な土砂災害地点の状況　56
　　4.2.4　岩倉山の地すべりと天然ダム　58
　4.3　関東地震 ………………………………………………60
　　4.3.1　関東地震による被害の概要　60
　　4.3.2　土砂災害の特徴　61
　　4.3.3　丹沢山地・箱根火山地域の地形・地質　64
　　4.3.4　関東地震時の崩壊面積率　65

4.3.5　関東地震前後の降雨と土砂災害との関連　68
　　4.3.6　関東地震による崩壊地推移のモデル　69
　4.4　北丹後地震 …………………………………………………70
　　4.4.1　地震の概要　70
　　4.4.2　土砂災害の状況　71
　　4.4.3　崩壊面積率と諸要因との関係　72
　　4.4.4　まとめ　76
　4.5　今市地震 ……………………………………………………76
　　4.5.1　対象地の崩壊の概要　76
　　4.5.2　崩壊と地質の関係　77
　　4.5.3　地質別の崩壊と傾斜の関係　80
　　4.5.4　崩壊面の方位の分布　81
　　4.5.5　崩壊の発生位置　82
　　4.5.6　平均崩壊深の分布　82
　　4.5.7　生産土砂量の見積もり　82
　4.6　兵庫県南部地震 ……………………………………………83
　　4.6.1　地震の概要　83
　　4.6.2　地形，地質の概要　83
　　4.6.3　斜面崩壊による土砂移動の概要　84
　　4.6.4　宅地地盤の土砂移動の概要　87
　　4.6.5　主な被害事例の紹介　87
　4.7　鹿児島県北西部地震 ………………………………………88
　　4.7.1　地震の概要　88
　　4.7.2　調査地の地形・地質　88
　　4.7.3　震源断層と斜面崩壊地の関係　89
　　4.7.4　斜面崩壊地の空間的分布の経時変化　90
　　4.7.5　斜面崩壊の形態　91
　　4.7.6　斜面崩壊と地質　92
　　4.7.7　斜面崩壊の地形的特性　92
　　4.7.8　花崗岩類区域における崩壊土砂量　95
　　4.7.9　まとめ　97
　　引用文献　98

第5章　地震による土砂移動の予測 ── 102
　5.1　はじめに………………………………………………………102
　5.2　地震による土砂移動現象の特徴……………………………102
　　5.2.1　日本最大の直下型地震
　　　　　－濃尾地震（1891）と天正地震（1586）　102
　　5.2.2　地震災害に係る中部地方の自然条件　107
　　5.2.3　中部地方における地震災害の特性　112
　5.3　地震による土砂災害の発生要因……………………………114

5.3.1 地震による土砂移動　114
5.3.2 地震による崩壊の発生メカニズム　114
5.3.3 地震の規模と土砂災害　114
5.3.4 天然ダムの形成・決壊による土砂災害　115
5.3.5 大規模土砂移動発生地点の地震加速度　116
5.3.6 土砂災害を発生させた地震と土砂災害地点との関係　116
5.4 崩壊面積率による予測……………………………118
引用文献　119

第6章　土砂移動シミュレーション ―――― 121
6.1 はじめに…………………………………………121
6.2 計算手法の概要…………………………………121
6.2.1 解析式　121
6.2.2 離散化式　123
6.2.3 境界条件と移動境界法　125
6.3 解析事例…………………………………………127
6.3.1 中木地すべり　127
6.3.2 マディソン岩盤地すべり　128
6.3.3 仁川地すべり　128
6.3.4 党家岔地すべり　129
6.3.5 松越地すべり　130
6.4 摩擦係数と運動様式……………………………132
6.4.1 動的摩擦角と静的摩擦角　132
6.4.2 崩土の物性と等価摩擦係数　134
引用文献　135

第7章　米国における予測手法 ―――― 136
7.1 はじめに…………………………………………136
7.2 米国における地震発生メカニズム……………136
7.3 米国における地震による土砂災害の概要……136
7.3.1 1906年サンフランシスコ地震（San Francisco Earthquake）　136
7.3.2 1933年ロングビーチ地震（Long Beach Earthquake）　137
7.3.3 1952年ケルン郡地震（Kern County Earthquake）　138
7.3.4 1971年サンフェルナンド地震（San Fernando Earthquake）　138
7.3.5 1978年サンタバーバラ地震（Santa Barbara Earthquake）　139
7.3.6 1989年ロマプリータ地震（Loma Prieta Earthquake）　139

7.3.7 1994年ノースリッジ地震（Northridge Earthquake） 139
7.4 土砂移動現象の発生限界予測……………………………140
 7.4.1 土砂移動現象の分類 140
 7.4.2 地震のマグニチュード 140
 7.4.3 土砂移動現象を起こす最小のマグニチュード 141
 7.4.4 土砂移動現象が発生する地域の面積とマグニチュード 141
 7.4.5 地震による土砂移動現象が起こる地点と震央および地震断層からの最大距離とマグニチュード 141
 7.4.6 地震の震度と土砂移動現象 142
 7.4.7 地震に伴う土砂移動現象による土砂量の予測 142
 7.4.8 地震により土砂移動現象が予想される範囲 146
 7.4.9 地震の発生確率を考慮に入れた生産土砂量の予測 146
 7.4.10 地震による土砂移動現象の機構 148
 7.4.11 地震による土砂移動現象の発生限界の検討 152
 7.4.12 地震による土砂移動現象の発生範囲限界図の作成 152
  引用文献 155

第8章 地震による土砂災害の回避 ——————156

8.1 震前対策……………………………………156
 8.1.1 対策の概要 156
 8.1.2 斜面崩壊・土砂流出対策 156
 8.1.3 大規模崩壊対策 158
8.2 震後対策……………………………………159
 8.2.1 対策の概要 159
 8.2.2 震後の調査法 160
 8.2.3 長大斜面崩壊・地すべりの震後対策 163
 8.2.4 天然ダムの決壊対策 171
 8.2.5 土砂災害防止施設の復旧 179
  引用文献 182

索 引 ——————————————————183

口絵リスト

大規模な土砂災害を伴った地震の分布
1. 日本とその周辺の活断層と地震による土砂災害の分布（建設省砂防部（1995）に一部追加）　基図は活断層研究会編（1991）「日本の活断層」のデータを使用

宝永地震（1707）と大規模土砂災害
2. 大谷崩れの余色立体写真（林野庁　山 97-44，C 2-32〜34）
3. 大谷崩れ下流の余色立体写真（林野庁　山 97-44，C 3-34〜36）
4. 七面山崩壊の余色立体写真（林野庁　山 94-13，C 13-4〜6）
5. 加奈木崩れの余色立体写真（国土地理院　SI-68-5 Y，C 12-6〜8）

高田地震（1751）と上越海岸の土砂災害
6. 越後国頸城郡高田領往還破損絵図（上越市文化生涯学習課市史編さん室所蔵）
   高田地震（1751）による大規模土砂災害の位置図と海から撮った写真（井上・今村，1999）
7. 名立町の埋没者供養塔
8. 名立崩れの海中崩落土砂から引き上げられた梵鐘

島原四月朔地震（1792）と眉山大崩壊（島原大変）
9. 雲仙普賢岳・眉山周辺の余色立体写真（井上，1999）
10. 雲仙普賢岳・眉山周辺の地形分類図（井上，1999）
11. 寛政四年（1792）大震図（島原市本光寺蔵，縦 1.9×横 4.2 m）
12. 島原大変大絵図（島原市立図書館「松平文庫」蔵，縦 152×横 221 cm）
13. 島原城天守閣から見た現在の七面山と眉山
14. 眉山大崩壊前後の鳥瞰図と平面図（井上，1999）

善光寺地震（1847）と松代藩領の土砂災害
15. 信州地震大絵図の一部（1848，松代藩，真田宝物館所蔵，縦 152×横 221 cm）
    下図，岩倉山周辺の状況（善光寺地震災害研究グループ，1994）
16. 青木雪卿が描いた善光寺地震の災害状況（善光寺地震災害研究グループ，1994）
    山田中下組天王社地望同上組震災山崩之図（図 4.2.2 の 29 地点）および現状写真
17. 善光寺地震「地震後世俗語之種」―15（小林，1985）
    「三月二四日大地震火災危難，数万の人々群死苦痛の略図」
18. 善光寺地震「地震後世俗語之種」―17（小林，1985）
    「山中虚空象山また岩倉山抜け崩れ，犀川の大河を止め，湛水に民家浮沈の大略」
19. 善光寺地震「地震後世俗語之種」―31（小林，1985）
    「犀川の湛水一時に押し破り，土砂磐石樹木民家と共に押出し，水煙の有様，川中島岡田川に見る」
20. 善光寺地震「地震後世俗語之種」―32（小林，1985）
    「犀川洪水一時に押し出し，三災の苦難に迫り，ここに命を失う図」

濃尾地震（1891）と根尾谷の土砂災害
21. 根尾谷地変図（岐阜地方気象台蔵）
22. 根尾谷（水鳥付近）の崩壊斜面と現況写真
23. 根尾谷（水鳥付近）の天然ダムと現況写真
24. 水鳥の地下観察館北西法面の濃尾地震断層写真（根尾村教育委員会，1994）
25. 水鳥の地下観察館北西法面の地質概念図（根尾村教育委員会，1994）

関東地震（1923）と丹沢山地の土砂災害
26. 丹沢山地大山周辺の余色立体写真（建設省河川局砂防部，1995）

(米軍写真 1947 年 4 月 13 日撮影，M 223，41〜43，縮尺 1/43,740)
27　上と同じ範囲の災害実績図（国土庁，神奈川県企画部，1988,91）
兵庫県南部地震（1995）と六甲山系の土砂災害
28　六甲山地周辺の接峰面と活断層（岡田，1995）
29　兵庫県南部地震による六甲山系の主な山腹崩壊発生箇所
　　および宅地変状発生箇所（沖村・他，1996 b，1998）
30　六甲山地の余色立体写真（データは国土地理院 1/2.5 万地形図（10 m コンター）より北海道地図㈱作成）

図版リスト

図 1.2.1　日本付近のプレートとその動き（池田・他，1996）
図 1.2.2　プレート間地震発生の模式図
図 1.2.3　地震断層と震源断層（松田，1995）
図 1.2.4　断層の種類（池田・他，1996）
図 1.2.5　縦波（P 波）の伝わり方（竹内，1973）
図 1.2.6　横波（SV 波）の伝わり方（竹内，1973）
図 1.2.7　活断層の活動サイクル（松田，1995）
図 1.2.8　活断層の平均変位速度と地震の平均発生間隔の関係（松田，1976）
図 1.3.1　地表付近での地震波の屈折（伯野，1992）
図 1.3.2　地震波の多重反射（伯野，1992）
図 1.3.3　フォーカス現象（伯野，1992）
図 1.3.4　兵庫県南部地震の加速度記録（NS 成分）（神戸海洋気象台）
図 1.3.5　速度波形のパワースペクトル
図 2.2.1　日本とその周辺の活断層と地震による土砂災害の分布図（建設省砂防部，1995 に一部追加）
図 2.2.2　地震による斜面での土砂移動（中村，原図）
図 2.2.3　地震による大規模土砂移動箇所の地質分類（建設省土木研究所砂防研究室，1995）
図 2.2.4　日本における地震による崩壊の斜面勾配の分布（郎，1998）
図 2.2.5　日本における地震による崩壊の斜面形状の分布（郎，1998）
図 2.2.6　地震地すべりの発生地域面積と地震規模との関係（郎・他，1997）
図 2.3.1　モデル斜面とその計算要素（郎・他，1996）
図 2.3.2　斜面勾配が斜面安全率に与える影響の度合（郎・他，1997）
図 2.3.3　斜面形状が斜面安全率に与える影響の度合（郎・他，1997）
図 2.3.4　黄土中のすべり面と計算すべり面（郎・他，1997）
図 2.3.5　すべり面に及ぼす表層深さと粘着力の影響（郎・他，1997）
図 2.3.6　形状比と粘着力比による崩壊の分類（郎・他，1997）
図 2.3.7　すべり面と斜面安全率に及ぼす震度の影響（郎・他，1997）
図 2.3.8　水平地震力及び垂直地震力が斜面安全率に与える影響（郎・他，1997）
図 2.3.9　地震による亀裂の発達過程（郎・他，1997）
図 3.2.1　安倍川上流域と大谷崩
図 3.2.2　大谷崩と下流に分布する堆積段丘
図 3.2.3　大谷川に分布する土石流段丘の横断面形状
図 3.2.4　新田と三河内川の堆積構造（東京営林局，1975）
図 3.2.5　大谷川に分布する高位土石流段丘

図 3.2.6　堆積土砂量の評価方法概念図
図 3.3.1　七面山崩壊と周辺の地形
図 3.3.2　七面山崩壊地の斜め写真（富士砂防工事事務所提供）
図 3.3.3　身延図鏡に描かれた七面山
図 3.3.4　七面山崩壊の縦断と横断図
図 3.4.1　白鳥山崩壊地の位置図
図 3.4.2　白鳥山と崩壊地の全景
図 3.4.3　白鳥山崩壊地上流部の堆積構造
図 3.4.4　白鳥山から富士川に至る縦断
図 3.4.5　侵食が進む崩壊地の上流
図 3.4.6　推定した崩壊堆積物の分布
図 3.4.7　崩壊地内で確認される断面構造
図 3.5.1　加奈木崩れ周辺の地質図
図 3.5.2　加奈木崩れ周辺の地質断面図
図 3.5.3　加奈木崩れの遠景（北東から南西を望む，1989 年 2 月撮影）
図 3.5.4　加奈木崩れの遠景（南西から北東を望む，1989 年 2 月撮影）
図 3.5.5　加奈木崩れの堆積面投影図
図 3.5.6　加奈木崩れの 1 次堆積物
図 3.5.7　加奈木崩れの 2 次堆積物
図 3.6.1　眉山周辺の地形分類図（建設省雲仙復興工事事務所，1995）
図 3.6.2　眉山大崩壊による岩屑流・土石流流下区域と流れ山の分散状態（太田（1987 a）を改変）
図 3.6.3　雲仙火山地域における火山性温泉の生成機構模式図（太田（1973）を改変）
図 3.6.4　眉山大崩壊前後の地形とすべり面の断面図（太田（1987 a）を改変）
図 3.7.1　御岳大崩壊と土砂の流下・堆積状況
図 3.7.2　御岳山南麓の地質図（酒井・他，1985 を改変）
図 3.7.3　地震発生前後の御岳山降雨量，1984 年 9 月 1 日〜17 日
図 3.7.4　等価摩擦係数と崩壊土量（瀬尾，1984 を改変）
図 3.7.5　御嶽大崩壊地の現況（1998 年 11 月 11 日撮影）
図 3.7.6　伝上川右岸の標高 1600 m 付近から上流を望む（1998 年 11 月 11 日撮影）
図 4.2.1　古絵図による被害分布図（宇佐美，1996）
図 4.2.2　青木氏スケッチ箇所図（善光寺地震災害研究グループ，1994，一部改変）
図 4.2.3　岩倉山周辺空中写真判読図（善光寺地震災害研究グループ，1994）
図 4.2.4　岩倉山・涌池地すべり地推定断面図（建設省中部地方設局，1987，一部改変）
図 4.2.5　岩倉山・涌池地すべりによる天然ダム湛水域推定縦断面図（建設省中部地方建設局，1987）
図 4.3.1　関東地震の震源・余震分布（日本の活断層，1991）
図 4.3.2　関東地震で形成された震生湖（寺田・宮部，1932）
図 4.3.3　小田原市根府川，米神付近の災害実績図（国土庁・神奈川県企画部，1987）
図 4.3.4　国鉄東海道線谷峨トンネル付近の崩壊（大震災写真帖，1927）
図 4.3.5　小田原市根府川集落を埋没させた土石流（大震災写真帖，1927）
図 4.3.6　根府川駅から海中に転落した列車（小田原市立図書館，1986）
図 4.3.7　伊勢原市大山周辺で 14 日後に発生した土石流の被害分布（建設省砂防部，1995）
図 4.3.8　伊勢原市大山町開山町土石流による被害（伊勢原市議会事務局蔵）
図 4.3.9　山北町玄倉恩賜林の大崩壊（神奈川県林務課蔵）
図 4.3.10　関東地震による崩壊面積率（建設省土木研究所，1995）
図 4.3.11　大正 12 年（1923）9 月 12〜15 日の連続降雨量（建設省土木研究所，1995）

図 4.3.12　写真判読による丹沢山地での崩壊地の変化（井上，1995）
図 4.3.13　関東地震前後の崩壊地の変化のモデル（井上，1995）
図 4.4.1　北丹後地震の震度分布（宇佐美，1987）
図 4.4.2　北丹後地震による崩壊面積率（石川・他，1998）
図 4.4.3　断層からの距離と崩壊面積率（石川・他，1998）
図 4.4.4　震央からの距離と崩壊面積率（石川・他，1998）
図 4.4.5　丹後半島の表層地質図（大手・他，1983 に一部加筆）
図 4.4.6　地質区分毎の崩壊面積率（断層からの距離）（石川・他，1998）
図 4.4.7　丹後半島の起伏量図（大手・他，1983）
図 4.4.8　起伏量と崩壊面積率（石川・他，1998）
図 4.4.9　北丹後地震による家屋被害率分布（石川・他，1998）
図 4.4.10　崩壊面積率と家屋被害率（石川・他，1998）
図 4.4.11　断層からの距離と家屋被害率（石川・他，1998）
図 4.4.12　震央からの距離と家屋被害率（石川・他，1998）
図 4.4.13　兵庫県南部地震による六甲山系における崩壊面積率分布（石川・他，1998）
図 4.5.1　今市地震による斜面崩壊の分布（栃木県砂防課（1951）より作成　国土地理院 5 万分の 1 地形図「日光」「鹿沼」を使用）
図 4.5.2　崩壊面積率（今市地震）（川邉，1987）
図 4.5.3　崩壊密度（今市地震）（川邉，1987）
図 4.5.4　崩壊面の傾斜角の分布（今市地震）（川邉，1987）
図 4.5.5　起伏量別の崩壊密度（今市地震）（川邉，1987）
図 4.5.6　起伏量と崩壊面傾斜の関係（今市地震）（川邉，1987）
図 4.5.7　崩壊面の方位の分布（今市地震）（川邉，1987）
図 4.5.8　平均崩壊深の分布（今市地震）（川邉，1987）
図 4.6.1　神戸海洋気象台で観測された加速度波形（神戸大学，1995）
図 4.6.2　神戸大学工学部で観測された P 波，S 波のパワースペクトル（川邉・他，1997）
図 4.6.3　六甲山系のブロックダイアグラム（200 m 格子間隔）
図 4.6.4　山腹斜面崩壊の方位分布（沖村，1995）
図 4.6.5　地形分類ごとの崩壊発生数（沖村，1996 a）
図 4.6.6　鶴甲地区の山腹斜面崩壊の拡大（沖村・他，1998）
図 4.6.7　仁川百合野町の崩壊性地すべり（建設省土木研究所，1996）
図 4.6.8　東灘区岡本 7 丁目の崩壊（建設省土木研究所，1996）
図 4.6.9　淡路島野島蟇浦地区の崩壊（地すべり学会，1995）
図 4.7.1　3 月および 5 月の地震の震源域と空中写真判読区域（地頭薗・他，1998）
図 4.7.2　調査区域の地形・地質（地頭薗・他，1998）
図 4.7.3　3 月の地震の震源断層と斜面崩壊地の分布（地頭薗・他，1998）
図 4.7.4　震源断層から斜面崩壊地までの距離の頻度分布（地頭薗・他，1998）
図 4.7.5　空中写真判読による斜面崩壊地の空間的分布（地頭薗・他，1998）
図 4.7.6　斜面崩壊地個数の推移（地頭薗・他，1998）
図 4.7.7　斜面崩壊の形態（下川原図，1997）
図 4.7.8　崩壊斜面の標高の頻度分布（地頭薗・他，1998）
図 4.7.9　崩壊斜面の傾斜角の頻度分布（地頭薗・他，1998）
図 4.7.10　崩壊斜面の傾斜方位の頻度分布（地頭薗・他，1998）
図 4.7.11　空中写真判読を行った花崗岩区域の位置と地形
図 4.7.12　斜面崩壊地の時系列分布図の一例（地頭薗・他，1998）
図 4.7.13　花崗岩斜面の崩壊分布の経時変化（松本・他，1998）
図 4.7.14　花崗岩斜面における斜面傾斜と表層土厚の関係（下川・他，1998）

図5.1.1　日本とその周辺の活断層と大規模土砂災害を伴った地震の分布
　　　　基図は活断層研究会編（1991）「日本の活断層」のデータを使用
図5.2.1　中部地方の活断層と起震断層の分布（砂防学会，1998）
　　　　活断層研究会（1991）と松田（1995）をもとに作成
図5.2.2　天正地震（1586）と大規模土砂移動（建設省越美山系砂防工事事務所，1999）
図5.2.3　濃尾地震（1891）と大規模土砂移動（建設省越美山系砂防工事事務所，1999）
図5.3.1　地震時の土砂移動モデル（NIRA，1988）
図5.3.2　大規模土砂移動の起因地震の種類と規模（マグニチュード）（建設省土木研究所，1995）
図5.3.3　大規模土砂移動の起因地震の種類と最大震度（建設省土木研究所，1995）
図5.3.4　天然ダムによる堰止め土量と湛水量及び継続時間との関係（中部地建，1987）
図5.3.5　地震加速度（gal）－震央と土砂移動箇所との距離（建設省土木研究所，1995）
図5.3.6　震央から大規模土砂移動までの距離（建設省土木研究所，1995）
図5.3.7　地震断層から大規模土砂移動までの距離（建設省土木研究所，1995）
図5.3.8　大規模土砂移動が発生した地点の地形別位置（建設省土木研究所，1995）
図5.3.9　地震に起因した大規模土砂移動箇所の斜面形状分類別発生頻度（建設省土木研究所，1995）
図6.2.1　x，y空間の格子分割
図6.2.2　境界条件の取り扱い
図6.3.1　中木地すべり計算結果平面図
図6.3.2　中木地すべり－計算による地塊移動状況（断面図）
図6.3.3　マディソン地すべり発生前地形（a）および発生後の計算地形（b）の立体図
図6.3.4　仁川地すべり発生前地形（a）および発生後の計算地形（b）の立体図
図6.3.5　党家岔地すべり発生前地形（a）および発生後の計算地形（b）の立体図
図6.3.6　松越崩壊地の模式地質断面図
図6.3.7　松越地すべりの崩壊状況図
図6.3.8　松越地すべり計算結果平面図
図6.3.9　松越地すべり－計算による土砂移動状況図（堆積土層厚の分布）
図6.4.1　静的摩擦係数と動的摩擦係数の関係
図6.4.2　崩壊土量と到達距離および等価摩擦係数の関係
図6.4.3　世界と日本の大規模ランドスライドの崩壊土量と等価摩擦係数の関係
　　　　（奥田，1984を修正（古谷））
図7.3.1　ノースリッジ（Northridge）地震（星印が震央）により土砂移動現象が発生した最遠範囲（太い実線）と土砂移動現象が集中した範囲（網掛けの範囲）（Harp & Jibson，1995）
図7.4.1　地震による土砂移動現象が発生する地域の面積とマグニチュード（Keefer，1984）
図7.4.2　震央から土砂移動現象発生最遠地点までの距離（Re）とマグニチュードとの関係（Keefer，1984）
図7.4.3　地震断層から土砂移動現象発生最遠地点までの距離（Rf）とマグニチュードとの関係（Keefer，1984）
図7.4.4　土砂移動現象が起こる最小の改正メリカル震度（MMI）（Keefer，1984）
図7.4.5　地震による土砂移動現象の全土砂量$V(m^3)$と地震のモーメントマグニチュードM_wの関係（Keefer，1994）
図7.4.6　地震による土砂移動現象の全土砂量$V(m^3)$と地震モーメントM_oの関係（Keefer，1994）
図7.4.7　ペルーとその周辺におけるモーメントマグニチュードM_wと年平均回数F（回/年）の関係（Keefer，1994）

図 7.4.8 ペルーとその周辺におけるモーメントマグニチュード Mw と年平均の生産土砂量の累積割合（％）(Keefer, 1994)
図 7.4.9 直線すべりの安定検討の模式図 (Wilson & Keefer, 1985)
図 7.4.10 3種の岩質毎の斜面の勾配と限界加速度（Ac）の関係 (Wilson & Keefer, 1985)
図 7.4.11 ニューマーク法の原理（Park field 地震 1996 年の観測記録 Se.2），限界加速度 $Ac=0.2\,g$ (Wilson & Keefer, 1985)
図 7.4.12 ニューマーク法による限界加速度（Ac）に応じた移動量（cm）の推定 (Wilson & Keefer, 1985)
図 7.4.13 アリアス強度（Ia）と限界加速度（Ac_{10}）及び限界加速度（Ac_2）(Wilson & Keefer, 1985)
図 7.4.14 既往の地震観測データによる修正アリアス強度（Ia'）と震央（断層）からの距離（r）との関係（$M\,6.5$ の地震に対応）(Wilson & Keefer, 1985)
図 7.4.15 既往の地震におけるマグニチュードと土砂移動現象の発生限界（距離）の実績と Arias 強度の関係 (Wilson & Keefer, 1985)
図 7.4.16 Newport-Inglewood 断層（図中の直線）北部において $M\,6.5$ の地震が発生したと仮定した場合の一体型地すべり (coherent landslide) が起こる範囲とその確率を示すロスアンゼルス地区の発生範囲限界図 (Wilson & Keefer, 1985)
図 8.1.1 震前対策の流れ
図 8.2.1 土砂災害に関する震後対策の流れ（建設省，1986 を一部改変）
図 8.2.2 既往の長大斜面崩壊・地すべりの管理基準値（高速道路調査会，1988 を一部改変）
図 8.2.3 長大斜面崩壊・地すべりによる 2 次災害防止及び対策の流れ（建設省，1992）
図 8.2.4(1) 単位幅ピーク流量の簡易推定図（粒径別）（建設省，1992）
図 8.2.4(2) 単位幅ピーク流量の簡易推定図（上流からの流入量別）（建設省，1992）
図 8.2.5 天然ダムの形成・決壊による 2 次災害防止及び対策の流れ（建設省，1992）
図 8.2.6 天然ダムの応急復旧工法検討の流れ（建設省，1992）
図 8.2.7 土砂災害防止施設の被災度判定のフローチャート（土木学会，1998 を一部改変）
図 8.2.8 砂防ダム，床固工の機能喪失の例（土木学会，1998）
図 8.2.9 護岸工の機能喪失の例（土木学会，1998）

表リスト

表 1.2.1 気象庁震度階級関連解説表（気象庁，1996）
表 2.2.1 日本の地震による土砂災害一覧表（建設省砂防部，1995 に一部追加）
表 3.2.1 大谷崩に関して算出した土砂量
表 3.6.1 1792 年眉山大崩壊の原因諸説（太田）（丸井（1991）より転載）
表 4.3.1 関東地震直後に発生した土砂災害（建設省砂防部，1995）
表 4.3.2 関東地震発生 14 日後の豪雨で発生した土砂災害（建設省砂防部，1995）
表 4.3.3 関東地震による流域別崩壊面積率（建設省土木研究所，1995）
表 4.4.1 北丹後地震による山地荒廃状況（「京都府震災荒廃林地復旧誌」，1930 に基づく）（石川・他，1998）
表 4.4.2 北丹後地震による山地荒廃面積率（「京都府震災荒廃林地復旧誌」，1930 に基づく）（石川・他，1998）

表 4.4.3　北丹後地震と兵庫県南部地震による斜面崩壊との比較（石川・他，1998）
表 4.5.1　今市地震地域における区域毎の各地質の占有面積（km²）（川邉，1987）
表 4.5.2　今市地震による地質毎の崩壊数(個)（川邉，1987）
表 4.5.3　今市地震による地質毎の崩壊面積（ha）（川邉，1987）
表 4.5.4　今市地震による崩壊の発生位置（川邉，1987）
表 4.5.5　今市地震による流域毎の崩壊面積・土量（栃木県砂防課（1951）より作成）
表 4.7.1　地質区分ごとの崩壊地個数（地頭薗・他，1998）
表 4.7.2　花崗岩類区域における崩壊面積および崩壊土砂量（松本・他，1998）
表 5.1.1　日本の地震に起因した大規模土砂移動一覧表（建設省土木研究所，1995）
表 5.2.1　地震災害の履歴と分類（砂防学会，1998）
表 5.2.2　天正地震による大規模土砂移動（建設省越美山系砂防工事事務所，1999）
表 5.2.3　濃尾地震による大規模土砂移動（建設省越美山系砂防工事事務所，1999）
表 5.4.1　主な地震の崩壊面積率（大村・戸塚・都築，1980，一部追加）
表 5.4.2　崩壊面積率別の生産土砂量（砂防学会，1998）
表 5.4.3　地質別計画流出土砂量（建設省河川局，1997）
表 6.4.1　摩擦係数計算に用いた地すべりの解析結果（郎・他，1998）
表 7.3.1　米国における近年の大規模地震と生産土砂量および斜面崩壊箇所数（Keefer，1984，Keefer・他，1985，Keefer・他，1989，Keefer，1994 より改変）
表 7.4.1　地震による斜面における土砂移動現象の分類（Keefer，1984）
表 7.4.2　モーメントマグニチュード M_w と地震モーメント M_o の関係
表 7.4.3　地震による土砂移動現象に関連する年平均合計地震モーメント ΣM_o(dyn-cm/年)，年平均生産土砂量 V' (m³/年)，年平均侵食速度 E_v (m³/km²―年)＝E_d (mm/1000 年) および対象地域面積 A (km²)（Keefer，1994 より抜粋）
表 8.2.1　震後の土砂移動現象・土砂災害の調査法
表 8.2.2　長大斜面崩壊・地すべりの調査様式（建設省，1992）
表 8.2.3　天然ダムの調査様式（建設省，1992）
表 8.2.4　長大斜面崩壊・地すべりの概略調査，危険度概略判定及び応急対策工の検討（建設省，1992）
表 8.2.5　長大斜面崩壊・地すべりの前兆現象（建設省，1992）
表 8.2.6　天然ダムの概略調査，危険度概略判定の検討（建設省，1992）
表 8.2.7　天然ダムの越流による決壊危険度の傾向（建設省，1992）
表 8.2.8　天然ダムの詳細調査と安定性の検討（建設省，1992）

第1章　地震の発生と地震動

1.1　はじめに

　地震（earthquake）とは，地球を構成している岩石の一部分に急激な破壊が起こり，そこから地震波（seismic wave）が発生する現象であり，その地震波が伝播して起こる地表あるいは地中の振動が地震動（earthquake motion）である．

　本章では，まず地震の発生メカニズムを断層運動（fault motion）の立場から概説し，地震の長期予測とも関係する活断層（active fault）に関する現在の知識を簡単にまとめた．地震には断層運動に起因するものの他に，火山性の地震などもあるが，ここでは原因のほとんどを占める断層運動を取り上げている．

　続いて，地表付近にまで伝播した地震動の諸性質について，工学的観点から説明を加えた．崩壊などの土砂移動に直接係わってくるのは，この地震動である．

　いずれも限られた紙面で，表面的に触れるにとどまっているが，さらに詳しい内容については，章末の引用文献等を参照されたい．

1.2　地震の発生メカニズムと活断層

1.2.1　地震を発生させる力

　1960年代末に登場したプレートテクトニクス（plate tectonics）は，地球観を大幅に変革させたが，断層運動の原因となる力が地中に蓄積されるメカニズムの解明にも大いに貢献した．プレートテクトニクスの考え方によると，地球表面は十数枚の巨大なプレートで覆われ，そのプレートはマントル対流（mantle convection）にのって緩慢な相対運動をしている．日本付近では，オホーツク，フィリピン海，ユーラシア，太平洋の4枚のプレートが，年間数cm程度移動することにより，互いに押し合っている（図1.2.1）．

　2枚のプレートが収斂するところでは，密度の大きいプレート（海のプレート）が隣接する密度の小さいプレート（陸のプレート）の下に沈み込み（subduction），密度の小さいプレートは下へ曲げられる．そのため，沈下した部分はトラフや海溝のような深い溝をつくる（図1.2.2下図）．密度の小さいプレート（陸のプレート）の曲がりが限界に達すると，ついに耐えられなくなって反

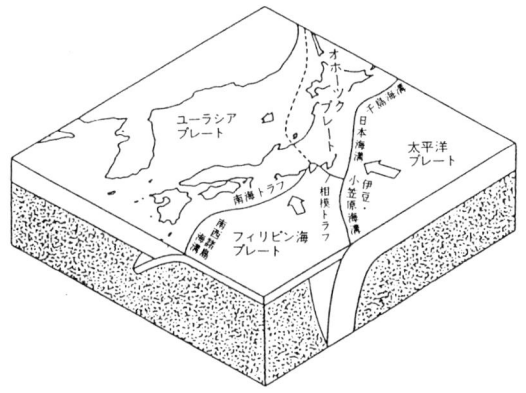

図1.2.1　日本付近のプレートとその動き（池田・他，1996）

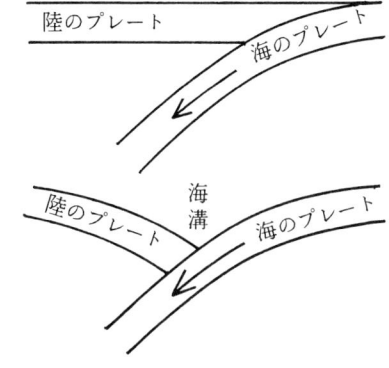

図1.2.2　プレート間地震発生の模式図

発し，元へ戻ろうとする（図1.2.2上図）．この時，陸と海のプレートの境界は破壊されてずれを生じ，地震が発生する．日本の太平洋岸では，100年から200年おきに繰り返し発生している．このようなプレートの沈み込みによって，プレート境界で起こる地震をプレート間地震（inter-plate earthquake）と呼び，日本の太平洋岸では震源が海溝部にあるため海溝型地震（trench type earthquake）とも呼ばれる．

プレートの内部でも地震が起こる（プレート内地震 intraplate earthquake）．日本の内陸は，伊豆半島周辺を除いて，ほぼ東西に圧縮されている．オホーツク，ユーラシア両プレートが互いに接近する運動をしているためと考えられている．この圧縮応力によるプレート内での断層運動が，地震の原因である．日本の内陸で発生するこのような地震は，脆性破壊（brittle failure）の起こる限界と考えられる深さ15～20kmまでの浅いところに震源をもっている．そのため，被害の分布は局地的であり，直下型地震（shallow direct hit earthquake）といわれることもある．内陸のプレート内地震は，同じ断層が繰り返し活動している結果である．その再来周期（return period）は千年，数千年あるいは数万年にも及び，プレート間地震に比べてはるかに長い．

1.2.2 地震の発生メカニズム

固着している断層面（fault plane）にせん断応力（shear stress）が働き，しだいに歪み（strain）が蓄積してくる．この歪みが限界に達したときに断層面が破壊し，歪みを解消するように断層に沿って両側が互いに反対方向にずれ動き，地震が発生する．この「弾性反発説（elastic rebound theory）」がReidにより提唱されたのは，1900年代の初めであったが，地震が地下の断層運動で発生することが地震学的に証明されたのは，1960年代に入ってからである．

地下で1つの面を境として地塊が急激にずれ（せん断破壊 shear failure），そのずれる運動によって地震波が発生する．この破壊面すなわち断層面で，破壊が最初に発生した点が震源（hypocenter）であり，ここを出発点として破断が進行していく．したがって，地下で破壊が生じた領域には広がりがあり，これを震源域（hypo-central region）と呼ぶ．震源の真上の地表の点を震央（epicenter），震央から観測点までの距離を震央距離（epicentral distance）という．震源の位置は，震央の緯度，経度と震源の深さ（focal depth）によって示される．

断層面がずれる速さは数十cm/s程度であり，このずれが伝わっていく速さ，すなわち断層破壊の進行速度（rupture velocity in the fault）は，一般に2～3km/s程度である．

このような地震の源となった断層を震源断層（earthquake source fault）という（図1.2.3）．震源断層の周辺では，断層活動に伴って岩盤が破砕され，断層沿いに幅数m～数十mの断層破砕帯（shear fracture zone）が形成される．地表付近では破砕物（cataclastic material）は固結せず，水を大量に含んで粘土化し，断層面に沿って断層粘土（fault clay）の壁をつくっていることが多い．

地震時に地下の震源断層の一部が地表に現れたものを地表地震断層（surface earthquake fault）と呼ぶ（図1.2.3）．地表に一本の明瞭なずれが出現する場合もあるが，地表近くで震源断層がいくつにも分岐し，それぞれの変位量は小さいが，全体として幅広い断層帯を生じる場合もある．ま

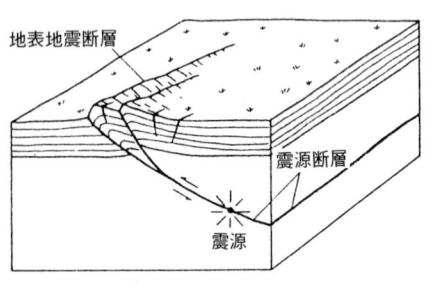

図1.2.3 地震断層と震源断層（松田, 1995）

た，未固結堆積物が厚いところでは，断層の変位はその中で拡散してしまい，地表には段差が現れず，地層の緩やかな撓みが生じるだけの場合も多い．

1.2.3 断層運動の種類

地殻（earth crust）に加わる互いに直交する3方向の応力の大小関係によって，断層運動にはいくつかの異なるタイプが生ずる（図1.2.4）．大きく二分すると，上下方向の食い違いが大きい縦ずれ（dip-slip）断層と水平方向のずれが大きい横ずれ（strike-slip）断層に分けられる．

縦ずれ断層はさらに，断層の傾斜方向に沿って，上側の地塊が下へずれる正断層（normal fault）と，逆に上側の地塊が上へずり上がる逆断層（reverse fault）に分かれる．正断層は，断層の走向（strike，地表面と断層面との交線が延びる方向）と直交する水平方向に引張応力（tensile stress）が働き，伸張運動が生じたときに形成される．また逆断層は，断層の走向と直交する水平方向の圧縮応力（compression stress）が卓越しているときに形成される．日本の太平洋岸で数多く発生する海溝型地震のほとんどは，陸のプレートが海のプレートの上にのし上がる逆断層型の巨大地震である．

横ずれ断層には，断層の片側に立って相手側が右にずれる右横ずれ断層（right-lateral fault）と，逆に左にずれる左横ずれ断層（left-lateral fault）がある．横ずれ断層は水平の圧縮応力が一方向に加わっているときに生じ，走向や変位の向きの異なる2つの断層運動が同時に発生することがある．これを共役断層（conjugate fault）という．

日本の内陸には，前述のように東西方向の圧縮力が作用しており，これを反映して，西南日本には2系統の横ずれ断層系が卓越している．北東―南西走向の横ずれ断層は右横ずれを，一方，北西―南東走向の横ずれ断層は左横ずれを示しており，東西圧縮の地殻応力場の下で発達した共役断層系と考えられている．兵庫県南部地震は，北東―南西の走向をもつ右横ずれ断層がずれて発生したプレート内地震であった．

1.2.4 地震波の放出

断層運動にともない地震波が四方八方に放出される．地震波は，弾性体である地球の内部あるいは表面に沿って伝わる弾性波である．地球の内部を伝わる波を実体波（body wave），表面に沿って伝わる波を表面波（surface wave）という．

実体波には，最初に到達する波（primary wave）であるP波と，それに続いて到達する波（secondary wave）のS波がある．P波は物体の体積変化を伝え，波の進行方向に振動する縦波

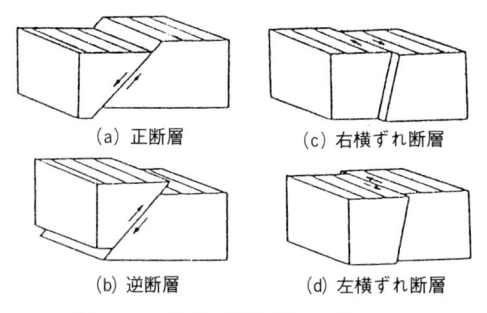

図1.2.4 断層の種類 （池田・他，1996）

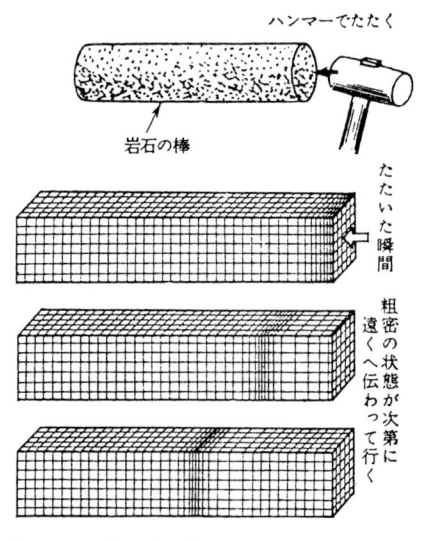

図1.2.5 縦波（P波）の伝わり方 （竹内，1973）

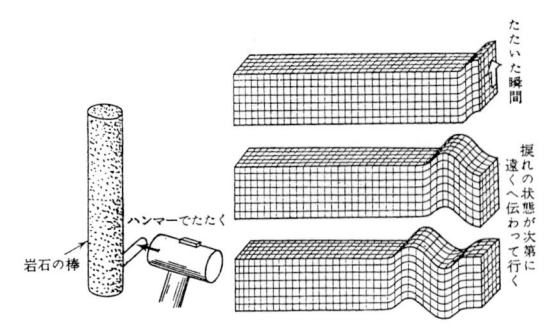

図 1.2.6　横波（SV 波）の伝わり方（竹内，1973）

(longitudinal wave) であり（図1.2.5），一方，S波は，物体のねじれを伝え，波の進行方向と直角な面上で振動する横波 (transverse wave) である（図1.2.6）．

地表面のような境界がある場合には，振動方向が境界面に直交するSV波（SV wave）と，振動方向が境界面に平行なSH波（SH wave）が存在する．図1.2.6に示されているのはSV波である．縦波は横波より伝播速度が約1.7倍大きいので，P波のほうがS波より速く伝わる．P波とS波の到着時刻の差を初期微動継続時間といい，観測点から震源までの距離に比例するので，震源の位置を決定するのに用いられる．

P波およびS波に続いて，より周期が長く振幅も大きい波が現れる場合がある．この波は地表付近にエネルギーが集中していて，深さとともに振幅が急激に減少するような性質があるので，表面波と呼ばれる．半無限均質弾性体を伝わる表面波としてレイリー波（Rayleigh wave），地殻のような表層が存在する場合に，そこを伝播する表面波としてラブ波（Love wave）が知られている．

1.2.5　地震の大きさと地震動の強さ

地震の大小の程度を表す数値として一般にマグニチュード（earthquake magnitude, M）が，地震動の強弱の程度を表す数値として震度（seismic intensity）が用いられている．

地震そのものの大小を表すには，震源域から放出されたエネルギーを用いればよいが，もっと実用的な尺度として考案されたのがマグニチュードである．マグニチュードは，地震計に記録された地震波の最大振幅の対数から計算されることになっているが，種々の実際的方法が提案されている．異なる方法で求められたマグニチュードは，同一地震でも系統的に異なることがあり，また，同一方法でも使用するデータが異なると，値にずれが生ずるのが普通である．マグニチュードと放出された地震波のエネルギーの関係から，マグニチュードの値が1増えると地震波のエネルギーは約30倍，2増えれば約1000倍となる．

ところで，震源域から放出される全エネルギーは，地震波のエネルギーだけではなく，重力に逆らって地殻が隆起運動を行うためのポテンシャルエネルギー，断層面に沿う運動の際に岩石の破壊や摩擦によって消費されるエネルギー，そして場合によっては津波のエネルギーをも含めた総和であり，これらのエネルギーを見積もる試みも行われている．

また，地震の原因が断層運動であることから，震源の規模は断層運動の大きさで表されると考えることもできる．断層運動の大きさは，断層面の広がり（断層面積 fault area）とずれの量の積に比例する．これに，ずれに関係した弾性率である剛性率（rigidity）をかけて得られる量を地震モーメント（seismic moment）と呼ぶ．これは地震の物理モデルに基づいた尺度であり，近年データが急速に蓄積されつつある．

一方，震度はある場所での地震動の強さを，人体感覚，周囲の物体，構造物あるいは自然界に対する影響の大小などによって，いくつかの震度階級（seismic intensity scale）に分けて表示するものであり，日本では気象庁震度階級に基づいて，気象庁の担当職員が判定していたが，最近ではその基準に合うように，地震波の観測から自動的に震度を計算する震度計で測られている（計測震度）．震度0～7の8階級をもとに，平成8年度から震度5と6を「強」「弱」に二分した10階級の

第1章 地震の発生と地震動 5

表1.2.1 気象庁震度階級関連解説表（気象庁，1996）

平成8年2月

震度は、地震動の強さの程度を表すもので、震度計を用いて観測します。この「気象庁震度階級関連解説表」は、ある震度が観測された場合、その周辺で実際にどのような現象や被害が発生するかを示すものです。この表を使用される際は、以下の点にご注意下さい。
(1) 気象庁が発表する震度は、震度計による観測値であり、この表に記述される現象から決定するものではありません。
(2) 震度が同じであっても、対象となる建物、構造物の状態や地震動の性質によって、被害が異なる場合があります。この表では、ある震度が観測された際に通常発生する現象や被害を記述していますので、これより大きな被害が発生したり、逆に小さな被害にとどまる場合もあります。
(3) 地震動は、地盤や地形に大きく影響されます。震度は、震度計が置かれている地点での観測値ですが、同じ市町村であっても場所によっては震度が異なることがあります。また、震度は通常地表で観測していますが、中高層建物の上層階では一般にこれより揺れが大きくなります。
(4) 大規模な地震では長周期の地震波が発生するため、遠方において比較的低い震度であっても、エレベーターの障害、石油タンクのスロッシングなどの長周期の揺れに特有な現象が発生することがあります。
(5) この表は、主に近年発生した被害地震の事例から作成したものです。今後、新しい事例が得られたり、建物、構造物の耐震性の向上などで実状と合わなくなった場合には、内容を変更することがあります。

計測震度	震度階級	人間	屋内の状況	屋外の状況	木造建物	鉄筋コンクリート造建物	ライフライン	地盤・斜面
0〜0.5	0	人は揺れを感じない。						
0.5〜1.5	1	屋内にいる人の一部が、わずかな揺れを感じる。						
1.5〜2.5	2	屋内にいる人の多くが、揺れを感じる。眠っている人の一部が、目を覚ます。	電灯などのつり下げ物が、わずかに揺れる。					
2.5〜3.5	3	屋内にいる人のほとんどが、揺れを感じる。恐怖感を覚える人もいる。	棚にある食器類が、音を立てることがある。	電線が少し揺れる。				
3.5〜4.5	4	かなりの恐怖感があり、一部の人は、身の安全を図ろうとする。眠っている人のほとんどが、目を覚ます。	つり下げ物は大きく揺れ、棚にある食器類は音を立てる。座りの悪い置物が、倒れることがある。	電線が大きく揺れる。歩いている人も揺れを感じる。自動車を運転していて、揺れに気付く人がいる。				
4.5〜5.0	5弱	多くの人が、身の安全を図ろうとする。一部の人は、行動に支障を感じる。	つり下げ物は激しく揺れ、棚にある食器類、書棚の本が落ちることがある。座りの悪い置物の多くが倒れ、家具が移動することがある。	窓ガラスが割れて落ちることがある。電柱が揺れるのがわかる。補強されていないブロック塀が崩れることがある。道路に被害が生じることがある。	耐震性の低い住宅では、壁や柱が破損するものがある。	耐震性の低い建物では、壁などに亀裂が生じるものがある。	安全装置が作動し、ガスが遮断される家庭がある。まれに水道管の被害が発生し、断水することがある。[停電する家庭もある。]	軟弱な地盤で、亀裂が生じることがある。山地で落石、小さな崩壊が生じることがある。
5.0〜5.5	5強	非常な恐怖を感じる。多くの人が、行動に支障を感じる。	棚にある食器類、書棚の本の多くが落ちる。テレビが台から落ちることがある。タンスなど重い家具が倒れることがある。変形によりドアが開かなくなることがある。一部の戸が外れる。	補強されていないブロック塀の多くが崩れる。据付けが不十分な自動販売機が倒れることがある。多くの墓石が倒れる。自動車の運転が困難となり、停止する車が多い。	耐震性の低い住宅では、壁や柱がかなり破損したり、傾くものがある。	耐震性の低い建物では、壁、梁、柱などに大きな亀裂が生じるものがある。耐震性の高い建物でも、壁などに亀裂が生じるものがある。	家庭などにガスを供給するための導管、主要な水道管に被害が発生することがある。[一部の地域でガス、水道の供給が停止することがある。]	
5.5〜6.0	6弱	立っていることが困難になる。	固定していない重い家具の多くが移動、転倒する。開かなくなるドアが多い。	かなりの建物で、壁のタイルや窓ガラスが破損、落下する。	耐震性の低い住宅では、倒壊するものがある。耐震性の高い住宅でも、壁や柱が破損するものがある。	耐震性の低い建物では、壁や柱が破壊するものがある。耐震性の高い建物でも壁、梁、柱などに大きな亀裂が生じるものがある。	家庭などにガスを供給するための導管、主要な水道管に被害が発生する。[一部の地域でガス、水道の供給が停止し、停電することもある。]	地割れや山崩れなどが発生することがある。
6.0〜6.5	6強	立っていることができず、はわないと動くことができない。	固定していない重い家具のほとんどが移動、転倒する。戸が外れて飛ぶことがある。	多くの建物で、壁のタイルや窓ガラスが破損、落下する。補強されていないブロック塀のほとんどが崩れる。	耐震性の低い住宅では、倒壊するものが多い。耐震性の高い住宅でも、壁や柱がかなり破損するものがある。	耐震性の低い建物では、倒壊するものがある。耐震性の高い建物でも、壁や柱が破壊するものがかなりある。	ガスを地域に送るための導管、水道の配水施設に被害が発生することがある。[一部の地域で停電する。広い地域でガス、水道の供給が停止する。]	
6.5〜	7	揺れにほんろうされ、自分の意志で行動できない。	ほとんどの家具が大きく移動し、飛ぶものもある。	ほとんどの建物で、壁のタイルや窓ガラスが破損、落下する。補強されているブロック塀も破損するものがある。	耐震性の高い住宅でも、傾いたり、大きく破壊するものがある。	耐震性の高い建物でも、傾いたり、大きく破壊するものがある。	[広い地域で電気、ガス、水道の供給が停止する。]	大きな地割れ、地すべりや山崩れが発生し、地形が変わることもある。

＊ライフラインの [ ] 内の事項は、電気、ガス、水道の供給状況を参考として記載したものである。

震度階級が使われている．

表 1.2.1 は「気象庁震度階級関連解説表」で，以前の「気象庁震度階級の説明文」のように震度を定義する性格はなくなり，ある震度が観測された際に，その場所でどのような現象が発生するかを記述したものとなっている．なお，震度7は1948年の福井地震（M 7.1）の後につくられた最高震度階で，1995年の兵庫県南部地震で初めて適用された．

1.2.6 地震の時間的分布

図 1.2.7 に地震活動のサイクルの模式図を示す．長い静穏期が終わって大地震が近づくと，その数年あるいは数十年も前から，断層の周辺地域に前触れと見られる地震が起こることがある（前駆的地震活動）．そして大地震の直前，数日あるいは数週間前に，異常に多くの地震が起こることがある．これが前震（foreshock）である．本震（main shock）が起こるとその後しばらく余震（aftershock）が続き，少しずつ静穏期へ移行する．本震は，一群の地震のうちに1つだけとくに大きいものがあるときに名付けられるが，本震といえるような大きい地震を含まない一群の地震が群発地震（earthquake swarm）である．

地震系列には，本震～余震型，前震～本震～余震型，群発地震型の3タイプが見られる．前震を伴う地震の数は地震全体の数に比べて少ない．前震を伴う地震の発生割合の高い地域と群発地震の起こる地域とは，一般にかなりよく一致しており，地殻を造っている岩石が不均一であること，地殻に多くの割れ目（fissure）が存在していること，火山活動や熱水活動が活発であること，あるいは強度に褶曲（fold）した第三紀層（Tertiary strata）が存在することなどの特徴をもっている．すなわち，地殻を構成している岩体の強度が，周囲に比べて弱いところで前震や群発地震が発生しやすい．

一方，余震は多くの地震で観測されている．本震により断層面の周辺では応力状態に急激な変化がもたらされるが，これを調整するために断層面に沿って発生するのが余震と考えられている．したがって，余震の広がりは地下の震源断層の広がりとほぼ一致すると考えてよい．通常，本震から1日程度以内の余震の広がり（余震域 aftershock region）が震源域に対応するとみなしている．余震域を楕円と考え，その面積を $A(\mathrm{km}^2)$，M を本震のマグニチュードとすると，

$$\log A = M - 3.7 \quad (1.2.1)$$

の関係が求められている．

1.2.7 活断層と地震の長期予測

断層運動が長期にわたって繰り返し発生すると，地表地震断層に沿って古い地層や地形面の変位量が時間とともに累積し，その繰り返しのたびに大地震を発生させる．第四紀（Quaternary，180万年前～現在）あるいは第四紀後期（数十万年前～現在）に繰り返し活動し，将来も活動する可能性のある断層を活断層（active fault）と呼ぶ．この活断層の性質を利用して，内陸直下型地震の長期的な地震予測が，地形学的あるいは地質学的情報に基づいて行われている．

活断層の活動度を評価する重要な指標として，次の3つがあげられる．

① 断層運動とそれにともなって発生する地震の再来周期（return period，発生間隔）
② 1回の地震で動く断層の長さ
③ 1回の地震で動くずれの大きさ

①は地震の発生時期の予測に結びつく指標であ

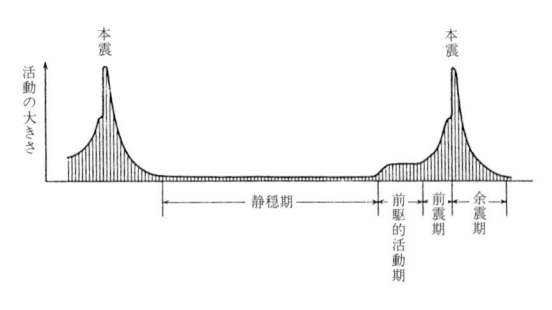

図 1.2.7 活断層の活動サイクル（松田，1995）

り，これを求める有効な方法として，最近各地の断層でトレンチ調査が行われている．②と③は断層から発生する地震の規模を予測するために必要な情報である．いずれも推定するのが困難であり，③に代わる指標として，地質学的なタイムスケールで平均化された断層のずれの速さ（平均変位速度 mean slip velocity）が用いられている．

　地震の規模を表す指標の１つに地震モーメント（sismic moment）があることを **1.2.5** で述べた．地震モーメントは，地震時に破壊する断層面の面積と，断層面上でのずれの量の積に比例する．内陸で地震が発生する深さはだいたい 15〜20 km 程度までの上部地殻であり，動くであろう断層の長さが何らかの方法で見積もられれば（上記②），断層面の面積は推定できる．また，ずれの量（上記③）は平均変位速度と地震発生間隔（上記①）の積で求められる．これにより，地震モーメントを介して，地震の規模を推定することができる．

　活断層の平均変位速度（S）は次式で表される（図 1.2.8）．

$$S = \sum D / T \qquad (1.2.2)$$

ここに，$\sum D$ は断層の現在までの累積変位量，T はその期間の長さである．平均変位速度が大きいほど断層運動が活発ということになる．日本では活断層をその平均変位速度によって A〜C 級の３ランクに分けて表現することが多い．

　A：$S \geq 1$ mm/年
　B：0.1 mm/年 $\leq S < 1$ mm/年
　C：$S < 0.1$ mm/年

ここにあげた A 級活断層には，中央構造線，糸魚川―静岡構造線，丹那断層，根尾谷断層，阿寺断層，国府津・松田断層など，B 級活断層には東京都西部の立川断層や秋田県東部の千屋断層など多くの活断層が該当する．日本海溝や南海トラフにある沈み込み境界の大断層は，内陸の A 級活断層よりもさらに１桁大きい平均速度で動いている（AA 級）．

　ところで，実際の断層運動は，図 1.2.8 のように，一瞬の活動とその後の休止期間が周期的に繰り返されており，この休止期間は断層ごとにほぼ一定であると考えられている．この休止期間が地震の再来周期（return period 発生間隔）である．

　断層活動時の１回の変位量（D）を活断層の平均変位速度（S）で割ると，次式により地震の再来周期（R）が求められる（図 1.2.8）．

$$R = D/S \qquad (1.2.3)$$

地殻に少しずつ蓄積される歪みが限界に達し，断層の破壊が起こるまでの所要時間が再来周期である．最後の活動時期が，トレンチ調査などの地質学的な調査から実証的に求められれば，最終活動時以降現在までの経過時間が，再来周期にどの程度近づいているのかによって，その断層の危険度が判定できる．

　松田（1995）は，日本の地表地震断層に関するデータを用いて，個々の断層から発生する地震の規模と地震発生間隔を推定することを試みた．地震のマグニチュード M と，その地震にともなって生じた地表地震断層の長さ L(km) および最大変位量 D(m) の間には，大きなばらつきをともないながらも，次のような統計的な関係が見出されている．

$$\log L = 0.6 M - 2.9 \qquad (1.2.4)$$
$$\log D = 0.6 M - 4 \qquad (1.2.5)$$

活断層は必ずしも端から端まで同時に動いて１つの大地震を起こすとは限らず，一部が動く場合が多いので，全長 L を用いて得られるマグニチュ

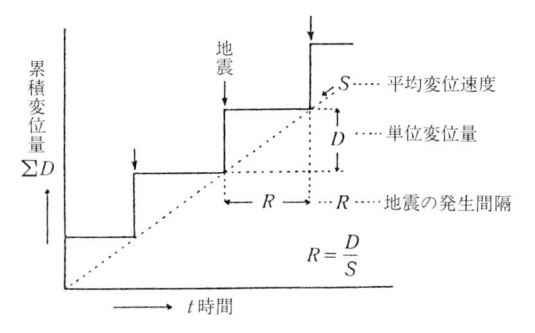

図 1.2.8　活断層の平均変位速度と地震の平均発生間隔の関係
　　　　　（松田，1976）

ードの値は，その活断層から起こる可能性のある地震の最大のマグニチュードを与えているとみなされる．

1.2.8 日本における強震動の観測

ここでは，災害と関係の深い強震動（strong motion）の観測事業について簡単に紹介する．兵庫県南部地震の後，多くの機関によって強震観測事業が進められ，膨大な数の強震計（strong motion seismograph）が設置されている．強震観測の目的が，地震学的研究から防災・耐震工学まで幅広い分野に及ぶため，事業を行う機関も，国や地方公共団体などの公的機関，大学や民間企業など数多くの機関が携わっている．国の機関で実施している事業のうちのいくつかを紹介すると次のようである．

気象庁におけるデジタル強震波形観測・収録業務は，1997年4月以降，95型震度計によって行われている．95型震度計は，その地域の標準的な地表面の震度および強震波形を観測することを目的として，20 kmを基本とした全国メッシュのうち，現在約600カ所に整備されている．現在の基準では，気象庁のいずれかの観測点で最大震度4以上を観測した場合に，震度3以上の観測点の波形データを自動収集することにしている．収集された波形データは，1997年3月末に運用終了となっている87型電磁式強震計のデータとともに，MT，FDあるいはCD-ROMなどの媒体で，(財)気象業務支援センターから提供されている．

科学技術庁防災科学技術研究所は兵庫県南部地震を契機として，K-NET (Kyoshin Net)と呼ばれる強震計ネットワークを運用している．同一のスペックを持つ加速度型強震計が，日本全国に約25 km間隔で設置され，観測点は現在約1000地点に及ぶ．多くの観測点は，役場などの公共施設の敷地内に設けられている．全観測点で最高20 mのボーリング孔による検層（logging）が行われ，浅層の構造が明らかにされている．

K-NETでは，気象庁震度で3以上を記録した地震に関して，トリガーされたすべての観測点のデータ（最大加速度コンターマップおよびデジタル波形データ）と浅層の構造がホームページ上で公開されている．さらに，同様のデータが年2回CD-ROMにより提供されている．また，K-NETでは，当該自治体に対して強震情報をFAXあるいは電話回線を用いて転送できるようになっている．

消防庁は兵庫県南部地震後，震度情報ネットワークシステムの整備を進めている．このシステムは，地震時の被害状況を早期に把握し，応急対策に対応できるようにすることを目的に構築されており，市町村単位で計測した震度情報を，ネットワークを介して都道府県，消防庁まで伝達するシステムである．現在約3300点の震度観測点を持っているが（約11 kmメッシュに1点の割合），この観測点のうち約700点は，他機関が市町村庁舎に整備した地震計を利用している（気象庁・約200点，科学技術庁防災科学技術研究所・約500点）．これらの震度情報は，市町村庁舎において表示されるとともに，都道府県に伝送されて県内応援体制確立のための資料となり，さらに消防庁に送られ，迅速な県外からの広域応援体制の確立のための資料として活用される．

その他，建設省土木研究所，同建築研究所，運輸省港湾技術研究所，通産省地質調査所などでも観測が行われており，非公開だったデータも順次公開されつつある．

1.3 地震動の性質

1.3.1 地震波の伝播

地震動の特性，すなわちその振幅（amplitude）や周期（period）などは，地震の規模，震源からの距離やその途中にある地殻や地層の性質によって変化する．一般にある地点の地震動は，周波数領域（frequency domain）での表現を用

いて，次のように表すことができる．

$$R(\omega) = H(\omega) \cdot P(\omega) \cdot S(\omega) \quad (1.3.1)$$

すなわち，地表での地震動 $R(\omega)$ は，震源スペクトル (source spectrum) $S(\omega)$，伝播経路 (wave path of a seismic wave) 特性 $P(\omega)$ および観測地点での地震基盤 (seismic bedrock) 以浅の地盤の増幅 (amplification) 特性 $H(\omega)$ の積で表される．伝播経路特性と地盤増幅特性が分離される境界を一般に地震基盤と呼んでいる．

ここでは伝播経路特性について若干解説し，地盤増幅特性については，次の 1.3.2 で触れることにする．

震源からの地震波の振幅は，おもに次の 3 つの原因によって変化する．

① 減衰 (attenuation)
② 放射特性 (radiation)
③ 指向性 (directivity)

地震波の振幅は，一般に震源からの距離に応じて減衰する．減衰の原因としては，幾何減衰 (geometrical damping)，内部減衰 (internal damping)，媒質の不均質による減衰などが考えられる．

幾何減衰は距離とともに波面 (wave front) が広がっていくことによる．また，内部減衰は地殻の非弾性的性質によるものである．さらに，地殻の媒質の不均質性により，地震波の反射 (reflection)，屈折 (refraction)，散乱 (scattering) などが起こり，振幅が減衰する．

内部減衰を表す物理量として，Q 値 (quality factor) が使われている．これは，ある波が現在持っているエネルギーを E とし，この波が一周期の振動をする間に，摩擦 (friction) により失うエネルギーを ΔE とすると，$Q = 2\pi E/\Delta E$ によって定義される．Q 値が小さい物質ほど，振幅の減衰は激しい．上部マントルでは，Q 値は数十から 1000 を超す領域まで，場所によって著しく異なる．ちなみに，沖積層 (Alluvium) では Q 値はほぼ 5〜20 の間にあり，軟弱地盤 (soft ground) ほど値が大きい（減衰が小さい）傾向がある．

一般に地震波は，上記のように 1 周期ごとにエネルギーを消耗するので，1 周期で消耗するエネルギーが等しいとすると，高い振動数 (frequency) の波ほど減衰が激しくなる．したがって，震源距離 (hypocentral distance) の大きい地震では，P 波は減衰して小さくなってしまうが，直下型地震のように震源距離の小さな地震では，P 波はあまり減衰せず，初期微動 (preliminary tremor) を強く感じることになる．

放射特性は震源における断層運動のタイプに関連して生じ，震源からの方向による振幅の違いとして現れる．横ずれ断層の場合の放射パターンは，ちょうど断層面の方向で P 波の振幅がゼロ，S 波の振幅が最大になる．すなわち，断層の走向方向では最初に S 波が到着し，地面を断層に直交する方向（右横ずれの場合は破壊の進行方向に向かって左方向）へ動かし，少し遅れて，断層運動による土地の急激なずれ（断層面に平行方向，断層を挟んで逆方向）が伝わってくる．

この S 波の速度と断層運動の伝播速度の差は小さいので，波動の伝播方向と断層破壊の伝播方向が一致する断層の走向方向では，断層各部で発生した地震波が重なり合い，全体として振幅の大きな短周期の振動が形作られる．また，お互いに逆方向ならば，振幅は小さくなり長周期化する．このように，断層破壊の進行方向域では，断層直交方向の地震動振幅が卓越している上に（放射特性），このドップラー効果によってさらに振幅が大きくなる．この現象は地震波の指向性と呼ばれている．

この放射特性と指向性は，断層近傍の強震域での被害の方向性に影響を与えている可能性がある．

1.3.2　地盤構造や地形による地震動の変質

地震波は伝播の途中，経路の不連続面で反射と屈折を繰り返しながら，しだいにその波形と進路

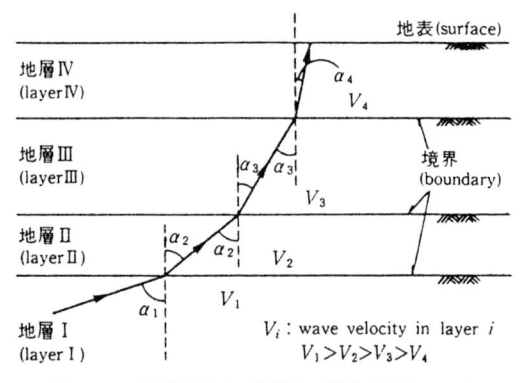

図1.3.1 地表付近での地震波の屈折（伯野，1992）

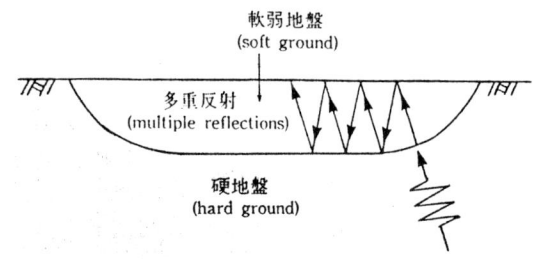

図1.3.2 地震波の多重反射（伯野，1992）

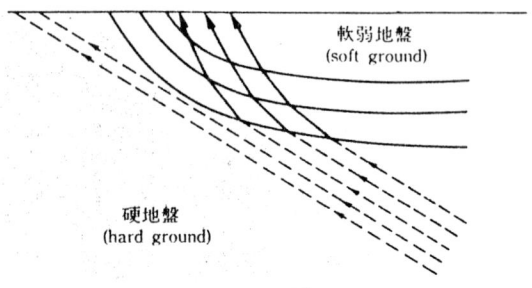

図1.3.3 フォーカス現象（伯野，1992）

を変えていく．硬い地層から軟らかい地層に入射するときは，軟らかい地層ほど波の伝播速度が遅いので，地震波は軟らかい地層のほうへ屈折する．地球内部では一般に，浅い層ほど地震波の伝播速度が遅いので，地震波の進行方向は鉛直に近づき，真下に近い方向から伝わってくることになる（図1.3.1）．とくに，地表付近が軟弱地盤のところではこの傾向が強い．したがって，縦波のP波は上下動，横波のS波は水平動として感じられる．

地震波は軟らかい地盤から硬い地盤には入りにくく，かなり反射してしまうが，反対に硬い地盤から軟弱地盤には入りやすい．したがって，図1.3.2に示すように，一旦軟弱地盤に入った地震波は，その中に閉じこめられたようになり，軟弱地盤中で何度も反射を繰り返すため（多重反射 multiple reflection），減衰しにくく長く揺れる．

このとき，軟弱地盤はある特定の周期で共振（resonance）を起こし，とくに大きく揺れる．これは，地盤内での地震波の多重反射によって，特定の周期の波が同じ位相（phase）で重なり合うからである．その波のおおよその周期（T）は，1/4波長則と呼ばれる次式によって見積もることができる．

$$T = 4H/V_s \qquad (1.3.2)$$

ここで，H は軟弱地盤の厚さ，V_s は軟弱地盤におけるS波の伝播速度である．

今までは，水平な軟らかい地層と硬い地層が上下方向に重なっている領域での話であったが，硬い地盤の一部に軟弱な地盤があり，その境界では硬い部分から軟らかい部分に徐々に漸移している図1.3.3のような場合を考える．もし，軟弱地盤がなければ，図の破線のように通過してしまうはずの地震波は，軟弱地盤のほうへ曲げられる．光がレンズで曲げられて焦点を結ぶように，地震波が曲げられて集中するので，フォーカス（focus）現象と呼ばれる．地震波が集中する部分は，振動が増幅されて大きく揺れる．

周囲が硬く，中央が軟らかい盆地状の地盤では，大きな振幅で長い継続時間（duration）の地震動となることがあるが，これは多重反射とフォーカス現象が重なって起こるためである．

軟弱地盤の端部（層の薄くなる部分）では，波動エネルギーが集中して，振動が大きく増幅される．これは，沖合いより海岸近くの浅いところで波高が高くなるのと似た現象なので，なぎさ現象（shore phenomenon）と呼ばれる．

地盤の構造だけではなく，地震動は地形の影響も大きく受ける．崖端や小高い丘の上，尾根筋などは，自由端として振動するのでよく揺れる．

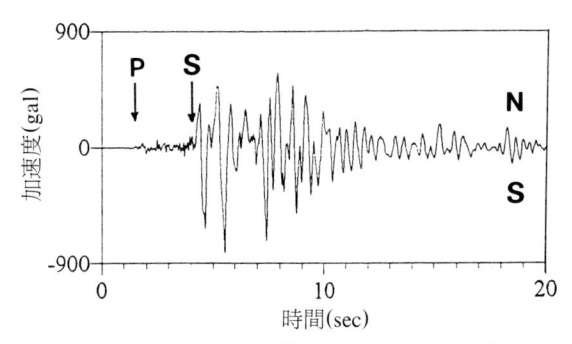

図 1.3.4 兵庫県南部地震の加速度記録（NS 成分）
（神戸海洋気象台）

1.3.3 地震動の性質

図 1.3.4 は神戸海洋気象台における兵庫県南部地震の加速度記録の NS 成分である．地震動の初期には振幅・周期ともに比較的小さい波がある時間続き，その後にかなり振幅の大きい波がやってくる．最初の波が初期微動 (preliminery tremor)，それに続く大きな波が主要動 (principal shock) である．初期微動は P 波，主要動は S 波にあたる．初期微動継続時間が長いほど，震源までの距離が遠い．

地震災害との関係で重要な地震動の性質は，一般に，①最大振幅と②周期（周波数）特性および③地震動の継続時間である．

最大振幅 (maximum amplitude) としては最大加速度 (peak acceleration) と最大速度 (peak velocity) がとりあげられる．最大加速度は質量との積が力になるので，地震動の強さを表す尺度としてよく用いられる．最大加速度は一般に地震動の短周期成分の特徴を表している．

また，構造物の破壊を考えるときは，力よりもエネルギーとの関係が密接な最大速度を指標にしたほうがよいという考えもある（速度の 2 乗に質量の 1/2 をかけると運動エネルギーになる）．最大速度は地震動の周期の 1～数秒程度の特徴をよく表しているので，周期の長い構造物への影響を考える際には，速度を目安とする方が適している．

地震動はさまざまな周期（周波数）の振動が合成されたものである．ある地震動がどのような周

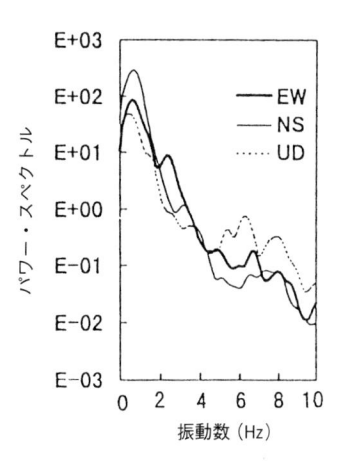

図 1.3.5 速度波形のパワー・スペクトル

期の振動から構成され，どの周期の振動の振幅が大きいのかは，地震動の性質として大変重要である．地震動の記録に含まれている周期（周波数）成分を検出するために，スペクトル解析 (spectral analysis) が行われる．

図 1.3.5 は神戸大学構内で観測された兵庫県南部地震のパワー・スペクトル (power spectrum) である．速度波形の主要動部を解析に用いている．水平 2 成分とも周波数 0.6～0.7 Hz，周期にして 1.5～1.6 秒のところにスペクトルのピークが見られる．このように，とくにスペクトル値の大きい，すなわち振幅の大きい振動成分があるとき，その成分の周期あるいは周波数をそれぞれ卓越周期 (predominant period) あるいは卓越周波数 (predominant frequency) という．地盤上の構造物が持っている固有の周期（固有周期 natural period）が，そこに入力される地震動の卓越周期に一致していると，構造物は共振を起こし激しく揺れることになる．

地盤が卓越周期をもつ理由は，先に述べた多重反射により地盤の固有の振動が励起され，それが卓越するからである．(1.3.2) 式の T はこの卓越周期にあたる．岩盤では比較的短周期の振動が卓越し，軟弱な地盤になるにしたがって長周期の振動が卓越してくる．最大加速度は卓越周期の短い岩盤のようなところほど大きいのに対して，最

大速度と最大変位（peak displacement）は卓越周期の長い軟弱地盤のようなところほど大きい傾向が見られる．

例えば，関東地震（1923）のときに，地盤の固有周期が0.3秒程度の東京山の手では，木造2階建てに比べて，土蔵の被害が多かったが，地盤の固有周期が0.6秒以上の下町では逆であった．この現象は，地盤の固有周期により増幅させられた地震動の卓越周期と建物の固有周期の関係から説明されている．

1.3.4 地震動の推定

強震動の破壊力と密接な関係がある地震動の特性は，前述のように，①最大加速度または最大速度，②周期（周波数）特性，③継続時間，の3つである．

このうち，地震動の継続時間については，久田・安藤の提案した次式により，実用上十分な精度で推定できる．

$$\log T_d = (M-2.5)/3.23 \quad (1.3.3)$$

ここで，T_d（秒）は地震動の始めから振幅がほぼ主要動の振幅の1/10程度になるまでの時間，Mは地震のマグニチュードである．

加速度などの振動観測の空白地域で，その最大値を推定する方法として，最大加速度および最大速度の推定式が種々提案されている．

基盤上の地震動の最大加速度は，大崎・渡部式といわれる次式によって推定できる．

$$\log A_{max} = 0.440\,M - 1.38 \cdot \log(R^2+d^2)^{1/2} + 1.04 \quad (1.3.4)$$

ここで，A_{max} は基盤上での最大加速度（gal：cm/s²），R は震央距離（km），d は震源の深さ（km）である．d は次式によって推定することもできる．

$$\log d = 0.353\,M - 1.435 \quad (1.3.5)$$

また，最大加速度（水平2成分の平均）の距離減衰式として，福島・田中が提案した次式がある．

$$\log A_{max} = 0.51\,M - \log(D+0.006 \cdot 10^{0.51M}) \\ -0.0034\,D + 0.59 \quad (1.3.6)$$

ここで，D は断層からの最短距離である．この式はほぼ硬質地盤における最大加速度の平均的な値を与えている．

比較的古いが，現在でもしばしば使われる修正金井式は，基盤上での最大速度振幅を与える経験式である．

$$\log V_{max} = 0.61\,M - (1.66+3.60/X)\log X \\ -(0.631+1.83/X) \quad (1.3.7)$$

ここで，V_{max} は基盤における最大速度（cm/s），X は震源距離（km：$(R^2+d^2)^{1/2}$）である．ただし，X が零に近づくと発散することに注意しなければならない．

震度が判明している場合には，気象庁震度 I_{JMA} と加速度 A(gal) との関係を示す次式を使うこともできる．

$$I_{JMA} = 2.0 \cdot \log A + 0.69 \quad (1.3.8)$$

また，現場で概略の加速度を推定する方法として，転倒した墓石を調べることもよく行われている．高さ H，幅 W の角柱を載せた床が水平方向，上下方向にそれぞれ一定の加速度 A_h，A_v で動くとすると，ごく簡単に考えた場合，次式を満たしたときにその角柱は倒れることになる．

$$A_h > (g-A_v)W/H \quad (1.3.9)$$

ところで，(1.3.4) 式と (1.3.7) 式は基盤における最大加速度であり最大速度である．統計的な扱いができるのは，基盤上での地震動であって，諸々の特性をもつ地盤の影響を受けた地表面での地震動はバラバラで，上式のような統計処理に耐えられない．したがって，地盤内での地震動の変化は，地盤上の構造物の耐震性はもちろん，地盤の破壊（斜面では崩壊の発生）の面でも重要となってくる．

地盤内でどの周期の振動が増幅されあるいは減衰を受けるのかについては，地盤の層厚，密度（density），せん断弾性係数（shear modulus），減衰定数（damping factor），それらの歪依存性

（strain-dependency）などの地盤の動特性から，振動論的に周波数応答関数（frequency response function）を求めて推定する方法や，地盤上と基盤での地震動のスペクトルの比から推定する方法などが行われている．

また，地盤の地震時安定性を調べるために，地盤の構成とその震動特性から，地盤内で発生するせん断応力や歪みの分布を求める必要が生ずる．このような地盤の地震時応答を数値的に求めるには，地盤を半無限の平行層モデルと仮定して解く重複反射理論（multiple reflection theory），地盤を多質点系に置換する集中質量法（lumped mass method），その他有限要素法（finite element method），境界要素法（boundary element method）など多くの手法が提案されている．

斜面のような地形的に複雑な地盤では，地形効果による地震動の増幅が見られることから，一般的には2次元ないし3次元の応答解析が行われる．斜面における動的解析は，目的によって，すべりに対する安定性（斜面崩壊が発生するか否か）を検討する場合と，地盤の変形量を検討する場合の2通りに分かれる．

最後に，地震動による災害（ここでは斜面崩壊を考える）の及ぶ範囲について触れておく．地震動と崩壊分布範囲の関係は，地震直後の初動体制の判断材料として重要である．

崩壊分布の範囲は，過去の事例から，ほぼ余震域（aftershock region）に重なっているとみなすことができる．したがって，余震域の面積とマグニチュードの関係を表す前出の（1.2.1）式が，ほぼそのまま崩壊発生範囲とマグニチュードの関係を表す式となる．余震域（崩壊分布域）を円形と仮定して，その半径を r(km) とおくと，(1.2.1) 式は次のように変形される．

$$\log r \fallingdotseq 0.5 M - 2.1 \quad (1.3.10)$$

上式は，深沢・吉岡の導いた（1.3.11）式，すなわち震央から崩壊多発域最遠点までの距離 D_p とマグニチュード M の関係式にほぼ一致している．

$$\log D_p = 0.50 M - 2.0 \quad (1.3.11)$$

引用文献

土質工学会(編)（1983）土質地震工学（土質基礎工学ライブラリー 24），土質工学会，p. 371．

伯野元彦（1992）被害から学ぶ地震工学―現象を素直に見つめて―，鹿島出版会，p. 155．

池田安隆・島崎邦彦・山崎晴雄（1996）活断層とは何か，東大出版会，p. 228．

金井 清（1974）地震工学（大学講座土木工学 18），共立出版，p. 178．

河角 広(編)（1973）地震災害（防災科学技術シリーズ），共立出版，p. 277．

松田時彦（1976）活断層と地震―その地質学的研究，地質学論集，12，p. 15-32．

松田時彦（1995）活断層（岩波新書），岩波書店，p. 242．

大崎順彦（1996）新・地震動のスペクトル解析入門，鹿島出版会，p. 299．

理論地震動研究会(編)（1995）地震動―その合成と波形処理―，鹿島出版会，p. 256．

島崎邦彦・松田時彦(編)（1994）地震と断層，東大出版会，p. 239．

竹内 均（1973）地震の科学（NHKブックス），日本放送出版協会，p. 229．

宇津徳治（1977）地震学（共立全書），共立出版，p. 286．

第2章　地震による崩壊発生

2.1　はじめに

　強烈な地震が発生すると，その振動によって建物や橋梁や道路などの損壊や死傷者を生じさせるだけではなく，地震によって誘発された崩壊や地すべりなどの斜面移動現象によって建物の損壊や人々を死傷させる．日本は国土の7割が山地であるが，地震動による直接的な建物の被害よりも斜面災害による被害が大きいことがあり，このため地震による崩壊などの地震災害対策は重要な問題である．

　大規模な地震が発生すると大被害が発生することが過去の資料からも明らかであり，地震時に崩壊や地すべりを発生させた記録も多くある．1792年5月21日に九州の島原で発生した四月朔地震で眉山が大崩壊を起こし，約3.4億m³の土砂が崩壊し，有明海に突入した．この崩壊とこれによる津波（tsunami）によって，死者・行方不明者1万5千人余りの大災害となった．

　アメリカ合衆国アラスカ州では1958年7月9日に発生した大地震により，海岸山腹斜面で大規模地すべり（large-scale landslide）が発生し，3000万m³以上の土砂が海に突入し，巨大津波を発生させた．また，1964年3月27日アラスカ地震（M 8.6）の発生により大規模な液状化（liquefaction）にともなう地すべりが発生した．さらに，1970年5月31日には，ペルー地震（M 7.7）が発生し，ワスカラン山北峰における大規模崩壊による崩土と土石流により18,000人が死亡した（Plafker et al., 1970）．地震による災害は，陸域で発生するのみならず，海域においても海底地すべり（submarine landslide）を引き起こし，海底ケーブル，海底構造物に被害を与えている．

　このように地震による崩壊や地すべりは今までに世界各地で発生し，多大な被害を与えている．日本で発生した地震による土砂災害（sediment disasters）の分布と概要を口絵1，図2.2.1と表2.2.1に示す（建設省砂防部，1995）．

2.2　地震による地盤災害

2.2.1　地盤災害の種類

　地震時における崩壊・地すべりなどの斜面土砂移動現象の発生は地震力（seismic force），地震発生域の地質，地形，地下水などの水理・水文などの各種因子の総合的な影響によるものがあり，これらの関係を図2.2.2に示す．

　地震による発生頻度のとくに高い斜面土砂移動現象は落石，表層崩壊（surface slope failure）や岩盤崩落（rock slide）などの崩壊である．落石（rockfall）は地震により岩盤から岩塊や岩片が，また斜面から石礫が分離し一つ一つ独立して，跳躍（saltation），回転（rotation），滑動（sliding），自由落下（falling）しながら移動する現象である．

　落石はいずれの岩種にも発生する．とくに節理（joint）の密な，固結度の弱い材料（砂岩，礫岩，頁岩，シルト岩，凝灰岩など）や残積土，破砕風化岩などで発生頻度が高い．また固結度の高い岩では物理的風化（mechanical weathering）や応力解放（stress release）により開口した節理（joint）やその節理を強度の弱い充填物で満たされた岩盤からも多く落石が発生する．一般に，落石の多い斜面は崖錐堆積物（talus deposition）

第2章 地震による崩壊発生　15

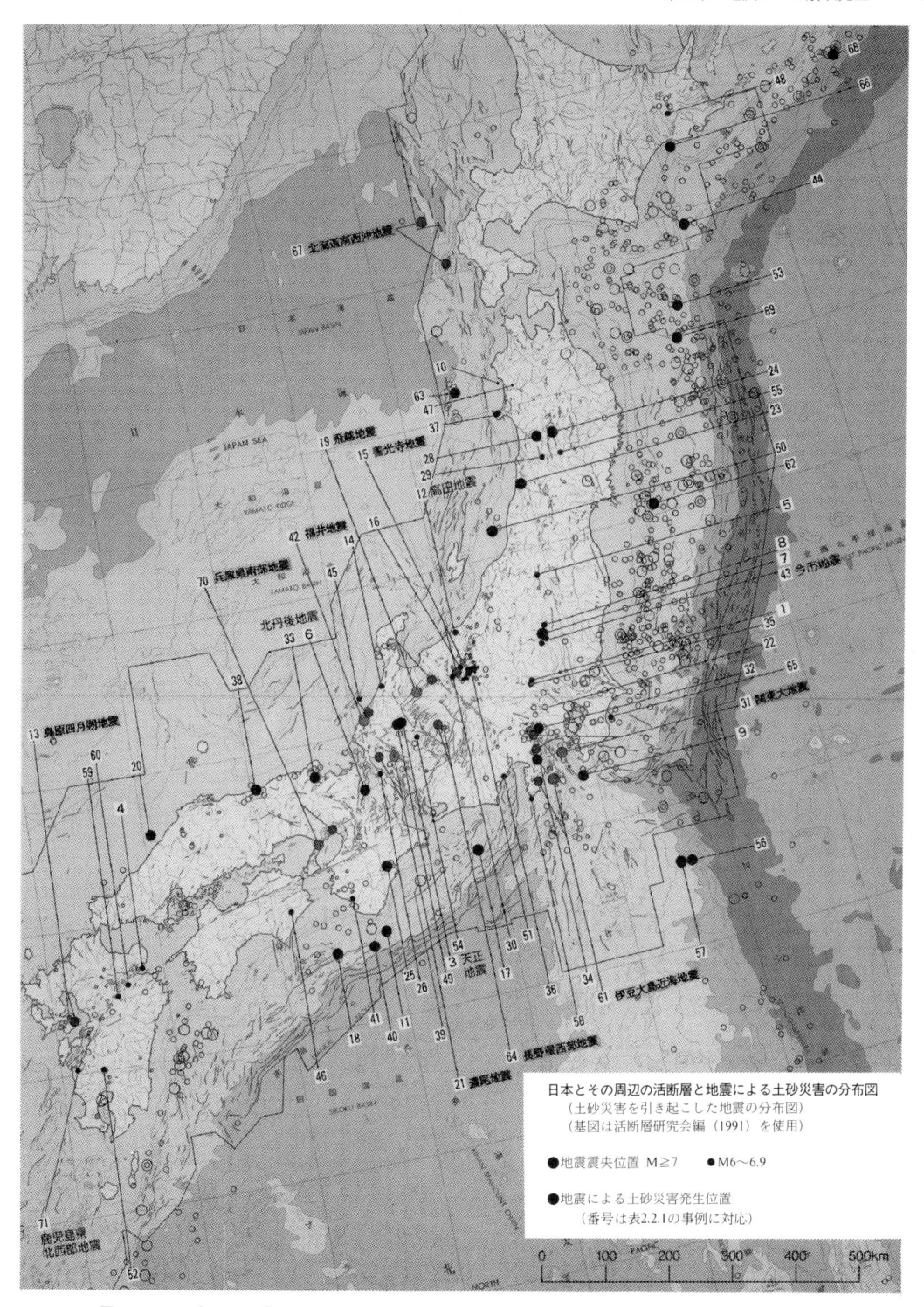

図 2.2.1　日本とその周辺の活断層と地震による土砂災害の分布図（建設省砂防部, 1995 に一部追加）

表 2.2.1 日本の地震による土砂災害一覧表 (建設省砂防部, 1995に一部追加)

番号	西暦 年.月.日	和暦	地震名 (地域名)	被災死者不明者数 (人)	被災全壊住家戸数 (戸)	発生した崩壊地および地域名	崩壊原因 地震○ 降雨△	崩壊原因 震後発生降雨 (…後)	震央位置 北緯 °N	震央位置 東経 °E	地震発生位置	M マグニチュード	震源の深さ (km)	震度	震央から崩壊地までの距離 (km)	地震により生じた活断層	備考
1	818.-.-	弘仁09年	(関東諸国)			赤城山南麓	○		36.5	139.5	直下	6.5				深谷断層	
2	1331. 8.19	元徳03年	(駿河・富士山)			大沢崩れ	○										未確定
3	1586. 1.18	天正13年	天正地震		300	帰雲山, 白川谷	○		36.0	136.9	直下	7.9				御母衣断層	
4	1596. 9.01	慶長01年	豊後地震	708	4,800	鶴見岳崩壊	○		33.3	131.6	直下	7.2					瓜生島陥没
5	1611.12.02	慶長16年	会津地震	3,700		飯豊山	○		37.6	139.8	直下	6.9	-			会津断層	山崎新湖形成
6	1662. 6.16	寛文02年	琵琶湖西岸	827	4,590	比良山地	○		35.2	136.0	直下	7.6	-	6			
7	1683. 6.18	天和03年	日光大地震			大薙・大谷川	○△	1月	36.8	139.7	直下	7.0					
8	1683.10.20	天和03年	天和地震(栃木県)	1,000		葛老山	○		36.8	139.7	直下	6.7		7			五十里湖形成
9	1703.12.31	元禄16年	元禄地震	6,700	28,000	関東・東海	○		34.7	139.8	海溝	8.2		6			
10	1704. 5.27	宝永01年	羽後・津軽地震	58	1,193	十二湖崩れ	○		40.4	140.4	直下	7.2					
11	1707.10.28	宝永04年	宝永地震(西日本)	20,000	60,000	高知・三重	○		33.2	135.9	海溝	8.4					同年富士噴火
12	1751. 5.21	寛延04年	高田地震(長野県)	1500		名立山地	○		37.1	138.2	直下	7.2					
13	1792. 5.21	寛政04年	島原四月朔地震	15,000		眉山大崩壊	○		32.8	130.3	直下	6.4					三月朔地震
14	1799. 6.29	寛政11年	(金沢)			金沢平野周辺	○		36.6	134.3	直下	6.0				森本断層	
15	1847. 5.08	弘化04年	善光寺地震	5,767	13,812	岩倉山	○		36.7	138.2	直下	7.4	-	7	25	善光寺断層	犀川閉塞
16	1853. 1.26	嘉永05年	(信濃北部)	0	23		○		36.6	138.1	直下	6.5					
17	1854.12.23	安政01年	安政東海地震	2,000	30,000	東海	○		34.0	137.8	海溝	8.4					
18	1854.12.24	安政01年	安政南海地震	数千		南海・山陽道	○		33.0	135.0	海溝	8.4					
19	1858. 4.09	安政05年	飛越地震(岐阜県)	203	319	大鳶山崩れ	○		36.4	137.2	直下	7.1				跡津川断層	
20	1872. 3.24	明治05年	浜田地震(島根県)	600	5,000	石見高原	○		35.2	132.1	海溝	7.1			50		
21	1891.10.28	明治24年	濃尾地震(岐阜県)	7,273	140,000	ナンノ谷	○△	4年	35.6	136.6	直下	8.4		6	45	根尾谷断層	堰止め湖形成
22	1894. 6.20	明治27年	(東京湾北部)	31	62	飯能・神奈川	○		35.7	139.8	直下	7.0					
23	1894.10.22	明治27年	庄内地震(山形県)	726	3,858	出羽丘陵	○		38.9	139.8	直下	7.0		5	25	矢沢断層	
24	1896. 8.31	明治29年	陸羽地震(秋田県)	209	5,792	奥羽山脈	○		39.5	140.7	直下	7.2			25	千屋断層	
25	1899. 3.07	明治32年	(紀伊半島南東部)	7	35	三重県一帯	○		34.1	136.1	直下	7.0		6	30		
26	1909. 8.14	明治42年	姉川地震(滋賀県)	41	978	岐阜県	○		35.4	136.3	直下	6.9		6	15		
27	1911. 6.15	明治44年	喜界島近海地震	12	422	喜界・奄美島	○		28.0	130.0	海溝	8.2		6	65		
28	1914. 3.15	大正03年	秋田仙北地震	94	640	出羽丘陵	○		39.5	140.4	直下	7.1			8		
29	1914. 3.28	大正03年	(秋田県平鹿郡)	0	数戸	出羽丘陵	○		39.2	140.4	直下	5.8					最大余震
30	1918.11.11	大正07年	大町地震(長野県)	0	6	大町市周辺	○		36.5	137.8	直下	6.1				地割れ断層	
31	1923. 9.01	大正12年	関東大地震	142,000	254,000	丹沢山塊	○△	15日	35.1	139.5	海溝	7.9		6		相模湾断層	根府川土石流
32	1924. 1.15	大正13年	相模地震	19	1,200	丹沢山塊	○		35.5	139.2	直下	7.2					
33	1927. 3.07	昭和02年	北丹後地震	2,925	12,584	海岸部	○		35.5	135.1	直下	7.3		6		郷村断層	
34	1930.11.26	昭和05年	北伊豆地震	272	2,165	天城山地北部	○		35.1	139.1	直下	7.0		6	20	丹那断層	
35	1931. 9.21	昭和06年	西埼玉地震	16	207	埼玉西部	○		36.2	139.2	直下	7.0		5			
36	1935. 7.11	昭和10年	静岡地震	9	363	静岡・清水市	○		35.0	138.4	直下	6.3	10		10		
37	1939. 5.01	昭和14年	男鹿地震	27	479	寒風山	○		40.1	139.2	直下	7.0		6	10		
38	1943. 9.10	昭和18年	鳥取地震	1,083	7,485	出雲地方	○△	2年	35.5	134.1	直下	7.4		6		鹿野断層	
39	1944.12.07	昭和19年	東南海地震	1,235	17,599	静岡・愛知・三重	○		33.8	136.6	海溝	7.9					津波発生
40	1946.12.12	昭和21年	南海地震(西日本)	1,330	11,591	高知・三重一帯	○		33.0	135.6	海溝	8.1	20	6	110		
41	1948. 6.15	昭和23年	(日高川上流)	2		和歌山県東部	○		33.8	135.4	直下	7.0			10		
42	1948. 6.28	昭和23年	福井地震	3,769	36,814	福井平野東部	○		36.2	136.2	直下	7.1				地割れ断層	
43	1949.12.26	昭和24年	今市・日光	10	290	今市・日光	○		36.7	139.7	直下	6.4			11		
44	1952. 3.04	昭和27年	十勝沖地震	28	815	北海道東部	○		41.8	144.1	海溝	8.1		6	50		
45	1952. 3.07	昭和27年	大聖寺沖地震	7	0	石川県	○		36.5	136.2	直下	6.8		5			
46	1955. 7.27	昭和30年	(徳島県南部)	1	0	那賀川上流	○		33.8	134.3	直下	6.0	10	4			
47	1955.10.19	昭和30年	二ツ井地震	0	0	七座山	○		40.3	140.2	直下	5.7		5			
48	1959. 1.31	昭和33年	(北海道, 弟子屈)	0	0	弟子屈周辺	○		43.4	144.5	直下	6.1		6			2回地震発生
49	1961. 8.19	昭和36年	北美濃地震	8	12	福井付近	○		36.1	136.8	直下	7.0		4	20		
50	1964. 6.16	昭和39年	新潟地震	26	1,960	櫛形山脈	△	1月	38.4	139.2	海溝	7.5	40	6	25		村上沖海底
51	1965. 8.03	昭和40年	松代群発地震	0	10	松代付近	○		-	-	直下	6.4	4			地割れ断層	
52	1968. 2.21	昭和43年	えびの地震	3	368	鹿児島県下	○△	3年	32.0	130.7	直下	6.1		6	5		
53	1968. 5.16	昭和43年	十勝沖地震	52	673	青森県東部	○△		40.7	143.6	海溝	7.9		5	190		1日前に降雨
54	1969. 9.09	昭和44年	(岐阜県中部)	1	0	郡上郡付近	○		35.8	137.1	直下	6.6			10		
55	1970.10.16	昭和45年	(秋田県南東部)	0	0	奥羽山脈	○		39.2	140.5	直下	6.2		4			
56	1972. 2.29	昭和47年	八丈島近海	0	0	八丈島	○		33.2	141.3	海溝	7.0	70		140		
57	1972.12.04	昭和47年	八丈島東方沖地震	0	0	八丈島	○		33.2	141.1	海溝	7.2	50		120		
58	1974. 5.09	昭和49年	伊豆半島南部	38	134	伊豆半島南部	○		34.6	138.8	直下	6.1	10	5	13	石廊崎断層	
59	1975. 1.23	昭和50年	(熊本県阿蘇外縁)	0	16	阿蘇周辺	○		33.0	131.1	直下	6.1		5			
60	1975. 4.21	昭和50年	大分県中部地震	0	58	湯布院	○		33.1	131.3	直下	6.4		5	5		
61	1978. 1.14	昭和53年	伊豆大島近海地震	25	96	伊豆半島東部	○		34.5	139.2	直下	7.0	-	5	20	根木の田断層	
62	1978. 6.12	昭和53年	宮城沖地震	28	1,183	宮城・福島県内	○		38.2	142.2	海溝	7.4	70	5			
63	1983. 5.26	昭和58年	日本海中部地震	104	934	男鹿市	○		40.4	139.1	海溝	7.7	14	5	120	海底断層	
64	1984. 9.14	昭和59年	長野県西部地震	29	14	伝上崩れ	○		35.8	137.6	直下	6.8	2	4	10		土石流発生
65	1987.12.17	昭和62年	千葉県東方沖地震	2	10	房総丘陵	○		35.4	140.5	直下	6.7	58	5	27		
66	1993. 1.15	平成05年	釧路沖地震	2		釧路平野一帯	○		42.9	144.4	海溝	7.8	103	6	50		
67	1993. 7.12	平成05年	北海道南西沖地震	230	594	奥尻島	○△	17日	42.8	139.2	海溝	7.8	35	5	80	海底断層	
68	1994.10.04	平成06年	北海道東方沖地震			釧路周辺	○		43.4	147.9	海溝	8.1	30	6			
69	1994.12.28	平成06年	三陸はるか沖地震	2		八戸周辺	○		40.3	143.4	海溝	7.2		6			
70	1995. 1.17	平成07年	兵庫県南部地震	6,310	160,000	六甲山地	○		34.6	135.0	直下	7.2	20	7		野島断層	
71	1997. 3.26	平成09年	鹿児島県北西部地震			鹿児島北西部	○		32.0	130.4	直下	6.5	12	6			

注1: 明治改暦以前の月日は,和暦で示す.
注2: 地震名は主として新編日本被害地震総覧に準拠したが,通称名があるものはその名称を記載した.括弧には主な震源地および被災地域名を示す.
注3: 死者数および全壊戸数は,主に理科年表による.なお,不明なものについては,空欄とした.
注4: 崩壊原因の○印は,地震により崩壊が生じたものを,△印は,地震後の降雨により崩壊が生じたものを表す.
注5: 地震後の降雨は,震後はじめて顕著な土砂災害を誘発した降雨時期を地震発生より○○後という形で表した.
注6: 震央位置・マグニチュード(最大値)・震源の深さ・震度(最大値)は,主に新編日本被害地震総覧の値,近年の地震については気象庁の値を引用した.
注7: 「海溝」は海底の海溝付近で発生した地震を,「直下」は内陸の直下で発生した地震を示す.
注8: 釧路沖地震は,深部の沈み込むプレート内で起きた直下型地震である.
注9: 震央から崩壊地までの距離は,田村俊和(1978,地理学評論)から引用し,それにない地震については,既存の資料より計測した.
注10: 対象とした崩壊地までの距離は,相対的に多発域(密集域)の外縁距離を採用した.
注11: 地震により生じた活断層について複数におよぶ場合は,主要な1断層だけを記した.また,確認された断層名のない海底断層や地割れ断層も示す.

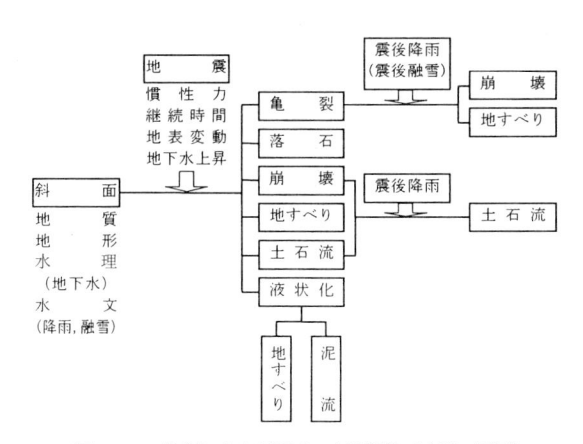

図 2.2.2　地震による斜面での土砂移動（中村，原図）

のあるところが多い．

　表層崩壊は数十cm～数mの土層が斜面をすべり落ち，崩壊する現象である．粘土分の少ない，ルーズで不飽和の残積土（residual soil）や崩積土（colluvial soil）が，土層の境界や基盤岩面上をすべり落ちる現象である．このような表層崩壊は地震により誘発する斜面土砂移動現象の典型的なタイプの一つである．

　この浅層崩壊の中には新しい火山噴出物（volcanic products）で覆われた地域で発生する崩壊も含まれる．1978年1月の伊豆大島近海地震（M 7.0）によって静岡県河津町見高入谷および大池地区で浅層崩壊が発生した．これらの地区での斜面は洪積世（Diluvium）末から沖積世（Alluvium）にかけて降下した火山灰（volcanic ash）やパミス（pumice）の層で構成されているが，この層理面（bedding plane）に沿ってすべり面（sliding surface）が形成され，崩壊したものである．すべり面勾配は30度前後であり，崩壊土層の厚さは約3.0mである．

　1960年のチリ地震（Chile Earthquake M 8.3～8.5）でスコリア（scoria）と細粒の風化粘土化した鋭敏比（sensitivity ratio）の高い粘土層の互層（alternation of strata）よりなる飽和した火山堆積層地帯で多くの崩壊が発生したとの報告がある．スコリア（scoria）あるいはパミスタフ（pumice tuff）などの火山噴出物層が崩壊し，土石流化することがある．1923年の関東大地震で発生した根府川の土石流（流速13～19 m/s）や小田原市米神の土石流などの事例である．

　岩盤崩壊は，落石と同様にいずれの岩種においても発生するが節理，層理面や不連続面上を岩塊や岩盤ブロックがマスとなって運動しながら攪乱され崩れ落ちるものである．

　崩壊の中で発生頻度は少ないが岩なだれ（rock avalanche）型の崩壊がある．このタイプの崩壊は崩壊土量が 10^6 m³以上であり，崩壊を起こした地すべり岩塊は細分化され岩屑流（debris avalanche）となり，高速で数kmも流下するものである．これには，1792年の雲仙眉山崩壊（崩壊土量 $3.4×10^8$ m³）や1984年の長野県西部地震による御岳崩壊（崩壊土量 $3.6×10^7$ m³）などがあげられる．

　日本では地震を誘因とするいわゆる地すべりの発生例は少ない．地すべりはその発生，運動過程により新生地すべり（初生地すべり，first-time landslide）と復活地すべり（再発地すべり，re-activate landslide）に分類することができる．新生地すべりには崩壊性地すべりが含まれ，1847年の善光寺地震では岩倉山の西南斜面に発生した崩壊性地すべり（崩壊土量 $3.7×10^7$ m³）など長野盆地周辺で多くの崩壊が発生している．また，1995年1月の兵庫県南部地震では固結度の低い大阪層群内で発生した仁川地すべり（崩壊土量 $1.1×10^5$ m³）などもある．しかし，復活地すべりの活動事例は非常に少ない．すなわち地震時に発生する地すべりは古い地すべりが復活して滑動することは少なく，新生地すべりが大部分であることが過去のデータからうかがえる．

　一方，外国の事例をみると地震による初生地すべり発生の事例がかなり報告されている．1964年のアラスカ，アンカレッジ地震（Anchorage Earthquake）により発生したガバメントヒル地

すべりは有名である．この地すべりの規模は移動土塊土量 7×10^5 m³，面積4ヘクタール，すべり面深度27 m である．このタイプの地すべりはすべり面形状が平面状で頭部には陥没帯が，まだ末端部では圧縮隆起部が形成されるのが特徴である．

地すべりの中で低角度のすべり層が地震動によって液状化（liquefaction）を起こす砂，礫，シルトの時や鋭敏比（sensitivity ratio）が高い粘土層で構成されている場合には移動土塊の乱れは著しく，地表には多くの亀裂や陥没帯が発生する．運動形態は地すべり的であるが，流動化した場合には泥流や土石流の形態をとる．

1920年中国の黄土高原地帯で発生した海源地震（Haiyuan Earthquke M 8.5）では，多数の地すべりや土石流が発生し，甚大な被害を発生させた．これらの地すべりや土石流は黄土の液状化（liquefaction）が原因と考えられている．

1983年の日本海中部地震（M 7.7）で秋田県の男鹿半島の近くで小規模な土石流であるがシルト層の液状化（liquefaction）が原因と考えられる事例もある．また，地震を誘因とする初生地すべりの中には人工盛土地盤で発生するスランプ（slump）タイプの地すべりや盛土部と地山との境界面をすべり面とするものも比較的多くある．

地震と斜面土砂移動現象を簡単にとりまとめてみたが，これらの現象は地形や地質などの斜面条件と極めて密接な関係にあることは明らかで，これらについて次に述べることにする．

2.2.2 地盤環境と崩壊

斜面の地質条件としては斜面を構成する岩種，地盤構造や地盤内に形成された各種構造面がある．構造面は異なる成因，異なる性質，異なる規模のいろいろな地質境界面，例えば断層（fault），節理（joint），片理（schistosity），亀裂（fissure），層理面（bedding plane）などである．斜面を構成する地盤はこれらの地質構造面によっていろいろな方向に切断され岩塊を形成するが，それら岩塊の形状や大きさはそれぞれ異なる．

破砕帯（crush zone）がみられず，節理や片理面などのあまり発達していない塊状の岩盤からなる斜面では，概して地震により落石や小崩壊が発生する程度である．一方，層理面や片理，節理が発達し，層状構造をもつ堆積岩や堆積岩起源の変成岩では崩壊や流れ盤地すべりが発生するが，薄い層状構造を持つ斜面（20〜30 cm 以下の細互層の堆積岩や軟弱な層を細く挟んだ変成岩など）で破砕帯による層の切断のされ方によっては受盤の地すべりを発生させる．

また，貫入岩（intrusive rock）や深成岩（plutonic rock）などが造構運動（tectonic movement）により岩体が破砕され，ブロック化した岩塊より構成された斜面では，崩壊・落石が，さらに破砕の程度が大きくなると地すべりを発生させる．斜面を構成する地盤が，亀裂や節理の発達とともに著しい破砕を受けたり風化することにより，小さくブロック化した岩塊や岩片より構成される斜面では，地震により多数の亀裂，崩壊や地すべりのいずれもが発生する．

斜面を構成する基盤岩の固結度も地震によって発生する崩壊や地すべりに大きな影響を与える．一般に，固結度が高く硬い岩石より構成される斜面は，固結度が低く軟らかい岩石で構成される斜面よりも地すべりや崩壊の発生率は低い．同じ地震動を受けても地盤の硬軟によって振動特性（最大加速度，振幅など）は異なり，軟らかい地盤ほど最大加速度や振幅が大きくなり，せん断変位量も増大するため固結度の低い軟らかい地盤のほうが地すべりや崩壊を発生しやすくなると考えられる．

建設省土木研究所砂防研究室による「地震による大規模土砂移動現象と土砂災害の実態に関する研究報告書」（1997）では，地震によって引き起こされた大規模土砂移動（江戸時代は崩壊規模 10^6 m³ 以上，明治以降 10^5 m³ 以上，全国で105カ所）について地質別にとりまとめた（図 2.2.3）．

珪長質深成岩 6％
第三系 43％
火山噴出岩 26％
中・古生界 11％
第四系 11％

土砂移動箇所の地質

変成岩 4％
第三系 19％
深成岩 12％
第四系 19％
火山噴出岩 26％
中・古生界 20％

日本列島の地質分布
（理科年表による）

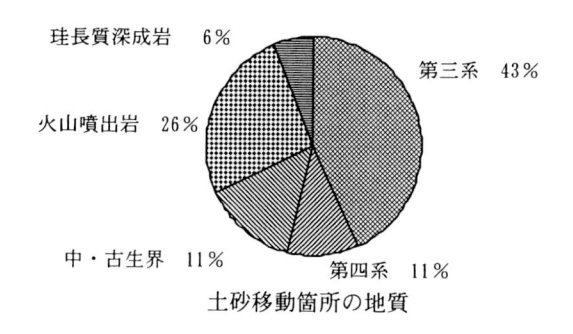

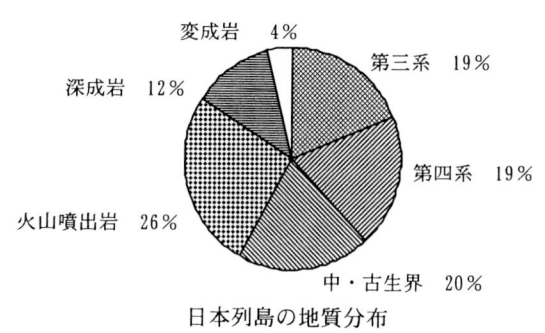

図2.2.3 地震による大規模土砂移動箇所の地質分類
（建設省土木研究所砂防研究室，1995）

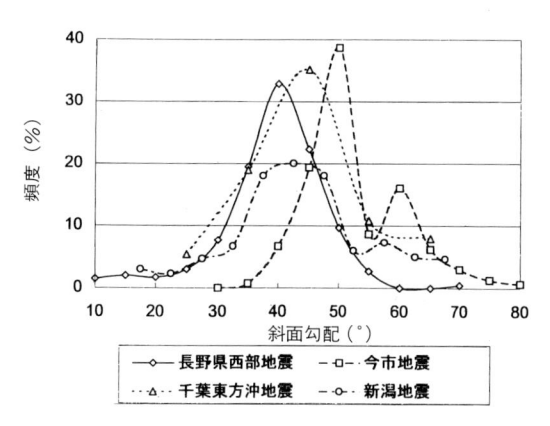

図2.2.4 日本における地震による崩壊の斜面勾配の分布
（郎，1998）
凡例：長野県西部地震　今市地震　千葉東方沖地震　新潟地震

これより，日本列島を構成する地質分布と比較してみると，地震による大規模土砂移動（崩壊，地すべりなど）は，第三系や火山噴出物の分布する地域で発生する確率が高いといえる．火山噴出物の分布域には，スコリアやパミス凝灰岩層や熱水変質（hydrothermal alternation）を受け粘土化した層が分布する地域が含まれる．

地震を誘因とする地すべりと地質との関係で注目すべきものは液状化である．水で飽和された砂やシルト層が地震動により液状化を起こし，地すべりや土石流を発生させる．また鋭敏比の高い粘土は砂層と同様に液状化しやすく地すべりを発生させる．

斜面の地形条件が崩壊や地すべりに与える影響では，河川や谷の密度，地形起伏量の他，重要な因子として勾配，斜面高（比高）や斜面形がある．とくに斜面勾配と比高は重要で，斜面形による影響よりもはるかに大きい．地震時における地震動は斜面の高さによって変化するが，地震動の垂直分力の影響は少なく水平分力の影響は大きい．斜面尾根部の震動は谷部でのそれよりも大きく，変位量も増大する．

地震応答解析（seismic response analysis）から，尾根地形では地震動の増幅効果が認められ，山体の稜線部では加速度が増幅され，最大主応力（major principal stress）とせん断応力（shear stress）が極大となる傾向を得ており，地震による崩壊や地すべりを発生させる可能性を高めることを報告している（落合・他，1994）．またこれらの解析により，斜面での縦横断地形の凸部や斜面法肩において地震動が増幅されるという傾向が得られている．これを実証するための斜面における地震動の観測が待たれるところである．

地震による崩壊や地すべりと斜面勾配の関係については，過去の震後調査報告書がある（図2.2.4）．これらの調査結果をみると斜面勾配が20度以下と60度以上の斜面では崩壊や地すべりは少ない．ほとんどの崩壊や地すべりは30〜50度の斜面に発生している．勾配60度以上の急斜面で崩壊が少ない原因は，堅固な岩盤により構成され安定度が高いことや急勾配斜面の数が少ないためと考えられる．

斜面の縦断面型を凸型，凹型，平行型，複合型（S型）の4種類に区分し，崩壊発生率の関係をみる．図2.2.5は新潟地震，今市地震による崩壊データをとりまとめたものだが，複合斜面や凸型

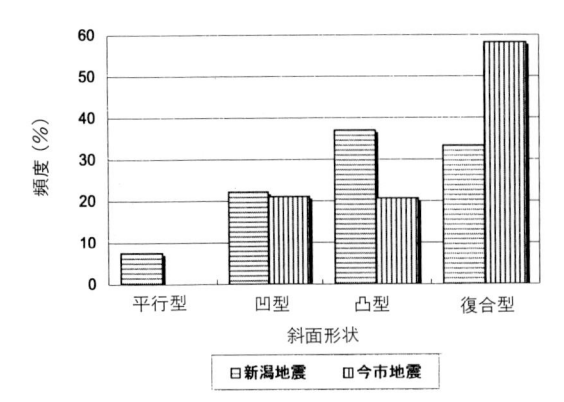

図2.2.5 日本における地震による崩壊の斜面形状の分布
(郎, 1998)

斜面での崩壊発生率が高いことがうかがえる．

地下水が地震地すべりや崩壊に与える影響をみると地下水深度が浅く，飽和した砂層が存在する場合には液状化地すべりが発生する．日本では新潟地震（1964）で，また中国では黄土地帯では多数の液状化地すべりが報告されている．

水文・気象条件が地震による崩壊や地すべりの発生に影響を与える．例えば連続降雨や大雨，融雪時に地震が発生するとすでに斜面の安定度が低下した状態で地震の影響を受けるためより崩壊や地すべりが発生しやすくなる．

地震に起因する崩壊や地すべりには地震と同時に発生する場合と斜面に亀裂ができたり，地下水脈の変化などにより地震後時間が経過した後で発生するものがある．前者を地震時崩壊あるいは地震時地すべり，後者を震後崩壊あるいは震後地すべりと呼ぶ．

地震時に斜面に発生した亀裂は震後崩壊・地すべりの先駆現象（precursor）とみることができる．地震時において斜面変形が進行し，滑落には至らないが，震後の雨が亀裂に進入し，地山の強度を低下させ，崩壊や地すべりを発生させる．地震の発生源である活断層の活動などの地盤変動によって地下水流の流路の変化により，斜面内に地下水が滞留し，地すべり発生のみられた1965年の長野県松代群地震における牧内地すべりなどの事例もある．

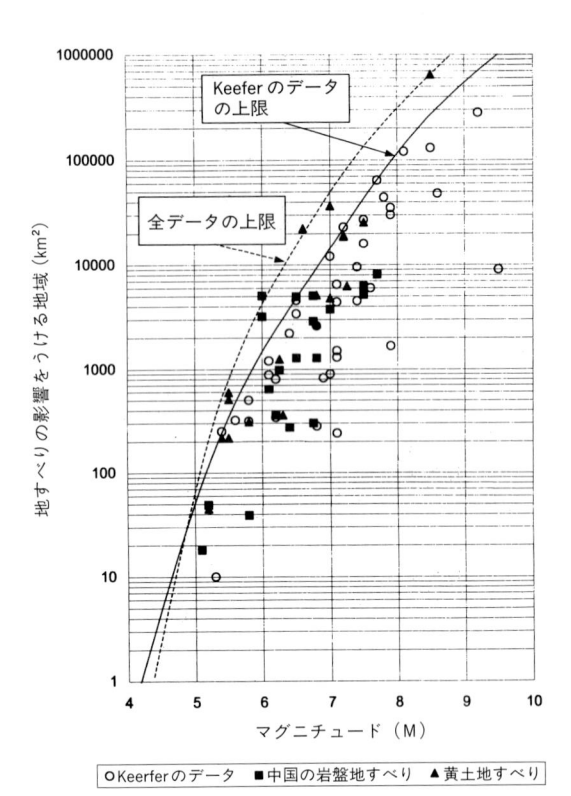

図2.2.6 地震地すべりの発生地域面積と地震規模との関係
(郎・他, 1997)

2.2.3 崩壊の発生分布面積

図2.2.6は地震に崩壊や地すべりの誘発される地域の面積と地震規模との関係を示したものである．図中の白丸はKeefer（1984a）による世界各地の40カ所の歴史的な地震による崩壊などのデータであり，実線はKeeferによるデータの上限線である．これに郎・他（1997）は中国で発生した地震により誘発された黄土地すべりや岩盤すべりを加え加筆したものである．

2.3 斜面安定と地震力

2.3.1 地震時の斜面安定計算

強い地震が発生するときに崩壊や地すべりが地震と同時に発生する場合と，斜面に亀裂ができ地下水脈の変化など地震後長い時間が経過し，降雨で崩壊などが発生した場合があり，前者を地震時崩壊（あるいは地すべり），後者を震後崩壊（あるいは地すべり）と呼ぶことにする．

斜面安定解析法（slope stability analysis）はいろいろな実用式が提案されているが，ここでは簡便式を示すと次のようになる．

$$F = \frac{\tan\phi[\{\sum W\cos\theta - (u+\Delta u)\} - k_H \sum W\sin\theta] + c\sum l}{\sum(W\sin\theta + k_H W\cos\theta)}$$

ここに，k_H は水平震度係数（horizontal seismic coefficient）といわれるもので一般に 0.10～0.3 である．地震動による斜面の安全率（F, safety factor）の変化は，推力が $k_H \sum W\cos\theta$ 増加し，すべり面の抵抗力が $k_H \sum W\sin\theta$ 減少することにより低下し，また土中の間隙水圧（pore water pressure）の増加（Δu）によって斜面の安全率は低下する．

2.3.2 安定計算による崩壊の解析
（1）方法および条件

地震による崩壊の特徴に影響を及ぼす可能性のある因子を選択し，モデル斜面を設定し，そこに関係する因子を組み合わせ，臨界すべり面と安全率の変化を計算し，地震による崩壊の特徴を理論的に検討した（郎・中村，1997）．

このモデル斜面の安定解析では，動的計画法（dynamic programming method）による臨界すべり面解析法（analysis of critical slip surface）を用いた．この臨界すべり面解析は与えられた地形，地質，土質条件等をもとに極限平衡法（limited equilibrium method）の斜面安定解析法の一つである簡便Janbu法を用いて，最小安全率をもつ臨界すべり面を探索する方法である（中村・他，1987a）．解析に必要なデータは，斜面形状および地盤構造，地盤の単位体積重量およびせん断強度定数と震度係数である．

地震による崩壊の特徴を考えて，斜面に関する7つの要因（縦横断形状，表層土厚さ，斜面長，斜面勾配，地盤の土質定数，震度係数）を変化させ，モデル斜面における臨界すべり面の比較計算を行い，地震による崩壊発生に関する特徴に解釈

表-1　計算条件一覧表

No.	要素	記号	範囲	ケース
1	縦横断形状	Q, Z, P	凸、平行、凹	3
2	表層厚さ	D	0, 2, 4 m	3
3	斜面長	L	10, 50 m	2
4	斜面勾配	θ	30°, 45°	2
5	粘着力	C	0～5 tf/m²	11
6	摩擦角	ϕ	30°, 35°	2
7	震度係数	K_v, K_h	0～1.0	6

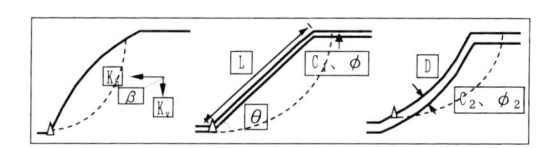

図 2.3.1　モデル斜面とその計算要素（郎・他，1996）
△：すべり面出口

を試みるため各因子の関係を分析した．図2.3.1では，モデル斜面の断面と解析に用いる諸因子を図示し，またその計算条件を示している．

凸型の斜面が地震により崩壊しやすいことに関し多くの報告がなされているが（安江・反町 1978，吉松 1990），その理由についてはまだ明確な説明がなされていない．同じ地質状況でかつ同じ長さの凸型，平行型，凹型斜面の3ケースについて，その臨界すべり面および安全率を計算し，地震により地形が受ける影響について検討した．

また地震が地盤に与える影響を評価するために，表層土と基盤が同じ材料からなる均質断面，表層土の厚さが2m，4mの断面をもつ斜面の3ケースについて臨界すべり面および最小安全率の比較計算を行った．均質断面モデルは風化層が非常に薄い岩盤斜面を想定した断面であり，表層土厚さ2mおよび4mの断面はそれぞれ異なる風化段階の表層土を持つ斜面を想定したものである．斜面規模による影響を評価するため，斜面長さについて10m，50mの2ケースを設定した．急勾配斜面特に30°から45°までの斜面に崩壊が多発す

るという特徴を考慮し，斜面勾配について30°と45°の2ケースについて臨界すべり面の比較計算を行った．

郎・中村（1996b）によると，すべり面形状に最も影響の大きい因子は地盤の粘着力（cohesion）であり，地盤の内部摩擦角（internal friction angle）は安全率に与える影響が大きいと報告している．そこで地盤の粘着力に着目し，その値を$0 \sim 5 \text{ tf/m}^2$まで変化させ，その影響度合を検討した．また表層土の内部摩擦角は30°，35°の2ケースについてその影響分析を行った．

斜面安定解析において，地震力（seismic force）が斜面の安定度に与える影響については数多くの研究がなされているが（例えば，石原，1980；小林，1981；長尾，1982；Bromhead, 1988；Yeats, 1997），水平地震力や垂直地震力がすべり面位置や斜面安全率に与える影響については，あまり議論されていない．ここでは，水平震度係数を0から1.0まで変化させ，臨界すべりおよび安全率の変化を計算した．以下に地震による崩壊の特徴について，それぞれの解析結果について述べる．

（2）斜面勾配と崩壊の発生

地震による崩壊は急勾配斜面に多発する．とくに斜面の勾配が30°を超すと地震による崩壊が急増することから，勾配による影響を定量的に解析することを試みた．図2.3.2は斜面勾配による影響の度合を示している．横軸は震度係数（seismic coefficient）で，縦軸は斜面勾配45°の斜面の安全率が斜面勾配30°の斜面の安全率に比べ，どの程度低下するかを示す係数$(1-F_{45}/F_{30})$である．F_{45}は勾配45°の斜面の安全率，F_{30}は勾配30°の斜面の安全率である．

勾配が30°から45°まで15度変化することにより，斜面の安全率は約34～42%低下し，平均的に約38%低下することがわかる．勾配が1°急になることにより，斜面の安全率は約2.5%低下するとも言える．

（3）斜面形状と崩壊の発生

地震が崩壊発生に及ぼす地形形状，とくに凸型斜面による影響は従来地震波の増幅効果から議論されている（安江・他，1981；Lawrence et al., 1973）．ここでは地震時における地震波の斜面における増幅効果は無視して，地形形状の影響だけを考え，すべり面および斜面安全率の変化を検討した．崩壊斜面における地形は凸型，平行型および凹型に区別できる．地震による崩壊は凸型斜面での崩壊は多いが，斜面の長さが短いほど凸型斜面の安全率は小さくなり，より崩壊が発生しやすくなるものと推定される．

縦横断形状とすべり面の関係についてのモデル計算によると，均質土質の凸型および平行型斜面のすべり面の出口はいずれも斜面下部の勾配変化点に形成されるが，凹型斜面においてはすべり面の出口は勾配変化点より上部に形成される．また凸型斜面におけるすべりの滑落崖は斜面の中部から山頂までの間に形成される（図2.3.3）．

各タイプの斜面に震度を変化させ，すべり面の位置に与える影響を調べた．地震力が大きくなるとすべり面の位置は少し深くなるが，すべり面の平均深さの変化は5%以下である．とくに凸型斜面の震度によるすべり面の位置に与える影響は平行型，凹型の斜面より少ない．計算によると，凸

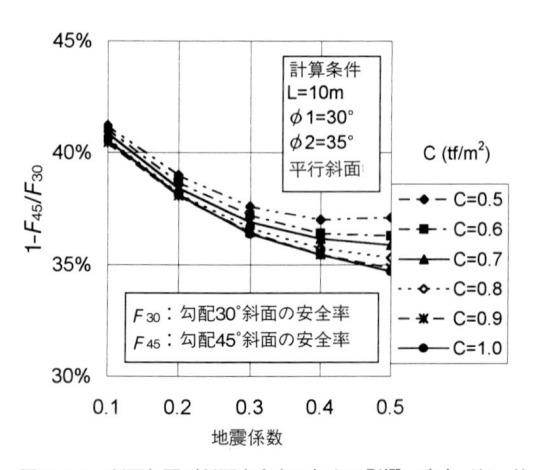

図2.3.2 斜面勾配が斜面安全率に与える影響の度合（郎・他，1997）

型斜面での斜面の安全率は最も小さく，震度による安全率の低下度は最も大きいことが明らかになった．

すべてのモデル斜面に同じ粘着力c，内部摩擦角φを適用して計算した結果によると，凸型斜面における臨界すべり面の安全率は最も小さく，平行型のものの安全率は最も大きい．地震による各タイプの斜面の安全率の低下度について，凹型の安全率の低下度は最も小さい．一方，斜面勾配が小さい時，平行型の斜面の安全率の低下度は大きいが，勾配が大きくなるにつれ，凸型斜面の安全率の低下度はより大きくなっている．斜面勾配が大きくなるほど，また震度が大きくなるほど凸型斜面の安全率の低下度は大きくなる．地震による安全率の低下度が大きな斜面形状の順番は凸型＞平行型＞凹型である．

図2.3.3は，地形形状による影響の度合いを示している．横軸は震度係数で，縦軸は平行型斜面の安全率と凸型斜面の安全率の低下率（$1-F_q/F_z$）を示す．F_qは凸型斜面の安全率で，F_zは平行型斜面の安全率である．地形形状による影響について主に地盤の粘着力の差によって安全率の低下は5～10%程度変化する．先に述べたように勾配1°が2.5%の安全率の低下になると換算すると，形状による影響は勾配の約2°から4°ぐらいに相当すると考えられる．

（4）地盤構成と地震の発生

地震による崩壊の最大の特徴は表層崩壊の多発である．今まで数多くの文献（例えば，中山，1988；釜井，1989；桑原，1979；小川，1997；川邉，1997）は表層崩壊の多発を報告している．ここでは臨界すべり面解析による計算によって実際すべり面に近似するすべり面をトライアンドエラーで探索し，すべり面の粘着力と内部摩擦角を理論的に決定した．図2.3.4は実際の崩壊地の断面と計算よって求められたすべり面の一例である．

基岩の土質強度定数は$c=10.0\,\text{tf/m}^2$，$\phi=35°$で，上部層の黄土の土質強度定数が$c=0.1\,\text{tf/m}^2$で，$\phi=30°$であるとき，計算すべり面と実際すべり面は非常に良く一致し，計算によって求められたすべり面は黄土と基盤の間に形成される．すなわちこの斜面では地震係数が0のとき安全率が1.167で，地震係数が0.1のとき安全率は0.986となる．

モデル斜面における表層土層の厚さ0m，2m，4mの3ケースで，表層土の粘着力cは0から$10\,\text{tf/m}^2$まで，また震度を0から1.0まで変化させて，臨界すべり面に及ぼす表層厚さと粘着力の影響について比較計算を行った．ただしここは基盤の土質定数はcを$10\,\text{tf/m}^2$でφが35°とした．

一般に斜面内に弱層が存在すればそれがすべり面になることが多い．しかし，地盤の粘着力ある

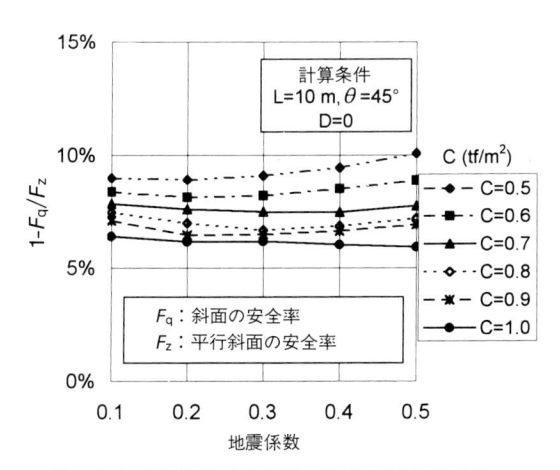

図2.3.3 斜面形状が斜面安全率に与える影響の度合（郎・他，1997）

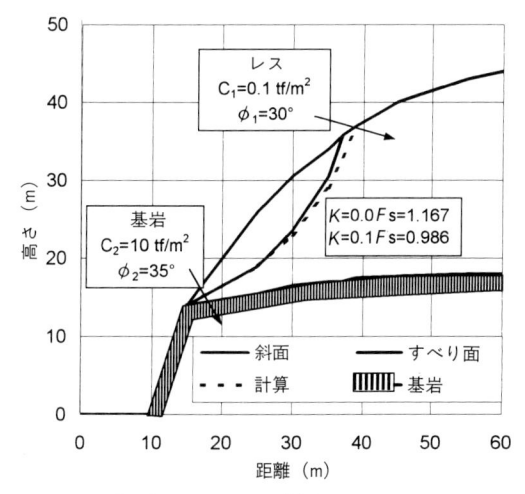

図2.3.4 黄土中のすべり面と計算すべり面（郎・他，1997）

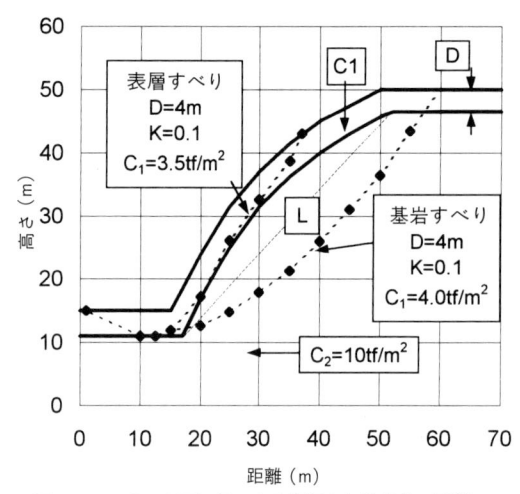

図2.3.5 すべり面に及ぼす表層深さと粘着力の影響
(郎・他, 1997)

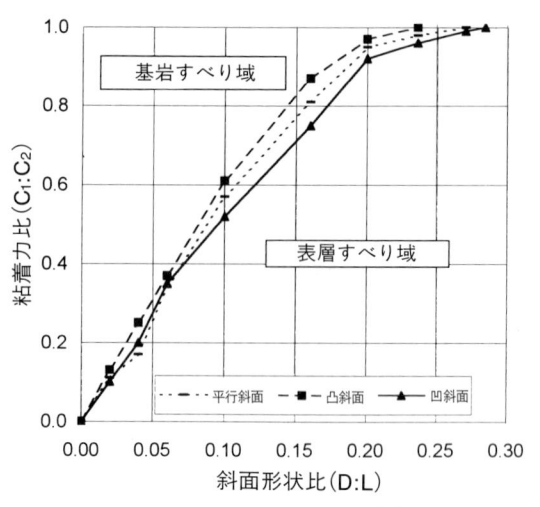

図2.3.6 形状比と粘着力比による崩壊の分類
(郎・他, 1997)

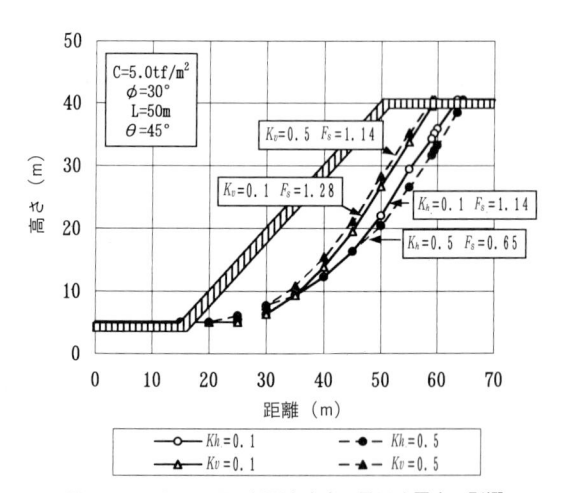

図2.3.7 すべり面と斜面安全率に及ぼす震度の影響
(郎・他, 1997)

いは震度係数が大きくなると，すべり面は表層の厚さと関係なく基盤まで達する傾向がある．すなわち，土質あるいは震度によって，表層崩壊と基盤崩壊の2種類の崩壊が形成されることになる．

図2.3.5はすべり面に及ぼす表層厚さと粘着力の影響を示している．計算条件は凸型斜面，表層厚さ4m，震度係数0.1で，また基盤層の粘着力 c が $10\,\text{tf/m}^2$ である．表層土の粘着力 c が $3.5\,\text{tf/m}^2$ のとき，すべり面は表層土と基盤層の境界に沿って発達することがわかる．また表層土の粘着力が $4.0\,\text{tf/m}^2$ になると表層崩壊ではなく，基盤崩壊になる．表層崩壊と基盤崩壊に分かれる条件を調べるために，形状比（崩壊厚 D/斜面長 L）と粘着力比（表層粘着力/基盤層粘着力）を導入した．

図2.3.6は斜面の形状比と粘着力比による崩壊の分類を示す．横軸は形状比で，縦軸は粘着力比である．プロットした点はその条件での表層崩壊と基盤崩壊との変化点である．図の左上部分は基盤崩壊になる領域で，右下部分は表層崩壊になる領域である．横軸に注目すると，形状比が0.3以上になるとすべての崩壊が表層崩壊になる．このことは表層土層が厚く，粘着力が小さい場合には，地震力が小さくても表層崩壊が発生することを意味する．斜面形状，表層厚さ，地震係数を変化さ

せた斜面でも同様な解析結果を得ることができた．

(5) 地震分力が斜面安全率に与える影響

垂直地震力や水平地震力が斜面の安定に及ぼす影響を調べるため，モデル計算を行った．図2.3.7は，長さ50m，斜面勾配45°，地盤の粘着力 $5.0\,\text{tf/m}^2$，内部摩擦角30°の均一な材料で形成される凸型斜面における臨界すべり面および斜面の安全率の変化を示したものである．左の二つの曲線は垂直地震力（K_v）だけを与えた条件で計算した臨界すべり面であり，右の二つの曲線は水平地震力だけを考慮して計算したものである．

図から明らかなように水平地震力が0.1から

0.5 へ増大するにつれて，すべり面は若干深くなるが，斜面の安全率は 1.14 から 0.65 に著しく低下する．しかし垂直地震力の場合には臨界すべり面はわずかに浅くなり，また斜面の安全率の低下も 1.14 から 1.28 と変化は少ない．このことにより斜面の安全率だけではなく，すべり面位置の変化に及ぼす影響にも水平地震力の関与は大きいことがわかる．

図 2.3.8 は，長さ 50 m，粘着力 3.0 tf/m² の均一な材料で構成される凸型斜面において，斜面の安全率が平常時の 1.0 から地震時にどの程度低下したのを示したものである．K_v は垂直地震力のみ，K_h は水平地震力のみ，また K_{vh} は水平，垂直の 2 成分をもつ地震である．K_{vh} は合成された地震力でその大きさは K_v，K_h と同じであり，$β$ は垂直地震力と水平地震力の 2 成分をもつ地震力の方向と水平面との間の角度であり，したがって，$β$ が小さいほど水平地震力の成分が大きくなる．図から明らかなように地震の斜面安全率に対する影響は垂直地震力を受けた場合が最も小さく，水平地震力の場合が最も大きいことがわかる．

(6) 地震と亀裂の発達

地震による崩壊の滑落崖の上部に亀裂がしばしば発達することが現場で観察される．これは地震時に斜面の安全率が一時的に低下した結果であると思われる．地震時には崩壊することはなかったものの，亀裂が多く発生し，地震 3 カ月後の降雨によってこれが大面積崩壊に発展したとの事例が報告されている（陳・他，1978）．

図 2.3.9 は，中国永登地震（Yongdeng Earthquake, 1995, M 5.8）による崩壊の一例である．土質定数を変化させ繰り返し計算をした結果，実際のすべり面と一致する臨界すべり面の土質定数は粘着力 0.6 tf/m²，内部摩擦角 30° が得られた．実際に崩壊が発生し，滑落したあとの斜面で新しい臨界すべり面を連続的に計算した．図の実線は発生前の地表面線で，破線はすべり面である．点線は下部の斜面が滑落後の臨界すべり面である．a, b, …l は実際に発生した亀裂の位置であり，図の F_{sa}〜F_{sl} は下部斜面が滑動したときの残存斜面の臨界すべり面での安全率を示す．

すなわち地震によって斜面の一部が滑落した後，最小安全率となる臨界すべり面は b の所に形成される．しかし瞬間的な地震力による斜面の安全率の低下はつぎつぎと上部斜面に進行するが，時間経過とともに作用地震力が小さくなるにしたがって亀裂は形成されるが，すべりには至らないというような推論も可能である．このように臨界すべり面の滑落崖の上部に，連続的に亀裂が形成され，その形成は最終的には斜面の地震時安全率が 1.0 より大きいところで止まるものと考えられる．

(7) 崩壊と地震断層との関係

地震による崩壊は地震断層の周辺斜面に集中し，震央に集中するとは限らないという特徴は，地震

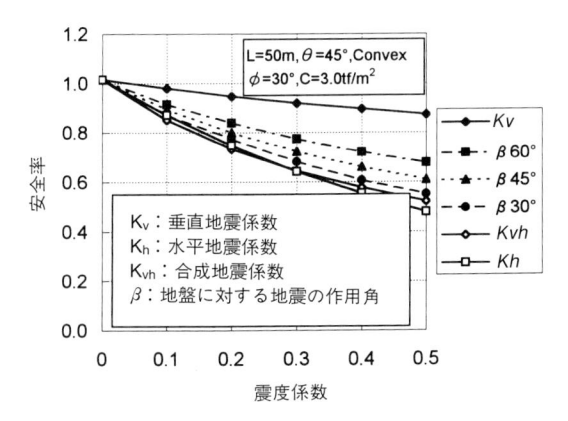

図 2.3.8 水平地震力および垂直地震力が斜面安全率に与える影響（郎・他，1997）

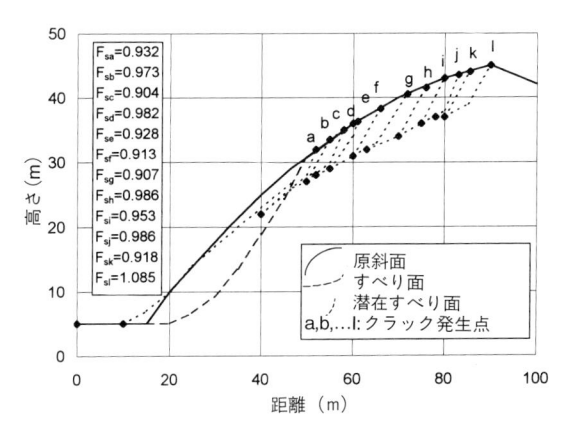

図 2.3.9 地震による亀裂の発達過程（郎・他，1997）

力の分布および方向に関係するものと考えられる．地震力の分布と崩壊との関係についていくつかの報告があるが，これについても明確な回答が得られていない．Newmark (1965) と Jibson and Keefer (1993) は地震断層 (seismic fault) の移動量と崩壊の発生は相関があり，移動量がある限界に達したら崩壊が発生すると論証している．S. Crampin (1991) と Y. G. Li (1994) は異なる地震波の伝達速度の差によってせん断応力は場所によって大きく，あるいは小さくなる所があると論じた．地震断層の移動が主に垂直運動のとき，崩壊は地震で直接誘発するされることは少ないが，その後の降雨あるいは地下水が原因で発生した例がいくつかある．

例えば，1976年5月29日に中国雲南省における龍陵地震 (Longling Earthquake, 1976 M 7.4) では地震断層の移動は主に垂直移動で水平移動量はほとんどなく，この地震では直接誘発された崩壊はわずかであった（陳ら，1978）．Tacoma 地震 (1949, M 7.1) では地震に直接誘発された崩壊はほとんどなかった．このときの地震断層の移動は垂直移動であった．しかしこの地震によって崖の上に数センチの亀裂が発生し，3日後地すべり (8.0×10^5 m³) を引き起こした (Chleborad et al., 1990).

地震断層の移動距離と崩壊発生との関係を調べるために，中国炉霍地震 (Luhuo Earthquake, 1973, M 7.9) により発生した崩壊に関する報告（王，1978；Lang et al., 1997）から，地震断層の水平移動距離，垂直移動距離および崩壊の分布を抽出し，それらの関係を検討した．この理由は地震断層周辺では地盤変位が大きく，断層から離れると変位量が小さくなり崩壊発生に与える影響は異なるのではないかと考えたためである．

一つの断層亀裂の影響範囲はその水平移動量と正の相関がある (Newmark, 1965) と想定されるが，炉霍地震による崩壊数と移動量との関係を調べた結果，水平移動量が大きくなると崩壊発生箇所数は増加する傾向をみせ，垂直移動量のそれよりも関係が深いことが明らかとなった．

引用文献

Bromhead E. N (1988) *Strategies for the evaluation of seismic slope stability within the limit equilibrium method*, ISL 1988, Editor C. Bonnald, A. Balkema, p. 561-563.

陳福斌・李鐘武 (1978) 龍陵地震地滑調査，地震と地滑，中国成都山地研究所，成都，中国，p. 53-88.

Chleborad A. F., Schuster R. L. (1990) Ground failure associated with the Puget Sound region earthquakes of April 13, 1949 and Aplil 29, 1965, *U. S. Geol. Surv. Open File Report*, p. 90-687.

Crampin S., Lovell J. H. (1991) A decade of shear-wave splitting in the Earth's crust: what does it mean? what use can we make of it? and what should we do next?, *Geophy. J. Int*., Vol. 107, p. 387-407.

石原研而 (1980) 土構造物の耐震設計法の現状と問題点，土と基礎，1980 (8), p. 3-8.

Jibon R. W., Keefer D. K. (1993) Analysis of the seismic origin of landslides; examples from the New Madrid seismic zone, *Geological Society of America Bulletin*, Vol. 105, p. 521-536.

釜井俊孝 (1989) 1987年千葉県東方沖地震による上総丘陵の斜面崩壊，地すべり，26巻1号，p. 16-25.

川邉 洋・辻本文武・林 拙郎 (1997) 兵庫県南部地震による六甲山地の崩壊分布，砂防学会誌，49巻5号，p. 12-19.

建設省河川局砂防部 (1995) 地震と土砂災害，p. 1-2.

建設省土木研究所 (1995) 平成6年度地震時の土砂災害防止技術に関する調査業務報告書（その3）—地震による土砂生産，災害及び対策の検討—，第2編大規模土砂移動編，p. 108.

建設省土木研究所砂防研究室 (1997) 地震による大規模土砂移動現象と土砂災害の実態に関する研究報告書，土木研究所資料第3501号，p. 261.

小林芳正（1981）地震による二三の斜面崩壊の解釈，京都大学防災研究所年報，No. 24 B-1, p. 401-410.

桑原啓三（1979）伊豆半島近海地震による斜面崩壊の実態，応用地質，20巻1号，p. 21-28.

LANG Yu Hua, NAKAMURA Hiroyuki (1997) Influences of the horizontal and vertical seismic force on landslide, Journal of Gansu Science China, Vol. 9, Sum. No. 36, p. 91-98.

Lawrence L. D., West L. R. (1973) Observed effects of topography on ground motion, *Bulletin of the Seismological Society of America*, Vol. 63, No. 1, p. 283-293.

Li Youg Gang, Teng Ta Liang, Thomas Henyey. (1994) Shear-wave splitting observations in the Northern Los Angeles Basin, Southern California, *Bulletin of the Seismological Society of America*, Vol. 84, No. 2, p. 307-323.

長尾 哲（1982）斜面の土の動的強度と安定解析，地すべり技術，9巻2号，p. 6-9.

中村浩之・他（1987 a）動的計画法を用いた臨界すべり面解析法，土木研究所資料，第2425号，p. 1-69.

中村浩之（1987 b）中国甘粛省の地すべり・土石流災害，地すべり技術，14巻1号，p. 18-25.

中山 康（1988）千葉県東方沖地震による斜面崩壊，地すべり，24巻4号，p. 33-35.

Newmark, N. M. (1965) Effects of earthquakes on dames and embankments, *Geotechnique*, 15 (2), p. 139-160.

Plafker G. et al., (1971) Geological aspect of the May 31, 1970 Peru earthquake, *Bulletin of the Seismological Society of America*, Vol. 61, No. 3, p. 120.

落合博貴・松浦純生・竹内美次・柳瀬秀雄（1994）山体による地震動の増幅効果と斜面，第33回地すべり学会研究発表会講演集，p. 337-340.

小川紀一朗（1997）山地斜面における表土層の構造特性と水分変動過程に関する研究，北海道大学農学部演習林研究報告，54巻1号，p. 87-141.

王成華ら（1978）炉霍地震地滑調査，地震と地滑，中国成都山地研究所，成都，中国，p. 23-38.

郎煜華・中村浩之（1996）再活動型地すべりおよび初生地すべりの地震時安全率の変化，平成8年度砂防学会研究発表概要集，p. 51-52.

郎煜華・中村浩之（1997）地震による崩壊の特徴とそのモデル斜面における理論的解析―中国永登地震を例として―，地すべり，34巻3号，p. 25-33.

郎煜華（1998）地震による崩壊の特徴と崩土の拡散範囲の予測に関する研究，東京農工大学学位論文，p. 10-12.

山口伊佐夫・川邉 洋（1982）地震による山地災害の特徴，新砂防，35巻2号，p. 3-15.

安江朝光・反町雄二（1978）地震と斜面崩壊について，治水と砂防，11巻2号，p. 23-29.

安江朝光ら（1981）斜面の地震応答特性の解析，土木技術資料，23巻4号，p. 191-244.

Yeats R. S., Sieh K. Allen C. R. (1997) *The geology of earthquake*, Oxford University Press, 568 p.

吉松弘行（1990）千葉県東方沖地震による斜面崩壊地調査，土木研究所資料，No. 2824, p. 1-149.

第3章　地震による大規模崩壊と土砂移動

3.1　はじめに

　斜面崩壊（slope failure）は，斜面を構成する物質が力のバランスを失い崩落する現象であり，「すべりに抵抗しようとする力」よりも「すべりを起こそうとする力」が上回った時に発生する．地震時の斜面安定に関する考えも，基本的にはこれと同様であり，崩壊規模も問わない．崩壊規模を支配する大きな要因は，地震規模に加え対象域の地質の脆弱さの程度や地震発生前における降雨量の有無とその量，斜面勾配などによると考えられ，崩壊土砂の到達範囲は，発生地点下流における渓流地表水の多寡，天然ダムの形成の有無などにより大きく異なる．

　地震時に発生したとされる大規模崩壊（塚本・小橋，1991；崩壊土量 10^6 m^3 以上あるいは相当規模の崩壊）の事例には，帰雲山崩壊（伊藤，1987），大谷崩（竹内・他，1985），名立崩れ（綱木，1988），鳶山崩れ（牧野，1985），御岳崩れ（瀬尾ら，1984）等があげられる．これらの大規模崩壊（large-scale landslide, large-scale collapse）を誘発した地震には，主に太平洋沿岸沿いで発生するマグニチュード（earthquake magnitude）8クラスの海溝型大地震（large-scale trench type earthquake）や地震活断層による内陸直下型地震（inland type earthquake）が想定される．このことは，大規模崩壊の発生が地震規模だけに依存するものではなく，そこでの震度や地震加速度，地質条件，地震前における降雨量などが相互に影響しあった結果生ずることを示したものといえよう．

　したがって，大規模崩壊の発生にともなう土砂災害を軽減するためには，大規模崩壊の発生当時の地震動や降雨状況と土砂到達範囲を古文書等から詳細に把握し，あわせて大規模崩壊を発生させる地形・地質に関する素因から，崩壊機構を総合的に考察し今後の対策に役立てる必要がある．

　しかしながら，国内の地震で発生したとされる大規模崩壊は，発生頻度が極めて低いこともあり（これまでに10事例程度が確認されたにすぎない），定性的な傾向を見いだすには至っていないのが現状であろう．例えばある山体で，震度VII階を有し加速度450 gal 以上の地震動が襲っても，過去の事例から判断するする限り大規模崩壊の発生は極めてまれなケースである．ただ過去の事例から，火山地帯では崩壊の規模のみならず，到達範囲ともに大きく，堆積岩地帯では下流に規模の大きな土石流段丘を形成する傾向がみられる．しかし，個々の事例に関しては，災害を記録した古文書の発掘に乏しいこともあり，発生予測に直接結びつく合理的で定性的な解釈には至っていない．

　大規模崩壊の発生に関しては，発生頻度が著しく低くても，現在においては過去に比べ極めてカタストロフィック（catastrophic）な災害を引き起こすことは否定できない．このようなことから，ここでは雲仙眉山崩壊，加奈木崩れ，大谷崩，白鳥山崩壊，七面山崩壊，御岳崩壊をとりあげ，崩壊の主原因，崩壊後の堆積規模やこれまでの侵食・堆積状況などを中心にとりまとめた．

3.2　大谷崩

3.2.1　安倍川流域と崩壊地の概要

　静岡市を南北に流下する安倍川は，南アルプス東南端に位置する大谷嶺（標高 2000 m）から，

ほぼ直線的に約 51 km を流下し駿河湾に注ぐ急流河川である．安倍川流域の東側山地には，北北西に通過する十枚山地質構造線が，また西側山嶺部にはほぼ南北に併走するに笹山地質構造線が存在する．このため，流域を構成する古第三紀の瀬戸川層群（主たる地質は，頁岩・砂岩の互層）は，強い構造作用により脆弱で砕片化しやすく，急峻で 400〜500 m 以上の起伏量を示す大きな山地を形成している．

安倍川流域の山地地形の一般的な特色は，長大な急斜面が谷に面すること，山頂部の起伏が小さく平坦面や緩斜面地形が各所に残存していることである．流域西縁の山稜をみれば，なだらかな山頂小起伏面（flat-topped mountain）がほぼ連続的に分布しているが，山腹急斜面との間には明瞭な勾配の変換点があり，基岩から風化した岩屑が厚く堆積している場所が見られる．これらの山頂小起伏面は，丘陵性山地であった時代からその後の河川の下刻にともない形成された山腹急斜面が，平坦部を食い込み狭められたものと考えられる．このような地形・地質的特徴から，洪水時には上流域から多量の砂礫を運搬しつつ氾濫を繰り返したため，安倍川の中下流域から河口にかけて，砂礫が堆積した幅広い河床を形成している．

安倍川の源流部に，富山県常願寺川の源流にある「鳶山崩れ」，長野県小谷村の「稗田山崩れ」とならび日本の三大崩れに数えられる「大谷崩」（Oya-kuzure）がある（図 3.2.1，口絵 2, 3）．崩壊規模は，水平面積約 1.8 km²，最大比高約 800 m，崩壊土量約 1 億 2000 万 m³ に達するとされ（町田，1959），国内では堆積岩帯（sedimentary rock belt）で発生した最大の規模を有するものである．

この大規模崩壊（large-scale landslide）の発生は，糸魚川－静岡構造線と笹山構造線の 2 つの衝上断層（thrust）に挟まれ圧砕され風化した脆い岩盤であることに加え，1707 年に発生した宝永地震（M 8.4）が引き金となり，大崩壊を起こしたと推定される（静岡河川工事事務所，1988；

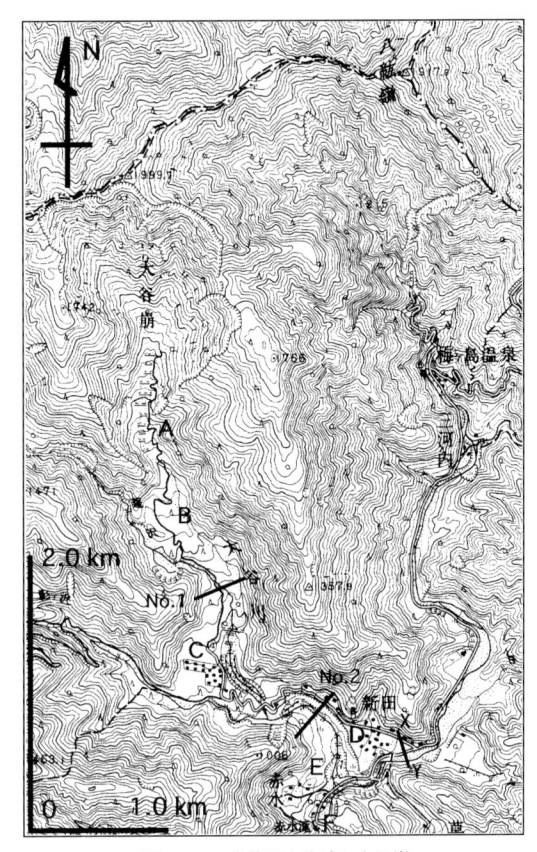

図 3.2.1　安倍川上流域と大谷崩

土，1992；宇佐美，1996）．崩壊土砂は，赤水の滝（図 3.2.1）まで一気に押し寄せ安倍川の本川である三河内川を堰止め，4 km にわたる大池を作り土石流段丘（debris flow terrace）を形成した．

ただ，崩壊下流部に残存する高位・低位の土石流段丘からこの崩壊は一度ではなく，数回にわたり繰り返したことも考えられる（土，1992）．現在の新田集落や赤水集落はこの段丘上に明治時代になって入植された（梅ヶ島村教育委員会，1968）．

大谷崩から流下する大谷川には，過去約 60 年間にわたり大谷床固工群（15 基設置），大島流路工や新田流路工といくつかの砂防堰堤（sabo dam, check dam）が設置され，概ね安定した様相を呈している．このため近年にあっては，数十万立方メートル規模の崩壊や土石流があっても，そのほとんどは床固工（groundsel）や流路工

(channel woks) 内で平準化されており（土屋，1994），直接本川の安倍川に流入する事態は発生していない．なお，大谷川流域の東隣の梅ヶ島温泉地区では，1966年9月24から25日に台風26号の通過により時間130 mmの豪雨があり，温泉街が土石流の直撃を受け，犠牲者26名に達する災害があった（静岡河川工事事務所，1988）．

3.2.2 崩壊履歴

過去の歴史を見ると，「大谷崩」の名称が記載されている最も古い文書は，1709年4月に書かれた「駿河国安倍郡梅が島村差出シ」に「大谷崩という崩壊地があり，さらに下流には長さ一里横幅10丁の池がある」という報告（静岡河川工事事務所，1988）である．この時，すでに大谷崩からの土砂流出により三河内川をせき止め，湛水池（reservoir）を造っている様子が記録されている．また，合流部から約500 m上流の三河内川の左岸ある梅ヶ島金山に関する資料によれば，正徳4年（1714年）に駿河代官所にあて「乍恐以書付奉仕願上候下書」を提出し，採掘の再許可を願い出ているが，この理由として，元禄十六年と宝永四年の地震で金山の坑道が大破し，採鉱を中止しているとの記述がある．さらに，1718年の「差上ケ申一札之事」によれば，1707年（宝永4年）に発生した地震により各所に崩壊地ができ，多数の倒木が池に落ち込んだとある（静岡河川工事事務所，1988）．

このことから，少なくとも大谷崩の発生は1709年よりも以前の出来事であることがわかる．宝永地震以前に東海地方に多大な被害をもたらした巨大地震（great earthquake）には，慶長地震（1605年，M 7.9），明応地震（1498年，M 8.2-8.4）などがあげられるが，両者についての具体的な崩壊の記述はみられない．宝永以後の東海地方を襲った大地震に安政東海地震（1854年，M 8.4）があげられるが，大谷崩そのものについての記述はとくになく，梅ヶ島村内で潰家8軒，半潰家23軒，梅ヶ島村内から下流3里ほど山崩れにより通行不能であり，焼き畑山の過半数が崩れたとの記述があるにすぎない（梅ヶ島村教育委員会，1968）．以上のことから，大谷崩は1707年10月28日に発生した宝永地震により生じたとするのが，現在のところ最も妥当と考えられる．

3.2.3 土石流段丘の規模と侵食量

大谷崩から流下する大谷川は，新田部落下流で三河内川に合流し安倍川となる．大谷川と安倍川

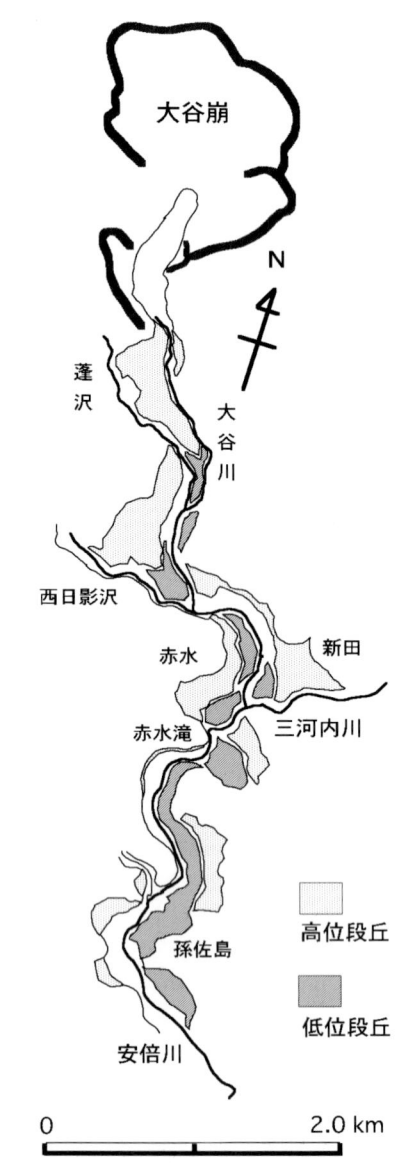

図3.2.2 大谷崩と下流に分布する堆積段丘

の孫差島までの河谷には，延長約7km，谷幅平均約300m，崖の比高20～50mに及ぶ大規模な堆積段丘（accumulation terrace）が存在している（図3.2.2）．段丘面は，高位のものと低位のものがあり，後者と前者の比高差は20～30mを示す場所もあることがわかる．高位段丘の幅は，大きなものでは約500mを有する箇所もあり（新田地区），概して下流で広くしかも渓流が合流する場所で幅広くなる傾向を示す（図3.2.3）．

新田集落の近くの三河内川には，明治初年まで大池が存在しており，ここで行われたボーリング（boring）の結果によれば，湖成堆積物（lacustrine sediment）と土石流堆積物（debris flow sediments）の層位は明確で，河床から約30mの厚さで粘土や砂，砂礫層（gravel layer）の互層（alternation of strata）がみられ，その下位には約12m厚の粘土層（clay layer）が確認されている（図3.2.4）．

現存する低位と高位の段丘は，大谷崩発生当時の石礫を多量に含む土石流ではなく，水流の運搬作用に強く影響されていることを示している．また，ボーリングによる堆積結果からみると，土砂堆積は幾度となく発生したことが読み取れることから，大谷崩山腹では幾度となく崩壊が発生し，これが洪水流や土石流により運搬され谷を埋めていったと考えられる．

図3.2.5には，大谷崩から安倍川の赤水の滝下流までの現河床の縦断形状と高位堆積段丘面とを同じ軸上に重ね対比した．これに見るように高位段丘面は赤水の滝から上流で連続性があり，滝を境にして不連続な様相を呈することがわかる．また，段丘堆積物の構造は，全般にルーズで2～3mほどの砂岩塊をふくみ固化は進んでいない．大谷川と赤水の滝までの上流区間での堆積構造は，ランダムな状態を呈するが，赤水滝から孫差島までの区間では，流水の侵食・堆積作用による成層構造（stratification）に連続性が認められる．

これより，大谷崩起源の崩壊土砂が土石流となって押し寄せたのは，大谷崩から約4kmの区間にある大谷川と，合流してから下流約1kmの位置にある赤水滝まであると推定される．したがって，崩壊土砂は大谷崩から，延長約5kmにわた

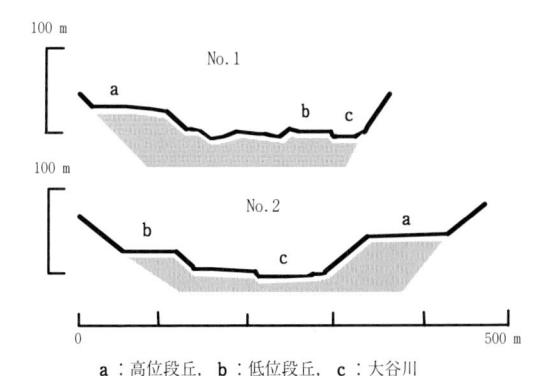

図3.2.3 大谷川に現存する土石流段丘の横断面形状
No.1, No.2の位置は図3.2.1に示す

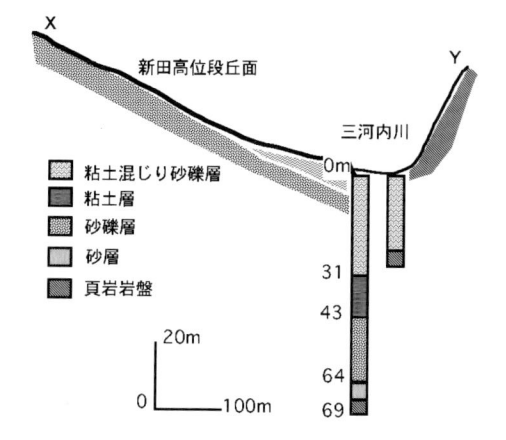

図3.2.4 新田と三河内川の堆積構造（東京営林局，1975）
断面位置X-Yは図3.2.1に示す

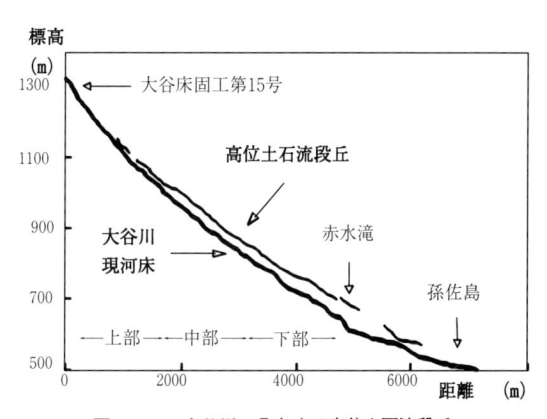

図3.2.5 大谷川に分布する高位土石流段丘

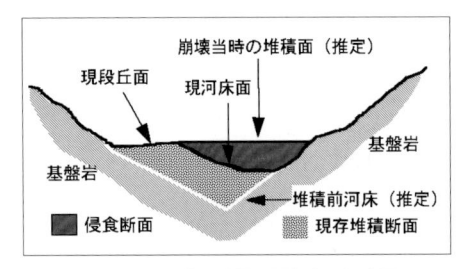

図 3.2.6　堆積土砂量の評価方法概念図

表 3.2.1　大谷崩れに関して算出した土砂量

単位：万 m³

	上部	中部	下部	計	赤水滝〜孫佐島
侵食量	210	1,060	1,590	2,870	800
現存堆積量	960	3,010	2,540	6,500	1,200
堆積土砂量	1,170	4,070	4,130	9,370	2,000

上・中・下部は大谷崩から赤水滝までの区間を分けたもの

り土石流段丘を形成したことになり，日本での最大級の規模である土石流段丘に匹敵すると考えられる．

次に現存する土石流段丘面をもとに，崩壊当時の土砂量を推定してみる．崩壊時に形成された堆積面は，横断面上でほぼ水平堆積したと予想されるので，堆積前の河谷形状を与えれば，当時の堆積量が予想できる．ここでは，1：25,000 の縮尺の地形図を用い，河床に直角なラインを100 m〜150 m 間隔でとり，そこでの横断形状を計測した．この横断形状は堆積当時のものではなく，現在に至るまでの侵食された地形を表しているので，堆積当時の形状については，現在の高位段丘面の高さでほぼ水平に堆積したと仮定した．また，堆積前の河谷形状については，大谷崩の南隣にあるヨモギ沢の河谷形状がＶ字谷であることから，大谷川の堆積前地形も同形状であったと仮定し，現在の左岸・右岸斜面勾配で延長しＶ字谷形状を与えた（図3.2.6）．これにより，横断図上での堆積当時の断面積とその後に侵食されたはずの断面積が求められ，横断ライン間隔を乗ずれば堆積土砂量と侵食された土砂量が推定される．

算出結果を表3.2.1 に示す．ここに，上部・中部・下部とは大谷崩から赤水の滝までの区間（図3.2.5）を示し，算出された土砂量は大谷崩からの崩壊による土石流段丘の土砂量を表している．ただし赤水の滝から孫差島までの区間の土砂量は，前項に記した理由から二次堆積物と判断している．これによれば，大谷崩からの流出した一次堆積物は約9400万 m³ となることがわかる．

ここで評価された土砂量は従来より，大谷崩の崩壊規模とされてきた1.2億万 m³ より約2500万 m³ ほど少量である．ただ，二次堆積したと判断される赤水の滝から孫差島までの区間の土砂量を加算すると，約1.1億万 m³ となり従来値に近くなる．

崩壊当時と現存する堆積土砂量との差である侵食量をみると，形成された土石流段丘のうち上部では約20％，下部では約35％ほどが侵食されたことになり，下流側での侵食が活発であったことがうかがえる．全体でみると，土石流段丘の約33％（約2900万 m³）が侵食されており，この土砂は下流の孫差島区間に流入したと判断される．孫差島区間では，2000万 m³ が二次堆積しているから，残り900万 m³ 相当はこの下流に流失したと思われる．さらに二次堆積した土砂量のうち800万 m³ の土砂量が侵食されたことになるので，最終的には約1700万 m³ の土砂が孫差島から下流に流出したと考えられる．

3.3　七面山崩壊

3.3.1　七面山と崩壊地概要

七面山崩壊は，山梨県の南西部，南巨摩郡早川町の七面山（Shichimenzan，標高1989 m）のほぼ頂上部から真東斜面に形成された大崩壊である（口絵4，図3.3.1，3.3.2）．七面山の周辺には，フォッサマグナ（Fossa Magna）帯特有の構造作用の影響を強く受けたと思われる大規模な線状凹地（linear depression）や船窪地形，平坦地があり（千木良，1995），湧水を起源とする池沼もいくつか存在している．七面山の北東側には長さ約1.5 km，幅500 m の規模を有する平坦

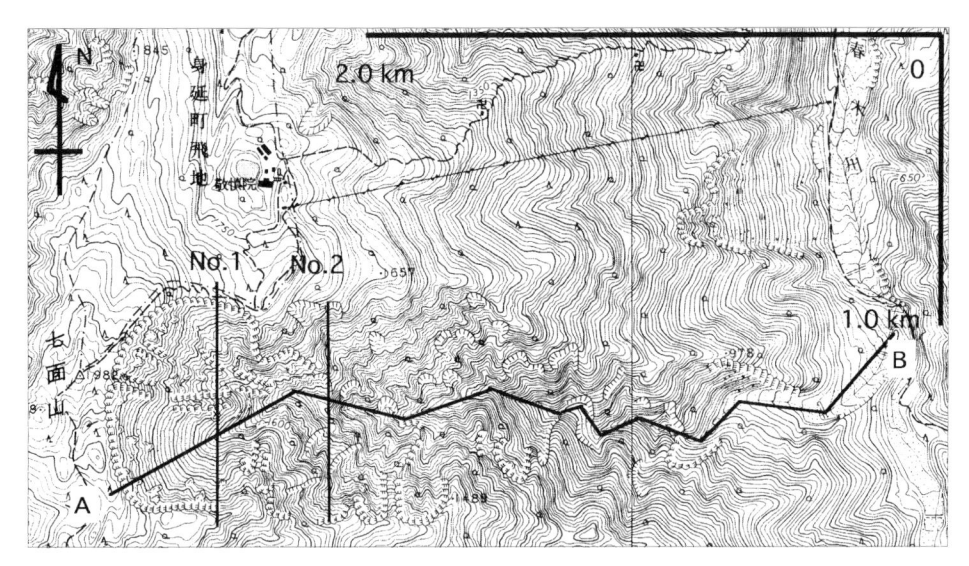

図 3.3.1　七面山崩壊と周辺の地形

図 3.3.2　七面山崩壊地の斜め写真
写真中央上部側は平坦地形をなし，敬慎院がある
（富士川砂防工事事務所提供）

(planation) 地形があり，ここに鎌倉時代に建立された日蓮宗で名高い敬慎院がある．

崩壊地の地質は，大谷崩と同じ砂岩・頁岩 (sandstone/shale) の互層 (alternation of strata) よりなる瀬戸川層群で構成されるが，激しい構造運動により生じた小断層が発達しており，これによる岩盤破壊も進行している．このため崩壊面から生産される土砂に含まれる石礫は大谷崩のものより幾分小さい．また岩盤部は破砕・砕片化されており，剥離した岩石は恒常的に下流の春木川に落下流入している．崩壊源頭部は，幅約 800 m にわたる馬蹄形状の急崖を有し，斜面長は約 800〜1000 m，崩壊面積は約 0.57 km² の規模を有する（森山，1986）．ここから生産された土砂は，大春木沢，春木川を経由し，富士川の支川である早川に流出している．ただし，春木川にはこの大崩壊に見合う土石流段丘の存在は認められない．

この崩壊は，1854 年 12 月 23 日（安政元年 11 月 4 日）に起こった安政東海地震（M 8.4）により発生した（森山，1986）とされているが，これは「嘉永大地震津波聞書」に見られる記述からの推定である．他の古文書の記述によれば，弘安年代（1270 年代）にすでに「なないたがれ」の記述があること，また寛保年代（1740 年代）にもこれを描いた絵図（身延図鏡）などがあり，崩壊発生年代は少なくとも鎌倉時代かそれ以前であると考えられる．弘安年代以前の大規模な地震として，関東南部地震（1257 年，M 7.0-7.5），鎌倉地震（1241 年，M 7.0），畿内・東海道地震（1096 年，M 8-8.5）などがあげられるが，具体的な崩壊に関する記述は見あたらない．

3.3.2　古文書にみる七面山崩壊

古文書が書かれた当時の「七面山」は，現在のそれではなく，山全体を総称してつけられたようである．探索した古文書のうち，七面山崩壊に関

図 3.3.3 身延図鏡に描かれた七面山
右側は敬慎院本社，左側に朝陽洞として「なないたがれ」が描かれている．

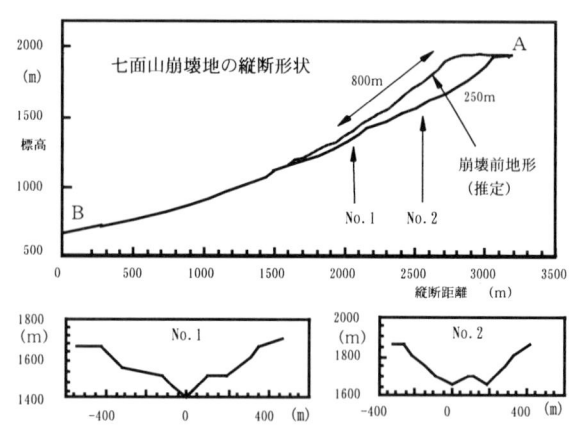

図 3.3.4 七面山崩壊の縦断と横断図
縦断位置 A–B と横断位置 No.1，2 は図 3.3.1 に示した．

する古いものは「日蓮聖人遺文（身延山大学附属図書館所蔵）」にある「妙法比丘尼御返事（弘安元年9月6日，1278年）」とされるものである．このなかに「今又山に五箇年あり．北は身延山と申して天にはしだて，南はたかとりと申して鶏足山の如し．西はなないたがれと申して鉄門に似たり．東は天子がたけと申して富士の御山にたいしたり．西の山は屏風の如し．（中略）地にはしかざれども大石多く，山には瓦礫より外には物なし」との言葉がある（身延山久遠寺，1972）．また，寛保年間（1740年代）に発行された「身延図鏡」のなかに現在の敬慎院本社の南側に「朝陽洞」として大きな洞窟状の絵がある（図 3.3.3，身延山久遠寺，1966）．

宝永地震（1707）の際には，「続身延山史」に「宝永四年十月四日未刻同五日辰刻諸国に地震，高浪起り横死するもの甚だ多く，山内死者十八人諸堂の破損亦甚だし」とある（身延山久遠寺，1973）．これから想定するに，身延山久遠寺のみならず七面山でも相当の地震被害があったと推定される．また，安政東海地震（1854）の際には，「安政元年十一月四日辰の刻大地震起り，諸国横死者多く，また堂宇坊舎の破損するもの多く，就中通本橋より東谷の被害最も甚だし．従来先師丹誠復興の伽藍亦破壊するもの夥し．」とあり（身延山久遠寺，1973），宝永地震のように死者の記述はない．ただし，「嘉永大地震大津波聞書」によれば，安政東海地震により七面山がおおいに荒れたとある（森山，1986）．

3.3.3 七面山崩壊の規模

図 3.3.4 には，七面山崩壊地の縦断形状と横断形状とを対比した．春木川合流地点から崩壊源頭部まで水平距離約 3000 m，標高差 1350 m であるから，平均勾配は約 21 度である．しかし，合流地点から距離 1500 m までの下流部では約 17 度，その上流 1500～2700 m までの崩壊地内で約 23 度，崩壊源頭部の 2700～3000 m にかけては約 37 度であり，これは崩壊地の岩盤等から剥離・落下した石礫の安息角（angle of repose）に等しい．

図 3.3.4 に示す崩壊源頭部の馬蹄形と周辺の等高線の不連続性をみると，崩壊源頭部は元地形から約 250 m ほど後退していることがわかる．また，図 3.3.4 に示す渓床部の縦断は，春木川合流点から距離 1500～2700 m の区間がやや緩勾配で源頭部とは不調和な様相である．したがって，崩壊源頭部から水平下流側に 250 m 移動した地点と縦断距離 1500 m との区間を滑らかに引き，崩壊前の地形を推定すると図 3.3.4 に示すような地形となる．

これより，主たる崩壊部の斜面長は約 800 m，

平均幅は 600 m（横断形状より），平均深さは 60〜80 m であるから，この崩壊地から崩落した土砂量は，2900〜3800 万 m^3 と推定される．この崩壊が約 1000 年間にわたり形成されたとすると，年間平均で約 3 万 m^3 の土砂を流出させてきたことになる．もちろん，毎年この土量が流出していたわけではなく，1 万 m^3 以下の時もあれば，10 万 m^3 あるいはこれを超える年もあろう．ただし，昭和 57 年の豪雨時に調査した実測の生産土砂量は約 9 万 m^3 とされる（森山，1986）から，年平均の推定流出土砂量約 3 万 m^3 はこの実測値と大きくかけ離れたものではないと判断される．

以上のことからして，七面山崩壊の発生は，地震あるいは豪雨により，1000 万 m^3 を超えるような大規模な崩壊を起こしたものではなく，鎌倉時代かそれ以前にすでに存在した崩壊が，その後の地震や豪雨などにより徐々に拡大し現在に至った可能性が高い．このことは，同様な地質で約 6 km 南西方向に位置する大谷崩のように大規模な土石流段丘（debris flow terrace）が春木川に形成されていないことと調和的であると判断される．

3.4 白鳥山崩壊

3.4.1 崩壊地の概要

白鳥山（Shiratoriyama，標高 568 m）は，富士川河口から 15 km ほど上流の右岸側にそびえる比高約 500 m の急峻な山である（図 3.4.1，3.4.2）．周辺の基盤地質は，新第三系の富士川層群身延累層で，礫岩・砂岩を主体に泥岩を挟んでいる．身延累層中にはひん岩が所々に貫入しているが，これは白鳥山上部東斜面から北北東に向けてサンドイッチ状に分布している．

現在の崩壊地は白鳥山の東斜面にあり，安政東海地震により崩壊した残土がその後の降雨による小崩壊や侵食を受け，形成されたものと判断される．崩壊地内は白鳥山起源とされる崖錐物で厚く覆われており中央部は緩斜面を呈するが，末端部は崖錐堆積の乏しい基盤が急崖をなしている．し

たがって，崩壊地内の谷の形状は，中流から上流にかけて谷幅は広く U 字谷状であるが，下流から中流にかけては急崖を有する V 字峡谷である．

崩壊地上流部の横断形状は，図 3.4.3 に示すように高さ約 60 m，斜面勾配 70〜80 度を有し，ここでの崖錐堆積物は，礫径 100〜200 cm の角礫

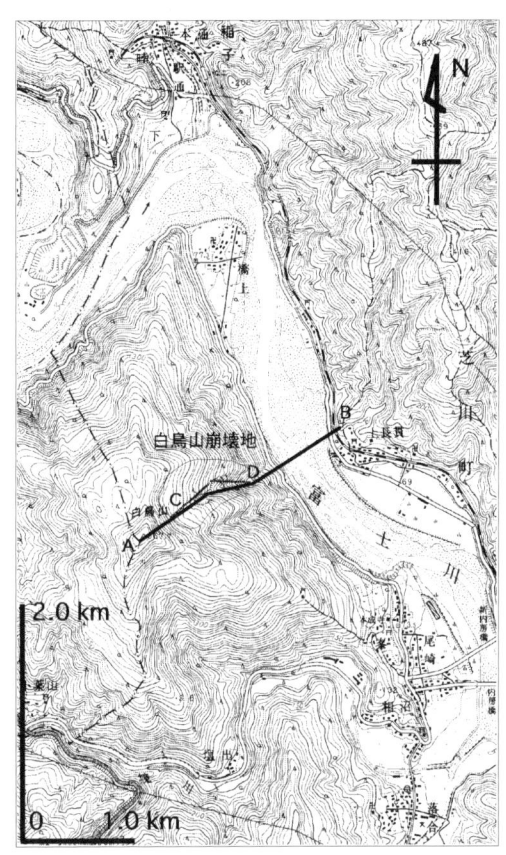

図 3.4.1 白鳥山崩壊地の位置図

図 3.4.2 白鳥山と崩壊地の全景
手前は富士川，1998 年 1 月 12 日撮影

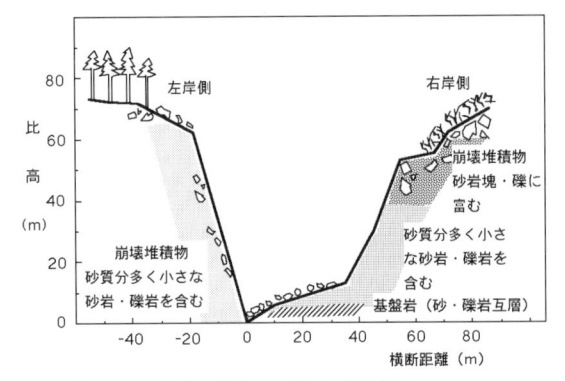

図3.4.3 白鳥山崩壊地上流部の堆積構造
断面位置は図3.4.1に示すCとDの中間

図3.4.5 侵食が進む崩壊地の上流

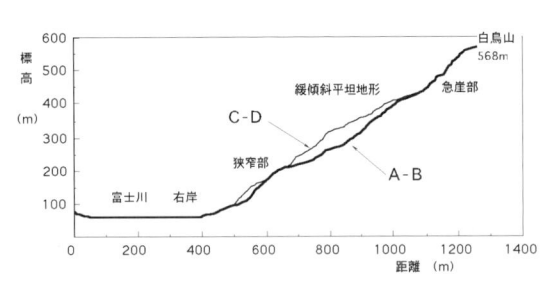

図3.4.4 白鳥山から富士川に至る縦断
縦断位置は図3.4.1に示す.

（ひん岩とみられる）や30 cmほどの角礫を多量に含むが，土質性状はシルト質砂礫土砂であり，ほぼ垂直に近い傾斜で自立できるほどの締まりをもっている．また，図3.4.4には，白鳥山の直下の急崖から平衡面，崩壊部を通り富士川対岸までの縦断形も対比し示した．

現在，富士川対岸から見られるガリー状崩壊地の規模は，平均幅で80～100 m，斜面長約300 m，崩壊深は，深い所で50～70 mに相当する規模であるから，崩壊に伴い富士川に流出した土砂量は100～120万 m^3 と推定される．

崩壊地内には，下流出口に設置された礫留鋼製堰堤をはじめとする治山堰堤が階段状に設置されており，これらを破壊するような大規模な土砂流出は認められない．しかしながら現在も降雨時には崩壊急崖面から湧水があり，急崖面の多くは露岩状態を呈している．このことから，落石や小崩落が日常的に生じ，崩壊は山側に徐々に拡大している様子がうかがえる（図3.4.5）．

3.4.2 崩壊履歴

白鳥山は，1707年の宝永地震（M 8.4）により大崩壊を起こし，崩壊土砂が富士川をせき止めるとともに対岸の長貫村を襲い，22名（上流の橋上部落では8名）を死亡させた（田中，1982）．この時の崩壊土砂は，富士川を3日間せき止めた後決壊し，下流で土砂氾濫による被害を起こした（静岡県，1996）．崩壊規模は，幅250 m，長さ400 m，深さ40～50 mで崩壊土量は約500万 m^3 に達するとされている（安間，1987；田中，1982）．

さらに，ここでは1854年の安政東海地震（M 8.4）の際にも約50万 m^3 の土砂を流出し，上流の橋上部落で6名を死亡させている（安間，1987；田中，1982）．この時も富士川をせき止め，翌日決壊し，下流の富士川扇状地に被害をもたらした．また，宝永地震に先立つ2年前，宝永2年の豪雨により，白鳥山南側斜面で崩壊にともなう土石流が発生し，当時の塩出村で35名が犠牲となった記録があり，これ以降現在の塩出村落は境川上流約500 mの位置に移転したとされている（田中，1982）．

3.4.3 崩壊土量の推定

現在の崩壊地がある白鳥山東斜面は，約180 mの平均幅，斜面長300 m程度の大きさ（面積5.4 ha）をもった崖錐性の堆積物で覆われ，白鳥山北東斜面の急崖直下部から富士川に面して分布す

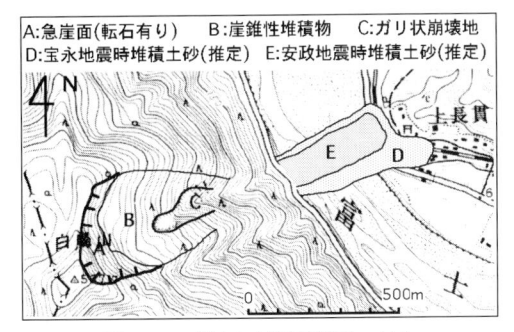

図3.4.6 推定した崩壊堆積物の分布

図3.4.7 崩壊地内で確認される断面構造

る（図3.4.6）．崩壊地内で見られる堆積物の厚さは，50〜70m相当であるから，平均堆積厚を35mとして評価すると，その土量は約190万m³と推定され，先に示した文献による宝永地震の際の推定崩壊土量の半分程度である．

安政東海地震の際には，崩落した土砂が対岸におよび富士川を閉塞し，これによる水位上昇が，約4km上流の万沢集落まで及んだ史実がある（田中，1982）．これより，富士川に堆積した崩壊土砂の高さは15m以上と判断されるので，堆積土砂の横断方向の堆積勾配を安息角として仮に10〜15度とすれば，120〜160mの幅で堆積したと推測される（図3.4.6に示すE）．この付近の富士川の横断距離は約400mであるから，崩壊した後ここに堆積した土量は36万から48万m³程度と推定され，文献によるものとほぼ同じである．

現地で見られる崩壊地の堆積構造は，地表からほぼ10mの厚さを有する堆積層（A）とその下位に30m以上の厚さを有する堆積層（B）が認められる（図3.4.7）．上部の堆積物を安政東海地震の崩壊によるものとすれば，面積は5.4haであるから厚さ10mを乗じ，土砂量を求めると54万m³となる．安政東海地震の際には，富士川にこれとほぼ同量の土砂量を流出しているから両者を合わせると約100万m³の崩壊があったと推定され，ほぼ半分が富士川に流出したと予測される．また，図3.4.7に示す下位の堆積物を宝永地震の際によるものとし，層厚を30mとして残存する土砂量を推定すると約160万m³となる．富士川に流出し堆積したとされる土砂量は500万m³であるから，崩壊土量は両者を合わせると660万m³となる．つまり，宝永地震時には崩壊土量の約75%が流出したと推定される．

また現崩壊地内には，活発なガリー侵食や小崩壊による生産された不安定土砂が堆積しており，豪雨時には土石流となって流下している様子がみられる．実際，図3.4.2（1998年1月撮影）に示す崩壊地の出口には，土石流で押し出された約1500m³の新鮮な土砂の堆積があった．したがって，通年でこの3倍，毎年平均して約5000m³程度の土砂生産があるとすれば，安政東海地震から以降現約150年が経過しているので，約80万m³相当分がその後の出水により侵食された土量に相当する．この土量は，現在のガリー状崩壊地から流失した土砂量100〜120万m³の60〜80%に相当する．これらから判断すれば，現在のガリー状崩壊地は，安政東海地震以降の降雨による侵食・崩壊により形成されたものと推定される．

3.5 加奈木崩れ

3.5.1 崩壊地の概要

加奈木崩れ（Kanagi-Kuzure，口絵 5）は，高知県室戸市に位置し，加奈木の崩（つえ）とも呼ばれ，その起源は 1707 年の宝永地震時，および，その後の 1746 年であると考えられている．発生の後，大正 6 年から昭和 39 年にいたる 47 年にわたる緑化工事（re-vegetation works）が行われ，現在は崩壊地にも植生が定着しているが，崩壊の痕は地形的に明瞭に認められ，また，その下には膨大な堆積物が残されている．

この加奈木崩れについて，空中写真による地形判読（photo interpretation）と，5 千分の 1 の縮尺の地形図を用いた現地地質・地形調査を行い，崩壊地の地質と地形的特徴を明らかにし，崩壊土砂量を算定した．その結果作成した地質図と断面図を図 3.5.1，3.5.2 に示す．

国土地理院撮影の 1 万 5 千分の 1 スケールの空中写真判読，および 5 千分の 1 の地形図を用いた現地調査によれば，崩壊地の緒元は以下の通りである．なお，1 次堆積物と 2 次堆積物については後に説明する．

　崩壊地面積：47 ha
　崩壊地最高標高：1040 m
　崩壊地最低標高：570 m
　堆積物面積：
　　1 次堆積物：36 ha，2 次堆積物：49 ha
　堆積物体積：（厚さを 10 m と仮定する）
　　1 次堆積物：360 万 m³，
　　2 次堆積物：490 万 m³

これより，崩壊体積は，両者をあわせて 850 万 m³ あるいはそれ以上であると推定される．

3.5.2 地質と地形

（1） 地質

崩壊地の基盤は古第三系室戸半島層群の砂岩および泥岩からなり，崩壊地の斜面下部に砂岩，斜面上部に泥岩および砂岩泥岩の互層が分布している（図 3.5.1）．泥岩は比較的硬質で容易にスレーキング（slaking）するようなものではない．また，一部で層理（bedding/stratification）に

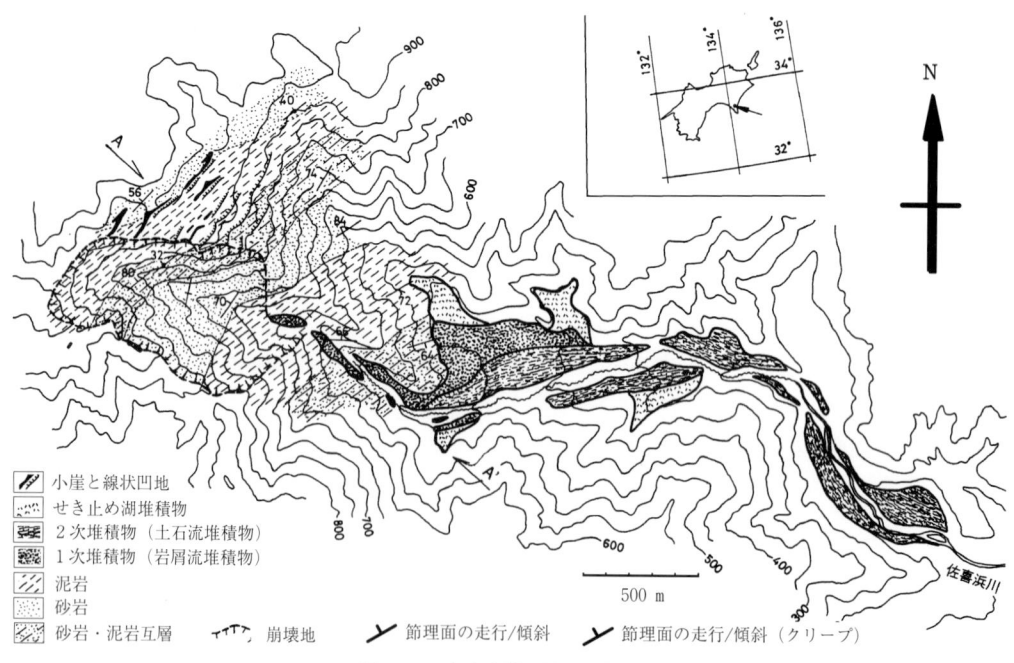

図 3.5.1　加奈木崩れ周辺の地質図

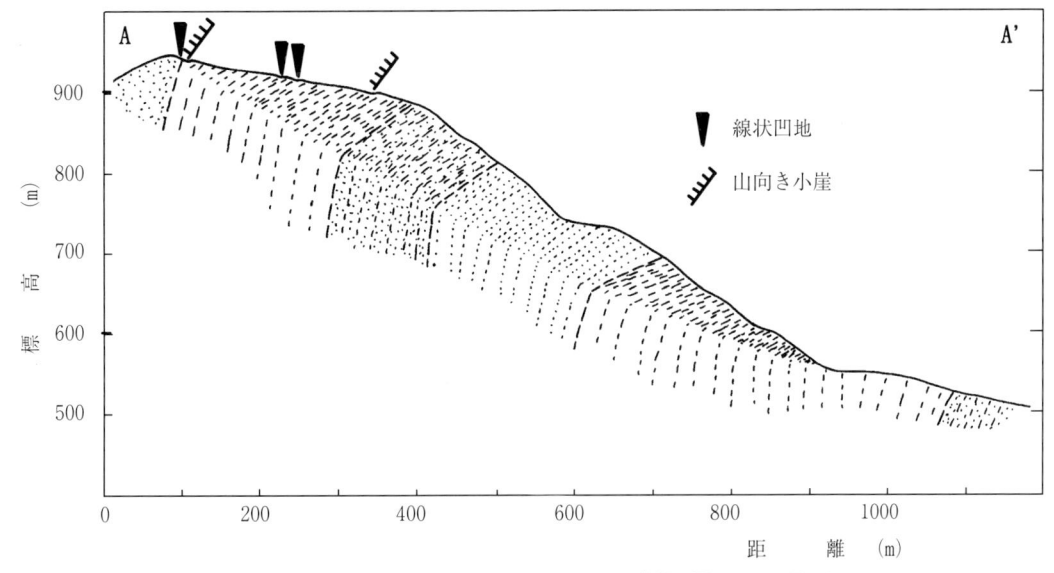

図3.5.2　加奈木崩れ周辺の地質断面図　A-A'位置は図3.5.1に示した

ほぼ平行な劈開（cleavage）が発達している．地層は北東―南西から北北東―南南西の走向をもち，60度から90度北西に傾斜している（図3.5.2）．加奈木崩れ内部の佐喜浜川最上流部および加奈木崩れの北東で最も近い沢では，表層部の地層が南東に向けて倒れかかるようにクリープ（creep）していることが明瞭に認められる．このような構造は，南アルプスの七面山崩れ，赤崩，大谷崩などと同様の構造である(Chigira, 1992；Chigira and Kiho, 1994；千木良, 1995)．

治山工事を実施中の写真（高知営林局，1967）を見ても，上述のように崩壊地内部では地層が山に向けて緩傾斜している様子が認められる．南アルプスでこのような構造を呈する岩盤は，倒れかかる際のせん断によって薄板状に分離しており，著しく細片化している．加奈木崩れの場合も，小規模に見られる露頭（outcrop）と工事中の写真とから判断すると，同様の岩盤性状であると推定される．

（2）地形

加奈木崩れ内部には現在は裸地がほとんどなく，その広がりを直接認めることはできないが（図3.5.3，3.5.4），高知営林局が1967年にまとめた報告書によると，図3.5.1に示すような範囲が加奈木崩れとされている．加奈木崩れは佐喜浜川の最上流部に位置し，その源流を左右岸から包み込むような形態をしている．

左岸側が急傾斜，右岸側が相対的に緩傾斜となっている．左岸側の上方は山頂緩斜面となっており，そこには多数の線状凹地（linear depression），山向き小崖が分布している（図3.5.1，3.5.2）．これらは，北東―南西方向に伸び，深さあるいは比高が数mから10m程度で，最大長さは400mである．加奈木崩れの最上部の北側縁は，これらの線状凹地や山向き小崖，また緩斜面を切断している．したがって，もともとこれらの地形的特徴をもった緩斜面が崩壊したと推定される．

前述した南アルプスの大規模崩壊地でも，同様の線状凹地，山向き小崖が認められており，これらは，急傾斜する層理面が斜面下方に倒れかかった結果形成されたものである．当調査地域の加奈木崩れにおいても，その地質構造とあわせて考えると，崩壊発生前にこれらと同様の現象があったと推定される．

このような岩盤クリープは，加奈木崩れの上方

図 3.5.3　加奈木崩れの遠景
北東から南西を望む．1989 年 2 月撮影

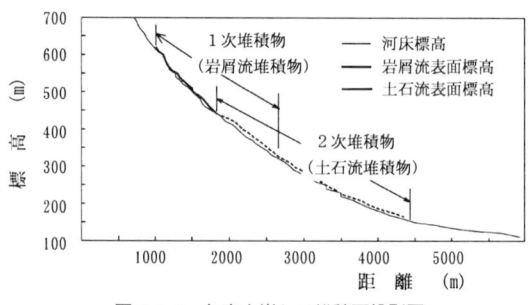

図 3.5.5　加奈木崩れの堆積面投影図

図 3.5.4　加奈木崩れの遠景
南西から北東に望む．1989 年 2 月撮影

図 3.5.6　加奈木崩れの 1 次堆積物

だけでなく，その東側の沢の最上流部にまで至っており，そこには小規模な崩壊が複数認められる．

3.5.3　崩壊堆積物

崩壊堆積物は，加奈木崩れ下部から約 3.5 km 下流にまで至っている．空中写真観察と現地調査によれば，2 つの段丘状をなす堆積物が識別される（図 3.5.5）．

一つ目は，最も高標高部に位置し，また，堆積面の位置も最も高いものであることから崩壊の 1 次堆積物で，岩屑流堆積物（debris avalanche sediments）と推定されるものである．これは，加奈木崩れ下端から約 700 m 下流にまで分布し，佐喜浜川が東南東から真東に向きを変えるところまでは川沿いに狭く分布するが，そこから扇状地状に広がる．堆積物は，厚さ 8 m 以上あり，2 層構造をしている．主体である下部は，泥岩岩片に富み，最大礫径 50 cm 程度の砂岩のブロックを不規則に含むものである（図 3.5.6）．後生的とは思われない隙間が多く，また，泥岩の細片に平行配列も認められない．一方，表層部は厚さ 1 m から場所によっては 3 m 程度の厚さを有し，泥岩岩片の平行配列や角の摩耗が認められる．これらの特徴から，この堆積物の主体は，おそらく岩屑流堆積物であり，その表層部は後に雨洗を受けた堆積物であると推定される．この堆積物は，佐喜浜川の支流を 3 カ所でせき止めており，それぞれの支流にはせき止め後の堆積物が堆積している．

二つ目は，一つ目の堆積物の地形面を切断し，前述の佐喜浜川が向きを変える付近から下流に分布し，2 次堆積物と推定されるものである．一つ目の堆積物との境は比高 4〜5 m の明瞭な段丘崖となっており，これは空中写真でも認められる（図 3.5.1）．この堆積物は，厚さ 10 m 以上あり，最大礫径 2 m 程度の砂岩のブロックと砂岩と泥岩の小岩片の不規則混合物であることが多いが，

図 3.5.7　加奈木崩れの 2 次堆積物

ところどころに成層構造をもっている．前者の混合物の場合も，岩片の角の摩耗が認められる（図3.5.7）．これらのことから，この堆積物は，繰り返す土石流（debris flow）など，水流のもとに堆積したものであると推定される．

3.5.4　加奈木崩れの起源

高知営林局（1967）によれば，加奈木崩れの起源について次のように記述されている．安芸郡史には，庄屋の出した文書として「延亨 3 年丙寅野根山かのぎ大潰以来夥敷損田仕家屋敷減ニ相成今以村柄ハ立直リ不申候其上去卯年（天保14年，1843）大洪水ニ而可夥敷損田仕未ダ開発済ニモ相成不申候」とある．佐喜浜浦郷御改心廉書（安政4年，1857）には，「宝永 4 年 10 月 4 日（太陽暦 1707 年 10 月 28 日）に地震があった．この大震のおよそ 50 日を経た 11 月 23 日には，富士山が噴火して宝永山が出来，土佐あたりまで灰が降って 5～6 寸も積もったそうである．野根山かのぎの潰が出来たのは，これから丁度 40 年後の延亨 3 年であった．宝永地震で野根山の地盤に狂いが出来ていたといわれる」と記述されている．

これらからみると，実際に大規模な崩壊が起こったのは延亨 3 年（1746）であるが，それよりも前の 1707 年の宝永地震に原因があったと信じられていたようである．この地震の時にも多少崩壊が起こったのかもしれない．

これらの記録，および堆積物に少なくとも 2 種類のもの，すなわち，最初の岩屑流堆積物，後の土石流堆積物（debris flow sediments）があることから，次のような可能性が考えられる．すなわち，宝永地震の時に岩屑流をともなうような崩壊が発生し，その堆積物が後に度重なる土石流によって，さらに下流に運ばれた可能性がある．

3.5.5　まとめ

以上をとりまとめると次のようである．
①加奈木崩れは，泥岩と砂岩からなる地層が斜面下方に倒れかかるようにクリープしていた岩盤が崩壊したものである．この岩盤クリープは，地形的現れとして線状凹地と多重山稜を形成していた．
②堆積物の堆積面の形態および堆積構造から推定すると，加奈木崩れの堆積物は一度に形成されたものではなく，少なくとも，初期の岩屑流堆積物と後の土石流堆積物からなっている．
③この岩屑流堆積物が 1707 年の宝永地震時に，そして後の土石流堆積物の主体が 1746 年に形成されたと考えると，歴史記録とも矛盾しない．
④加奈木崩れの東側の沢の最上流部は，加奈木崩れに先行した岩盤クリープの領域であり，また，そこには小規模な崩壊地が複数認められることから，今後この付近が崩壊を起こして行くものと考えられる．

3.6　雲仙眉山崩壊

3.6.1　1792 年崩壊の概要

眉山（Mayuyama）は雲仙火山群の最東端に位置する石英安山岩（dacite）質の溶岩円頂丘（lava dome）で，北側の七面山（標高 819 m）と南側の天狗山（標高 708 m）の 2 つの釣鐘状ドームから成っている（口絵 13，図 3.6.1）．普賢岳の噴火活動中の寛政四年四月一日酉の刻（1792年 5 月 21 日 20 時頃）に，天狗山が山頂部の背後にも達する大崩壊を起こし，さらに有明海に突入した崩土が大津波を誘発して，島原城下をはじめ対岸の肥後をも含めた有明海沿岸の広範囲で，死

図 3.6.1 眉山周辺の地形分類図（建設省雲仙復興工事事務所，1995）

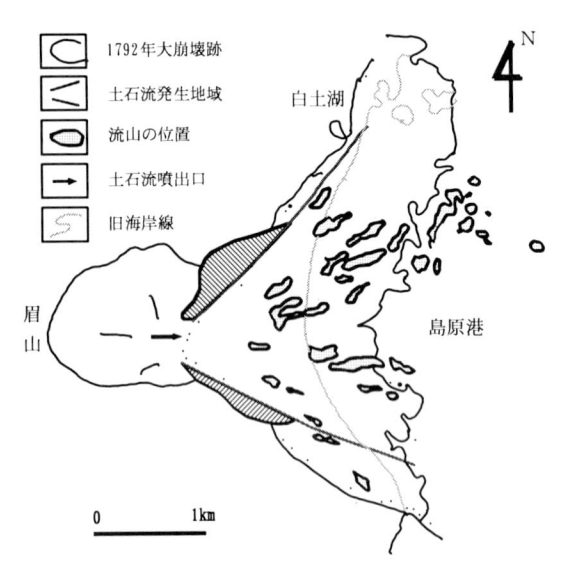

図 3.6.2 眉山大崩壊による岩屑流・土石流流下域と流れ山の分散状態（太田（1987a）を改変）

者行方不明約1万5千名という未曾有の火山災害を発生させた．

この崩壊により天狗山は約150m低くなり，幅1000m，長さ2000m，深さ170mの馬蹄形の典型的な崩壊跡を残した．崩壊土砂量は$3.4 \times 10^8 m^3$と見積もられ，図3.6.2に示されるように，島原の海岸線は崩壊土砂により約870mも前進しただけではなく，新しい海岸線より沖合にも数十の小島が誕生した（太田，1969，1987a）．なお，井上・今村（1997）は古絵図と国土地理院の国土数値情報を用いて崩壊前の地形を復元し，崩壊体積を$4.4 \times 10^8 m^3$と推定している（口絵14）．

3.6.2 眉山周辺の地質構造と熱水の流れ

眉山を含めて雲仙火山群は，島原半島の中央部を東西に横切る雲仙地溝（Unzen graben）の内部に位置している．雲仙地溝は幅7〜9kmの陥没構造を示し，少なくとも10万年以上前から少しずつ南北に伸長しながら沈降を続け，総陥没量

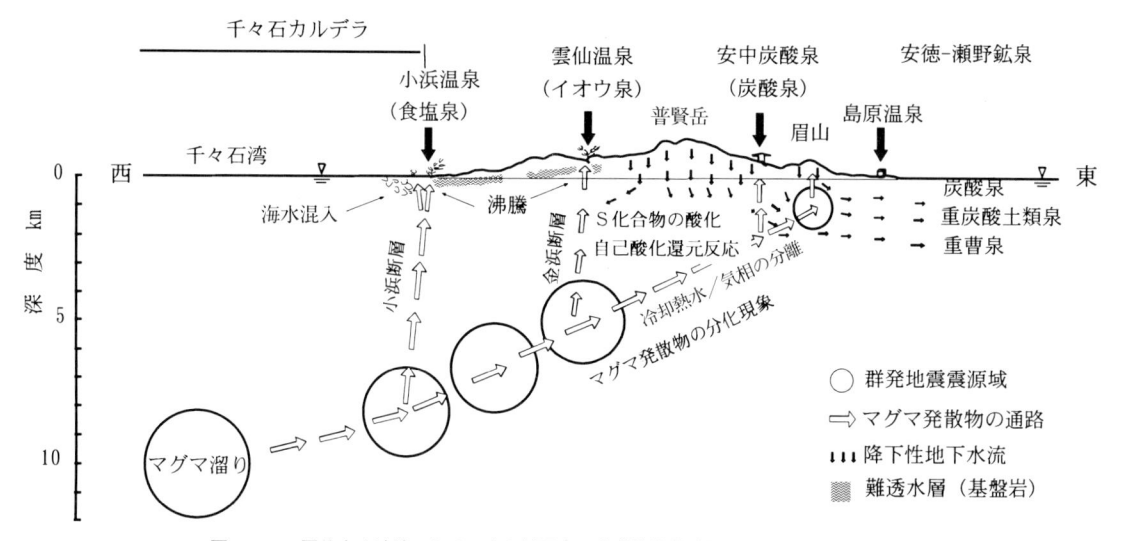

第3章　地震による大規模崩壊と土砂移動　43

図3.6.3　雲仙火山地域における火山性温泉の生成機構模式図（太田（1973）を改変）

は200m程度と推定されている（太田，1987b）．この地溝の北縁を成す千々石断層は，島原半島西部では地形的に明瞭で容易に追跡できるが，半島東部では厚い火山噴出物に覆われて不明瞭になっている．ボーリングあるいは比抵抗探査（resistivity survey）の結果等を総合して，半島東部では眉山の北縁近くを通り，島原鉄道の南島原駅付近に達しているものと推定されている（太田，1987a；川邉，1997）．

雲仙地溝の中での地震活動の推移やマグマ発散物（magmatic emanation）の分化（differentiation）過程の考察に基づいて，太田（1973）は図3.6.3のような火山性温泉の生成機構のモデルを提案した．これによると，千々石湾の地下深くで生成された熱水（hydrothermal solution）は，分化しながらしだいに東に向かって上昇し，島原で地表付近に到達している．現在の熱水の中心的な流れは，七面山の南を通り，九大観測所を経て元池泉源に至る帯状のルートが想定されている（川邉，1997）．

3.6.3　1792年崩壊までの経緯

群発地震の発生から普賢岳の噴火を経て眉山崩壊に至る経過については，多くの古文書や古絵図が残されている．それらの資料を整理した片山（1974）に従って，以下に眉山崩壊に至る経緯を簡単に見ていく．

眉山崩壊の約半年前にあたる1791年11月3日に小浜付近で地震が発生，それ以後，小浜や千々石一帯で群発地震が感じられるようになった．翌1792年2月11日には普賢岳から噴煙の上るのが遠望され，噴火が確認された．さらに，3月に入ると溶岩の流出が始まった（新焼溶岩，口絵11，図3.6.1）．

間断なく発生していた群発地震も，活動の中心が半島西部から東部に移り，4月21日には島原を中心に地震が群発し始めた．25日には最大規模の地震が発生し，島原城下一帯では各所に地割れが生じた．その一部からは地下水が湧き出したり，また地下水位の異常な上昇が見られた．4月29日に至ると，その後に発生した大崩壊の中心部にある楠平で，小規模な地すべりが発生している．

島原で群発地震が発生し始めてから1カ月後の5月21日17時頃より地震が数回続き，20時頃に強い地震（島原四月朔地震）が2回発生，その直後に百千の雷の鳴り渡るような鳴動が聞こえ，眉山は大崩壊を起こした．それにともない，3波の津波が発生し，有明海沿岸に大きな被害を与えた．

最も大きい第2波の高さは，約10mと推定されている．この事件は「島原大変肥後迷惑」という言葉で後世に伝えられている．

この眉山の大崩壊は暗夜の出来事であったため，崩壊の過程は明らかではない．ただ，その一端を物語るものとして，泊まっていた小屋はほとんどそのままの状態で，崩土上に乗ったままゆっくりとすべり下っていった菜種番の体験談が採録されている（平均時速約470mと推定されている）．また，流れ山（mud-flow hill）の中には，松などの立木がそのままの状態で残されていたものが少なくないという記録もあり，ごく遅い速度ですべった部分も多かったと考えられるが，最初の津波や大鳴動とは時間的に対応しないので，これらのゆっくりとした移動現象は，おそらく二次的なすべりであろう．

崩壊跡からは大量の湧水が噴出し，また大量の熱水が海中に放出されたことが，古文書や古絵図から推察されている（口絵12）．

3.6.4 1792年崩壊の原因

この崩壊の原因については，従来から様々な説が提案されている．そのうちのおもな説を整理すると表3.6.1のようになる（太田，1969）（丸井（1991）より転載）．

1908年から1920年代にかけて（とくに1922年島原地震以降）活発な論議が展開され，眉山大崩壊時の地震で島原城下の家屋等に被害を生じていないことから，そのような弱い地震で山体崩壊を起こすはずもなく，眉山自体の噴火だとする「火山爆裂説」と，火山爆裂の形跡がないことから，岩体が脆弱であったので地震動で崩れ落ちたとする「地震崩壊説」が対立していた．その後，九州大学の観測所が島原に設置されたのを契機に，眉山崩壊の原因論争が再び繰り広げられるようになった．

まず太田（1969）は，新潟地震（1964）や十勝沖地震（1968）のときの砂地盤の液状化（lique-

表3.6.1 1792年眉山大崩壊の原因諸説（太田，1969）

学説	根拠・主張	提唱者
火山爆裂説	馬蹄型崩壊と流山は火山爆裂現象特有 火気・噴煙・地震微弱の古記録あり	佐藤伝蔵（1925）
	局発地震の頻発とその後の爆裂 地下水異変は噴火現象に付随的	駒田亥久雄（1913）
	馬蹄型崩壊地形と流山の形成	古谷尊彦（1978）
地震崩壊説	山体脆弱，爆発音にしては弱小 地震→小噴火→爆発→溶岩流出のパターンに矛盾，爆裂の古記録なし	大森房吉（1908）
	地震による局部的砂状圧砕岩体の液状化→土石流発生（崩壊物流入による津波誘発）	太田一也（1969）
熱水増大説	熱水増大による地すべり誘発（円弧地すべり＝海底突き上げによる津波誘発）	片山信夫（1974）
地震・熱水複合作用説	山体脆弱，熱水増大による地下水位上昇，地震群発による岩盤疲労，直下型浅発地震の発生	太田一也（1987）

丸井（1991）より転載

faction）現象に着目し，眉山岩体に局部的に発達する砂状圧砕部分が地震動によって液状化し，岩盤強度の低下を起こして円弧型地すべり（circular slide）を誘発，崩壊物の下層部が土石流（debris flow）の運動形態をとり，流れ山をベルトコンベア式に流送しながら一挙に流下，海中に突入したとの考えを示した．

その後，片山（1974）は古記録を詳細に検討し，図3.6.3のモデルの経路に沿って，西方から押し上げられてきた熱水の温度や圧力が増大したと考え，また米国のデンバー地震群（Denver Earthquake Swarm, 1962）における水の圧入と地震群の関係，松代群発地震（1965～1967）における温泉水と地震や地すべりとの関係などを参考にして，火山活動にともなう熱水の増大による山体の実効重量の増加に起因する円弧型地すべり，および先端海底部の突き上げによる津波の発生という説を打ち出した．図3.6.4に太田・片山両説のすべり面形状を比較して示す（太田，1987a）．

また古谷（1974）は，眉山を構成する砂の粒径はむしろ流動化を起こしにくい範囲に分布しているとして太田説を批判し，さらに大規模な馬蹄形

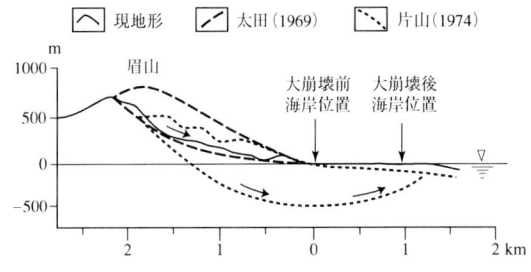

図3.6.4 眉山大崩壊前後の地形とすべり面の断面図
（太田（1987a）を改変）

の急崖地形とその前面に広がる小丘群は，いずれも火山地域に特徴的であることをあげて，火山の爆裂活動にともなって破砕された山体の砕屑物質が，粉体流（pulverulent flow）としてなだれ落ちたと考えた．

一方，津波の数値実験から眉山崩壊を考察した相田（1975）は，片山説のような海底の突き上げのみでは，津波のエネルギーを全面的に説明することは困難で，太田説のような流量入力のほうが，津波発生により効果的であることを指摘した．

さらに，宮地・他（1987）は太田や片山の古文書・古絵図の採り上げ方を批判した上で，歴史学的資料価値が極めて高い資料のみ利用し，併せて現地調査をも行った結果として，「土石流」と「流れ山」の2つの異なった崩壊様式が存在し，流れ山を形成した「岩屑流（debris avalanche）」が発生した後，地下水が噴出し「土石流」が発生したと考えた．

同じ頃，太田（1987a）は米国セントへレンズ火山の山体崩壊（1980）や御岳山の斜面崩壊（1983）および地附山の地すべり（1984）などの事例から示唆を得，それまでの諸説を整理した上で，熱水の増大と中〜小規模の直下型浅発地震との複合作用によるとの考えを提出した．すなわち，①亀裂の発達が著しく脆弱な地質，②頻発した地震群による岩盤疲労の進行，③眉山山体内の熱水圧（＝間隙流体圧）と地下水位の異常上昇，④直接の誘因として中〜小規模の直下型浅発地震の発生，が複合して崩壊に至ったと考えた．

以上のように，現在に至るまで様々な説が出されているが，判断材料の不足から未だに決着はついていない．

3.6.5 崩壊跡地の拡大

崩壊後も現在に至るまで，豪雨や地震時に局部的な崩壊・崩落を起こし，土石流となって市街地に被害を及ぼすこともまれではない．その中でも顕著な事例を次に掲げる．

大正3年（1914）の梅雨期に，最大日雨量100 mm前後，総雨量約400 mmの降雨でかなりの崩壊を起こし，土石流による水田や民家の流失等の災害を発生させている．この災害を契機に，大正5年より国の直轄治山事業が始まった．

大正11年（1922）12月8日の島原地震（M 6.9）は，震源が千々石湾であったが，眉山の崩壊跡でも局部的な崩落を起こしている．

昭和32年（1957）の諫早水害時の豪雨は，眉山でも最大日雨量700 mm，1時間雨量70 mm前後の雨を降らせた．眉山地域の土砂崩壊は約80万m^3に達し，4流の土石流となって流下した．そのため，全市において田畑埋没161 ha，家屋の流失38戸，死者12人，行方不明1人という甚大な被害が生じた．

昭和43年（1968）の観測結果から，太田（1969）は局部崩壊が発生する限界の地震あるいは降雨を次のように求めている．地震については，周期や継続時間が関係するので量的把握は困難であるが，一応震度Ⅲ以上，水平加速度（1成分）12 gal以上，降雨については，日雨量100 mm以上で局部崩壊が発生し始める．

昭和59年（1984）8月6日に起きたM 5.7の地震で，3000 m^3の局部崩壊が発生した．

3.7 御岳大崩壊

3.7.1 地震と崩壊の概要
（1）御岳大崩壊と被害規模

昭和59年9月14日午前8時48分頃，長野県

の西部に位置する御岳山南麓に震央（北緯35度49分3秒，東経137度33分6秒）をもつマグニチュード M 6.8 の直下型地震（「昭和59年長野県西部地震」と命名され震源の深さは2 km）が発生した．このため，約3600万 m³ の大規模崩壊（御岳大崩壊，伝上崩れと呼ぶ）が標高2550 m の御岳山南東麓山腹に発生した．崩壊土砂は，伝上川を土石流となって流下するとともに，一部は尾根を乗り越え流域外に達した（図3.7.1）．さらに，この土石流は伝上川と濁川を約10 km 流下，王滝川を閉塞し湛水池を作り被害を与えた．このほか，三地区に大規模な崩壊が発生し，地震による直接災害とあわせて死者行方不明者29人，家屋全壊14棟，半壊73棟，一部破壊棟481，総被害額210億円の被害が生じた．

なお，震央付近に位置する牧尾ダムには，電磁式強震計が設置されていたが，最大記録幅を200 gal に設定していたためスケールオーバーして記録が得られなかった（瀬尾，1985）．この地震にともなう余震は9月14日，15日が1日約500回，16日約200回であり，17日以降はほぼ100回以下と漸減した．余震のうち，最大のものは，9月15日午前7時14分頃に発生したマグニチュード6.4と発表されている．

(2) 松越地区の崩壊（地すべり）

大又川が王滝川本川と合流する右岸に，道路を崩壊頭とし，東向きの傾斜約30度の斜面に最大幅約120 m，崩壊長約200 m，深さ約30 m の規模で発生した．崩土は対岸の斜面を約50 m かけ登り，そこに位置した生コンプラントで作業していた人々を含む13人が犠牲者となった．

(3) 滝越地区の崩壊（地すべり）

王滝川本川左岸沿いの滝越集落の背後，西向き斜面の標高1210 m 付近の湖岸段丘（酒井ら，1985）で，崩壊幅約160 m，長さ約100 m，深さ約45 m の規模で発生した．平面的な滑落崖形状は松越地区のそれと相違して直線状であり，崩上の一部は比高約20 m の対岸尾根を乗り越えたが，大部分の崩土は王滝川本川まで約400 m 流下した．崩壊地では，下部に湖成層その上に節理の発達した安山岩質溶岩さらに火山角礫層が重なる．崩壊は，この溶岩と火山角礫層が崩落したものである（酒井，1985）．

(4) 御岳高原地区の崩壊（地すべり）

大又川渓岸沿の御岳高原スキー場に至る道路沿に崩壊が3カ所集中して発生している．その最大の規模のものは，崩壊幅約100 m，長さ約130 m，深さ3〜4 m で比較的緩傾斜（約17度）の火山灰層中で発生し，崩土は道路を越えて沢に沿って約650 m 流下している．縦断形状は円弧状をなし地すべり性の崩壊様相を呈し，すべり面は，白色の軽石層で御岳新規テフラの軽石層が相当する（田中，1985）．

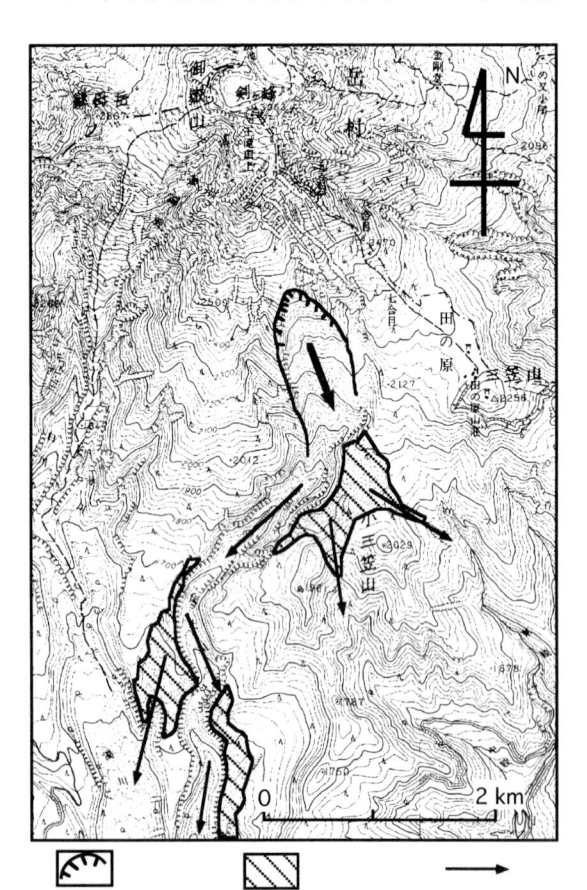

図 3.7.1　御岳大崩壊と土砂の流下・堆積状況

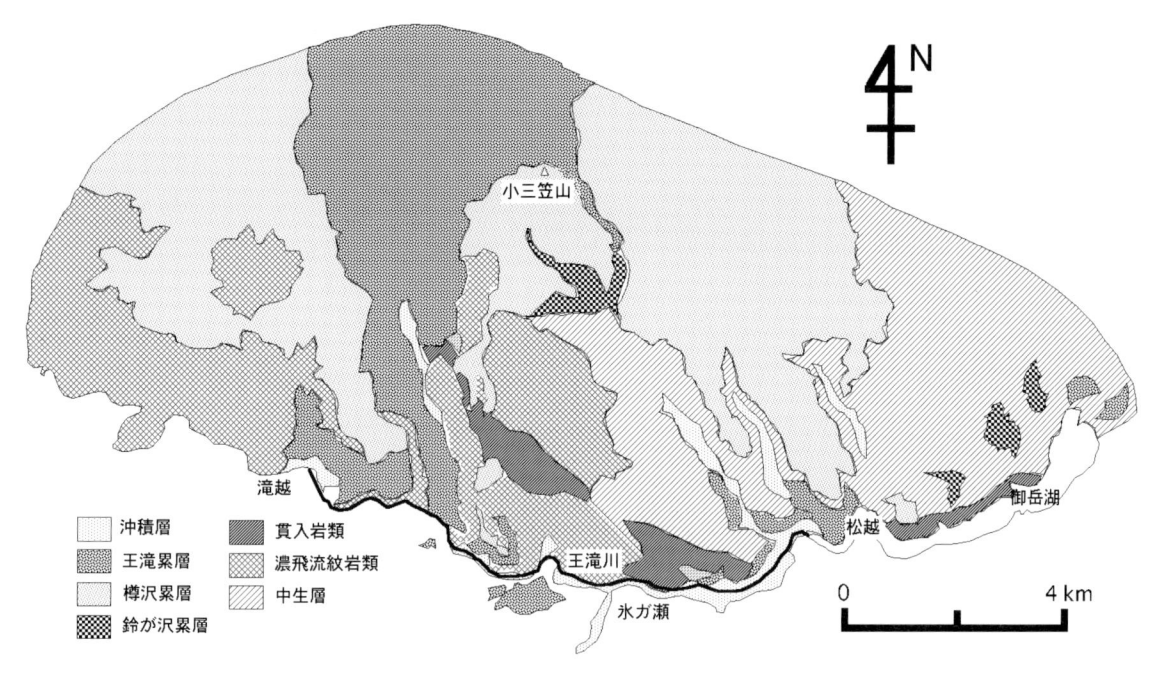

図 3.7.2　御岳山南麓の地質図（酒井・他，1985 を改変）

凡例：
- 沖積層
- 王滝累層
- 樽沢累層
- 鈴が沢累層
- 貫入岩類
- 濃飛流紋岩類
- 中生層

3.7.2　御岳山周辺の地形・地質

　震央に近い王滝村付近の基盤岩は，主に美濃帯に属する中生代の堆積岩類と濃飛流紋岩類と呼ばれる中生代後期の火山岩類で構成され，前者は御岳山の東側，後者は西側に分布する（図3.7.2）．濃飛流紋岩類は，白亜紀後期（1億年〜6千万年前）の火山活動の噴出物（火山灰，軽石，溶岩など）から構成され，少量の湖成層も含む．火山灰は溶結していることが多く，全体的に堅く固結した様相を呈している．

　御岳火山は，約15〜20万年前に活動を始めマグマに直接由来する火山噴出物を放出し成層火山を形成した．火山活動は「古期」と「新期」に大別され，古期に形成された成層火山は，その後の静穏期に山麓が著しく侵食・開析され，現在は急崖に縁どられ丘陵化している．古期火山活動は，大量のテフラを放出しつつ火山体中央部にカルデラを形成し，現在の御岳山の中央部をつくった．新期御岳火山活動は，前期と後期に区分され，前期には流紋岩質軽石を噴出し，降下軽石や火砕流堆積物がカルデラをほとんど埋め尽くした．後期は，5〜6万年前に始まり，安山岩質の溶岩や火砕岩を大量に噴出したため，前期に形成された火山体を広く覆い，現在の成層火山を形成した（多賀・他，1985）．長野県西部地震にともなう主な崩壊は，すべて新期御岳火山の火山噴出物に関係して発生している（多賀・他，1985）．

　御岳大崩壊は，新期火山活動の後期に降下火山砕屑物として堆積した第四系の王滝累層中（図3.7.2）に存在する千本松軽石層をすべり面として急激に崩落したものと考えられる（信州大学自然災害研究会，1985）．

3.7.3　大崩壊の発生と土石流

　まず，大崩壊の発生と流下に関し，その実態を紹介すると以下のようである．

（1）地震発生前の崩壊地の経年変化

　地震により発生した大崩壊地の西縁の谷部に約19 ha規模の崩壊地が，1951年3月発行の地形図には記載されていた（北澤，1985）．この崩壊は1968年にかけてやや拡大するとともに，1974年には大崩壊の脚部に相当する伝上川右岸の谷壁部

分に，新たな小崩壊の存在が空中写真から判読できる．地震による大崩壊は，この旧崩壊地の東尾根を深さ約100 mを削り発生したものである（北澤，1985）．

(2) 土石流の流下実態

標高2550 mあたりの尾根部を崩壊頭部とする崩壊土量約3600万m³は，伝上川を流下するとともに一部は，崩壊地対面の標高2000 mの小三笠山鞍部に乗り上げ鈴ガ沢を流下した．さらに流下途中で標高1600 m付近の右岸鞍部を乗り越え，濁川に流入し約10 km下流で伝上川を流下した崩壊土砂とともに王滝川に合流し長さ3.5 km，幅200 m，深さ30 mにわたって閉塞し湛水池をつくった．

この崩落土により立木が流出し山腹および河床が洗掘されているが，航空写真による概略測量によれば，その洗掘量は1000万m³を超え，河床内の堆積土量も1000万m³を超えた（瀬尾，1985）．この崩壊にともなう土石流は，9時頃に氷ケ瀬トンネルに達していることが確かめられている．また，濁沢川には崩壊部の地山が数mから十数mの土砂ブロック（流れ山，mud-flow hill）となって堆積している様子がみられ，王滝川に堆積した土砂は多量の水を含み歩くと沈む状態である．

なお合流地点下流の氷ケ瀬貯木場下流の狭さく部右岸で生じた崩壊のため，王滝川は10時過ぎ頃まで閉塞された模様である．このことは下流地元住人の証言と，牧尾ダムの流入量が10時から11時の間，零となっていることからうかがわれる．その後12時過ぎ頃には氷ケ瀬の貯木場で流水がオーバーフローしていったことが報道機関のフィルムからわかる．ちなみに下流松原橋では12時頃増水しており，大岩橋地点では12時15分に上水流が流下したことが観察されている（瀬尾，1985）．

(3) 土石流の流下速度

御岳大崩壊の崩落速度は，対岸の小三笠山の北側鞍部に溶岩の破砕片が線状に飛散していることや破壊を免れた樹林帯周辺の樹木が爆風により引きちぎられたように倒伏していることから判断して，20〜30 m/s（時速換算70〜100 km/h；高瀬，1995）と非常に高速であったと予想される．また，伝上川から濁川を流下した土石流の平均速度は，現場に居合わせた人の体験から判断して，約20 m/sとであったと考えられる（原，1984）．餓鬼ガ咽トンネルから氷ガ瀬にかけては現場での聞き込みなどから判断して，4〜7 m/sと推定される．このように，崩落から土石流化して王滝川に流入・堆積するまでの，移動速度は非常に大きい．

(4) 地震発生前の雨量

地震発生前の9月1日〜17日までの御岳山周辺の降雨は，図3.7.3に示すように222 mmであった．この降雨は，9月2日から5日にかけて46 mm，9日から10日にかけて129 mmであり，13日から14日午前中にかけて36 mm，15日午前8時から16日16時まで11 mmとなっている．比較的強かった雨は9日から10日にかけてのもので，これ以外は秋のしとしと雨とも呼べるものである．地震前の降雨量がそれほど多くなかったにもかかわらず，約10 kmにわたって崩土が流下した点が豪雨起因の崩壊型土石流とは大きく異なっている．

(5) 等価摩擦係数

図3.7.4には，過去の大規模崩壊の研究成果と比較するため崩壊土量と等価摩擦係数（μ）の関係

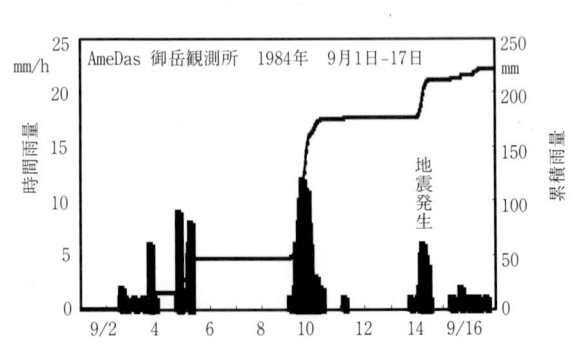

図3.7.3 地震発生前後の御岳山降雨量
1984年9月1日〜17日

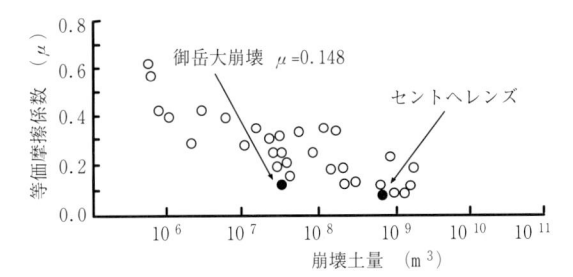

図3.7.4 等価摩擦係数と崩壊土量（瀬尾，1984を改変）

を示した．等価摩擦係数（equivalent coefficient of friction）は，堆積の前縁（王滝川と濁川の合流点）と崩壊の頂点（標高2550 m地点）とを結ぶ線の正接を与えた（$\mu=\tan 4.83°=0.148$，瀬尾，1984）．

図3.7.4によれば，等価摩擦係数は他の事例による0.2～0.35よりも小さく，流動性が高くしかも流下速度が大きい流れであったことが読みとれる．これは，崩壊地対面の小三笠山の丘陵地面に乗り上げていることや流下途中で標高1600 m付近の右岸鞍部を乗り越え，濁川に流入していることなどからも理解できる．定量的な評価は難しいが，これには地震前9日から10日にかけての129 mmの降雨と，13日から14日午前中にかけての36 mmの降雨の影響があげられる．流下状況から判断して，おそらくは，流下途中で多量の水分が供給されたのではなく，地震前に地下に浸透した雨水が崩壊土砂とともに土石流化したものであろう．

（6）地震時の加速度

松越地区における最大水平加速度は，墓石の転倒から判断して440 gal程度とされる（谷口・他，1986）．また，同地区の崩壊に適用した地震応答解析によれば，崩壊断面で平均280 galの値が得られている（谷口・他，1986）．一方，御岳大崩壊に周期0.5秒として金井式を用いると最大360 galとなり，標高や地形を考慮すると500 galを超えたと推定される（川邉，1985）．これらの加速度は，王滝村において生じたと考えられる最大加速度のいずれよりも大きく，既往の最大値であったと判断される（籾倉・他，1985）

3.7.4 山体崩壊にともなう土砂移動

長野県西部地震による御岳大崩壊の発生とその後の土砂移動形態について，粉体流（岩屑流）か土石流かの議論が展開された．本論では，後者の立場で紹介してきたが，現象そのものが極めて大きいこと，土砂移動速度が大きいことなどから議論が生じた可能性があり，これらを事実に限って紹介しておくことは，今後に発生するであろう大規模な土砂移動現象を理解する上で有用であろう．以下には，現象に関する事実を総括して示す．

（1）御岳大崩壊の発生

①崩壊規模は，崩壊幅が約160 m，長さが約100 m，深さが約45 mで，崩壊土量は約3600万m^3である．

②崩壊発生前の降雨は，9月2日から5日にかけて46 mm，9日から10日にかけて129 mm，13日から14日午前中にかけて36 mmの合計211 mmである．

③すべり面を形成したのは，第四系大滝類層中の千本松軽石層の粘土化したパミスである．

④崩壊の引き金となった地震時の加速度の大きさは，360～500 gal相当である．

⑤崩壊は極めて早い速度（20～30 m/s相当）でしかもマス状となって崩落し，一部は対岸を乗り越えた．

（2）土砂移動の実態

①伝上川から濁川を流下した土砂の流下速度は，現場に居合わせた人の体験から判断して，約20 m/sであったと考えられる．

②濁沢川には崩壊部の地山が数mから十数mの土砂ブロック（流れ山と称す）となって堆積していた．

③王滝川に堆積した土砂は多量の水を含み歩くと沈む状態を示した．

3.7.5 災害後から現在まで

昭和59年の災害後15年が経過した。現在でもなお，御岳山中腹と伝上川には，大崩壊と土石流流下の爪痕が生々しく残存する（図3.7.5，3.7.6）。しかしながら，下流域の濁川，鈴が沢，王滝川には災害直後から現在に至るまで，砂防ダムや治山構造物が設置されており，規模の大きな土砂移動は発現していない。主要な施設をあげると，王滝川には堤高10mの砂防ダムとコンクリートブロックによる床固工，濁川には堤高14mの砂防ダムまた鈴が沢にはそれぞれ14.5mと7.5mの砂防ダムが設置された。

一方，上流域にあたる濁沢や伝上川には谷止工群が施工されており，なかでも濁沢は森林基盤としての土留工群の整備により約55haに緩衝林が造成された。また，土石流により裸地化した伝上川両岸の台地状平坦地にも，航空実播工や人工植栽が施され木本としての緑が回復しつつある（王滝営林署，1998）。対策構造物の設置以外に，土石流監視施設が長野県の出先機関である木曽建設事務所と王滝村に設置され，ソフト面からの避難体制が整いつつある（長野県土木部，1995）。今後は，これを地域防災計画と連携させ，地域住民の防災意識の向上を図かりつつ警戒・避難体制の充実を進めることが重要と思われる。

図3.7.5 御岳大崩壊地の現況（1998年11月11日撮影）

図3.7.6 伝上川右岸の標高1600m付近から上流を望む（1998年11月11日撮影）

引用文献

相田勇（1975）1792年島原眉山崩壊に伴った津波の数値実験，地震，第2輯，28巻4号，p. 449-460.

安間荘（1987）事例から見た地震による大規模崩壊とその予測手法に関する研究．東海大学海洋学部学位論文，p. 39-41.

千木良雅弘（1995）風化と崩壊，近未来社，名古屋，p. 204.

Chigira, M. and Kiho, K. (1994) Deep-seated rock-slide-avalanches preceded by mass rock creep of sedimentary rocks in the Akaishi Mountains, central Japan, Engineering Geology, Vol. 38, p. 221-230.

Chigira, M. (1992) Long-term gravitational deformation of rocks by mass rock creep, Engineering Geology, Vol. 32, p. 157-184.

千木良雅弘・長谷川修一・村田明広（1998）四国の四万十帯にある加奈木崩れの地質・地形特性．日本応用地質学会平成10年度研究発表会講演論文集（名古屋），p. 61-64.

古谷尊彦（1974）1792年（寛政4年）の眉山大崩壊の地形学的一考察，京大防災研年報，17(B)，p. 259-264.

原義文（1985）御岳崩れに伴う土砂移動について（目撃者聞き取り調査より），'84長野県西部地震における土砂の移動と災害に関する研究会報告，新砂防，38巻1号，p. 30-31.

井上公夫（1999）1792年の島原四月朔地震と島原大変後の地形変化．砂防学会誌，52巻4号，45-54.

井上公夫・今村正隆（1997）島原四月朔地震（1792）と島原大変，歴史地震，13号，p. 99-112.

伊藤彰彦（1987）帰雲山大崩壊，新砂防 40（4），p. 37-39．

片山信夫（1974）島原大変に関する自然現象の古記録，九大島原火山観測所研報，9号，p. 1-45．

川邉洋（1997）雲仙・眉山周辺における熱水の流動，火山，42巻5号，p. 359-366．

川邉洋（1985）御岳山の崩壊の特徴，「'84長野県西部地震における土砂の移動と災害に関する研究会」報告，新砂防，38巻1号，p. 27-28．

北澤秋司・宮崎敏孝・堀内照夫（1985）長野県西部地震における御岳崩壊の災害地質学的問題点について，新砂防，38巻3号，p. 12-19．

熊井久雄・酒井潤一・小坂共栄・公文富士夫（1985）御岳崩れのメカニズム．「昭和59年長野県西部地震による災害」，信州大学自然災害研究会，p. 48-57．

高知営林局（1967）佐喜浜川大道南山国有林崩壊地山腹既施工地調査報告書，高知営林局，p. 72．

町田洋（1959）安倍川上流の堆積段丘―荒廃山地にみられる急速な地形変化の一例―，地理学評論32巻10号，p. 520-531．

牧野裕至（1985）鳶山崩れ．新砂防，38巻1号，p. 23-26．

丸井英明（1991）雲仙火山「眉山」周辺地域における土砂災害危険度調査，地すべり学会関西支部シンポジウム「地すべり・斜面崩壊の予知予測」論文集，p. 129-143．

身延山久遠寺（1966）みのぶかゞみ（写本），身延山久遠寺，p. 166-167．

身延山久遠寺（1972）日蓮聖人遺文（写本），身延山久遠寺，p. 1526-1527．

身延山久遠寺（1973）続身延山史，身延山久遠寺，p. 1171-1249．

宮地六美・小林茂・関原祐一・小野菊雄・赤木祥彦（1987）"島原大変"に関する古絵地図の地質学的解釈，九大教養地研報，25号，p. 39-52．

籾倉克幹・安田進・榊裕介（1985）長野県西部地震での被災例にもとづいた斜面崩壊予測手法の検討，土と基礎，33巻11号，p. 41-46．

森山裕二（1986）七面山大崩れ．新砂防，38巻5号，p. 12-15．

長野県土木部砂防課（1995）長野県西部地震，新砂防，48巻4号，p. 66-68．

太田一也（1969）眉山崩壊の研究（I）崩壊機構について，九大島原火山温泉研究所研報，5号，p. 6-35．

太田一也（1973）島原半島における温泉の地質学的研究，九大島原火山観測所研報，8号，p. 1-33．

太田一也（1987a）眉山大崩壊のメカニズムと津波，月刊地球，9巻4号，p. 214-220．

太田一也（1987b）雲仙火山の地質構造と火山現象，地団研専報，33号，p. 71-85．

王滝営林署（1998）平成10年度治山事業概要，王滝営林署治山林道課，p. 1-11．

大月収（1982）東海地震による富士川河岸白鳥山崩壊の危険性．日本地質学会第89回講演要旨集，p. 478．

酒井潤一・熊井久雄・小坂共栄・公文富士夫（1985）地質．「昭和59年長野県西部地震による災害」，信州大学自然災害研究会，p. 14-33．

酒井潤一（1985）滝越地区の崩壊．「昭和59年長野県西部地震による災害」，信州大学自然災害研究会，p. 81．

瀬尾克美・吉松弘行ほか（1984）長野県西部地震に伴う土砂災害，新砂防，37巻4号，p. 23-26．

静岡河川工事事務所（1987）安倍川砂防史，静岡河川工事事務所，p. 35-47．

静岡県（1996）静岡県史（静岡県の自然災害史），ぎょうせい，p. 109．

竹内達夫・堤博志（1985）大谷崩，新砂防，38巻3号，p. 20-22．

高瀬邦夫（1995）防災と気象情報，「気象ハンドブック」，朝倉書店，p. 523-525．

多賀直恒・小林武彦・古長猛彦（1985）長野県西部地震による被害と地形・地質の関係，土と基礎，33巻11号 p. 25-31．

田中耕平（1985）長野県西部地震における斜面崩壊の特徴，土と基礎，33巻11号 p. 5-11．

谷口栄一・久保田哲也・桑原哲郎（1985）長野県西部地震による松越地区の斜面崩壊，土と基礎，33巻11号 p. 59-65．

東京営林局（1975）安倍川流域治山事業効果調査報告書，p. 84．

土隆一（1997）東海地震の予知と防災，静岡新聞社，p. 172．

土屋智（1996）大規模崩壊地内の斜面下部に形成された堆積地の堆砂変動と砂礫流動に関する研究．平成6年度科学研究費報告書，p. 5-9．

塚本良則，小橋澄治編（1991）新砂防工学，朝倉書店，p. 60．

綱木亮介（1988）名立崩れ．新砂防，40巻5号，p. 34-35．

梅ヶ島村教育委員会（1968）梅ヶ島村誌．梅ヶ島村，p. 17．

宇佐美龍夫（1996）新編日本被害地震総覧，東京大学出版会，p. 65-71．

第4章 直下型地震による土砂移動

4.1 はじめに

　日本付近で発生する地震はプレートが地球内部に戻る沈み込み帯で発生するいわゆる海溝型地震（trench type earthquake）とプレート中の断層により発生する内陸型地震（intra-plate earthquake）がある．内陸型地震のうち M 7 以上の地震は地殻上部の中の活断層と呼ばれる部分で発生することが多い．日本の内陸付近では活断層に沿ってこのような大規模な地震の他に中小規模の地震が多数発生している．内陸型地震の多くは深さが 20 km よりも浅い場所で起こる．このため内陸型地震は，しばしば報道関係者の間で直下型地震（shallow direct hit earthquake）と呼ばれることが多いが学術用語ではない．しかし，一般に内陸型地震よりも直下型地震という用語が定着してきているので，本書では直下型という用語を用いることにする．

　一方，海溝型地震の深度は，深いものでは数百 km に及び，内陸型地震に比べて深いのが一般的である．

　直下型地震は海溝型地震に比べてマグニチュードが同じ場合，発生する位置が近いために，地震動の減衰が少なく，震度は一般的に大きくなり，家屋，施設に対する被害および斜面崩壊の規模や発生数も大きくなる．日本付近で近年に発生した海溝型の巨大地震としては関東地震（1923 年，M 7.9，死者 14 万 3000 人），南海地震（1946 年，M 8.0，死者 1330 人），宮城県沖地震（1978 年，M 7.4，死者 1183 人）がある．また，大規模な内陸型地震には，濃尾地震（1891 年，M 8.0，死者 7273 人），北丹後地震（1927 年，M 7.3，死者 2925 人），鳥取地震（1943 年，M 7.2，死者 1083 人），福井地震（1948 年，M 7.1，死者 3769 人），兵庫県南部地震（1995 年，M 7.2，死者 6425 人）等があり，いずれも大きな被害を出している．

　本章では，内陸型地震のうち土砂移動現象に関する調査・研究が進んでいる善光寺地震（1847 年，M 7.4，死者 5900 人），北丹後地震（1927 年，M 7.3，死者 2925 人），今市地震（1949 年，M 6.4，死者 10 人），兵庫県南部地震（1995 年，M 7.2，死者 6425 人），鹿児島県北西部地震（1997 年，M 6.5，死者 0 人）について述べる．また，関東地震については，海溝型地震であるが震源が浅く陸地に近いため，直下型地震とも見なせるので，これらをまとめて，直下型地震として土砂移動現象の特徴について述べる．また，口絵にも直下型地震の例を紹介したので参照されたい．

　これらの直下型地震はいずれも活断層の動きに伴い発生したものと考えられ，ここでとりあげた地震による土砂移動現象を調査・分析することにより活断層の動き（地震）にともなう土砂移動現象の特徴をある程度知ることができる．さらに活断層の動きを予測することができれば，将来活断層の動き（地震）に起因する土砂移動現象を精度良く推定できる可能性が高い．

4.2 善光寺地震

4.2.1 善光寺地震の概要

　善光寺地震（Zenkouji earthquake）は，1847 年 5 月 8 日（弘化 4 年 3 月 24 日）に発生した M 7.4 の直下型地震で，震源地は地震の際できた断層の状況などから，長野市浅川地区と推定さ

れている（宇佐美，1996）．小出（1973），菊池（1980），善光寺地震災害研究グループ（1991）によれば，北信州を襲った善光寺地震は，おびただしい山崩れを起こし，その数は松代藩領内で大小42000カ所，松本藩領内で大小1900カ所に及んだと言われている．

この災害の中心となった犀川丘陵は，新第三紀層の比較的軟質な岩層からなり，元々地すべり地形の発達した地区であり，善光寺地震時に，地すべり性崩壊，または，小出（1973）のいう急性型地すべり（rapid landslide）が多発した．当時の記録では，「抜け」という言葉が使われている．

この時の災害の様子は，松代藩の絵師によって貴重な山崩れの絵図や分布図が多く残されているので，代表的なものを口絵15〜20として示した．図4.2.1は，これらの絵図や文書をもとに，宇佐美（1996）が善光寺地震による被害の状況を分布図として表したものである．

4.2.2 善光寺地震を記録した絵図や古資料

（1）「信州地震大絵図」（松代藩，真田宝物館所蔵）

本書のカバーと口絵15に示した「信州地震大絵図」（松代藩，真田宝物館所蔵）は，山崩れや

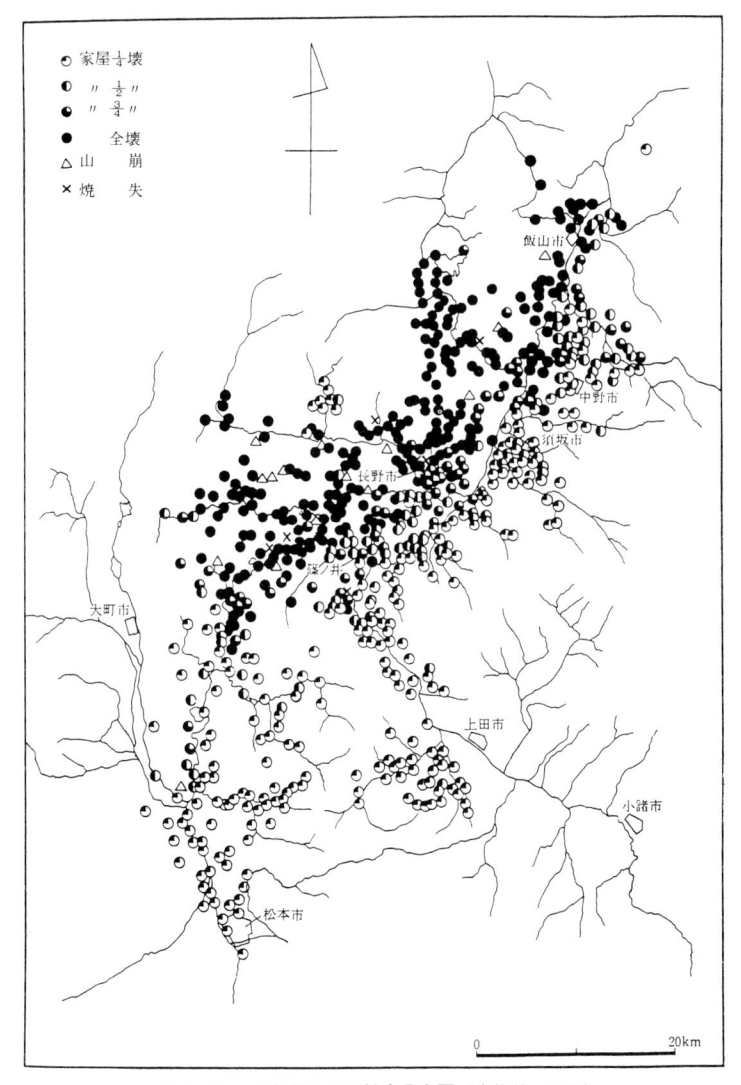

図4.2.1 古絵図による被害分布図（宇佐美，1996）

洪水災害の発生状況・被害状況を知るのに最も役に立つ絵図である．この絵図は，縦1.9 m，横4.2 mと非常に大きな絵図であり，松代藩を中心に隣接諸藩（松本藩・飯山藩・須坂藩・善光寺領および幕府直轄領）の範囲まで，主な山地・河川・村落・城下町・寺社の位置を記してあり，その上に地すべり・崩壊の発生地，河川の埋塞状況，洪水の氾濫区域を詳細に示している．松代藩が詳細に被害状況を調査して作成したもので，集落や河川との位置関係から主要な地すべりや崩壊の位置が判断できる．

この大きな絵図は，松代藩藩主・真田幸貫公（1791-1852）が，参勤交代を3～4カ月遅らせてもらい，被災処置が一段落した8月28日に江戸に出発した時に持参したものと言われている．地形図や航空写真を持って現地に行けば，この大絵図と比較することにより，かなり正確な土砂移動の形態や規模を推定できる．

（2）「感応公丁未震災後封内御巡視之図」（松代藩，真田宝物館所蔵）

松代藩藩主・真田幸貫公（感応公）は，藩のお抱え絵師青木雪卿（1804-1901）等を従えて，藩内を巡視している．図4.2.2は，感応公が巡視したコースと青木雪卿が描いたスケッチ（67枚，縦約30 cm×横50 cm）の場所と善光寺地震時の主な災害地点を示している．巡視は，地震から3年後の嘉永3年（1850）5月と翌年（1851）4月に行われており，山地災害の最も激甚であった現在の長野市小田切地区・同七二会地区・上水内郡中条村・小川村信州新町（1回目）と更級郡大岡村・上水内郡信州新町及び長野市芋井地区（2回目）を回っている．

御巡視之図には，巡視の際の感応公一行の状況や藩内の山地の状況が描かれている．とくに，地震の時発生した大規模な地すべりや崩壊の状況が克明に描かれている．また，描いた場所も記されているため，現在でもその場所を訪ね，現在の状況との違いを検討できる．また，彩色しているため，崩壊地や崩積土の土質・岩質の推定もある程度可能である．

善光寺地震災害研究グループ（1994）では，このような観点から青木雪卿が描いた67枚のスケッチの詳細な検討を行っている．口絵16は，雪卿が描いた善光寺地震の災害状況と現況写真（山田中下組天王社地望同上組震災山崩之図）で，スケッチの位置は図4.2.2の①，29地点である．

しかし，藩主に同行して描かれたものであるため，巡視のコースからはずれた地域の状況は描かれていない．したがって，大規模な土砂災害でもコースから離れたものや他藩領ものは描かれていない（例えば，図4.2.2の⑥（柳久保池の堰止め），⑪（祖室の抜け）など）．

（3）「弘化四年善光寺大地震図会」（小林計一郎，1985）

大地震の当時，善光寺では7年に一度行われる御開帳が始まっており，近隣の地域だけでなく全国各地から参拝者が集まっていた．このため，多くの犠牲者が出たが，旅行者の被害が多く，死者の数は明確には把握されていない．一般には，8000～12000人程度と言われている．地震動により多くの家屋が倒壊し，同時に火災も多発した．特に善光寺周辺や飯山市街地で，火災はとくに激しかった．

この時の大規模な地すべりや崩壊のいくつかは，山脚を流下していた河川を埋塞して，天然ダム（landslide dam）を形成し，上流域に浸水被害を引き起こした．その後，水位が上昇して天然ダムが決壊すると，下流に洪水となって流下し，大被害を与えた．

本図会は，これらの状況を克明に描いたものであり，46枚の絵図からなっている．この本は，権堂村名主永井善左衛門幸一が，自分の経験した善光寺地震の一部始終をまとめ，挿絵も自分で描いて子孫に伝えたものである．現在，子孫の永井俊郎氏が所蔵しており，昭和47年（1972）3月1日に，長野市の文化財に指定されている．

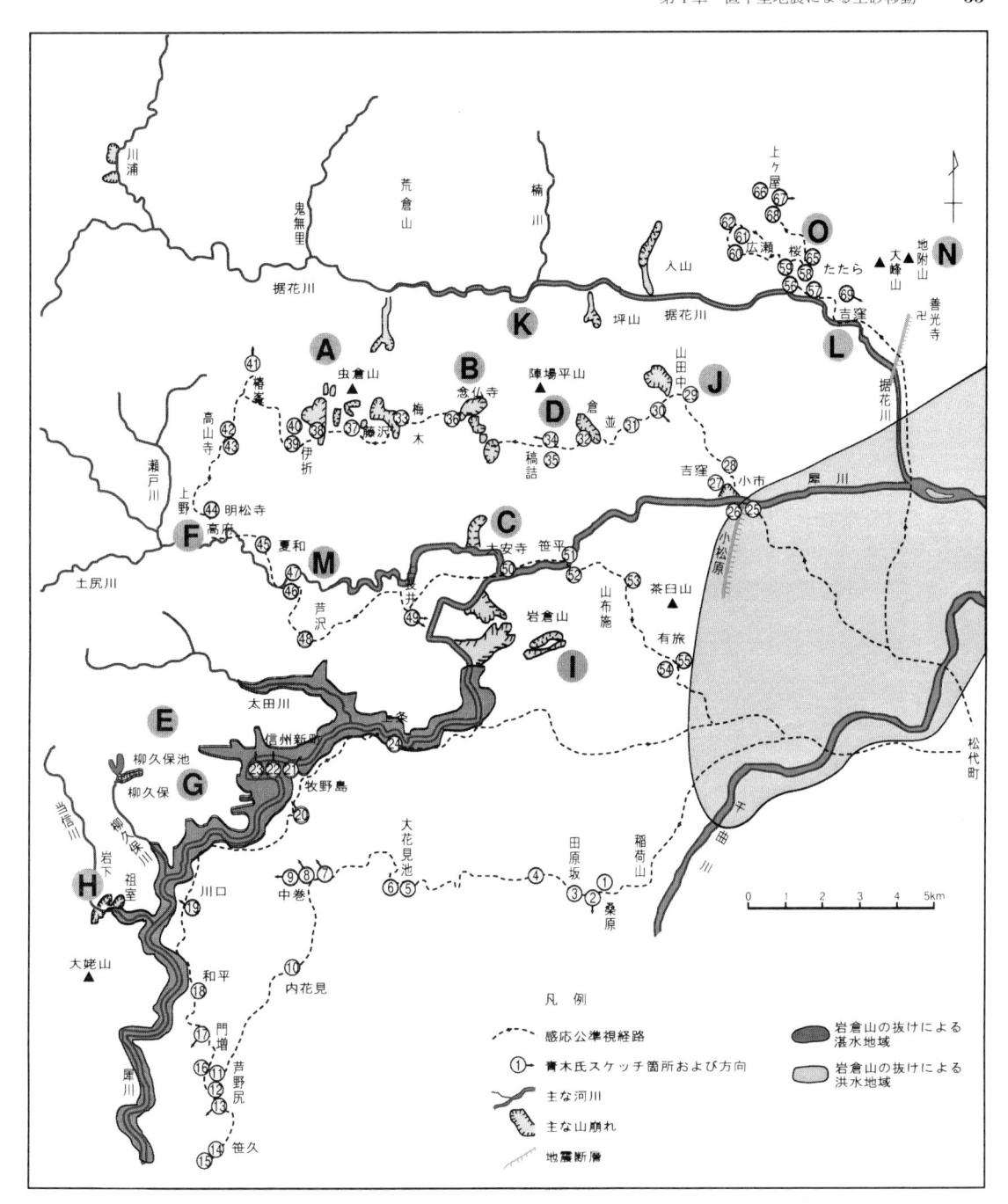

第4章　直下型地震による土砂移動

図4.2.2　青木氏スケッチ箇所図（善光寺地震災害研究グループ，1994，一部改変）
善光寺地震時の主な土砂災害地点
Ⓐ虫倉山，Ⓑ臥雲院，Ⓒ旧栄村五十里の抜け，Ⓓ旧七二会村黒沼の抜け，坪根の抜け，Ⓔ旧津和村玉泉寺の抜け，坪川池の堰止め，Ⓕ旧小川村竹生土尻川の抜け，小根山の抜け，上野の抜け，Ⓖ旧信級村中村郷路の抜け，柳久保池の堰止め，Ⓗ旧日黒村祖室の抜け，Ⓘ旧更府村岩倉山の抜け，藤倉の抜け，Ⓙ旧小田切村山田中の抜け，小鍋の抜け，深沢の抜け，Ⓚ旧棚村下祖山矢筈山の抜け，Ⓛ旧安茂里村朝日山北方の抜け，Ⓜ旧芋井村広瀬百舌原の抜け，上屋立屋の抜け，Ⓝ長野市上松昌禅寺裏の抜け，茂菅新道の抜け，Ⓞ旧若槻村吉塩沢の抜け

地震の発生した弘化4年3月24日は，善光寺の7年に一度の御開帳の日で，全国から多くの信者が集まっていた．口絵17は，善光寺地震の激しい震動とその後の大火によって，参拝者の多くが死亡したり，苦痛にあえぐ姿を示している．

(4) むし倉日記（信濃資料刊行会，1973）

善光寺地震の被害状況は当時各藩で調査され，逐次幕府に報告されている．これらは文書による概況報告が多く，具体的な地すべりや崩壊の発生状況の推定には役立たないものが多い．しかし，松代藩の家老河原綱徳によってまとめられた「むし倉日記」は，筆者が直接見聞した事項を詳しく記録しており，今日でも貴重な資料である．この記録は，災害状況や復旧対策を総括的に検討するのに役立ち，現地調査や他の資料と照合するとかなり参考になる．

4.2.3 主な土砂災害地点の状況

ここでは，善光寺地震災害研究グループ（1994）などを参考に，図4.2.2に示した主な土砂災害地点（Ⓐ〜Ⓞ）の状況を説明する．

Ⓐ 虫倉山周辺の地すべり性崩壊—青木の絵図-33，37，38，39，40

善光寺地震災害研究グループ（1991）によれば，虫倉山（Mushikurayama，標高1378 m）の南側斜面では，大規模な地すべり性崩壊がいくつも発生した．このため，かつては善光寺地震の震源地は，虫倉山付近ではないかという説もあった．現在でも，虫倉山周辺には味大豆地すべり（Ajimame landslide）など多くの地すべり指定地が存在する．

青木絵図-33（図4.2.2の地点A）は，虫倉山の東南山腹に発生し，中条村横道・藤沢の集落を巻き込んで，深田沢上流部を埋塞した地すべり性崩壊である．この地すべり性崩壊は，18戸を埋没させ，81人が死亡した．崩壊土砂は深田沢を埋積したため，流水は伏流した．崩壊地の規模は，幅200〜500 m，長さ1200 m，崩壊土砂量300万 m³，地質は荒倉山火砕岩層である．

青木絵図-37は，虫倉山真南の小手屋集落から頂上部を望んでおり，虫倉山山頂から南にのびた尾根の両側斜面に生じた多数の崩壊地の状況を示している．

青木絵図-38は，虫倉山山頂から南西にのびた尾根（白岩峯）の南向き斜面が地すべり性大崩壊を起こし，その斜面に岩盤が露出している状況と崩積土が中条村太田集落を埋積した状況を示している．

青木絵図-39は，現在の中条村高福寺集落西の尾根から東方を望んでおり，高福寺集落に被害を与えた地すべり性崩壊と虫倉山山頂から南にのびた尾根の南端に生じた崩壊の状況を示している．

青木絵図-40は，絵図-39の北上方の尾根から虫倉山山頂を望み，その西斜面に生じた崩壊の状況を示している．

Ⓑ 陣馬平山周辺の地すべり性崩壊—青木の絵図-29，32

陣馬平山（Jinbadairasan，標高1257 m）周辺でも大きな地すべりや崩壊が多く発生した．この地域は荒倉山火砕岩層を主体にしているが，上方の尾根部に泥岩層（広瀬泥岩層）がはさまれている．標高930 m付近から下方には，平坦面が発達し，とくに念仏寺集落の東方には広い平坦面がみられる．地震の際には山頂付近から多くの崩壊が生じるとともに，山腹にも多くの地すべりが発生した．

青木絵図-29は，口絵16として現在の写真とともに示した．この地区は陣馬平山から東にのびる尾根の東端にあたり，標高850〜950 mの大峰面群が発達している．善光寺地震の際は，大峰面群下方の遷急線付近を頭部とした多くの地すべりが発生した．急峻な谷壁斜面では小規模な崩壊が認められる．

青木絵図-32は，陣馬平山の東南山腹に当たる地区を表している．地質は砂岩・泥岩を主体とし，火砕岩を挟在している．山腹の標高850〜920 m

第4章 直下型地震による土砂移動　57

には，大峰面群に属する平坦面がある．善光寺地震の際には，大峰面群より下方で大規模な地すべり性崩壊を起こした．中村・望月（1991，1993）などによれば，崩壊地の頭部は平坦面にまで達し，平坦面の一部が崩壊するとともに，一部はずり下がったまま山腹に残留している．移動土塊には多量の火砕物が含まれ，現在の倉並集落から上方（標高690〜780 m）の谷を埋めて堆積し，埋没谷を形成した．この地区は，その後明治20年代から移動土塊の下方山腹で特異な地すべりを起こすようになり，倉並（くらなみ）地すべりとして現在も続いている．移動土塊は270万 m^3（長さ650 m，平均幅300 m，深さ15 m）と推定されている（善光寺地震災害研究グループ，1994）．この地すべり性崩壊により，その当時下方山腹あった倉並集落の22戸が埋没され，60人の死者を出した．現在の倉並集落はこの移動土塊の上に復旧されたものである．

Ⓒ 旧栄村五十里の地すべり—青木の絵図-50

犀川左支の土尻川の旧栄村五十里（青木絵図-50）で，細長い地すべり性崩壊が発生した．この崩壊地の規模は，長さ800 m，最大幅150 m，土砂量120万 m^3 であり，地質は第三紀の泥岩を主体とする．犀川支流の土尻川を堰止めて，高さ23 m，長さ120〜140 m，湛水量8万 m^3 の天然ダム（landslide dam）を形成した．この天然ダムは17日後の4月10日に決壊している．

Ⓓ 念仏寺・臥雲の地すべり—青木の絵図-34，35，36

陣馬平山西部，萩の城山の西北〜西南山腹で著しく，念仏寺集落から臥雲院集落（地震によって形成された「逆さ杉」で有名）方面では山頂から渓岸にかけて地すべりや崩壊が連続している．

青木絵図-34，35，36は，萩の山周辺の地すべりや崩壊をあらわしている．萩の山は，陣馬平山から地蔵峠の鞍部を越えて，西方にのびる尾根の先端（標高1176 m）である．これらの山々は荒倉山火砕岩を主体にしているが，上方の尾根部には広瀬泥岩層が挟まれている．標高930 m付近から下方には平坦面が発達する．とくに，念仏寺集落東方には広い平坦面が存在する．善光寺地震の際は，萩の山山頂付近から多くの崩壊が生じると共に，山腹には多くの地すべりが発生した．これらの地すべりはすべり面が浅く，山腹にある小規模な平坦面に区切られているものの，外見的には連続した状況を呈している．

Ⓔ 栃久保の地すべり—青木絵図-48

津和地区は，信州新町の北西部を占め，犀川左支川の太田川流域にあたり，比較的急峻な山腹からなる．地質は新第三紀中新統〜鮮新統の小川層・柵（しがらみ）層からなる．谷底平野はほとんど見られず，山腹の地すべり地・平坦地が耕地となり，集落は山腹の安定した斜面を選んで造られている．

善光寺地震の際には，この地区でも多くの地すべりや崩壊が発生しており，信州地震大絵図に大規模なものが描かれている．とくに，栃久保集落周辺の地すべりは大規模で玉泉寺が被害を受けている．この地区は，栃久保（とちくぼ）すべりとして，継続的な地すべりが続いている．

青木雪卿は，この地区には入っていないが，土尻川沿川を見てからの帰途，越道区芦沢から南東を眺めた絵図-48を描いている．手前に芦沢集落が描かれており，麦畑になっている斜面には変状はないが，その上部の砂岩層の山で崩壊が発生している．

Ⓕ 土尻川沿いの地すべり—青木絵図-44，45，46，47

土尻川は，犀川の左支川で，川沿いには小規模な谷底低地が存在するものの，山腹は一般にかなり急峻で，局所的に緩斜面が存在する．この緩斜面を利用して，集落や耕地が開けているが，慢性的な地すべりが多く存在する．

善光寺地震の際には，この地区でも多くの地すべりや崩壊が発生した．大規模なものとしては，小川村泥立集落周辺，高府集落背後の地すべりがあげられる．泥立集落の地すべりは砂質泥岩地帯

の地すべり性崩壊で，明応寺が埋没している（青木絵図-44）．

栗林（五十里）の地すべりは，信州大絵図には描かれているが，青木絵図には描かれていない．これは，現在の栗林集落の西方から発生した細長い地すべり性崩壊で，土尻川に押し出し天然ダム（landslide dam）を形成した．このため，上流の田畑を湛水させたが，15日後の4月10日に決壊している（感応公や青木が巡視した時には天然ダムはなかった）．この決壊は，4.2.4項で述べる岩倉山の決壊よりも3日早いが，岩倉山の天然ダムによって犀川の水がなかったため，下流の被害はほとんどなかった．

小川村大崩の地すべりは，現在の法蔵寺の西が地すべりを起こしたもので，小川川を堰止め天然ダムを形成し，沢沿いの集落の人家6～7戸が水に浸かっている．この地区は，昭和56年（1981）の融雪期にも地すべりを起こし，崩土は小川川に押し出している．

この他，土尻川の支川に面した急斜面でも多くの地すべり性崩壊が発生した．「むし倉日記」には，松代藩士の被害調査報告書の中に「格別の大抜けは見えないが，多数の抜けが生じている」と記録されている．

Ⓖ 旧信級村中村郷路の抜け，柳久保池の堰止め —青木絵図-8, 9, 12

信級地区は，犀川の西側山地で，支川の当信川と柳久保川が西北から東南に流下するが，山腹は他地区よりも急峻で，侵食地形の発達が著しい．善光寺地震時には，川沿いの道は各所で崩壊を起こし，現地調査が大変であったことが「むし倉日記」に記載されている．

柳久保川の最上流部の柳久保で大規模な地すべり性崩壊が発生した（長さ900 m，幅350 m，土塊量900万 m³）．地すべり土塊は，柳久保集落を載せたまま滑動し，柳久保川を堰止め，堰止高35 m，湛水量140万 m³の天然ダム（landslide dam）を形成した．この柳久保池は，流入量が少なかったため，湛水するのに3年かかったと言われ，現在でも決壊せず残っており，地域の重要な水源となっている．

地すべり土塊の上には18戸の民家があったが，17戸は倒壊し，13戸は焼失した．また，4戸は割れ目から吹き出した泥水にまみれ，1戸だけが傾きながらも残った．現在の柳久保集落は，この地すべり土塊の上に再建されたものである．

Ⓗ 旧日黒村祖室の地すべり性崩壊—青木絵図-11

当信川の左岸にあたり，現在の岩下集落の東南の祖室で大規模な地すべり性崩壊が発生している．この崩壊で，当信川は堰止められ，湛水は上流1.5 kmの岩下集落に達した．この地区はその後も不安定で地すべり性崩壊を繰り返している．

「むし倉日記」によれば，当信川は2カ所で堰止められたという．一つは鹿内村の大ばんみ山で，長さ90 m，高さ9 mの堰止め，一つが上述の崩壊で長さ200 m，高さ11 mの堰止めが起こり，2つの天然ダムによって堰止められた湛水が岩下集落まで達したと記されている．松代藩の幕府に提出した届け書（5月1日と6月7日付）に，これらの湛水状況・越水状況が記されている．

なお，上記以外にも下記のⒿ～Ⓞなどの地すべり性崩壊が知られているが，図4.2.2に発生地点だけ示した．

Ⓙ 旧小田切村山田中，小鍋，及び深沢の抜け
Ⓚ 旧棚村下祖山矢筈山の抜け
Ⓛ 旧安茂里村朝日山北方の抜け
Ⓜ 旧芋井村広瀬百舌原と上屋立屋の抜け
Ⓝ 長野市上松昌禅寺裏と茂菅新道の抜け
Ⓞ 旧若槻村古塩沢の抜け

4.2.4 岩倉山の地すべりと天然ダム

長野市涌池の上方にある岩倉山（Iwakurayama，標高764 m）は，3方向に地すべり性崩壊を起こして，信濃川の上流部・犀川を堰止め天然ダム（landslide dam）を形成した（図4.2.3, 4.2.4）．犀川を堰止めた土砂は，2000万 m³以上

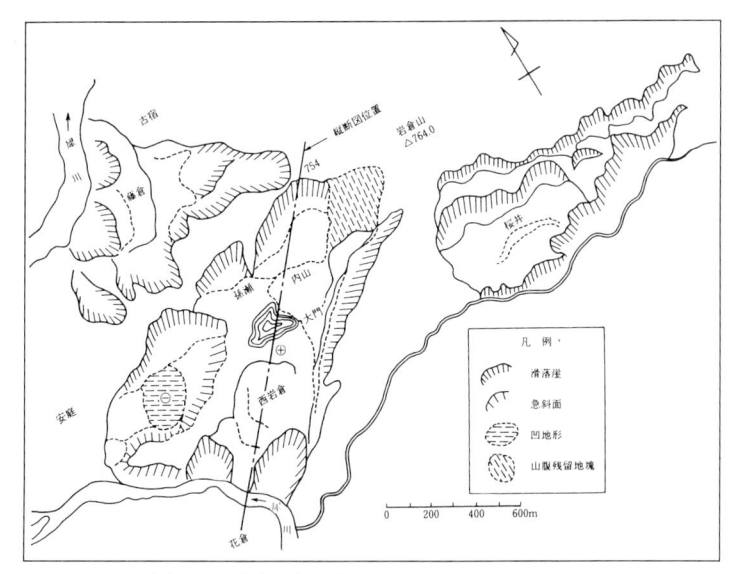

図 4.2.3 岩倉山周辺空中写真判読図（善光寺地震災害研究グループ，1994）

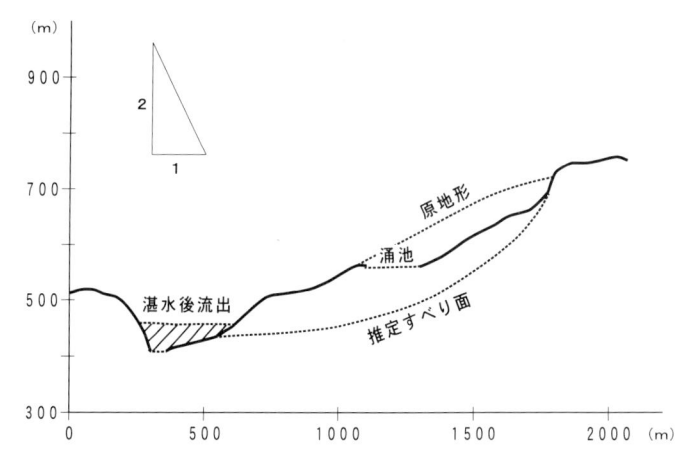

図 4.2.4 岩倉山・涌池地すべり地推定断面図（建設省中部地方建設局，1987，一部改変）

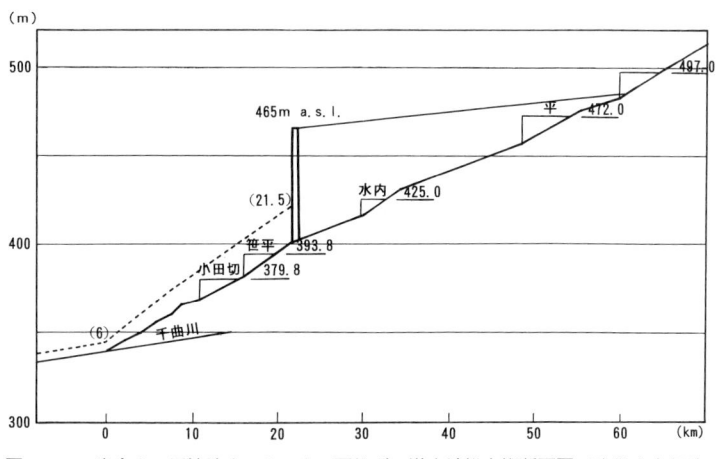

図 4.2.5 岩倉山・涌池地すべりによる天然ダム湛水域推定縦断面図（建設省中部地方建設局，1987）

と推定されている．地震直後，雪解け洪水で増水していた犀川の水は堰止められ，下流に流下できないため，堰止め土砂の背後に貯留されるようになった．その結果，この天然ダムは水位が徐々に上昇し続け，信州新町の集落を始め，40km上流の地点まで湛水してしまった．建設省中部地方建設局（1987）によれば，当時の記録や絵図をもとに現在の地形条件から判断すると，堰止め高さは最大で65m，湛水量3.5億m³にも達したと推定される（図4.2.5）．

そして，19日後の4月13日にこの天然ダムは一気に決壊し，高さ20mにも達する段波となって流下した．その結果，下流の善光寺平のほぼ全域に氾濫し，大被害を引き起こした．このときの大洪水は，飯山から下流の信濃川まで流下した．

その結果，善光寺平だけでなく，飯山を始めとして下流域にも大被害をもたらした．この天然ダムとその決壊による洪水の分布範囲は，図4.2.2に示した．

口絵18は，犀川に面した岩倉山が大規模な地すべりを起こし，犀川を堰止め背後に天然ダムが形成されてしだいに人家が水没していく状況を示している．

口絵19は，この天然ダムが19日後に一気に決壊して水煙を上げながら，土砂・岩石・樹木・人家などとともに押し流していく様子を示している．

口絵20は，犀川の洪水が善光寺平に達し，人が人家につかまりながら流されていく様子を示している．

4.3 関東地震

4.3.1 関東地震による被害の概要

関東地震（Kantou Earthquake）は，図4.3.1に示したように，大正12年（1923）9月1日11時58分に発生し，南関東一帯に大きな被害をもたらした．震央は相模湾内の相模トラフ沿いで，M 7.9である（宇佐美，1996）．この地震に伴う余震（aftershock）は，南関東全域，相模湾内，房総半島沖などかなり広い範囲で発生している．兵庫県南部地震とほぼ同じ規模の余震（M 7.0以上）が数カ所で発生している．翌年の大正13年（1924）1月15日には，丹沢山地を震源とする M 7.3の相模地震（最大余震）が発生し，震央に近い丹沢山地北東部では，崩壊が1割程度増大したと言われている．

関東地震は海溝型地震（trench type earthquake）であるが，震源が陸地に近かったため，直下型地震と同じように極めて大きな被害が発生した．最近の海底調査の結果によれば，関東地震は相模湾を北西―南東に走る相模湾断層が右横ずれ6m，縦ずれ1.5mの逆断層的な変位をした結果と言われている．関東地震の際に陸上に現れた房総半島の延命寺断層や三浦半島の下浦断層は，相模湾断層から派生した副断層であろうと考えられている．

この地震による直接の被害は全壊12.8万戸，建物の倒壊による圧死者7500人程度と推定されている．その後の火災による死者・行方不明者は14万人以上，焼失家屋は44万戸以上と推定されている．また，津波による死者が神奈川県・千葉県・静岡県で出ている．

神奈川県西部の箱根火山や丹沢山地周辺では，関東地震発生直後やその後の大雨，最大余震の相模地震などにより，崩壊や地すべり，土石流などによる土砂災害が多発した．横浜や横須賀では，

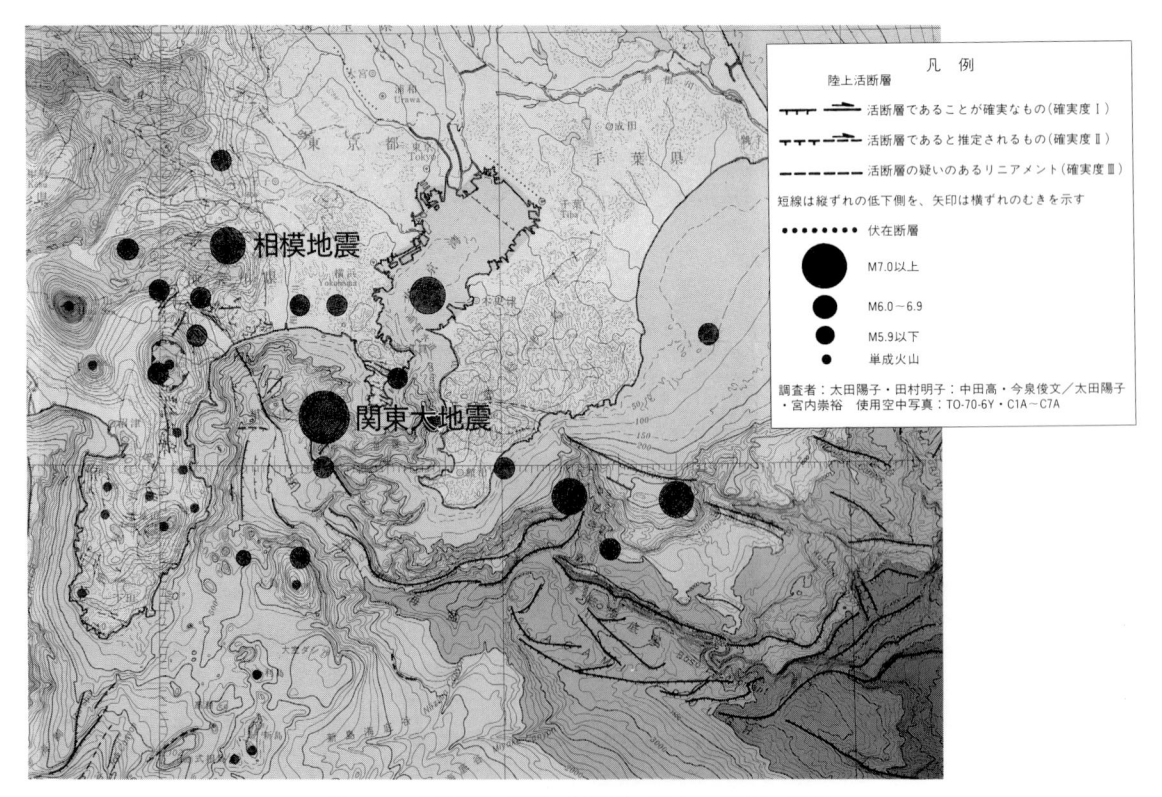

図4.3.1 関東地震の震源・余震分布（日本の活断層，1991）

人家背後の急斜面が崖崩れを起こし，多くの人家が押しつぶされた．口絵26と27に示したように，丹沢山地では無数の崩壊が発生し，多量の土砂が渓流や河川に流入した．このため，震災直後から多くの砂防工事や治山工事が実施され，その傷跡は現在でもいたるところで見ることができる．

東京・神奈川・山梨・静岡・千葉の1都4県で80 km²の崩壊が発生した．神奈川では，荒廃地復旧砂防計画を樹立し，昭和2年（1927）から相模川・酒匂川流域などで，「震災復旧工事」を実施した．

内務省では，大正13年（1924）から「直轄震災復旧砂防事業費」を新設し，10ヵ年計画を策定して，酒匂川流域など5河川において，内務省直轄の砂防事業を実施した（建設省砂防部，1995）．この砂防事業は，昭和12年（1937）まで14年間も続けられた．大正12年度の全国の直轄砂防事業費が25.1万円であったのに対し，大正13年度のそれは70.8万円にも達した．そのうち，直轄震災復旧砂防事業費は48.7万円にも達している．それだけ，関東地震による土砂災害の影響が大きかったことがわかる．

4.3.2 土砂災害の特徴

関東地震では，南関東の山地・丘陵地と伊豆半島で崩壊が多発した．口絵26は，関東地震から24年後の米軍写真の余色立体写真である．口絵27は，国土庁と神奈川県（1990）が作成した災害実績図で，丹沢山地・箱根火山では著しい山崩れが起きたことがわかる．また，9月12日から15日にかけての台風にともなう豪雨では，丹沢山地各地で土石流が発生し，田畑・家屋が埋没・流出した．箱根火山でも亀裂が増大し崩壊が発生している．また，4.5ヵ月後の相模地震（M 7.3）時の崩壊・土石流も多かったと思われる．口絵26，27の斜面崩壊はそれらの時に発生した現象を区別できずに表現されている．

表4.3.1と表4.3.2は，関東地震直後に発生し

表 4.3.1 関東地震直後に発生した土砂災害
（建設省砂防部，1995）

国鉄・東海道線	全線にわたり，崩落・土砂埋没
箱根登山鉄道線	全線にわたり，崩落・土砂埋没，図4.3.3
小田原市根府川	土石流で埋没家屋64，死者64人，図4.3.6
国鉄・根府川駅	山崩れで列車海中に，死者300人，図4.3.5
小田原市米神	土石流で埋没家屋20，死者62人
津久井町鳥野	地震峠・山崩れで死者十数名
秦野市・中井町境	震生湖・崩壊により天然ダム形成，図4.3.2
清川村宮ヶ瀬	崩壊多し，天然ダム形成
山北町都夫良野	山崩れで死者数名
山北町谷峨	山崩れで東海道線線路流出，酒匂川を堰止め，天然ダム形成，夕方6時に決壊，図4.3.4

表 4.3.2 関東地震発生14日後の豪雨で発生した土砂災害
（建設省砂防部，1995）

伊勢原市大山	土石流で140戸流出，死者1人，図4.3.7, 4.3.8
伊勢原市日向	土石流で家屋・田畑埋没
厚木市玉川	土石流で家屋・田畑埋没
清川村煤ヶ谷	土石流で家屋・田畑埋没
山北町三保	吊橋流出
山北町中川・世附	洪水で家屋・田畑流出
小田原市東部	大磯丘陵から土砂流出・線路埋る
松田町	土砂流出・鉄道沿線の家屋埋る
湯河原町吉浜	崩壊土砂が3000 m²の天然ダム形成

た土砂災害と地震発生14日後の豪雨で発生した土砂災害の一覧表である．

（1）地震直後の土砂災害

図4.3.2に示したように秦野市南の丘陵地では，地すべりによる土砂が小さな川を堰止めて，天然の湖が形成された．この湖は，堰止め土砂が貯留された水よりも多かったため，現在でも残っており，震生湖と名付けられ自然公園として，市民の憩いの場となっている．

図4.3.3に示したように，関東地震直後に発生した土石流（debris flow）によって，小田原市根府川（Nebukawa）では埋没家屋64戸，死者406人，米神では埋没家屋20戸，死者62人という被害が発生した．根府川では地震の大きな揺れに右往左往して逃げ惑ううちに，本震から5分後に海から高さ5～6 mの津波が押し寄せた．津波

とほぼ同時刻に根府川集落に流入する白糸川の上流から，大規模な土石流（山津波）が大鳴動とともに押し寄せ，根府川集落は厚さ 30 m 以上の土砂で埋没した（図 4.3.5）．

国鉄東海道線（当時は熱海線）の根府川鉄橋も北岸の一部を残して，海中に弾き飛ばされてしまった．

この時，白糸川の河口付近で遊泳中の児童約 20 人は，激震に驚いて帰宅しようとしたが，海からの津波と山津波によって挟み撃ちに合い，わずか 2～3 人を残してほぼ全員が行方不明となった．根府川集落を襲った土石流は，箱根火山の外輪山を構成する山体の一部が地すべり性崩壊を起こしたために発生した．そして，白糸川の谷沿いに流れ下り，地震発生から 5 分後に根府川集落に到達したものである．崩壊発生位置から海までの距離は 4 km であるから，土石流は平均 13 m/秒（47 km/時）の速度で流れ下ったことになる．

図 4.3.5 に示したように，芥川龍之介の小説「トロッコ」のモデルとなった熱海軽便鉄道は全

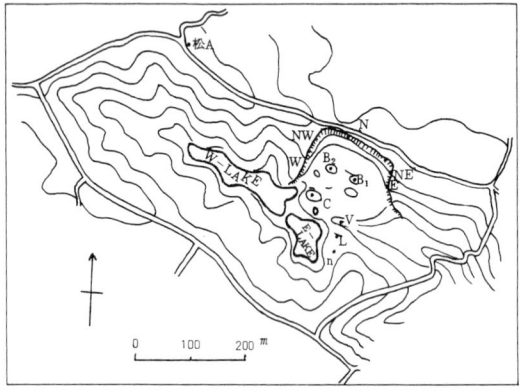

図 4.3.2 関東地震で形成された震生湖（寺田・宮部，1932）

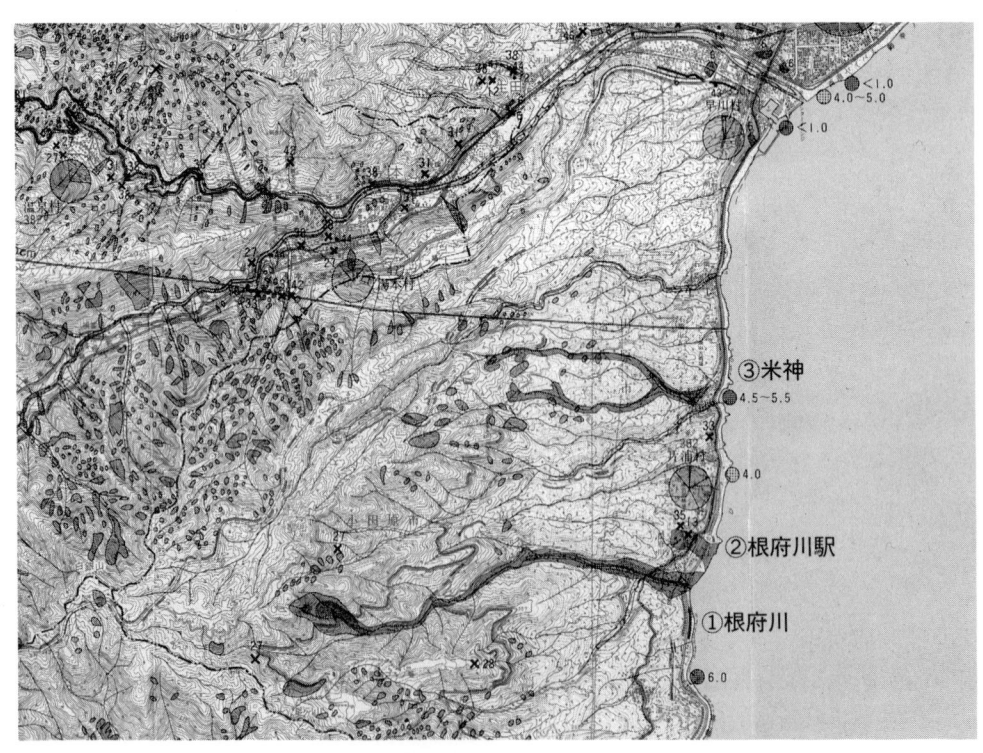

図 4.3.3 小田原市根府川，米神付近の災害実績図（国土庁・神奈川県企画部，1987）凡例は口絵 27 と同じ

図 4.3.4　国鉄東海道線谷峨トンネル付近の崩壊
（大震災写真帖, 1927）

図 4.3.6　根府川駅から海中に転落した列車
（小田原市立図書館, 1986）

図 4.3.5　小田原市根府川集落を埋没させた土石流
（大震災写真帖, 1927）

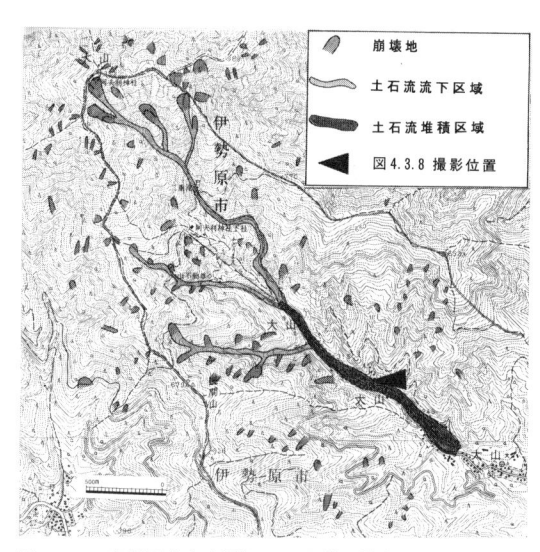

図 4.3.7　伊勢原市大山周辺で 14 日後に発生した土石流の被害分布（建設省砂防部, 1995）

線にわたって大きな被害を受けたために，廃業に追い込まれた（軽便鉄道の機関車は熱海駅前に展示されている）．

熱海線根府川駅では，背後の山崩れのため，崩壊土砂が駅を襲い停車中の列車（死者 300 名）を海中に押し出してしまった（図 4.3.6）．

(2) 地震発生 14 日後の豪雨で発生した土砂災害

丹沢山地の最も東に位置する大山（Oyama, 標高 1252 m）は，雨乞の山として信仰の大変厚い山である．南東側の谷沿いにある伊勢原市大山の集落は，阿夫利神社の門前町として現在も大変賑わっている．図 4.3.7 に示したように，関東地震時には，大山の山腹では無数の亀裂と多数の崩壊が発生し，多量の土砂が上流部の渓流に堆積した．このため，多少の降雨でも崩壊が拡大し，土石流が発生しやすい状態となった．しかし，大山集落の家屋の倒壊はわずかで，数人の死者がでたのみで，多くの住民が狭い谷あいの門前町で暮らしており，観光客も大変多かった．

その後，9月12～15日の豪雨時に大規模な土石流（山津波）が発生し，下流の人家の大部分である140戸を押し流してしまった．図 4.3.8 は，この時の悲惨な門前町の状況を撮影した写真である．幸いなことに，この時には地元の警察官の適切な指示により，地域住民は安全な場所に避難したため，死者1人とほとんど人的被害はなかった．

図 4.3.8 伊勢原市大山町開山町土石流による被害
（伊勢原市議会事務局蔵）

図 4.3.9 山北町玄倉恩賜林の大崩壊（神奈川県林務課蔵）

なお，図 4.3.9 は山北町玄倉（Kurokura）の恩賜林の大崩壊である．この崩壊が地震直撃で発生したか，14日後の豪雨で発生したかは不明である．崩壊の発生場所付近には，活断層の玄倉断層が ENE-WSW 方向に走っており，現在でも頭部の滑落崖と下部の押出し地形が良くわかる．この崩壊の発生と玄倉断層にともなう破砕帯には関連性があると考えられる．

（3）相模地震などによる土砂災害

相模地震（M 7.3）は，4.5カ月後に発生した関東地震の最大余震である．この時には，崩壊地が1割程度増え，亀裂も各地で発生したと言われているが，関東地震の後始末で社会が混乱しており，相模地震の記録はほとんど残っていない．とくに大規模な崩壊は発生しなかった．しかし，2回の激しい地震動の影響はかなりの期間残り，その後も大雨ごとに崩壊や土石流が多発した．とくに，昭和16年（1941）7月12〜13日の集中豪雨によって，相模川の支流・玉川流域では，多くの土砂災害や洪水氾濫が発生したが，地震の影響が強く表れた結果と考えられる．

4.3.3 丹沢山地・箱根火山地域の地形・地質

丹沢山地は，地形・地質的には一続きではあるが，道志川より北側は道志山地と呼ばれている．丹沢山地の北東部には中津山地，相模川の北側には関東山地が連なっている．

丹沢山地は，蛭ヶ岳（1673 m）を最高峰とし，塔ヶ岳・丹沢山・桧洞丸・大室山など，1500 m クラスの山が連なっている．東端には標高1252 m の大山が位置する．丹沢山地を構成するのは，主に新第三紀の堆積岩・石英閃緑岩・変成岩である．最も広く分布するのは，一般にグリーンタフと呼ばれる丹沢層群・愛川層群に属する凝灰岩・凝灰角礫岩であり，丹沢山地北部・東部一帯に分布する．丹沢山地の，中部から西部にかけての地域には，石英閃緑岩が分布する．とくに尾根部では風化が進んでおりマサ状になっていることが多い．変成岩類は石英閃緑岩体の周囲に分布する．玄倉から世附にかけてと加入道山付近には結晶片岩が分布し，加入道山から桧岳にかけての主に稜線沿いにはホルンフェルスが分布する．一般に丹沢山地の岩石は，隆起する過程で圧力を受け，破砕され風化が進んでいる．このことが地震や豪雨の際に崩壊が多発する原因となっている．

関東山地は，調査地域内では 700〜900 m 程度の山頂高度を示し，古第三紀の瀬戸川層群・中生代白亜紀の小仏層群が分布する．主に緻密な砂

岩・頁岩から構成されている．中津山地は，400m弱の山頂高度を示し，瀬戸川層群によって構成される．

丹沢山地と箱根火山とに挟まれた，標高500～800m程度の山地は足柄山地と呼ばれ，第三紀末から第四紀中期頃に堆積した足柄層群が分布する．半固結～固結の泥岩・砂岩・礫岩から構成される．

箱根火山は神山（1438m）を最高峰とするカルデラ火山である．明里ヶ岳・金時山-鞍掛山・聖岳を結ぶ尾根が古期カルデラを取り囲む古期外輪山である．安山岩溶岩と軽石・スコリアなどの火山砕屑物からなり成層火山とされ，約40～15万年前に形成されたものと考えられている．古期カルデラ内にある屏風山・鷹巣山は，新期外輪山でデイサイトからなる．約15～8万年前の噴出物である．神山・駒ケ岳・二子山などの小火山は，5万年前以降の活動によって作られた中央火口丘群である．主に安山岩・デイサイトからなる．

箱根火山の裾野の部分には火砕流台地が広がっている．主に6万年前に新期カルデラが形成された時に噴火した軽石流の堆積物である．

湯河原付近には箱根火山の基盤となる湯河原火山噴出物・天照山玄武岩類が分布する．

丹沢山地・箱根火山地域は，フィリピン海プレートと北米プレートの境界部付近に位置するため，激しい地殻変動が見られ，多くの活断層が分布する．主な活断層には藤ノ木―愛川構造線・煤ケ谷―牧馬構造線（伊勢原断層）・渋沢断層・国府津―松田断層・神縄断層などがある．このほか小規模な活断層が多数見られる．

4.3.4 関東地震時の崩壊面積率

前項までで詳述したように，関東地震と地震後の降雨（14日後）に起因して，丹沢山地・箱根火山地域では，崩壊や土石流が多発した．神奈川県農政部林務課では，関東大地震後の山地の荒廃状況と荒廃林野復旧事業図を復刻している．この図には，関東大地震後の丹沢山地・箱根火山地域の山地の荒廃状況と昭和4年（1929）までに実施した荒廃林野復旧事業の施工地が克明に描かれている．

神奈川県企画部企画総務室（1987，88，91）では，1/5万の土地分類調査で「自然災害履歴図」，①小田原・熱海・御殿場，②藤沢・平塚，③秦野・山中湖を作成している（口絵27）．また，国土庁土地局国土調査課（1994）では，1/2.5万の土地保全図「相模湾北西部」-地震による山地崩壊と保全-を作成している．

口絵27に示された関東地震による崩壊地は，荒廃林野復旧事業図を参考にしながら，地震後に発行された旧版地形図から読み取ったものであり，米軍撮影の空中写真と比べ，やや大きめに描かれている傾向がある．1/2.5万の土地保全図は，米軍撮影の空中写真から読みとったことになっているが，崩壊地の形態は自然災害履歴図とほとんど同じである．

建設省土木研究所（1995）では，以上の点を考慮しつつ，流域区分ごとに1/5万「自然災害履歴図」をベースに流域別の崩壊面積率（ratio of slope-failure area）を測定し，図4.3.10を作成した．

算出方法は，対象流域に1/5万で5mmのメッシュ（実距離で250mメッシュ）をかけ，流域中の交点の総数（n）と，崩壊地と重なる交点の数（a）を求め，その比で崩壊面積率を算定した．

$$流域別崩壊面積率 = a/n \times 100 (\%)$$

図4.3.10，表4.3.3によれば，崩壊面積率は丹沢山地の中央部で高く20%を超える流域が多い．とくに高いのは，丹沢山地南面の寄沢（48%），水無川（41.1%），四十八瀬川（38.3%）であり，40%前後の崩壊面積率を示している．しかし，用いた資料の特性や，神奈川県林務課が所有している写真と比較して判断すると，20%程度と見るのが妥当であろう．いずれにしても，丹沢

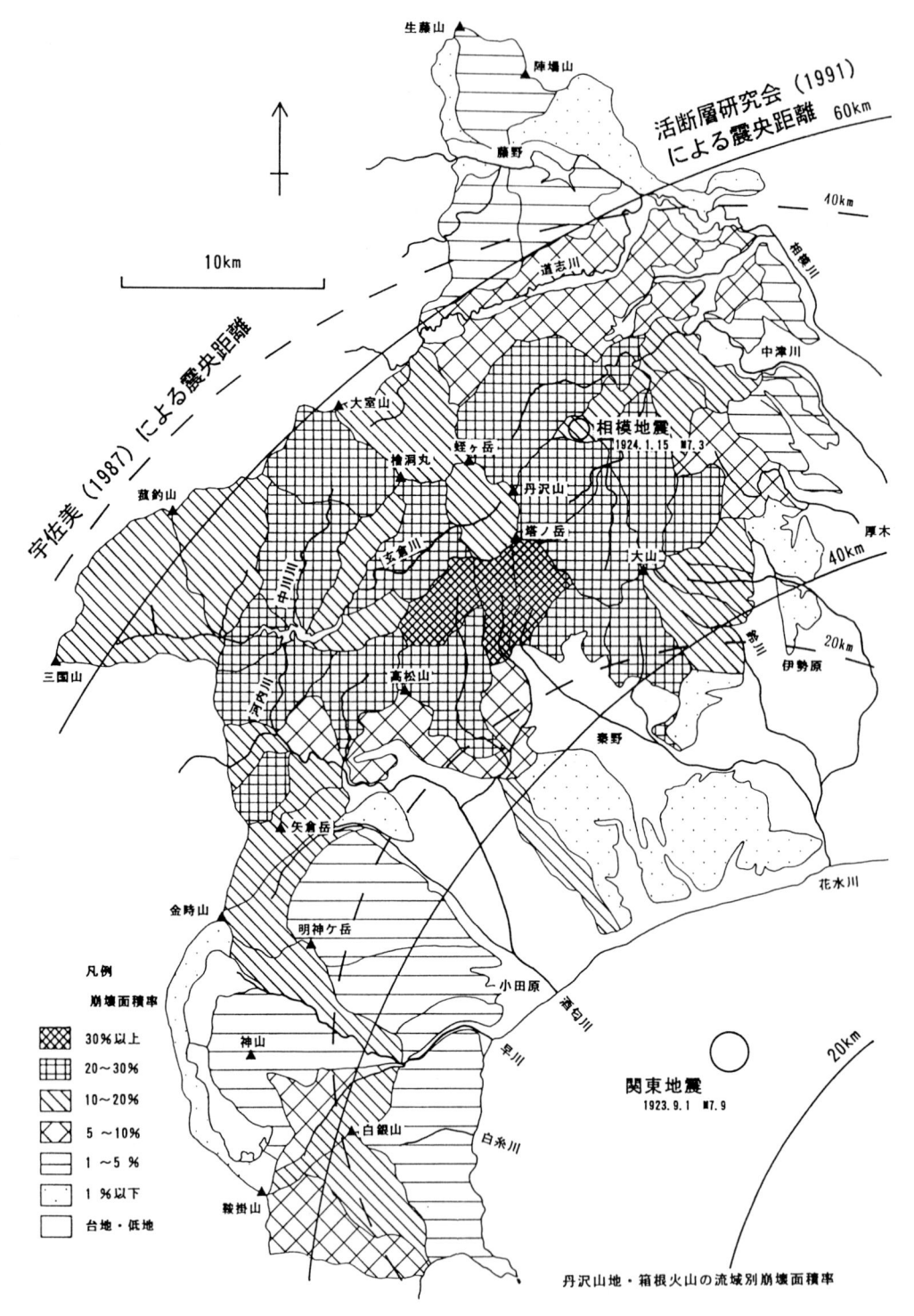

図 4.3.10 関東地震による崩壊面積率（建設省土木研究所，1995）

表 4.3.3 関東地震による流域別崩壊面積率 (建設省土木研究所, 1995)

番号	流域	河川	渓流名	地域区分	流域区分	A 流域面積 (km²)	B 崩壊面積 (km²)	B/A×100 崩壊面積率 (%)	I 平均傾斜 (°)	G 地質分類
1	花水川	金目川	水無川	丹沢山地	H-K-1	8.53	3.50	41.1	43	1
2	花水川	金目川	葛葉川	丹沢山地	H-K-2	10.83	2.75	25.4	36	1
3	花水川	金目川	金目川	丹沢山地	H-K-3	15.75	4.17	26.5	28	1
4	花水川	金目川	金目川	大磯丘陵	H-K-4	3.88	0.56	14.5	34	2
5	葛川	葛川		大磯丘陵	Kz	14.10	0.00		24	2
6	菊川	菊川		大磯丘陵	K	9.13	0.91	10.0	24	2
7	中村川	中村川		大磯丘陵	N	32.55	0.00		23	2
8	花水川	鈴川	鈴川	丹沢山地	H-S-1	13.90	2.02	14.5	34	1
9	花水川	鈴川	大根川	丹沢山地	H-S-2	12.68	0.13	1.0	21	1
11	相模川	玉川	思曾川	中津山地	S-T-1	7.90	0.00	—	23	1
12	相模川	玉川		中津山地	S-T-2	4.88	0.00	—	26	1
13	相模川	玉川	玉川	丹沢山地	S-T-3	8.33	0.87	10.5	33	1
14	相模川	玉川	日向川	丹沢山地	S-T-4	6.00	0.77	12.9	34	1
15	相模川	小鮎川	荻野川	中津山地	S-K-1	16.58	0.68	4.1	30	1
16	相模川	小鮎川	小鮎川	丹沢山地	S-K-2	16.60	1.49	9.0	34	1
17	相模川	小鮎川	谷太郎川	丹沢山地	S-K-3	8.75	2.19	25.0	44	1
18	相模川	中津川	中津川	中津山地	S-N-1	12.65	1.75	13.8	33	2
19	相模川	中津川	中津川	中津山地	S-N-2	15.83	2.18	13.8	38	1
20	相模川	中津川	早戸川	丹沢山地	S-N-3	24.55	5.92	24.1	39	1
21	相模川	中津川	金沢	丹沢山地	S-N-4	2.85	0.46	16.0	39	1
22	相模川	中津川	唐沢川	丹沢山地	S-N-5	4.33	0.91	21.1	41	1
23	相模川	中津川	川弟川	中津山地	S-N-6	6.33	1.10	17.4	41	1
24	相模川	中津川	塩水川	丹沢山地	S-N-7	14.90	3.22	21.6	41	1
25	相模川	中津川	布川	丹沢山地	S-N-8	17.30	3.77	21.8	40	1
26	相模川	串川	串川	中津山地	S-Ks	25.90	1.66	6.4	33	1
27	相模川	道志川	神ノ川	丹沢山地	S-D-1	9.20	1.79	19.5	45	1
28	相模川	道志川	道志川	丹沢山地	S-D-2	44.23	3.80	8.6	38	1
29	相模川	境川	境川	関東山地	S-S	5.63	0.00	—	36	2
30	相模川	沢井川	沢井川	関東山地	S-Si	18.85	0.26	1.4	39	2
31	相模川	秋山川	秋山川	道志山地	S-A	17.90	0.55	3.1	33	1
32	相模川	その他		道志山地	S-1	1.75	0.00	—	32	2
33	相模川	その他		関東山地	S-2	23.35	0.00	1>	38	2
34	相模川	その他		道志山地	S-3	17.33	0.28	1.6	31	2
35	相模川	その他		中津山地	S-4	6.48	0.00	1>	29	2
36	相模川	その他		中津山地	S-5	8.10	0.18	2.2	35	2
37	境川			中津山地	SK	3.58	0.00		32	2
38	酒匂川	川音川	寄沢	丹沢山地	Sw-K-1	9.70	4.66	48.0	39	1
39	酒匂川	川音川	中津川	丹沢山地	Sw-K-2	20.63	4.13	20.0	31	1
40	酒匂川	川音川	四十八瀬川	丹沢山地	Sw-K-3	7.20	2.76	38.3	43	1
41	酒匂川	川音川	四十八瀬川	丹沢山地	Sw-K-4	7.60	0.68	9.0	20	1
42	酒匂川	河内川	世附川	丹沢山地	Sw-Kw-1	36.93	6.83	18.5	36	3
43	酒匂川	河内川	大又沢	丹沢山地	Sw-Kw-2	23.13	4.09	17.7	35	3
44	酒匂川	河内川	白石沢	丹沢山地	Sw-Kw-3	18.98	4.36	23.0	42	3
45	酒匂川	河内川	中川川	丹沢山地	Sw-Kw-4	21.80	5.06	23.2	41	3
46	酒匂川	河内川	箒杉沢	丹沢山地	Sw-Kw-5	12.30	2.16	17.6	42	3
47	酒匂川	河内川	玄倉沢	丹沢山地	Sw-Kw-6	17.78	4.09	23.0	44	3
48	酒匂川	河内川	小川沢	丹沢山地	Sw-Kw-7	9.48	1.71	18.1	46	4
49	酒匂川	河内川	小菅沢	丹沢山地	Sw-Kw-8	6.50	0.88	13.6	35	3
50	酒匂川	河内川		丹沢山地	Sw-Kw-9	6.23	1.44	23.2	39	3
51	酒匂川	河内川		丹沢山地	Sw-Kw-10	15.60	3.62	25.0	37	1
52	酒匂川	皆瀬川		足柄山地・箱根火	Sw-M	14.35	2.94	20.5	36	2
53	酒匂川	内川	内川	足柄山地・箱根火	Sw-U	12.90	1.37	10.6	33	2
54	酒匂川	畑沢	畑沢	足柄山地	Sw-H	6.83	1.44	20.9	34	2
55	酒匂川	狩川	狩川	箱根火山古期	Sw-Kr	20.70	2.82	13.6	31	4
56	酒匂川			足柄山地	Sw-1	5.25	0.56	10.6	32	2
57	酒匂川			足柄山地	Sw-2	6.30	0.47	7.4	33	2
58	酒匂川			足柄山地	Sw-3	15.33	1.47	9.6	30	2
59	酒匂川			足柄山地	Sw-4	5.78	0.79	13.6	29	2
60	酒匂川			箱根火山古期	Sw-5	2.65	0.00	—	16	4
61	酒匂川			箱根火山古期	Sw-6	27.58	1.27	4.6	23	4
62	山王川		山王川	箱根火山古期	Sn	24.23	0.63	2.6	22	4
63	早川	早川		箱根火山古期	Hy-1	13.80	0.00	1>	35	4
64	早川	早川		箱根火山古期	Hy-2	30.13	0.69	2.3	20	4
65	早川	早川		箱根火山古期	Hy-3	15.95	2.50	15.7	32	4
66	早川	早川		箱根火山古期	Hy-4	10.20	0.28	2.7	19	4
67	早川	須雲川		箱根火山古期	Hy-S-1	22.83	2.17	9.5	22	4
68	早川	須雲川		箱根火山古期	Hy-S-2	7.80	1.36	17.4	35	4
69	白糸川周辺			箱根火山古期	Si	42.45	1.74	4.1	20	4
70	新崎川			箱根火山古期	Sz	15.65	1.75	11.2	30	4
71	千歳川			湯河原火山	T	20.30	1.30	6.4	32	4
					計	996.30	119.89	12.1		

G 地質区分
1:凝灰岩・凝灰角礫岩
2:頁岩・砂岩・礫岩・泥岩
3:結晶片岩・ホルンフェルス
4:安山岩溶岩・デイサイト・石英閃緑岩

山地全体（調査面積773 km²）では崩壊面積率が約13.7%となり，山口・川邉（1981）が求めた15.2%と調和的である．5.4項で述べるように，平均崩壊深を1mと仮定すると，丹沢山地での関東地震による生産土砂量は，崩壊地の面積が106 km²であるので，1億600万m³となる．

箱根火山地域では，狩川の18.6%，須雲川右岸の17.4%が大きい．外輪山の外側斜面では，狩川流域を除き5%以下と低い．箱根火山全体（調査面積234 km²）では崩壊面積率が約5.9%である．同様に，箱根火山地域での生産土砂量は，崩壊地の面積が14 km²であるので，1400万m³となる．

丹沢山地と箱根火山地域を合わせた関東地震全体の生産土砂量は，平均崩壊深を1mと仮定すると，崩壊地の面積が120 km²であるので1億2000万m³となる．

丹沢山地は，富士山を供給源とする新期ローム（武蔵野・立川ローム層）の分布軸に位置する．急斜面では新期ロームが侵食されほとんど残されていないが，尾根や緩傾斜面上には2～3m程度のロームが堆積する．また，富士山1707年の噴火による宝永スコリア（Hoei Scoria）が，箱根火山北部から丹沢山地南部にかけて分布する．このように山地としては例外的に厚い降下火山砕屑物に覆われるため，震源に近い箱根火山地域に比較し，丹沢山地での崩壊面積率が大きくなっているのであろう．

4.3.5 関東地震前後の降雨と土砂災害との関連

図4.3.11は，神奈川県の1923年の9月12～15日の等雨量線図である（建設省土木研究所，1995）．

丹沢山地周辺では，関東地震前の8月5日に5～20 mm程度（秦野23.0 mm），16～28日にかけて断続的に数mm/日の降雨があった．地震前

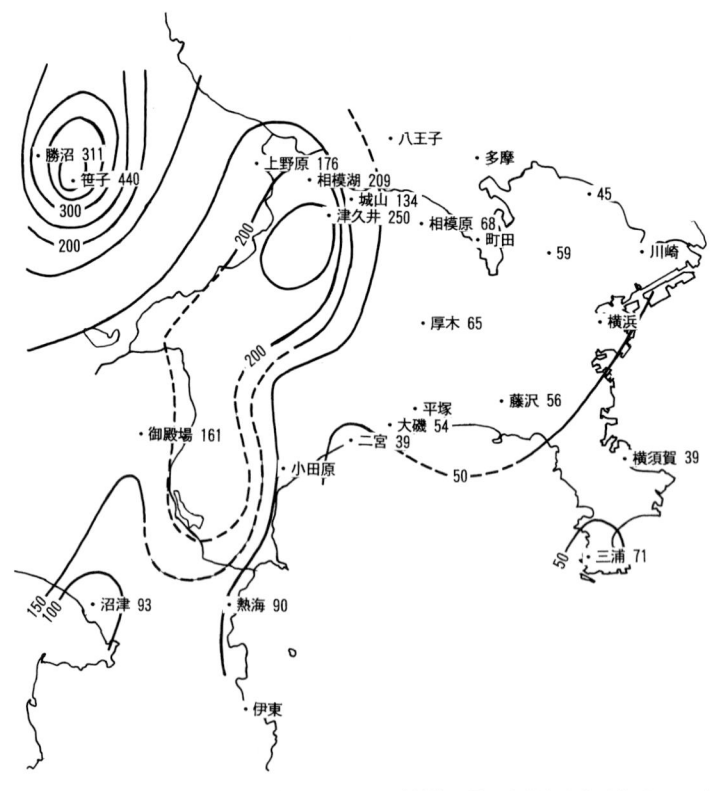

図4.3.11 大正12年（1923）9月12～15日の連続降雨量（建設省土木研究所，1995）

日の31日には，熱海で21.5 mm，丹沢南面の秦野で57.2 mm，北西の青山で88 mmの降雨の記録がある．小田原市，松田町などの関東地震体験者の手記には，8月31日から9月1日の午前9時～11時頃まで降雨のあったことが記録されている．

9月12～15日には，潮岬付近に上陸した台風の影響によってかなりの豪雨があった．4日間の雨量は秦野で73.1 mm，青山で249.9 mmにも達した．

8月31日には丹沢山地で80 mm以上，箱根火山で60 mm以上の降雨があったことが推定される．また，9月12～15日には，丹沢山地で250 mm以上，箱根火山で200 mm以上の降雨のあったことが推定される．

9月15日に丹沢山地のほぼ全域で発生した土石流は，この降雨が原因であることはすでに明らかであるが，これ以降も10年位にわたって，降雨のたびに崩壊が多発したため，山に入るときには注意が欠かせなかったようである．

4.3.6 関東地震による崩壊地推移のモデル

井上（1995）は，丹沢山地の中津川流域のある区域で，関東地震後の崩壊地個数の推移を検討している．

基礎データは，丹沢山地の中津川流域のある区域（流域面積33.1 km²）で，航空写真の判読により作成した1/5000の崩壊地分布図である．使用した写真は，

① 昭和22年（1947），米軍撮影
② 昭和37年（1962），国土地理院・林野庁撮影
③ 昭和52年（1977），国土地理院撮影
④ 昭和55年（1980），（株）パシフィック航業撮影

である．

図4.3.12は，この時の基礎データを用いて，崩壊面積率を計測し直し，関東地震とそれ以降の崩壊面積率の変化をグラフ化したものである．

昭和22年時の崩壊地は，4時期のうちでも最も多く，1649個（崩壊面積率4.2%）存在した．これは関東地震後に発生した崩壊地の大部分が残っていたためと考えられる．しかし，昭和33年時の崩壊地は233個（崩壊面積率0.56%）で，昭和22年時と比較すると，1/7に減少していた．このうち，昭和22年時から引き続き認められる崩壊地は64個で，残りの169個は新規に発生した崩壊地であった．

昭和52年時の崩壊地は，108個（崩壊面積率0.34%）とさらに減少しており，昭和37年時から引き続き認められる崩壊地は29個で，残りの79個は新規に発生した崩壊地であった．昭和55年時の崩壊地は80個（崩壊面積率0.23%）とさらに減少している．昭和55年の航空写真はカラーで，それ以前の白黒写真よりも判読の精度は高いが，それでも崩壊地は減少していた．

図4.3.13は，以上の崩壊地の変化をもとに考察した関東地震前後の崩壊地変化のモデルである．旧版地形図などによれば，関東地震前の明治29年（1896）から大正11年（1922）までの関東山地は，大部分が天皇の御料林で崩壊地がほとんどなく，非常に安定した林地であった．しかし，関東地震によって，山地部の風化部や表土層がゆるみ，多くの崩壊地が発生した．これらの崩壊土砂は斜面下部から渓床部に堆積し，渓流を堰止めていた場所も多かったのであろう．

さらに，半月後の9月12～15日の集中豪雨（4日間連続雨量，200～300 mm）によって，これらの崩壊土砂は，土石流となって一気に流下した．また，4.5ヶ月後の1月15日に発生した相模地震（M 7.3）によって，崩壊地が1割以上増加したという．

その後，神奈川県による砂防工事や治山工事が積極的に進められたが，10～15年間は崩壊地や裸地斜面が多く，荒廃した状態が続いていた．また，昭和5年（1930）11月26日の北伊豆地震

($M\,7.0$) によっても，崩壊地は増加したと言われている．さらに，昭和16年 (1941) 7月12～13日の集中豪雨によって，相模川の支流・玉川流域で多くの土砂災害や洪水氾濫が発生した．

さらに，戦争中の混乱や戦争直後に襲ったいくつかの台風によって，関東山地は荒廃がさらに進んだものと考えられる．したがって，ある程度の植生の回復があったとしても，昭和22年当時の関東山地の荒廃状態は，関東地震直後と大きくは変わらなかたであろう．

その後，砂防工事や治山工事の進捗によって，次第に植生が回復し崩壊地の数は急速に減少していった．昭和33年 (1958) の狩野川台風や昭和34年 (1959) の伊勢湾台風の影響によって，100個所程度崩壊地が増加したが，基本的に斜面の安定化傾向は変わらなかった．

それだけ，関東地震の影響は大きかったものと考えられる．

4.4 北丹後地震

4.4.1 地震の概要

昭和2年 (1927) 3月7日に，京都府北部の北丹後地方 (図4.4.1) で発生した北丹後地震 ($M\,7.3$) により，北丹後地方で死者・行方不明者2925人，全壊家屋5097戸という甚大な被害が発生した（宇佐美，1996）．このとき，有名な郷村断層（系），山田断層という2本の地震断層 (seismic fault) が発生し，関東地震 (1923年) の直後ということもあって，多数の研究者により地震の被害や活断層に関する研究が実施され多く

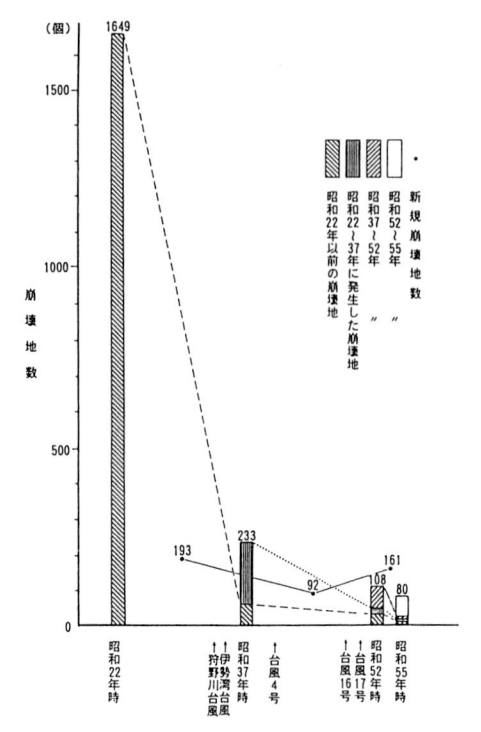

図4.3.12 写真判読による丹沢山地での崩壊地の変化 (井上, 1995)

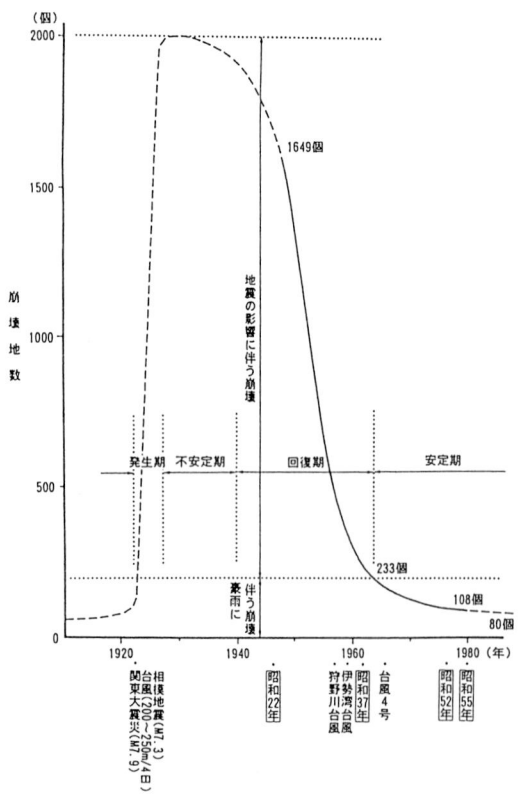

図4.3.13 関東地震前後の崩壊地の変化のモデル (井上, 1995)

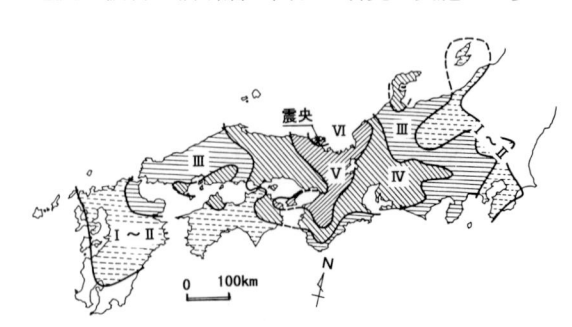

図4.4.1 北丹後地震の震度分布 (宇佐美, 1987)

の貴重な資料・文献がまとめられた（河角・他，1937）．以下では，地震後，多数の研究者・技術者により調査され，まとめられた文献・資料をもとに土砂災害に関連するデータを整理して，当時の町村ごとに地震による崩壊面積率（rate of slope-failure area）を算定し，これと地震断層からの距離，震央からの距離，地質，地形，家屋被害率（rate of damaged houses）等との関係を調査し，これらの要因と地震による土砂災害の発生（崩壊面積率）との関係を分析した結果（石川・他，1998）を述べる．また，崩壊面積率等については同じ内陸型地震である兵庫県南部地震（1995年）による斜面崩壊と比較した結果についても述べる．

4.4.2 土砂災害の状況

北丹後地震による土砂災害，とくに山地で発生した斜面崩壊については，当時の京都府が調査し，京都府が発行した「京都府震災荒廃林地復旧誌」（京都府，1930）に詳細に記述されている．この文献には当時の北丹後地方合計59町村（図4.4.2，合計面積780.3 km²：与謝郡23町村352.9 km²，中郡13町村130.2 km²，竹野郡14町村173.0 km²，熊野郡9町村124.2 km²）ごとに，林野における「地震直前荒廃面積」，「震災発生箇所」，「震災荒廃面積」，「荒廃地面積計」が一覧表で記載されている．「京都府震災荒廃林地復旧誌」に記述されている林野の荒廃状況の一部を抜粋すると以下のとおりである．

「断層線を中央とせる左右三四 km 間，林野の被害状態は惨憺たるものにして概ね表土は岩盤より剥離して浮動し急傾斜面は決壊崩落し緩斜は褶曲累畳して林木を抜き喬樹を倒したるものは至る所に横たわり山頂脊梁また尾根筋に縦または横に大亀裂を生じ従来の禿裸地も亀裂または岩滑して地貌を著しく破壊し……」

この文献による4郡59町村に関する調査結果の集計を表4.4.1に示す．4郡で合計4647カ所，合計面積約3.41 km²の山地の荒廃（斜面崩壊）が生じた．

「京都府震災荒廃林地復旧誌」に記載されている当時の丹後地方合計59町村（平均町村面積約13.2 km²）ごとの「震災荒廃面積」を北丹後地震により新たに発生した「崩壊面積」とみなして，この「崩壊面積」を各町村ごとの「山地面積」で除して，「崩壊面積率」を算出した（表4.4.2，図4.4.2参照）．表4.4.2に示すように地震による山地の崩壊面積率はこの4郡平均で約0.53%

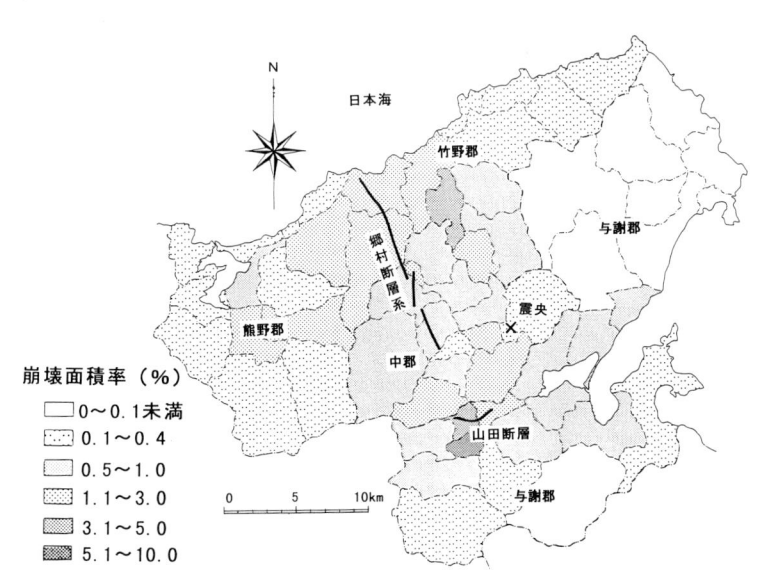

図4.4.2 北丹後地震による崩壊面積率分布（石川・他，1998）

表 4.4.1 北丹後地震による山地荒廃状況（「京都府震災荒廃林地復旧誌」，1930 に基づく）（石川・他，1998）

	地震直前荒廃面積	震災発生箇所	震災荒廃面積	荒廃地面積計
与謝郡	36.16	988	87.30	123.46
中郡	43.60	1529	95.75	139.35
竹野郡	34.12	1510	118.03	152.15
熊野郡	36.78	620	40.39	77.17
4郡合計	150.66	4647	341.47	492.13

（面積の単位：ha）

表 4.4.2 北丹後地震による山地荒廃面積率（「京都府震災荒廃林地復旧誌」，1930 に基づく）（石川・他，1998）

	地震直前荒廃面積率（％）	1 km² 当たり震災発生箇所	震災荒廃面積率（％）	荒廃地面積率（％）
与謝郡	0.12 (0.10)	3.2 (2.8)	0.28 (0.25)	0.40 (0.35)
中郡	0.42 (0.33)	14.8 (11.7)	0.93 (0.74)	1.35 (1.07)
竹野郡	0.27 (0.20)	11.7 (8.7)	0.92 (0.68)	1.18 (0.88)
熊野郡	0.35 (0.30)	5.9 (5.0)	0.39 (0.33)	0.74 (0.62)
4郡合計	0.23 (0.19)	7.2 (6.0)	0.53 (0.44)	0.76 (0.63)

であった．4郡の中では，とくに，震央及びその直近に位置し，郷村断層系の中心地であった中郡及び竹野郡で崩壊面積率が高かった．なお，各町村の「山地面積」は国土地理院発行の 2 万 5 千分の 1 地形図において，地盤傾斜約 10 度以上（等高線間隔 2.3 mm 以上）の地域を判読してプラニメーターで面積を求めた．なお，各町村の平地を含む全面積に対する比率を表 4.4.2 の（ ）内に示した．

4.4.3 崩壊面積率と諸要因との関係

北丹後地震にともなう斜面崩壊の規模，分布の特徴を知るため，表 4.4.2，図 4.4.2 に示した各町村別の「崩壊面積率」について，これと関連していると想定される地震断層からの距離，震央からの距離，地質，地形，家屋被害率等との関係を検討した結果を以下に示す．

（1）断層からの距離と崩壊面積率の関係

北丹後地震により地表に現れた「郷村断層系」と「山田断層」（図 4.4.2，岡田・他，1997）からの各町村の面積の図心（重心）までの距離のうち，距離の短い方を「断層からの距離」として，各町村における山地の「崩壊面積率」との関係を調べた結果を図 4.4.3 に示す．図 4.4.3 より，断層からの距離が増大するにつれて崩壊面積率が減少する傾向があり，断層から約 5 km 離れると崩壊面積率は約 1％となり，断層から約 15 km 離れると崩壊面積率はほぼ 0％となる．崩壊面積率と断層からの距離との相関は比較的良く，図 4.4.3 に描いた近似曲線の重相関係数は 0.53 であった．北丹後地震は郷村断層系と山田断層の活動で発生したと考えられており，これらの断層付近では震度が大きく，このため崩壊面積率も高い値を示したものと思われる．

（2）震央からの距離と崩壊面積率の関係

震央（図 4.4.2）からの各町村の面積の図心までの距離を測定し，これと崩壊面積率の関係を整理した結果を図 4.4.4 に示す．図 4.4.4 において，全体としては震央からの距離が増大するにつれて

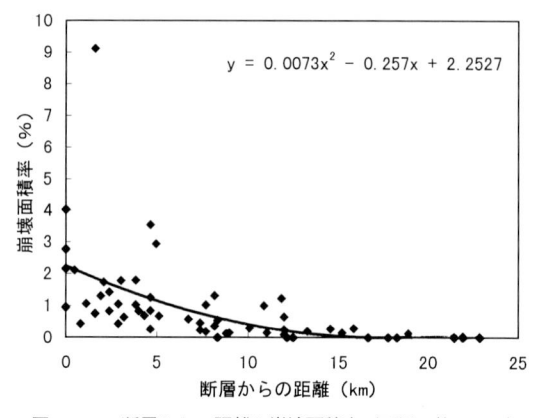

$y = 0.0073x^2 - 0.257x + 2.2527$

図 4.4.3 断層からの距離と崩壊面積率（石川・他，1998）

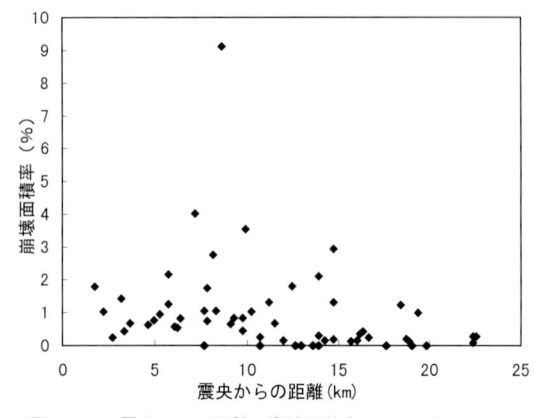

図 4.4.4 震央からの距離と崩壊面積率（石川・他，1998）

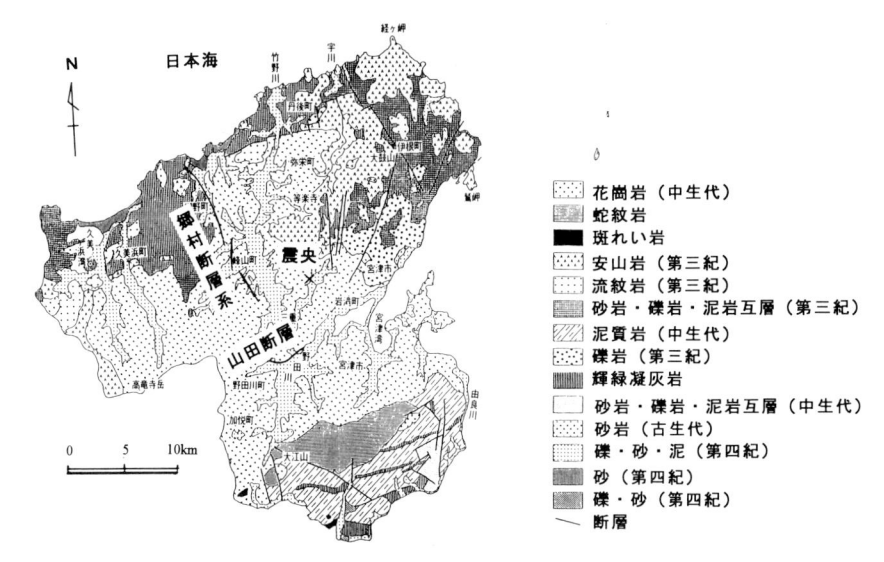

図 4.4.5 丹後半島の表層地質図（大手・他，1983 に一部加筆）

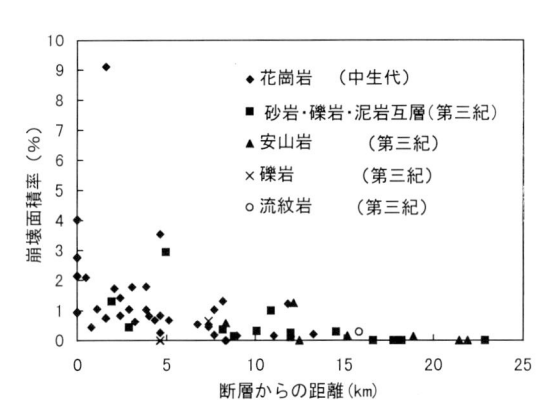

図 4.4.6 地質区分ごとの崩壊面積率（断層からの距離）
（石川・他，1998）

崩壊面積率が減少する傾向が見られるものの，震央から約 10 km の付近で崩壊面積率が大きい値を示しており，図 4.4.3 の断層からの距離と崩壊面積率の関係に比べて，震央からの距離と崩壊面積率の相関は低いことがわかる．

（3） 地質と崩壊面積率の関係

丹後半島の表層地質図を図 4.4.5 に示す．この地質図をもとに，各町村の山地部において分布面積が最も卓越する地質をその町村の代表地質とみなし，各町村の代表地質と崩壊面積率の関係を対比した結果を図 4.4.6 に示す．各地質区分の分布は地図上で一様ではないので，断層からの距離も考慮して検討する必要があるため，図 4.4.6 では断層からの距離とあわせて整理した．図 4.4.6 より，地質の違いによる崩壊面積率の相違は明確でなく，地質との相関は低いものと考えられる．

（4） 起伏量（relief energy）と崩壊面積率の関係

斜面崩壊に関連する地形条件として最も重要と思われるものの一つは斜面の傾斜である．ここでは斜面の傾斜に関連するパラメータとして起伏量を用いて，地形と崩壊面積率の関係を検討した．

図 4.4.7 に示す起伏量は国土地理院発行の 5 万分の 1 の地形図を基に，経度・緯度 10 分ごとに区切ったいわゆる経緯度メッシュ（単位面積約 $2.8 km^2$）を設定し，各メッシュ内における最高点と最低点の高度差を測定して求めたもの（大手・他，1983）である．図 4.4.7 を基に各町村の区域内にある各メッシュごとの起伏量をメッシュ面積比で加重平均して各町村の平均的な起伏量を求めた．このようにして求めた各町村の起伏量と崩壊面積率の関係を図 4.4.8 に示す．図 4.4.8 では起伏量の増大（通常は傾斜の増大を意味する）にともない，崩壊面積率が減少するという傾向が見られるが，これは傾斜が急なほど不安定であるという一般的な斜面の性質とは相反する．このような結果となった理由としては，当該地域では，

断層からの距離が増大するほど起伏量も増大しているために，起伏量の大きな地域では地震動が小さく，このため崩壊面積率が減少する傾向が現れたものと思われる．これらより，斜面崩壊に与える起伏量の影響は，断層からの距離に比べて小さかったものと判断される．

（5） 家屋被害率と崩壊面積率等との関係

北丹後地方4郡においては，地震により住家計5097戸が全壊，計5903戸が半壊した（長濱，1929）．全半壊した家屋計11000戸は震災前の総家屋数25924戸の42.4%を占めた．この他にも焼失家屋は計2041戸，半焼家屋は計23戸にのぼった．ここでは，地震動による被害家屋として，全壊家屋と半壊家屋の合計値を用いた．各町村の家屋被害率は全半壊家屋数を震災前の家屋数で除して求めた．各町村における家屋被害率の分布を図4.4.9に示す．

各町村の家屋被害率と崩壊面積率の関係を図4.4.10に示す．家屋被害率と崩壊面積率にはある程度の正の相関が認められる．次に断層からの距離と家屋被害率の関係を図4.4.11に示す．崩壊面積率と断層からの距離との関係（図4.4.3）よりもより明瞭な負の相関が認めらる．特に断層から約5km以内では家屋被害率が高く，断層か

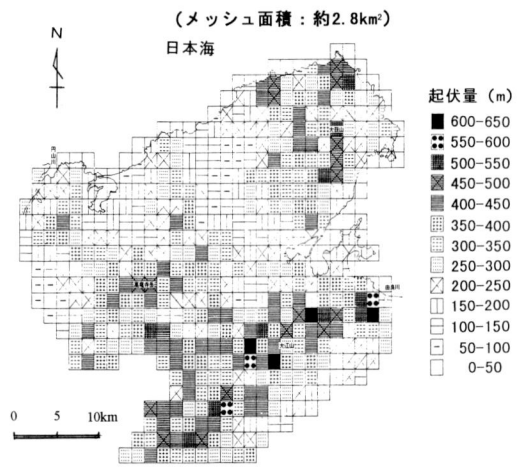

図4.4.7 丹後半島の起伏量図（大手・他，1983）

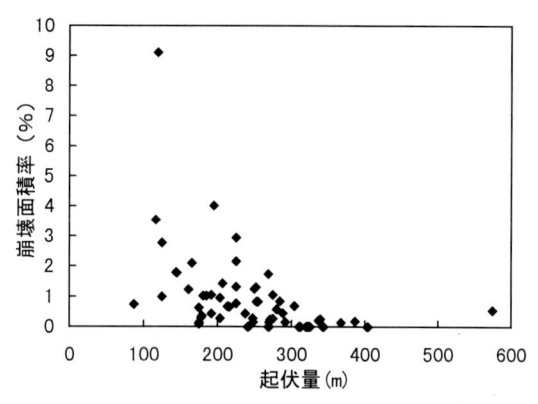

図4.4.8 起伏量と崩壊面積率（石川・他，1998）

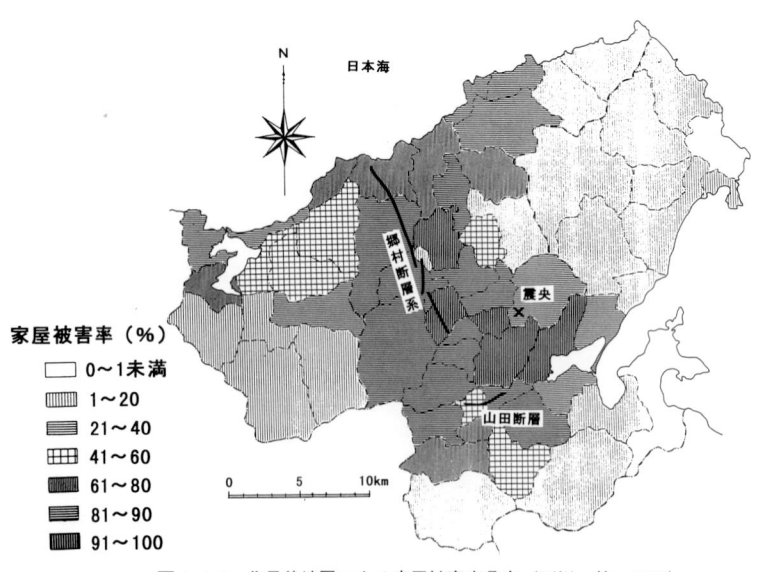

図4.4.9 北丹後地震による家屋被害率分布（石川・他，1998）

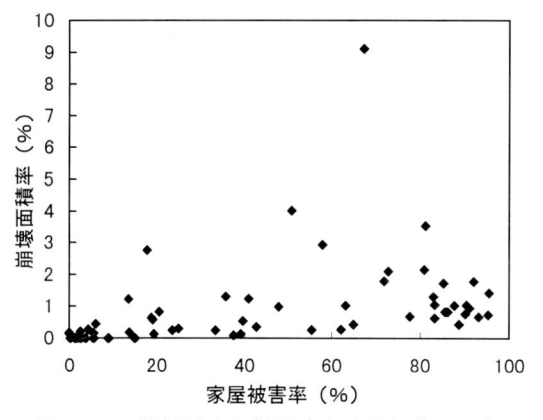

図 4.4.10 崩壊面積率と家屋被害率（石川・他，1998）

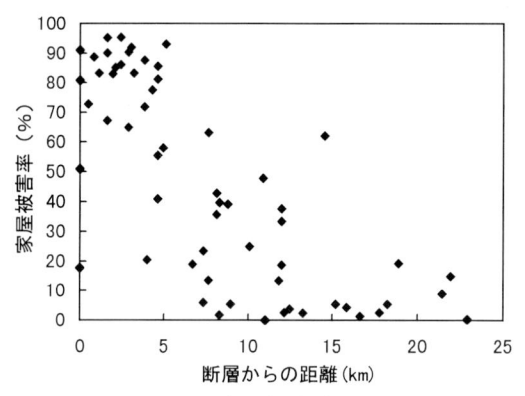

図 4.4.11 断層からの距離と家屋被害率（石川・他，1998）

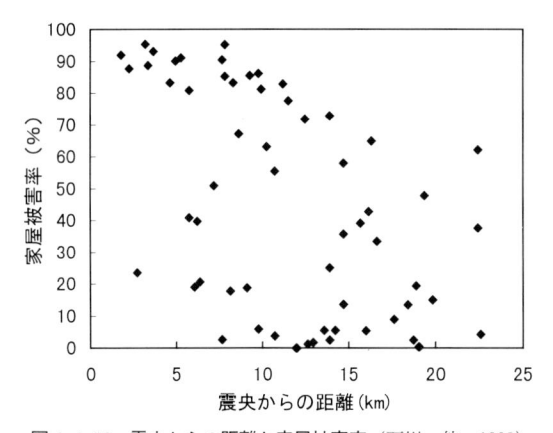

図 4.4.12 震央からの距離と家屋被害率（石川・他，1998）

表 4.4.3 北丹後地震と兵庫県南部地震による斜面崩壊との比較（石川・他，1998）

	北丹後地震	兵庫県南部地震
山地面積（km²）	643.7	140.4
崩壊個数（個）	4647	896
崩壊面積（ha）	341.47	27.8
平均崩壊面積（m²/個）	735	310
崩壊面積率（％）	0.53	0.2
崩壊密度（個/km²）	7.2	6.4

ら約 15 km 以上離れると家屋の被害率は急減している．家屋被害率と震央からの距離の関係を図4.4.12 に示す．崩壊面積率と震央からの距離との関係（図4.4.4）と同様に，断層からの距離との関係に比べて震央からの距離との相関は低いこ

とがわかる．

（6） 兵庫県南部地震による斜面崩壊との比較

　平成 7 年（1995）1 月 17 日に発生した兵庫県南部地震により，六甲山系を中心として多数の斜面崩壊が発生した．兵庫県南部地震は内陸型地震であり，M 7.2 であったこと，および震源が浅かった（17 km）ことなど，北丹後地震（M 7.3，震源の深度 0 km）との類似点が多い．また，地震により発生した斜面崩壊が詳細に調査されている．そこで，北丹後地震による斜面崩壊と兵庫県南部地震による斜面崩壊を比較し，類似点および相違点を検討した．

　表 4.4.3 に北丹後地震と兵庫県南部地震による斜面崩壊（石川・他，1996）の比較結果を示す．兵庫県南部地震では北丹後地震に比べて，斜面崩壊が生じた山地面積は約 1/5 となっているが，この最大の理由は，兵庫県南部地震では加速度が大きかったと推定される地震断層あるいは震央付近の広い面積が海底あるいは平地により占められていたためと考えられる．このため，崩壊個数，崩壊面積とも兵庫県南部地震のほうが小さい．また，兵庫県南部地震による平均崩壊面積および崩壊面積率は北丹後地震によるものの 4 割程度であった．

　兵庫県南部地震では斜面崩壊の多かった六甲山系付近では明瞭な地震断層は確認されていないが余震域から地震により動いたと思われる断層域（入倉・他，1995）が推定されている．図 4.4.13 より，崩壊面積率の高い流域は推定された断層域から約 3 km 以内に分布しており，また，推定された断層域に近い六甲山系および淡路島北部の斜

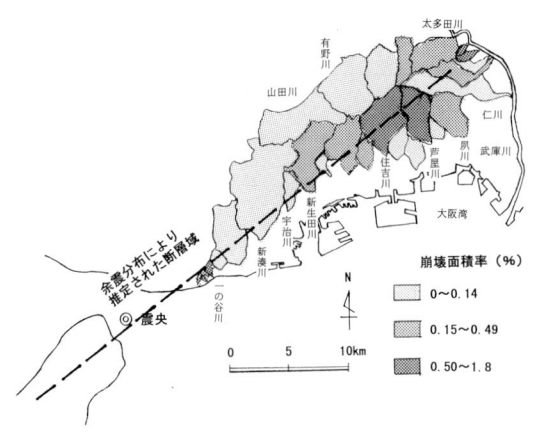

図4.4.13 兵庫県南部地震による六甲山系における崩壊面積率分布（石川・他，1998）

面以外では地震による斜面崩壊はほとんど発生しなかったことを考慮すると推定された断層域からの距離と崩壊面積率には関連があると考えられる．

一方，本章第7節で述べる1997年3月～5月に発生した鹿児島県北西部地震（最大のマグニチュードは$M6.5$）による斜面崩壊地の分布に関する調査結果によれば震源断層から距離が大きくなるにつれて崩壊個数が減少する傾向が明らかにみられ，震源断層から8km以内に全崩壊個数の約90%が含まれていたと報告されている（地頭薗，1998）．

以上のことから，内陸型地震では，地震により生じる斜面崩壊の分布は震央からの距離よりも地震断層からの距離と強い負の相関関係があると考えられ，今後，マグニチュード，地震断層からの距離と崩壊面積率の関係を多数の事例で調査することにより地震による斜面崩壊面積率を精度良く推定することも可能となると考えられる．

4.4.4 まとめ

北丹後地震による山地の崩壊面積率とこれに関連すると思われるいくつかの要因との関係を検討したが，その結果以下の知見が得られた．
① 崩壊面積率は震央からの距離よりも地表に現れた地震断層からの距離との相関が強い．
② 地震断層からの距離が15kmを超えると崩壊面積率はほぼ0%となり，地震断層からの距離が約5km付近では崩壊面積率は約1%であった．
③ 崩壊面積率と地質および起伏量との相関はほとんど認められなかった．
④ 地震による家屋の被害についても地震断層からの距離との相関が強い．
⑤ 地震による崩壊面積率の算定のパラメータとしては地震断層からの距離を用いることが有力と考えられる．

今後は，他の内陸型地震についても，崩壊面積率と地震断層からの距離との関係を調査するとともにマグニチュードとの関係も調査することにより地震による斜面崩壊（崩壊面積率，土砂量）を推定する手法を開発する必要がある．

4.5 今市地震

昭和24年（1949）12月26日8時17分と25分の2回にわたって，今市付近を震央として発生した今市地震は，マグニチュードが6.4（第1震）と6.7（第2震）の極浅発地震であった（震央の位置は図4.5.1に示されている）．この地震により，今市市南方の山地を中心に崩壊が多発した．このときに発生した崩壊については，栃木県砂防課により詳細な調査が行われている（栃木県砂防課，1951）．この調査結果をもとに，地震による崩壊分布の特徴の抽出を試みる．

4.5.1 対象地の崩壊の概要

調査対象地は，震央より南の足尾山地北端部，すなわち行川，長畑川，黒川，大芦川の流域である（図4.5.1）．この地域には崩壊が集中的に発生しているが，この他にも崩壊や地すべりが単発的に見られ，調査区域をどう区切るかによって，母集団が大きく変わってしまう．ここでは，上記4流域内に発生した崩壊を対象とする．

震央より南に崩壊が集中するような偏りを生じたのは，山地がこの方面に広がっていたことにもよるが，この地域の地下が地震を生じた破壊領域

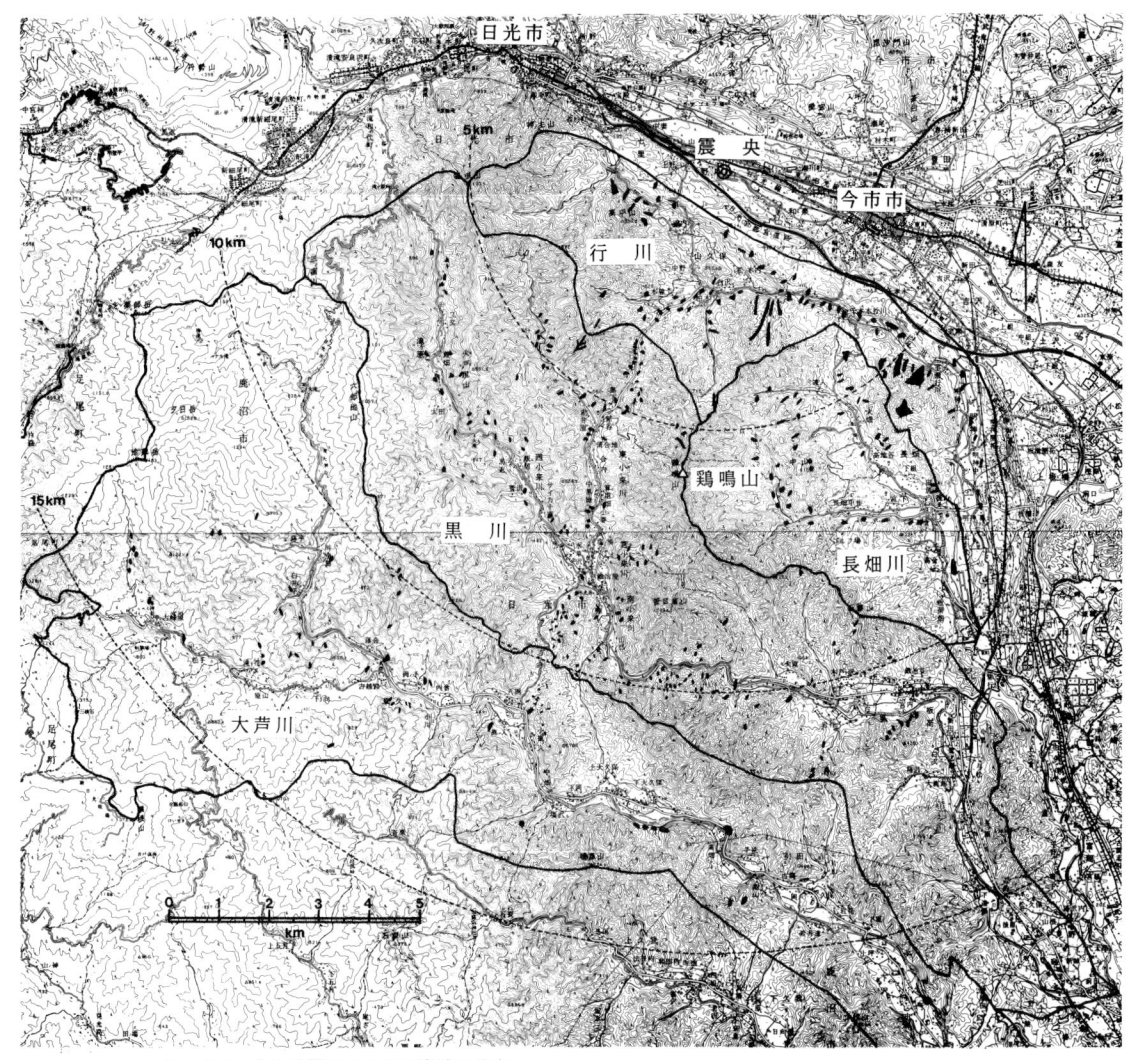

図 4.5.1 今市地震による斜面崩壊の分布
栃木県砂防課 (1951) より作成. 国土地理院 5 万分の 1 地形図「日光」「鹿沼」を使用.

(震源域 hypocentral region) であったからであろう. これは，余震の分布域 (ERI, 1950) と崩壊集中地域がほとんど重なっていることから推察される. すなわち，今市市近郊の地下で始まった地殻の破壊 (本震) は南方へ進行し，鶏鳴山を中心とする一帯の地下が破壊域となったもので，崩壊地の分布にもこの影響が現れているのである.

この鶏鳴山を中心とする一帯，すなわち北と東を行川，南と西を黒川で囲まれた矩形の地域は，地殻の破壊にともなって地殻変動 (crustal deformation) を起こしている (本多, 1950；井上, 1950；Inoue, 1951). この変動は，矩形域の地塊が上昇し，その周辺がわずかに沈降するというもので，行川，黒川の谷が変動の境界になっている. そして，この境界に沿って，線状に崩壊が多発している.

4.5.2 崩壊と地質の関係

対象地の地質の概略は次のようである (Morimoto, 1950, 1951).

基盤は，砂岩 (sandstone)，頁岩 (shale)，礫岩 (conglomerate)，粘板岩 (slate) などよりなる秩父古生層 (Chichibu Palaeozoic formation) と，それに貫入している黒雲母花崗岩

(biotite granite），花崗斑岩(granite porphyry），石英斑岩（quartz porphyry）などの花崗岩類から構成されている．古生層は貫入により少しくホルンフェルス（hornfels）化され，著しく珪化されており，固くて緻密なため高い山稜や急傾斜地をなしている．一方，花崗岩類は深層風化（deep weathering）を受け，とくに斑状鉱物を含む花崗岩は，差別侵食（differential erosion）により谷や低地，低い丘を形成している．

この基盤を覆って，軽石（pumice）や火山灰（volcanic ash）などの火山噴出物が広い範囲に堆積している．このような洪積層（Diluvium）には2つのタイプが見られる．

1つは，基盤の上に厚く大谷川の氾濫堆積物（礫層）が載り，その上に関東ロームや軽石層が堆積しているタイプである．これは大谷川と行川に挟まれた一帯に広く分布し，調査対象地外ではあるが，白色粘土（白色軽石層）をすべり面とする地すべりが数カ所で発生している．調査対象地内では，行川左岸の洪積台地の縁の崖に見られ，渓岸崩壊が多く発生した．

もう1つのタイプは，緩傾斜の基盤岩上に火山噴出物が堆積したもので，対象地内では行川沿いを除いてほとんどがこのタイプである．その他にごく一部ではあるが，安山岩（andesite）と第三紀層（Tertiary strata）の分布が見られる．

以上のような地質の分布と，崩壊地の分布との関係を調べるに際して，震央からの距離も考慮に入れるため，対象地を震央距離 d に応じて次の3区域に分ける．

　　区域 A：$0 \leq d < 5$ km
　　区域 B：$5 \leq d < 10$ km
　　区域 C：$10 \leq d < 15$ km

直下型地震の場合，震源を点としてではなく，ある広がりを持った領域として考えるべきであるが，ここでは最初にエネルギーを放出した点という意味で，Koshikawa（1950, 1951）による本震第2震の震央の位置（東経139°39.4′，北緯36°43.7′）を採用する．また，直下型地震の場合，震央のわずかなずれが，上記のような区域分けに大きなずれを生ずるが，ここではA〜Cの各区域にある程度の広さを持たせてあり，それほど問題にしなくてもよいと考える．

概略，Aは行川流域，Bは黒川流域，Cは大芦川流域に相当する（図4.5.1）．それぞれの区域内で，各地質が占める面積は表4.5.1の通りである．

今市市内の転倒墓石の調査より，本震の周期を0.4秒として，912 gal と 949 gal の加速度が得られている（Ikegami & Kishinouye, 1950）．また，震央付近の上下動が，重力加速度より大きかったことを示唆する報告もある（井上，1950）．しかし，加速度分布が求められていないので，ここでは各区域の平均的な基盤加速度を次のようにして見積もる．

地震基盤の加速度スペクトル A_0 は，金井（1974）によって次のように与えられている．

$$\log TA_0 = 0.61M - (1.66 + 3.60/x)\log x + (0.167 - 1.83/x)$$

ここで，x は震源距離（km），M はマグニチュード，T は周期（sec）である．各区域の平均的震央距離として中央値を採り，震源の深さを5 kmと仮定する（川邉，1987）．T には基盤の卓越周期（predominant period）を用いる．Seed（1969）の図より，$T = 0.3$秒が読み取られる．これらの値を上式に代入し，重力加速度で除して工学的震度で表すと，次の結果が得られる．

表 4.5.1　今市地震地域における区域ごとの各地質の占有面積（km²）（川邉, 1987）

地質	区域			計
	A	B	C	
古生層	21.72	44.97	36.61	103.30
花崗岩	—	6.55	16.12	22.67
花崗斑岩・石英斑岩	0.21	15.94	20.50	36.65
安山岩	1.27	0.08	—	1.35
第三紀層	—	0.20	0.07	0.27
洪積層	6.10	8.04	0.48	14.62
沖積層	0.52	6.18	13.90	20.60
計	29.82	81.96	87.68	199.46

表4.5.2 今市地震による地質ごとの崩壊数(個) (川邉, 1987)

地　質	区　域				計
	A	B	C	D	
古生層	20	105	38	2	165
花崗岩	—	62	34	—	96
花崗斑岩・石英斑岩	4	20	10	1	35
安山岩	5	3	—	—	8
洪積層	92	26	3	—	121
計	121	216	85	3	425

D：d≧15 km

表4.5.3 今市地震による地質ごとの崩壊面積(ha) (川邉, 1987)

地　質	区　域			計
	A	B	C	
古生層	3.33	9.01	3.43	15.77
花崗岩類	0.10	9.53	3.22	12.85
安山岩	0.38	0.27	—	0.65
洪積層	22.42	5.13	0.28	27.83
計	26.23	23.94	6.93	57.10

花崗岩類＝花崗岩＋花崗斑岩・石英斑岩

A：0.54，B：0.41，C：0.30

この震度に対する，各区域内の地質別崩壊面積率および崩壊密度を比較する．崩壊数，崩壊面積は，表4.5.2，4.5.3の通りである．ここでは地質を大まかに古生層，花崗岩類，洪積層に分け，安山岩地域の崩壊数は少ないので除外する．なお，第三紀層と沖積層には崩壊は発生していない．図4.5.2，4.5.3に崩壊面積率および崩壊密度を示す．( )内の点は，その地質の占める面積が1 km²に満たない区域である．

崩壊面積率はA，B，Cいずれの区域でも洪積層が最も大きく，次いで花崗岩類，古生層の順となる．区域Aにおける洪積層を除けば，すべて0.7%以下で，区域による差—基盤加速度による差—は明瞭ではない．古生層では，BよりもAにおける崩壊面積率が，むしろ小さい傾向さえ見せている．このことは，震源を1つの点としてよりも，震源域として取り扱ったほうが，より適切であることを示唆している．

この地域の基盤をなす古生層は，先にも述べたように，高い山稜や急傾斜地を形作っているため，表層に風化層が形成されても，それが厚く維持され続けることができない．したがって，崩壊の発生にも上限のようなものがあり，それが区域による差がないことに反映しているのであろう．

一方，古生層とともに基盤をなす花崗岩類は，表層がマサ化されており，崩壊土砂となる可能性のある風化土砂の量は古生層より多い．また，傾斜も古生層ほど急ではなく，原位置に不安定土砂として溜まっている率も大きい．これらの理由から，花崗岩類は古生層より大きい崩壊面積率を示しているものと考えられる．

Aにおける洪積層の崩壊面積率は3.7%と飛び抜けて高い．これは，行川渓岸の洪積台地の崖（河食崖）で崩壊が頻発したからである．河成礫層の上に堆積した洪積層が，軽石や火山灰などの

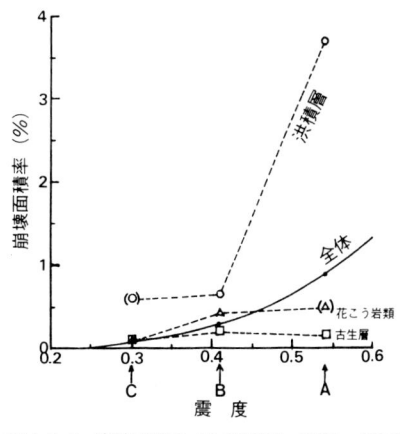

図4.5.2 崩壊面積率 (今市地震) (川邉, 1987)

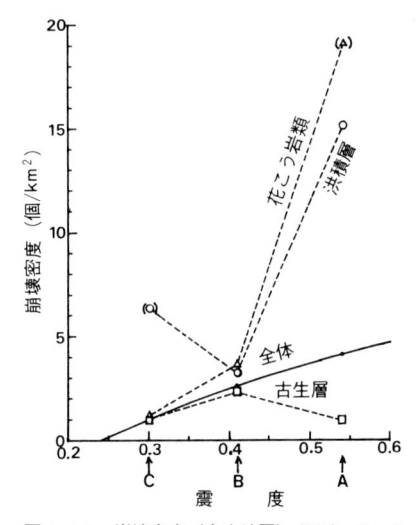

図4.5.3 崩壊密度 (今市地震) (川邉, 1987)

火山噴出物から構成されている上に，崖端が自由端として激しく振動したために，振り落とされたものであろう．崖端で増幅される振動の周波数は，常時微動（microtremor）の観測では4 Hz付近（小牧・戸井田，1980）であり，震央距離が小さい地震で卓越する，比較的短周期の振動が増幅されることがわかる．

ところで，図4.5.2，4.5.3には全体的に見た崩壊面積率と崩壊密度を実線で示した．両図より，基盤加速度が0.25（約250 gal）程度になると，崩壊が発生し始めるようである．この崩壊発生の限界加速度は，他の地震災害地と比較すると大きい方である．すなわち，足尾山地北端部は地震に対して比較的抵抗力が大きい．

以上をまとめると，今市地震による崩壊と地質の関係は次のようになる．

今市地震は直下型地震で震源が浅いため，その地震動は短周期成分が卓越し，局地的に大加速度を生じた．このような地震動の伝播には，当対象地のような固い基盤の地域は好都合である．短周期大加速度の地震動が地表近くまで伝播する．基盤の露出地帯では地表が激しく振動するが，残留している風化生成物に限りがあるため，大きな崩壊面積率を生ずるまでには至らなかった．

一方，基盤の上に洪積層が載っているところでは，洪積層がより長い固有周期を持っているため，共振は起こしにくいものの，基盤と表層の間のS波速度の違いが大きいため，層の境界で大きな剪断力を生じ，それが崩壊の引き金になった．

また，行川沿いに見られるように，厚い洪積礫層の上に火山噴出物が堆積しているところでは，崖端という地形的な要因が大きく影響している．

4.5.3 地質別の崩壊と傾斜の関係

地質別の崩壊面の傾斜角（angle of slope）の頻度曲線を図4.5.4に示す．これは，地質ごとの全崩壊数に対する，ある傾斜階に含まれる崩壊数の比率である．

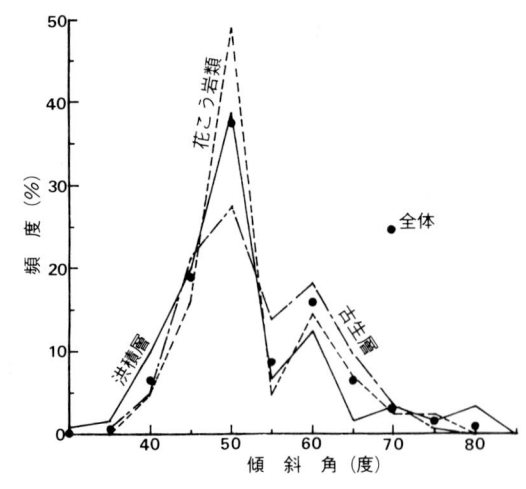

図4.5.4 崩壊面の傾斜角の分布（今市地震）（川邉，1987）

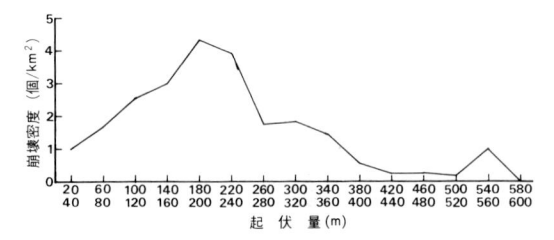

図4.5.5 起伏量別の崩壊密度（今市地震）（川邉，1987）

いずれの地質でも50°にピークがあり，60°に小ピークがある．とくに，花崗岩類は半数近くが50°である．古生層では頻度に鋭いピークが見られず，45〜60°で約80％を占めている．洪積層は50°が40％弱であるが，13°という緩傾斜の地すべりから，80°という渓岸崩壊まで，傾斜角の広い範囲にわたる崩壊が含まれている．

この対象地内には1カ所しか存在しないが，10〜20°の緩やかな山腹上に，地すべり性の崩壊がいくつか生じている．間隙水圧の働きにより，軽石層がすべり面になっているが，火山噴出物地帯では，この角度の地すべり性崩壊も地震による崩壊の特徴的な現象である．

ところで，図4.5.4から崩壊面の傾斜は50°が最も多いということはわかったが，どの程度の傾斜の斜面が崩壊しやすかったのかは，原地形の傾斜分布とそこでの崩壊状況を調べなければわからない．ここでは，原地形の傾斜分布の目安になる

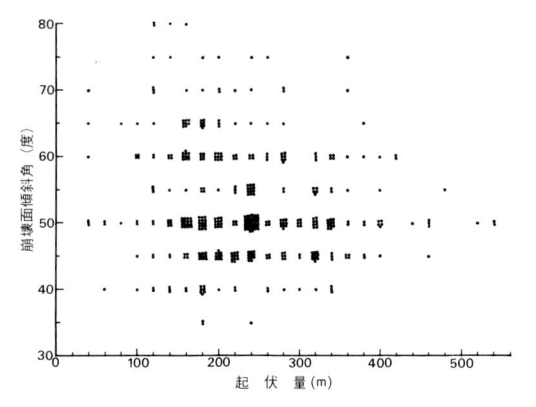

図4.5.6 起伏量と崩壊面傾斜の関係（今市地震）
(川邉，1987)

ものとして，1km四方のメッシュについて求めた起伏量（relief energy，メッシュ内の最高点と最低点の高度差）を採用する．起伏量とそのメッシュ内の平均傾斜には，かなり良い相関があるとされているからである（柏谷・他，1976）．図4.5.5に起伏量と崩壊密度の関係を示す．

図4.5.5によると，起伏量200m前後のところで，最も崩壊密度は大きい．これより起伏量が大きいところは，侵食が盛んなために風化層が常に削剥されて，崩壊密度は小さくなる．

そこで，起伏量の大小が崩壊面傾斜角の分布に及ぼす影響を，図4.5.6によって概観すると，崩壊面傾斜は起伏量の大小にかかわらず，50°を最頻値として分布している様子が認められる．すなわち，この対象地域では，50°前後が最も崩壊しやすい傾斜であると考えてもよいであろう．それ以上の急傾斜地では，平常時の削剥作用も盛んになるので，地震時の崩壊密度が傾斜とともにどこまでも単調増加していくとは考えにくい．他の地震災害の例とも考え合わせると，地震時の崩壊しやすさは一般に30°付近で急激に高まり，40～50°でピークに達すると考えてよいようである．

4.5.4 崩壊面の方位の分布

崩壊地の斜面方位（aspect）の分布は，その地

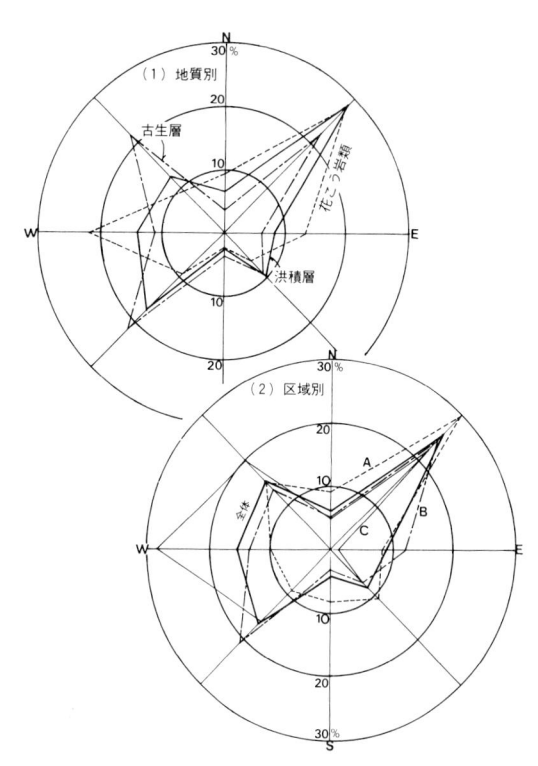

図4.5.7 崩壊面の方位の分布（今市地震）(川邉，1987)

域の斜面の卓越する方位に規制され，また，風化を受けやすい方位かどうかという素因にもよるが，誘因が地震の場合には，その他に地震波の到来方向や卓越方向，震源断層の運動方向などによっても左右されることが考えられる．

図4.5.7は，崩壊面の方位の分布を，地質別および区域別に表したものである．ただし，各地質毎あるいは各区域ごとの崩壊数に対する割合であって，原地形の斜面方位の分布は考慮していない．

図4.5.7によると，いずれの場合も北東方向と北西から南西にかけての西より方向が卓越しているが，震央との位置関係は明らかではない．また

表4.5.4 今市地震による崩壊の発生位置（川邉，1987）
( )内は%

地質	位置			計
	稜線付近	山腹凹部	山腹凸部	
古生層	76 (46.1)	9 (5.5)	15 (9.1)	165
花崗岩類	40 (30.5)	9 (6.9)	22 (16.8)	131
安山岩	0	0	0	8
洪積層	11 (9.1)	28 (23.1)	8 (6.6)	121
計	127 (29.9)	46 (10.8)	45 (10.6)	425

小出（1955）は，今市地震による崩壊の斜面方位について，花崗岩，火山噴出物は震源地に対して反対側を向いた山腹に，古生層は震源地に向いた山腹に山崩れが多い傾向にあることを指摘したが，このような傾向も認められない．

したがって，図 4.5.7 に見られる方向性は，谷の走向などの地形的な因子に支配されたものであると判断される．

4.5.5 崩壊の発生位置

豪雨による崩壊は，地下水の集中しやすい山腹凹部に多く発生し，地震による崩壊は，拘束が弱く地震動の激しい稜線付近や山腹凸部に発生しやすいと言われている．そこで，発生位置の明確な崩壊を地質ごとに集計してみると，表 4.5.4 のようになる．

古生層と花崗岩類，とくに古生層は山稜を成すことが多いこともあって，稜線付近で崩壊が多く発生している．古生層の場合，半数近くにも及んでいる．一方，洪積層は低地や谷部を埋めるように堆積しており，稜線付近の崩壊は 1 割にも満たない．

このような地質による地形上の差異は，山腹形状にも現れており，洪積層の場合，凹部の崩壊が凸部の 4 倍ほどになっているのに対して，古生層や花崗岩類では，凸部の崩壊が凹部の 2 倍前後を占めている．

4.5.6 平均崩壊深の分布

地質毎の平均崩壊深の分布状況（地質ごとの全崩壊数に対する割合）を図 4.5.8 に示す．

いずれの地質も 1～2 m が最も多く，花崗岩類ではその深さが 60% 近くを占めている．花崗岩類では 0～3 m が 98.4%，古生層では 0～2 m が 84.8% を占め，両者とも 4 m 以上は存在しない．洪積層では 1 m 未満は見られず，1～3 m で約 70% を占めている．残り約 30% は 3～9 m の間に分散している．

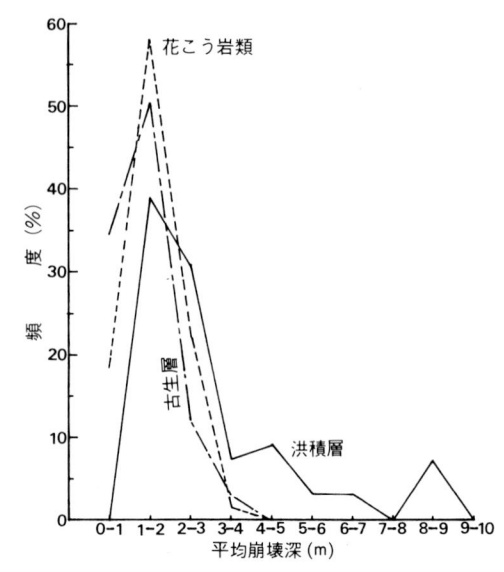

図 4.5.8　平均崩壊深の分布（今市地震）（川邉，1987）

古生層，花崗岩類の露出地域は，表層の風化層の崩壊であるために薄く，洪積層でも薄いほうは，基盤岩上に堆積した火山噴出物の崩壊である．一方，洪積層の厚いほうの崩壊は，河成礫層上に厚く堆積した火山噴出物によるもので，中には緩傾斜地を地すべり状に移動した場合も含まれている．

4.5.7 生産土砂量の見積もり

地震による崩壊は，たとえそれが人家を直撃して人的・物的被害を及ぼさない場合でも，河道に流出した大量の土砂は，長年にわたって渓流荒廃の元凶となり，また，崩壊跡地はやはり長年にわたって土砂の供給源となる．

したがって，地震対策としての砂防計画を立てる上で，計画地域での生産土砂量（amount of sediment yield）あるいは崩壊面積を推定することは重要な作業である．生産土砂量は崩壊面積に平均崩壊深を乗ずれば計算されるが，平均崩壊深は，例えば図 4.5.8 のように，1～2 m に集中していて見当をつけやすいので，結局，対象地域での崩壊面積，換言すれば崩壊面積率を推定することに帰着する．

表 4.5.5 は流域別に集計した崩壊面積と崩壊土

表 4.5.5　今市地震による流域毎の崩壊面積・土量
栃木県砂防課（1951）より作成

	行川	長畑川	黒川	大芦川	計
流域面積 (km²)	26.7	21.8	83.6	101.4	233.5
崩壊箇所数	106	49	196	74	425
崩壊面積 (m²)	236,325	78,995	200,555	57,030	572,905
崩壊土量 (m³)	996,345	237,384	298,017	82,030	1,613,776
崩壊残量 (m³)	125,445	115,620	75,946	24,460	341,471

量である．崩壊残量とは，崩壊土量の内，崩壊地に留まって，地震後に流下する恐れのある土砂の量である．なお，表中の流域面積は，次の地点での面積である．

　　行　川：長畑川合流点以上
　　長畑川：全流域
　　黒　川：行川合流点以上
　　大芦川：荒井川合流点以上

4.6　兵庫県南部地震

4.6.1　地震の概要

　1995年1月17日午前5時46分52秒に発生した兵庫県南部地震は，震央が兵庫県南部の淡路島北部付近で，規模は $M7.2$ であった．神戸を中心とする淡路，阪神間では当初震度6（烈震）と発表されたが，気象庁では地震直後に現地調査を実施し，木造家屋の倒壊率が30％を越えている場所を震度7（激震）と3日後に訂正した．震度7の判定は昭和23年（1948）の福井地震後に制定されて以来初めてであった．この地震は人口350万人余が密集する近代的都市で発生した初めての直下型地震であり，この地震による被害は，兵庫県を中心として広い範囲に及び，死者6340名，負傷者43773人，被害総額は約10兆円にも達する未曾有の地震災害（建設省土木研究所，1996）となった（口絵28〜30）．

　図4.6.1は，神戸海洋気象台で観測された今回の地震の波形記録である（神戸大学，1995）．NS方向での最大加速度は818 galと大きなものであること，最初の1，2波が非常に大きな振幅を示していることがわかる．主要動は約7秒であった．図4.6.2は今回の観測波で一番地盤に近い

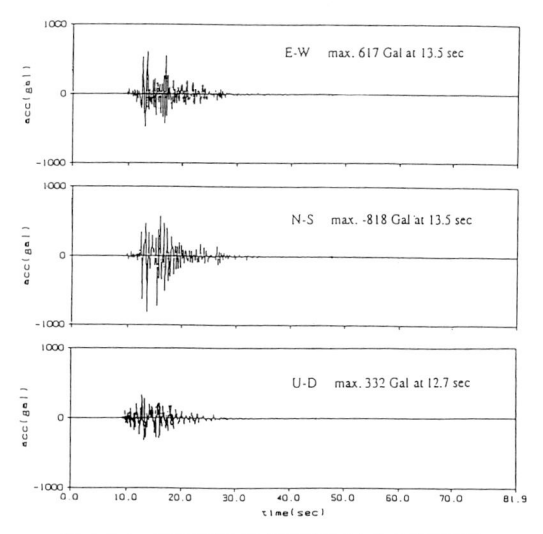

図4.6.1　神戸海洋気象台で観測された加速度波形
（神戸大学，1995）

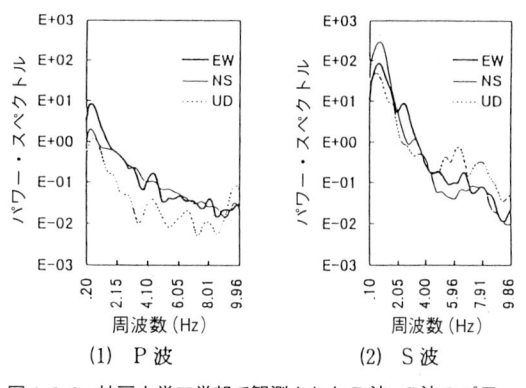

図4.6.2　神戸大学工学部で観測されたP波，S波のパワースペクトル（川邉他，1997）

と言われている神戸大学工学部で観測されたS波速度波形のパワースペクトル（power spectrum）である（川邉・他，1997）．長周期の波が卓越していたことがよくわかる．

4.6.2　地形，地質の概要

　図4.6.3は六甲山系を南西側から眺めた200m格子間隔のブロックダイヤグラム（block diagram）である．須磨から東六甲に至る尾根が南西から北東へ連なり西で低く，東に高い傾動山塊であることがわかる．山塊の南東端は断層に切られ，その境界が直線状に現れている．一方，山塊の北西側も断層に境され帝釈山地に連なる．六甲

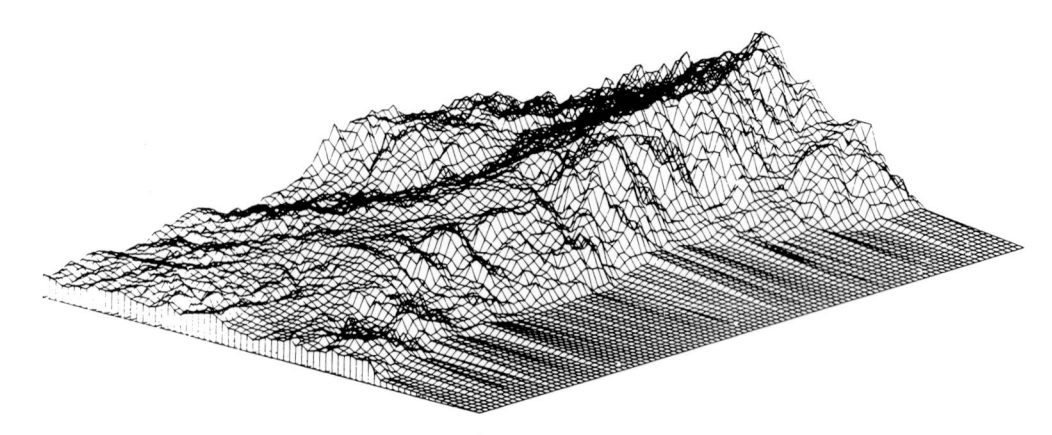

図4.6.3 六甲山系のブロックダイアグラム（200m格子間隔）

山塊南東側には六甲山地から大阪湾に流入する河川から流出した砕屑物より構成される山麓扇状地が形成されていることもこの図より判読できる．六甲花崗岩（Rokko granite）は白亜紀（Cretaceous）に形成され，被覆層としては古いものから順に第三系（Tertiary system）神戸層群（Kobe Group），鮮新統（Pliocene）〜更新統（Pleistocene）の大阪層群（Osaka Group），更新統の段丘（terrace）堆積物，完新統（Holocene）の沖積層（Alluvium）である．

一方，淡路島北部の山地は主として花崗岩類からなり，南部の山地は白亜紀末期の海成堆積物である和泉層群（Izumi Group）で構成されている．中央から北部にかけての山地は被覆層として一部に神戸層群や大阪層群が見られる．

4.6.3 斜面崩壊による土砂移動の概要
（1）崩壊分布

口絵29は空中写真判読より得られた六甲山系の崩壊分布（distribution of slope failure）である（沖村，1996b）．なお，この小縮尺の地形図では崩壊場所や崩壊形状が表現できないため主な崩壊発生位置を丸印で示している．

この図より今回の地震で発生した山腹斜面崩壊は東六甲山系に多いことがわかる．それ以外はわずかに六甲山系の西端の須磨区に見える程度で，中央区以西の中央，西六甲斜面にはほとんど崩壊が発生していない．東六甲山系のこれらの崩壊は全体としていくつかの帯状に分布しているとも読みとれる．このため，この図には諏訪山断層，五助橋断層，芦屋断層，六甲断層および有馬—高槻構造線（藤田他，1983）のおよその位置をも示した．

これによると，これらの帯状の崩壊はこれらの断層に平行な分布状態で幅約2km以内で出現していることが推定される．深沢・他（1997）は，かつて田村（1978）が示した地震時に発生する表層崩壊の断層からの崩壊多発域（10個以上/5 km²）最遠点までの関係を修正した式を提案している．これによると$M7.2$の地震では断層から7〜8kmまで崩壊が及ぶとされているが，これに比すると今回地震による断層からの崩壊多発幅は小さかったようである．平野・他（1995）は六甲山地と淡路島における崩壊分布図を作成し，帯状分布が淡路島においても認められることを明らかにし，断層が動いたことによってその付近の斜面が崩壊したものとしている．しかし，六甲山地内では明瞭な断層変位は確認されていないため，断層地形（fault topography）として出現する急峻な斜面が地震動によって崩壊し，結果的にこのような分布状態になったとする考えもある（沖村，1995）．六甲山系の断層の走向（strike）は北東

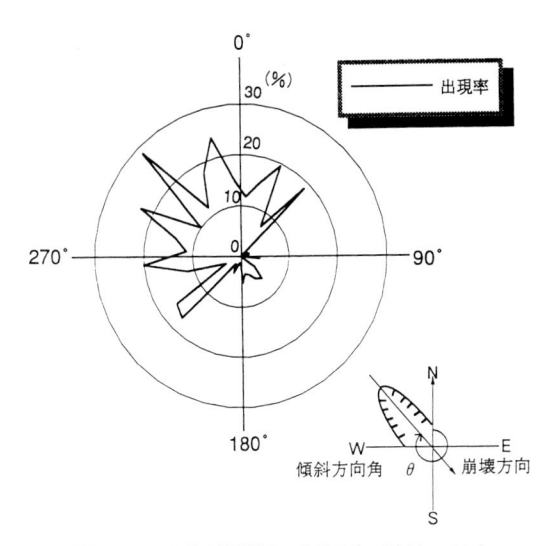

図4.6.4 山腹斜面崩壊の方位分布 (沖村, 1995)

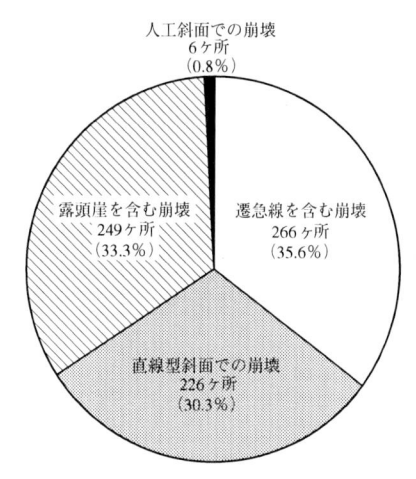

図4.6.5 地形分類ごとの崩壊発生数 (沖村, 1996a)

一南西である．今回の崩壊斜面の方位（aspect）を数値地図1/4次メッシュ（231×286 m）で求めると，図4.6.4に示されるように北西から南東への崩壊が多いことが明らかになった（沖村，1995）．これは断層の走向と直交する方向であり崩壊と断層との関係を示す状況証拠でもある．

(2) 山腹崩壊地の地形的特徴

今回の地震により発生した崩壊地の地形的特徴は次のようにまとめられている（沖村，1995）．①六甲山系全体としては小規模な崩壊（幅10～20 m，長さ50～100 m，深さ1～2 m）が多く発生している．②傾斜変換点（knick point）（線）と崩壊発生との関係は遷急点（knick point）付近からの崩壊が多発している．③急斜面（35～55°）での崩壊発生が多い．④地表面の形状としては凹凸の激しい斜面ほど崩壊が多発している．⑤斜面が急で植生が回復することなく，岩が現れている露頭崖（outcropped scarp）からの剥落，落石が多い．

一方，平野・他（1995）は，今回の地震により発生した崩壊地の地形的特徴を次のように報告している．①地表面付近にすべり面をもつ崩壊が多く，崩壊深は一般に大きくない．②崩壊は比較的急斜面で発生している．③山腹ではなく斜面肩ないし尾根に接して崩壊が発生している場合が多く，その結果，崩壊地は稜線に近いところから始まり傾斜変換線にまたがっている．④斜面の上方に位置するものが多く河床に接したものは比較的少ない．

また，奥西（1995）は今回の地震によって発生した崩壊をスランプ（slump）をともなう円弧すべり（rotational failure），表層すべり（shallow slide），土砂崩落および落石（rockfall）の四つに分類している．さらに，斜面形を等高線の形により尾根型斜面（divergent slope）と谷型斜面（convergent slope）に分け，それぞれの崩壊のタイプと斜面形における斜面勾配（傾斜角のtan）の統計分布を明らかにしている．それによると平均勾配は0.89-0.99の間にあり，分布の形態には顕著な違いが見られず，全体的に斜面勾配の大きい方に偏った単一ピークを呈していることを明らかにしている．

崩壊地747カ所の地形分類結果を図4.6.5に示す（沖村，1996a）．この図から，今回の地震により発生した斜面崩壊は遷急線を含んでいる場所での崩壊がもっとも多かったことがわかる．これは，沖村（1995），平野・他（1995）が報告しているように崩壊地は稜線に近いところから始まり，傾斜変換線つまり遷急線にまたがって崩壊が発生していたことを表していると言える．また，

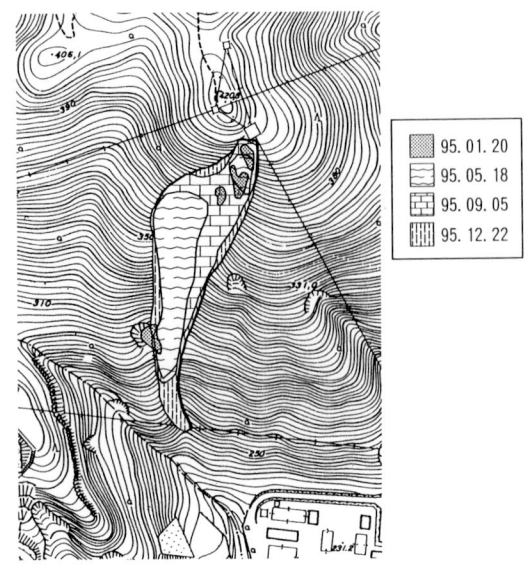

図4.6.6 鶴甲地区の山腹斜面崩壊の拡大（沖村・他，1998）

斜面崩壊の誘因の一つである豪雨による崩壊と比較すると，豪雨時の崩壊は遷緩線付近で多く発生することが報告されているため，今回の地震で発生した崩壊発生場所とは大きく異なっている（沖村，1995，奥園・他，1980，安江・他，1981）。また，露頭崖を含む崩壊や直線型斜面での崩壊も多く発生している。これらも豪雨による崩壊では，一般に表土層が崩壊するため岩の露頭斜面では崩壊が発生しないことや，谷型斜面で豪雨による崩壊が多いことと比較しても大きく異なっている。さらに，今回の地震による崩壊発生場所の特徴は，奥園・他（1980）が報告している過去の地震を起因とする斜面崩壊の特徴（例えば，遷急線を含む斜面が崩壊しやすいが，傾向的には直線型斜面（planar slope）が崩壊しやすくなっているなど）とよく似た傾向であった。

(3) 地震発生後の降雨による拡大

地震発生後，神戸では1995年5月に月間雨量358 mmを記録した。これは5月の月間雨量としては最も大きな雨量となった。この降雨により，六甲山系では地震後に発生した崩壊地の拡大のみならず新しい場所での崩壊が多発した。加えて7月に入ると3日から6日までに235 mmに達する降雨を記録した。この降雨は地震後に設定された警戒避難降雨量に達したため，東灘区の一部には避難勧告が発令された。崩壊そのものの拡大，あるいは新規発生が見られたが幸いにも被害は発生しなかった。

図4.6.6は灘区鶴甲地区老人ホーム東斜面の崩壊の拡大状況を示したものである（沖村・他，1998）。ここでは地震発生直後はわずかな崩壊源面積しか示さなかったが，降雨のたびに崩壊面積が拡大していった。また，地震直後の崩壊発生地の分布は東六甲山系に多かったのに対し，豪雨によるそれは幾分西方へも拡大し中央区から灘区にかけて多発した（冨田・他，1996）。建設省の報告によれば，地震発生後の崩壊源の拡大や新たな崩壊の発生は67カ所に及ぶと言われている。さらに，降雨解析によると地震発生後に崩壊に至るまでの実効雨量は少なくなっていることも報告（冨田・他，1996）されており，今後の六甲山では豪雨による崩壊，河道に堆積した不安定土砂の流出が大きな問題となろう。

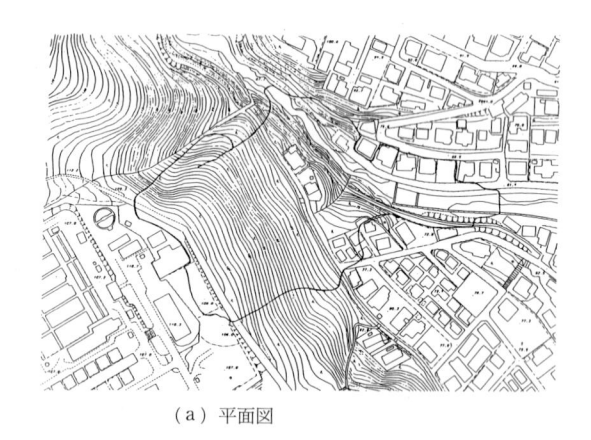

(a) 平面図

(b) 模式縦断面図

図4.6.7 仁川百合野町の崩壊性地すべり（建設省土木研究所，1996）

4.6.4 宅地地盤の土砂移動の概要

被害の発生した宅地は，口絵29に示すように六甲山麓部に集中して分布しており，なかでも神戸市須磨区から宝塚市に至る表六甲山麓に数多く分布していた（沖村・他，1998）．ボーリング調査から得られた結果としては，被災した宅地盛土の盛土層厚は10m以下がほとんどで，とくに4m以下が多く，盛土層の平均N値は10以下の軟弱地盤で，地下水面が盛土層内にあり地下水位の高い場所であった．また原地形が谷地形であった場所に盛土された宅地に被害が最も多く，原地形の平均傾斜は約15°と緩い斜面上の盛土が変状したことが特徴的であった．盛土造成年を調べると宅地造成等規制法施行の昭和37年以前に施工された造成地での被災が多く，盛土基盤の処理（表層の除去，段切施工，地下排水の施工）等に起因しているものと思われる．今後は地下水の排除，地下水位の低下が課題である．

4.6.5 主な被害事例の紹介

(1) 仁川百合野町の地すべり（建設省土木研究所，1996）

本地区（図4.6.7参照）は兵庫県西宮市仁川百合野町の二級河川仁川右岸斜面に位置する，ほぼ北東向きの斜面である．崩壊の規模は幅，長さとも約100m，土量10万m³程度と推定されている．崩壊前の斜面勾配は20°程度で，その末端部と仁川の間の平坦地にあった人家が移動土塊によって破壊された．移動土塊はさらに仁川の河道を埋没させ，対岸の仁川町6丁目地内の人家3戸と道路に及んだ．この地すべりにより，34名もの人々が犠牲となった．

(2) 神戸市東灘区西岡本7丁目の斜面崩壊（建設省土木研究所，1996）

本地区（図4.6.8参照）は，住吉川左岸に位置し，段丘面上に造成された住宅地である．本地区では，地震により幅約20m，長さ20mにわたって斜面崩壊が発生した．斜面崩壊が発生した区域ののり面には，のり枠工が施工されており，崩壊地に隣接した斜面ののり枠工にもハラミ出しや浮き，亀裂が認められた．また，その後背地の地盤にも亀裂が多数発生しており，崩壊の拡大が懸念された．このため，斜面の上部・下部地域である西岡本6，7丁目には避難勧告がなされた．

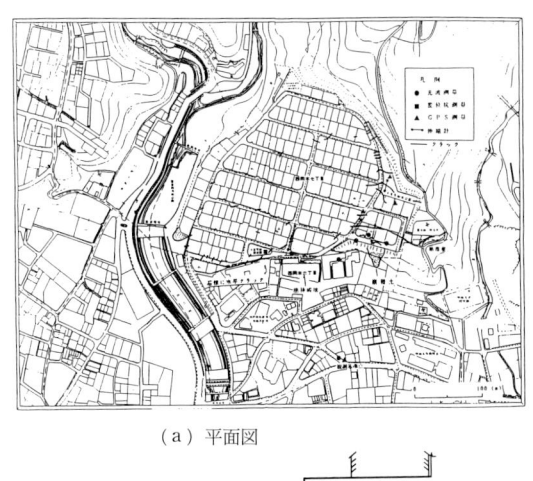

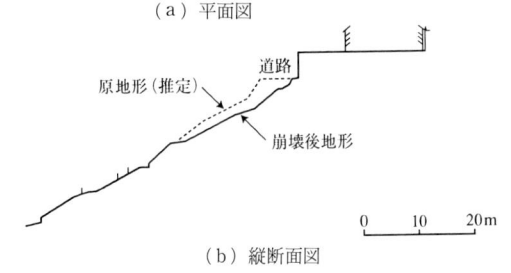

(a) 平面図

(b) 縦断面図

図4.6.8 東灘区岡本7丁目の崩壊（建設省土木研究所，1996）

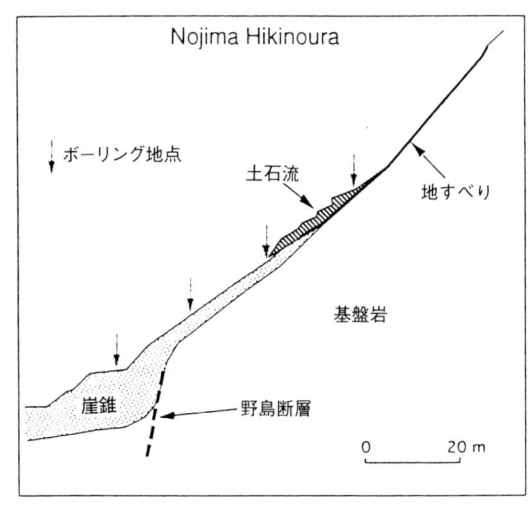

図4.6.9 淡路島野島蕃浦地区の崩壊（地すべり学会，1995）

（3）淡路島慕浦地区斜面崩壊（地すべり学会，1995）

本地区（図4.6.9参照）は，津名郡北淡町野島慕浦地区の北東から南西に走る海岸線に面した西北西向きの急斜面に位置する．本地区の地質は白亜紀の野島花崗閃緑石と呼ばれる中粒の角閃石花崗岩であり，淡路島の北部に広く分布している．本地区の斜面下部には今回の地震の震源となった野島断層が確認されている．断層より上部の斜面は花崗岩の基岩上に風化層が薄く堆積している．また，断層より下部は大阪層群に属する礫・砂・シルトの互層が堆積している．

4.7　鹿児島県北西部地震

4.7.1　地震の概要

鹿児島県北西部では1997年に震度5強と震度6弱を記録する2回の地震が発生した．地震により人的被害や家屋，公共施設関係の被害が発生する一方，山地では斜面が多数崩壊した．本節では，この地震で発生した斜面崩壊の形態，空間的・時間的分布，崩壊土砂量について検討する．

1997年3月26日17時31分に鹿児島県阿久根市の東方約15km，深さ約12kmを震源（hypocenter）とするM6.5の地震が発生した（鹿児島地方気象台，1997）．震源に近かった川内市，阿久根市，宮之城町では震度5強の強い揺れとなった．この地震の後は活発な余震活動が続き，最大震度4以上の地震が4回発生している．余震域（aftershock region）はWNW-ESE方向に延びる長さ約17kmの帯状に分布しており（図4.7.1），震源断層（earthquake source fault）は，余震域の中央線に位置する垂直左横ずれ断層（left-lateral fault）と推定されている（角田，1997）．

余震活動は4月中旬以降低下傾向を示し，観測される震度も3以下となり，このまま終息していくように思われた．ところが，5月13日14時38分に前回の震央の南西方向約5km地点の深さ9kmを震源とするM6.3の地震が発生した．川内市では震度6弱，宮之城町では震度5強，阿久根市では震度5弱を観測した．この地震の余震域はWNW-ESEとNNE-SSWの2方向に分布し，その長さはともに約10kmである（図4.7.1）．相対的に規模の大きな余震はWNW-ESE方向の列に発生している．震源断層はWNW-ESE方向の垂直左横ずれ断層とNNE-SSW方向の垂直右横ずれ断層（right-lateral fault）が組み合わさったものとされている（角田，1997）．WNW-ESE方向の断層は3月の震源断層にほぼ平行であり，その間隔はわずか3〜4kmである．

4.7.2　調査地の地形・地質

調査地は，一連の地震の震源域（hypo-central region）となった鹿児島県の北西部（北薩地域）に位置する出水山地とその周辺域である（図4.7.2）．出水山地は北東から南西に連なり北薩地域を二分しており，山地の最高峰は標高1067mの紫尾山である．地質は四万十層群（Shimanto Group）に属する砂岩（sandstone）・頁岩（shale）を主とする堆積岩類（sedimentary rocks）である．この地域の四万十層群の走向（strike）は東部でN 40〜80°E，中央部でN 20°E〜NS，西部でN 10°E〜30°Wを示し，延岡─紫尾山構造線（Nobeoka-Shibisan tectonic line）の北薩の屈曲がみられる（鹿児島県，1990）．屈曲部の中心

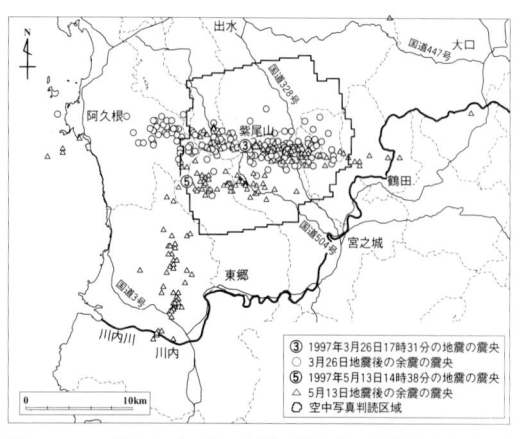

図4.7.1　3月および5月の地震の震源域と空中写真判読区域
（地頭薗・他，1998）

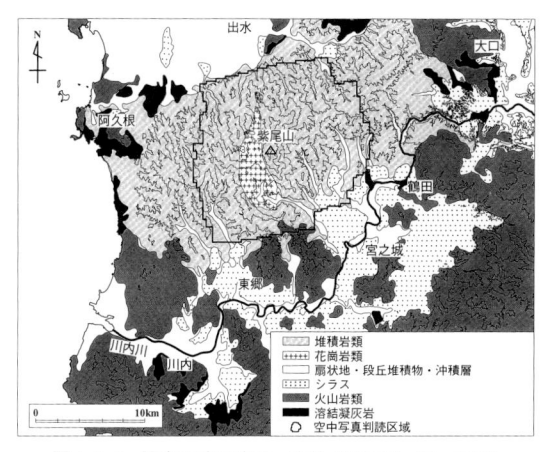

図 4.7.2　調査区域の地形・地質（地頭薗・他，1998）

には花崗岩（granite）がほぼ南北に細長く分布し，その範囲は最大幅約2km，延長約11kmである．岩体の表層部には風化物であるマサが発達しており，その厚さは20～30m，厚いところでは40～50mに達している．

出水山地の南東部には川内川が南西に流れており，低地，台地，丘陵地が混在している．川内川の本支流に沿って分布する低地は谷底平野を形成し，低地の両岸には河岸段丘（river terrace）が発達している．河床や段丘崖には溶結凝灰岩（welded tuff）が露出しているところもある．台地は主に入戸火砕流堆積物（Ito pyroclastic flow deposits）の非溶結部であるシラス（shirasu）からなる．出水山地の南東部に点在する山地は主に安山岩（andesite）からなる火山性の山地である．

出水山地の北西部には扇状地堆積物（alluvial fan deposit）や段丘堆積物（terrace deposit）が分布し，さらには沖積層（Alluvium）が広がり，出水平野を形成している．

4.7.3　震源断層と斜面崩壊地の関係

3月の地震後に空中写真から作成された崩壊地分布図（鹿児島県，1997）を利用して震源断層と斜面崩壊の位置の関係を分析した．崩壊地分布図は13枚の25000分の1地形図からなり，斜面崩壊地の総箇所数は2600カ所余りにのぼっている．

図4.7.3は，13枚の地形図に記載された崩壊地の位置座標をデジタイザによって読み取り，すべてを結合して出力したものである．図中には3月26日の地震の震源断層の位置も示している．崩壊地は断層を取り囲むように分布している．同様の傾向は1995年兵庫県南部地震の際も確認されている（沖村，1996b；西田他，1996；川邊他，1997）．震源断層から各崩壊地までの最短水平距離を計算し，その頻度分布図を作成した（図4.7.4）．この分布図を作成するにあたって，震央（epicenter）からの距離ではなくて震源断層からの距離を用いたのは，震央と斜面崩壊域が近い場合，その分布は震源域あるいは震源断層という面的・線的な影響を強く受けるとの指摘（川邊，1995）に基づいている．崩壊地の個数は断層から

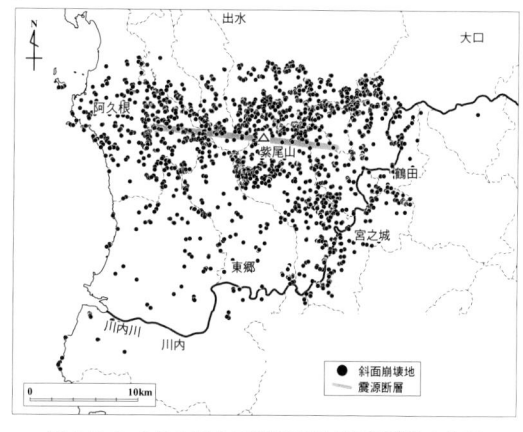

図4.7.3　3月の地震の震源断層と斜面崩壊地の分布
（地頭薗・他，1998）

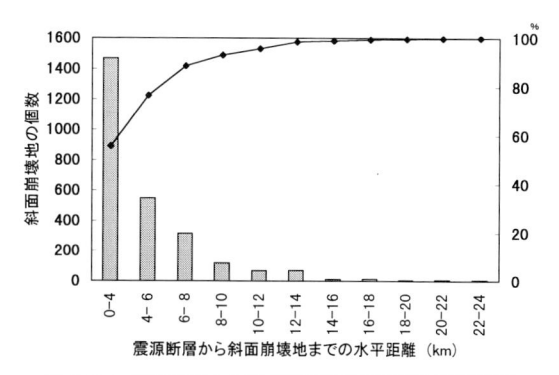

図4.7.4　震源断層から斜面崩壊地までの距離の頻度分布
（地頭薗・他，1998）

離れるに従い減少しており，断層から約8km以内の範囲（断層を取り囲む南北方向約16 km，東西方向約33 km の範囲）に全崩壊地の約90%が含まれる．図4.7.3によると，震源断層からの距離に関係なく崩壊地が集中しているところがあるが，これには崩壊斜面の地形・地質が関係していると考えている．

4.7.4 斜面崩壊地の空間的分布の経時変化

地震やその後の雨による斜面崩壊地の空間的分布やその時間的推移を調べるために，本震・余震の震源地となった紫尾山周辺域（図4.7.1）を対象にして4組の空中写真を判読した．空中写真は，地震発生約1年前の1996年3月5日，3月の地震後の4月25日～5月9日，5月の地震後の5月27日，さらに調査区域のすべてを対象にしていないが，8月24日に撮影されたものである．これらの空中写真の判読作業と現地調査での確認作業により斜面崩壊地の分布図を作成した．図4.7.5は斜面崩壊地の分布を経時的に示したものである．ただし，8月24日の写真は調査区域全体を撮影していないので分布図から省略した．

図4.7.6は崩壊地個数の推移をまとめたものである．地震前の1996年3月5日撮影の空中写真から判読された崩壊地は大小合わせて471個である．これらの崩壊の多くは1993年の鹿児島豪雨（地頭薗・他，1995；地頭薗・他，1996）の際に発生したものと思われる．3月の地震後の4月25

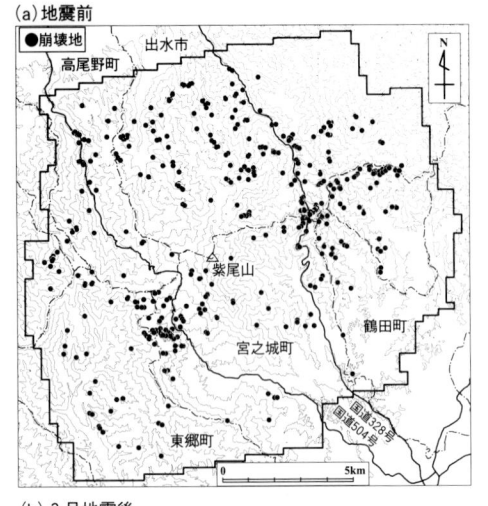

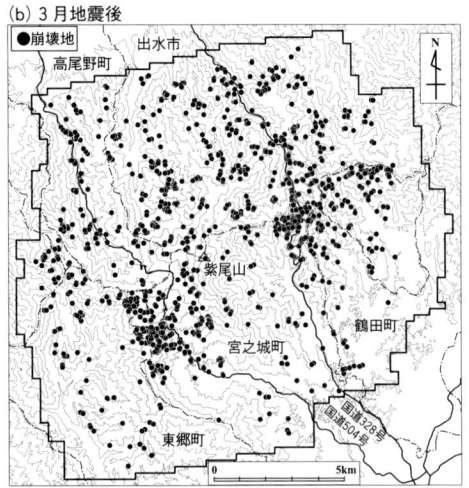

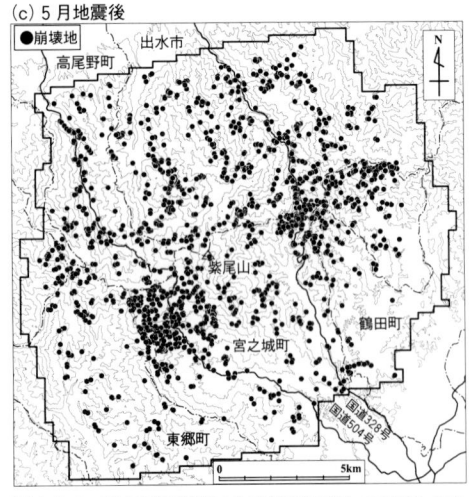

図 4.7.5 空中写真判読による斜面崩壊地の空間的分布
（地頭薗・他，1998）
（a）1996年3月5日撮影
（b）1997年4月25日～5月9日撮影
（c）1997年5月27日撮影

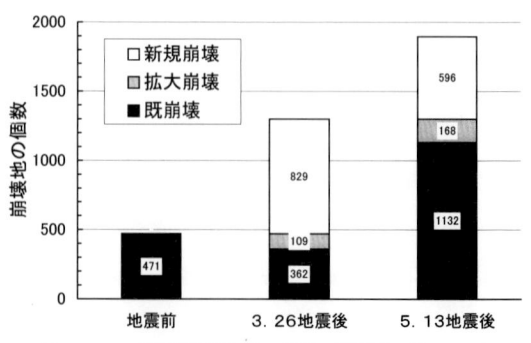

図 4.7.6 斜面崩壊地個数の推移（地頭薗・他，1998）

日～5月9日撮影の空中写真から判読された崩壊地は大小合わせて1300個であり，このうち829個が新規崩壊，109個が拡大崩壊である．5月の地震後の5月27日撮影の空中写真から判読された崩壊地は1896個であり，このうち596個が新規崩壊，168個が拡大崩壊である．

4.7.5 斜面崩壊の形態

今回の地震で発生した崩壊の形態について地質ごとに記述する（地頭薗・他，1997）．

（1）堆積岩類

出水山地を中心に分布している砂岩・頁岩を主とする堆積岩類の区域では急傾斜面における落石（rockfall）と表層崩壊（surface slope failure）が多くみられた．落石は，主に道路切取斜面や旧崩壊地の上部から発生し，地質構造が流れ盤（dip slope）・受け盤（opposite slope）に関わらず発生している．崩壊した斜面の横断形状は直線型や尾根型が多い．表層崩壊は，45度前後の斜面で風化した表層土（surface soil）が1～2mの深さですべり落ちたものであり（図4.7.7），崩壊土量は大きいもので1300 m³程度であった．山腹斜面の遷急点（knick point）付近にはクラックが生じており，崩壊はこの地点から発生している．

（2）花崗岩類

花崗岩類区域では急傾斜面における肩部の崩落や落石，表層崩壊が多くみられた．急傾斜面の肩部の崩落は，主に道路切取斜面や旧崩壊地の上部で発生し，花崗岩の風化部分（マサ）が未風化の岩塊の落下を伴って崩壊している（図4.7.7）．崩壊土量は大きいもので300 m³程度であった．崩壊した斜面の横断形状は堆積岩斜面と同様に直線型や尾根型が多い．表層崩壊は，45度前後の斜面においてマサ斜面の表層部が0.5～1mの深さですべり落ちるものであり（図4.7.7），崩壊土量は大きいもので400 m³程度であった．山腹斜面の遷急点付近にはクラックが生じており，崩壊はこの地点から発生している．また，旧崩壊地の上部がさらに拡大崩壊したものも多数みられた．4月3日の地震発生時は大雨が重なったために斜面崩壊が小規模な土石流となって流下している箇所もある．

一方，3月26日の地震では崩壊には至らなかった斜面でも遷急点付近には多数のクラックが生じており，5月13日の地震によりクラックが拡大したり，あるいは崩壊に至った箇所が多数あった．

（3）溶結凝灰岩・火山岩類

溶結凝灰岩や火山岩類（volcanic rocks）の区域では急崖における岩塊の転倒崩壊（toppling failure）や落石がみられた．堆積岩類区域の周辺に分布している溶結凝灰岩は主に加久藤火砕流堆積物（Kakuto pyroclastic flow deposits）であり，堆積物周辺は切立った斜面となっている．斜面の上部は傾斜70～80度の急崖となり，下部は35～40度の崖錐が発達している．今回の地震ではこの急崖で転倒崩壊や落石が発生した（図4.7.7）．急崖の溶結凝灰岩には鉛直方向の柱状節理（columnar joint）とそれに交差する水平方向の節理（joint）が発達している．崩壊した斜面

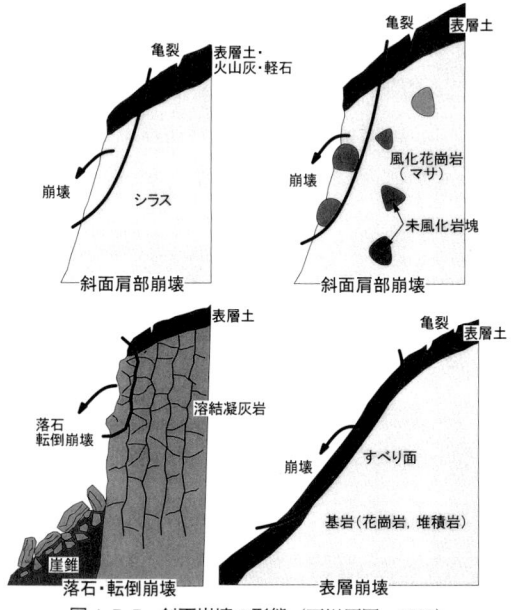

図4.7.7 斜面崩壊の形態（下川原図，1997）

の横断形状は直線型が多い．

同様の岩塊の転倒崩壊や落石は安山岩を主とする火山岩類の斜面でも発生している．

(4) シラス

出水山地周辺の低地に分布し，台地を形成しているシラスからなる区域では，台地周辺の切取斜面や河川侵食による急斜面において，斜面肩部の崩落や表層剥離（exfoliaton）のタイプの崩壊が発生した（図4.7.7）．1993年鹿児島豪雨の際に多発したシラス斜面の表層崩壊はほとんどみられない．崩壊した斜面の横断形状は直線型や尾根型が多い．急斜面肩部の崩落による土量は大きいもので1300 m³程度であり，剥離による土量は非常に小さく，100 m³ 未満である．

(5) 土石流堆積物・段丘堆積物

出水山地周辺には土石流堆積物（debris flow sediment）や新旧の段丘堆積物が分布している．その切取斜面や河川侵食による急斜面において，斜面肩部が崩落するタイプがみられた．

4.7.6 斜面崩壊と地質

図4.7.5の斜面崩壊地分布図に地質図（鹿児島県，1990）を重ねて斜面崩壊と地質の関係について調べた．地質は，堆積岩類，花崗岩類，扇状地・段丘堆積物・沖積層，シラス，火山岩類，および溶結凝灰岩の6つに区分した（図4.7.2）．調査区域に占める面積割合は，上記の地質区分の順序で84.2%，8.3%，4.5%，2.3%，0.6%，0.1%であり，堆積岩類が大部分を占め，次いで花崗岩類である．

斜面崩壊地分布図において，紫尾山の南西部と北東部に斜面崩壊が集中して発生しているところがみられる．南西部は花崗岩類区域に相当し，花崗岩が風化したマサが厚く分布している．崩壊の大部分は風化花崗岩からなる自然斜面の表層崩壊と道路切取斜面の法肩の崩壊である．一方，北東部の地質は四万十層群の砂岩・頁岩の互層からなる．崩壊の形態は，道路切取斜面の法肩の崩壊や

表4.7.1 地質区分ごとの崩壊地個数（地頭薗・他，1998）

地質区分	面積 km²	地震前の崩壊地		3月26日地震後の崩壊地		5月13日地震後の崩壊地	
		個数	個/km²	個数	個/km²	個数	個/km²
堆積岩類	172.91	384	2.2	943	5.5	1322	7.6
花崗岩類	17.01	31	4.8	323	19.0	513	30.2
段丘堆積物	9.27	5	0.5	21	2.3	31	3.3
シラス	4.70	1	0.2	13	2.8	30	6.4
火山岩類	1.33	0	0.0	0	0.0	0	0.0
溶結凝灰岩	0.09	0	0.0	0	0.0	0	0.0
合計	205.31	471	2.3	1300	6.3	1896	9.2

落石が多数を占めるが，急傾斜の自然斜面での表層崩壊もみられる．

表4.7.1は，地震前，3月の地震後，および5月の地震後について地質区分ごとの崩壊地個数および崩壊地密度（単位面積あたりの崩壊地個数）をまとめたものである．崩壊地の個数は，調査区域を広く占めている堆積岩類区域で最も多く，次いで花崗岩類区域である．しかし，崩壊地密度は花崗岩類区域で非常に多く，崩壊が高密度に発生していることがわかる．

4.7.7 斜面崩壊の地形的特性

図4.7.5の斜面崩壊地分布図に国土地理院刊行の数値地図50 mメッシュ（調査区域では東西方向約59 m，南北方向約46 m）をかけ，メッシュ中央の標高からメッシュ単位での斜面傾斜角，傾斜方位を算出した．空中写真判読区域に含まれるメッシュ数は75090個である．メッシュ中央の標高から斜面の傾斜角（angle of slope）と傾斜方位（orientation）を求める方法は国土地理院が採用している方法（国土庁，1987；高崎，1988）に従った．メッシュ単位で求めたこれらの地形因子から崩壊が発生した斜面の標高，傾斜，方位を算出した．対象とした崩壊地は，地震前の降雨による崩壊地471個，主に3月の地震によって新規に発生した崩壊地829個，さらに主に5月の地震によって新規に発生した崩壊地596個である．地震前の崩壊地471個の地質の内訳は，堆積岩類384個，花崗岩類81個，段丘堆積物5個，シラ

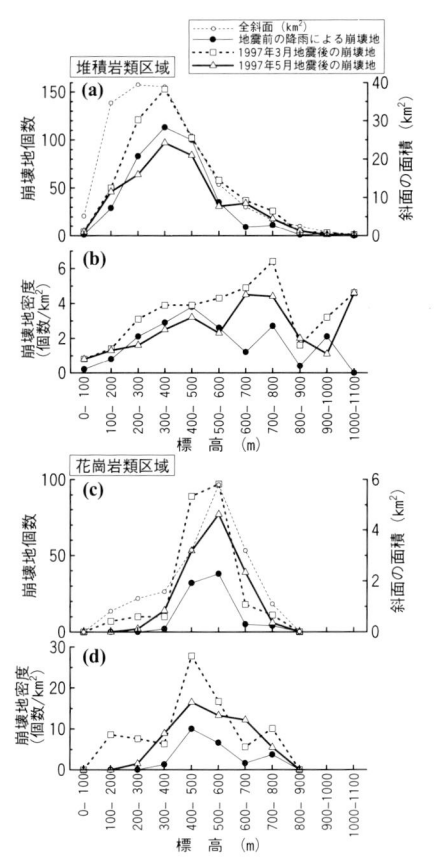

第 4 章　直下型地震による土砂移動　93

図 4.7.8　崩壊斜面の標高の頻度分布（地頭薗・他, 1998）

ス 1 個である．3 月の地震後の崩壊地 829 個の内訳は同じ順序で 559 個，242 個，16 個，12 個である．また 5 月の地震後の崩壊地 596 個の内訳は同じ順序で 385 個，191 個，4 個，16 個である．

以下，崩壊地個数の多い堆積岩類および花崗岩類の区域で発生した崩壊について，崩壊地個数と地形因子の関係を検討する．

（1）崩壊斜面の標高

図 4.7.8（a）および（c）は，堆積岩類および花崗岩類区域における全斜面と崩壊斜面の標高頻度分布をそれぞれ示したものである．堆積岩類区域の全斜面の標高頻度は 100〜400 m で高く，花崗岩類区域のそれは 500〜600 m で高い．崩壊地の標高の頻度分布もそれぞれの地質区分の全斜面の標高分布に規制されて堆積岩類区域では標高 300〜400 m，花崗岩類区域では 500〜600 m でピークになっている．

図 4.7.8（b）および（d）は，標高区分ごとの崩壊地密度を求め，その頻度分布を示したものである．堆積岩類区域では，降雨による崩壊地密度は高度とともに増加し，標高 400〜500 m でピークとなり，それ以上は減少の傾向がみられる．地震による崩壊地密度も同様の傾向を示すが，ピークは降雨の場合より高い標高で現れている．一般に地震による崩壊では，地震波の増幅により標高の高いところが崩れやすいといわれるが（山口・川邉, 1982），今回の地震でもこの傾向が認められた．一方，花崗岩類区域における崩壊地密度の変化も堆積岩類区域と同様であるが，降雨と地震のピークは一致しており，分布傾向に差異は認められない．また，花崗岩類区域は，すべての標高区分において堆積岩類区域より崩壊地密度が高くなっており，とくに 3 月の地震では標高の低いところでも多数発生している．

（2）崩壊斜面の傾斜角

図 4.7.9（a）および（c）は，堆積岩類および花崗岩類区域における全斜面と崩壊斜面の傾斜角の頻度分布をそれぞれ示したものである．全斜面の傾斜角の分布は，堆積岩類区域では 30〜40 度の斜面が多く，花崗岩類区域では 20〜30 度の斜面が多い．

図 4.7.9（b）および（d）は傾斜角区分ごとの崩壊地密度を求め，その頻度分布を示したものである．堆積岩類区域では，降雨による崩壊地密度は斜面傾斜が急になるに従い一様に増加し，45〜50 度の斜面でピークに達している．それ以上の傾斜角の斜面は岩盤が露出した崖の場合が多く，土層も薄く崩壊は発生していない．地震による崩壊地密度も傾斜とともに増加して 45〜50 度の斜面でピークに達しているが，増加傾向は一様でなく，10〜15 度にも 1 つの山がある．地震後の現地調査によると，崩壊は山腹の遷急線の上部の緩斜面から発生している場合があり，これが 10〜15 度の山に寄与しているものと考えられる．

一方，花崗岩類区域における崩壊地密度の変化

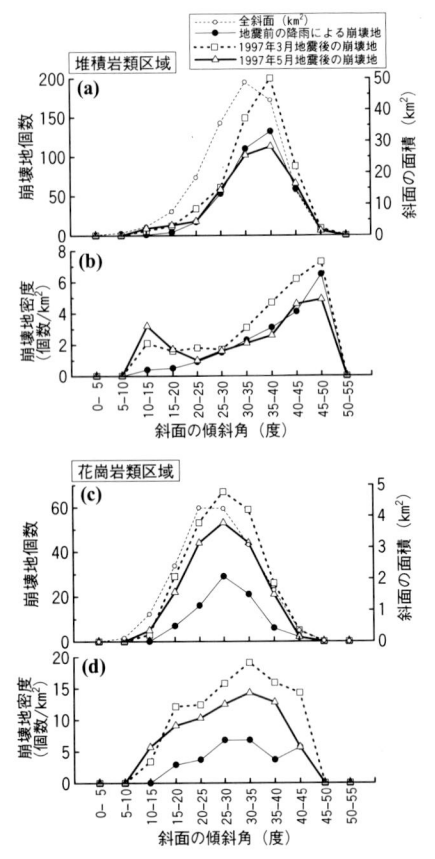

図 4.7.9 崩壊斜面の傾斜角の頻度分布（地頭薗・他，1998）

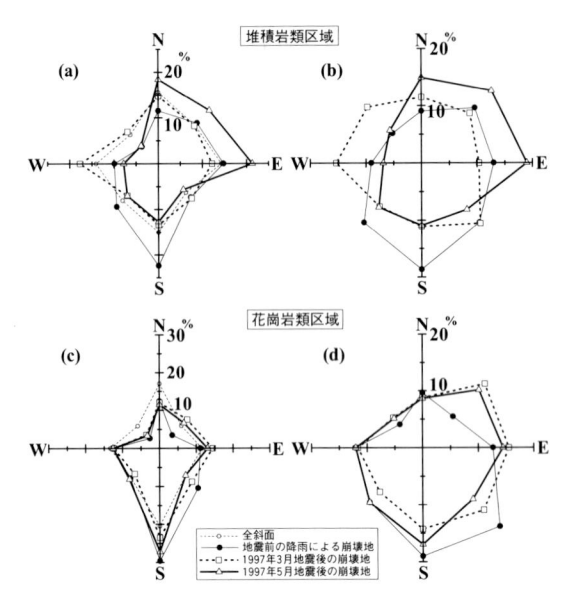

図 4.7.10 崩壊斜面の傾斜方位の頻度分布（地頭薗・他，1998）

では，降雨および地震ともに斜面傾斜が急になるにつれて増加し，30～35度の斜面でピークに達している．花崗岩斜面の崩壊は現地調査でも30～50度の斜面で多く発生しており，同じ結果が得られた．花崗岩類区域は相対的に標高の高い部分には分厚いマサが発達して緩傾斜面が形成されているが，低い部分には下刻された小谷が発達してその谷斜面は急傾斜となっている．斜面崩壊は小谷内の遷急線付近から発生している場合が多い．この小谷の斜面傾斜は今回使用した50 mメッシュで正確に把握しているかどうかには疑問が残る．これに関して，西田・他（1997）は兵庫県南部地震によって発生した六甲山地での崩壊斜面の地形計測（morphometry）により，傾斜の計算はメッシュ間隔5 m程度が最適としている．メッシュの粗さによる精度の問題はあるが，降雨と地震の緩傾斜面での崩壊地密度の比率を比較す

ると，相対的に降雨よりも地震のほうが高いことが認められた．

(3) 崩壊斜面の傾斜方位

図4.7.10（a）および（c）は，堆積岩類および花崗岩類区域における全斜面と崩壊斜面の傾斜方位の頻度分布をそれぞれ示したものである．堆積岩類区域の崩壊斜面の傾斜方位は，降雨による崩壊では南，3月の地震では西，5月の地震では東の頻度が高くなっている．この偏在性がみかけではなく本質的なものであるかを確かめるために，傾斜方位ごとの崩壊地密度を算出し頻度分布図を作成した（図4.7.10（b））．図4.7.10（b）によると上記の傾向はさらに明瞭になっている．この傾向を震源断層との関係から考察する．3月の地震は，図4.7.1に示された震源域の長軸方向の中心線にあたるWNW-ESE方向の断層を境にして北部が西へ，南部が東へずれて引き起こされた（角田・他，1997）．断層は調査区域を二分しており，その北部域は地震の初動で西へずれたために東向き斜面が崩れやすく，逆に南部域は東へずれたことによって西向き斜面が崩れやすかったと考えられる．図4.7.10（b）の3月の地震による崩壊斜面の方位分布はこれを裏付ける結果となっ

ている．5月の地震を引き起こした断層の一つであるWNW-ESE方向の断層は，3月の地震の断層から3～4 km南に位置しており，この断層の北部域は西へずれている．したがって，調査区域では東向きの斜面が崩れやすくなり，図4.7.10（b）の5月の地震による崩壊斜面の方位分布と合致している．また，降雨による崩壊が南向き斜面に多いのは降雨分布や斜面方位による風化の程度の違いに関係していると考えられる．

一方，花崗岩類区域の全斜面の傾斜方位は南と北の頻度が高く，これに対応して降雨および地震による崩壊斜面の方位が分布している（図4.7.10（c））．傾斜方位ごとの崩壊地密度を算出してその頻度別分布図を作成しても堆積岩斜面のような地震の揺れ方向の顕著な影響はみられない（図4.7.10（d））．また降雨と地震との差も明確でない．このような堆積岩斜面と花崗岩斜面の地震による崩壊の特性の違いは地盤強度の違いに関係し

ている．すなわち，風化によりマサ化した花崗岩斜面は，砂岩・頁岩の堆積岩斜面に比べて崩れやすく，地震の揺れの方向に関係なく崩壊が発生したものと考えられる．

4.7.8 花崗岩類区域における崩壊土砂量

前述したように，紫尾山の南西部に位置する花崗岩斜面では崩壊が高密度に発生した．震源断層から0 km～4 kmの範囲にある面積677.55 haの区域（図4.7.11）を対象にして，4組の空中写真判読から詳細な斜面崩壊分布図を作成した．図4.7.12は対象区域内の1つの小流域を拡大して示したものである．図によると，地震前から存在していた崩壊地は，3月の地震によって崩壊地の上部あるいは側部の不安定土塊が崩落し，拡大している．またこの地震によって新規に発生した崩壊も多数みられる．5月の地震によっても崩壊が拡大する一方，新規崩壊も多数発生している．5

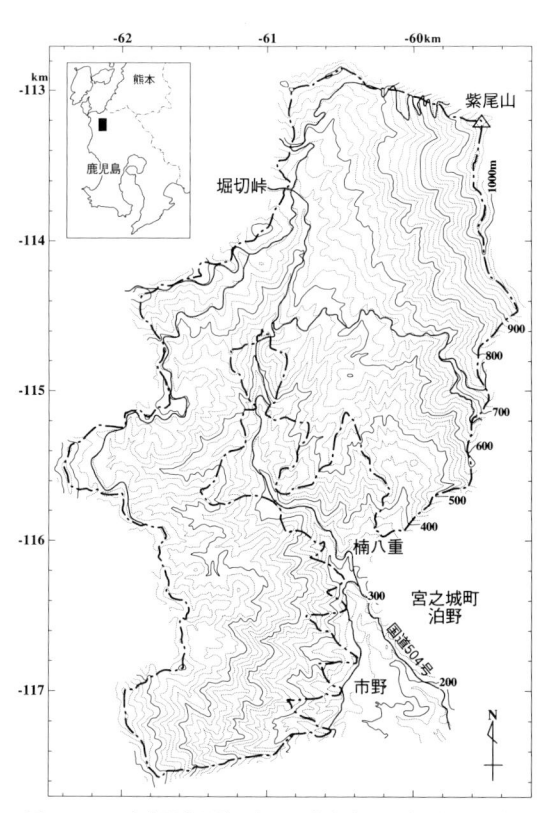

図4.7.11 空中写真判読を行った花崗岩類区域の位置と地形

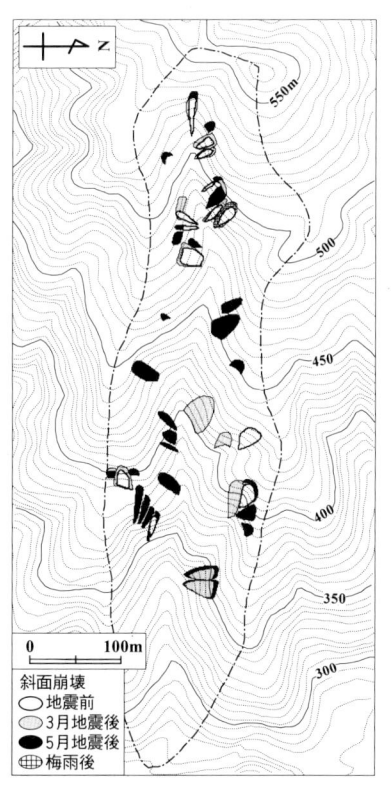

図4.7.12 斜面崩壊地の時系列分布図の一例
（地頭薗・他，1998）

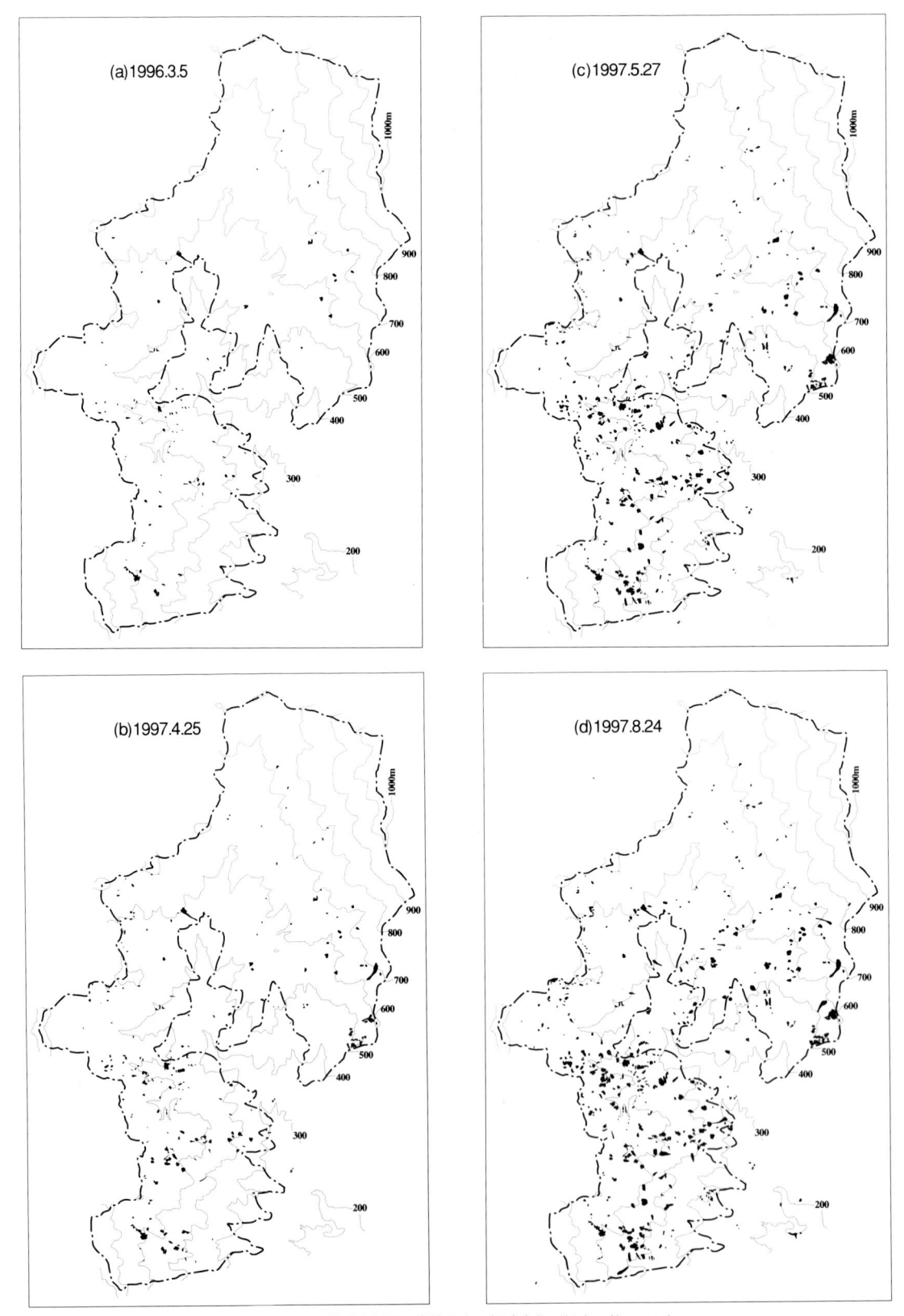

図 4.7.13　花崗岩斜面の崩壊分布の経時変化（松本・他，1998）

表 4.7.2 花崗岩類区域における崩壊面積および崩壊土砂量
（松本・他，1998）

	判読した空中写真の撮影日			
	1996.3.5	1997.4.25	1997.5.27	1997.8.24
崩壊地個数	124	290	543	649
崩壊面積 (ha)	2.30	6.18	13.40	18.18
崩壊面積率 (%)	0.34	0.91	1.98	2.68
崩壊土砂量 (m³)	49,700	132,200	287,900	391,000
比崩壊土砂量 (m³/km²)	7,300	19,500	42,500	57,700

月の崩壊の中には，3月の地震によって山腹斜面にクラックが生じ，それが崩壊に至った箇所もある．さらに梅雨が明けてから撮影された8月の写真にも拡大崩壊や新規崩壊がみられる．

図4.7.13は判読区域の斜面崩壊分布図を経時的に示したものである．崩壊地個数は，地震発生約1年前の1996年3月5日時点で124個，3月の地震後の4月25日時点で290個，5月の地震後の5月27日時点で543個，梅雨後の8月24日時点で649個と大きく増加している．作成された分布図から各崩壊地周囲の座標値をデジタイザで読み取り，崩壊面積を計算した．また，5000分の1地形図から崩壊斜面の傾斜を計測し，さらに現地調査から得られた斜面傾斜と表層土厚の関係（図4.7.14）から崩壊深を求め，それぞれの崩壊地の土砂量を算出した．表4.7.2は，対象区域の崩壊面積，崩壊面積率，崩壊土砂量，比崩壊土砂量を集計したものである．崩壊面積率は，3月の地震後で約1%，5月の地震後で約2%，さらに梅雨後で約3%を示しており，石川・他（1998）が求めた北丹後地震による断層から0km〜4kmの区間での崩壊面積率とほぼ同じ値を示した．地震およびその後の降雨による崩壊土砂量は梅雨後の8月時点で約39万m³（約5.8万m³/km²）に達している．

4.7.9 まとめ

1997年3月および5月に鹿児島県北西部で発生した地震による特徴を現地調査および空中写真判読に基づいて検討した．得られた結果をまとめると次の通りである．

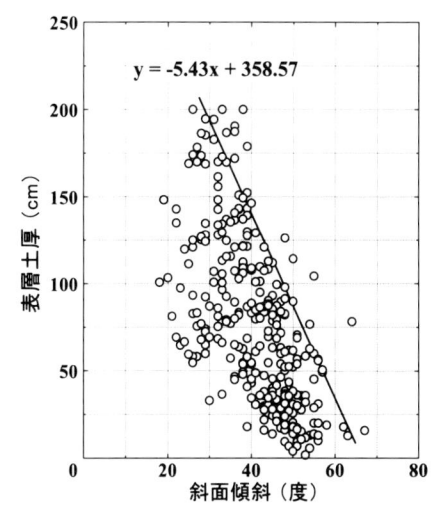

図 4.7.14 花崗岩斜面における斜面傾斜と表層土厚の関係
（下川・他，1998）

① 紫尾山直下を震源として発生した$M6.5$の3月の地震では，山地を中心に大小合わせて2600カ所余りの斜面崩壊が発生した．斜面崩壊地は，長さ約17kmの震源断層を取り囲むように分布し，その個数は震源断層からの距離に逆比例する．また，南北方向約16km，東西方向約33kmの範囲に全崩壊地の約90%が集中している．

② 紫尾山を中心とする面積約200km²の区域について斜面崩壊地の分布とその経時変化を調べた．地震や降雨による既崩壊地の拡大崩壊，新規の崩壊，地震により生じたクラックからの崩壊がみられた．崩壊地個数は，地震前471個，3月の地震後1300個，5月の地震後1896個である．

③ 地震による斜面崩壊の主な形態は，堆積岩斜面では落石や表層崩壊，花崗岩斜面では斜面肩部崩壊や表層崩壊，溶結凝灰岩・火山岩斜面では急崖の転倒崩壊や落石，シラス斜面では斜面肩部崩壊や表層剥離であった．

④ 崩壊地個数は調査区域を広く占める堆積岩類区域で最も多く，次いで花崗岩類区域である．しかし，崩壊地密度を求めると，5月の地震後において花崗岩類区域30.2個/km²，堆積岩類区域7.6個/km²となり，花崗岩斜面で崩壊が多発している．

⑤ 崩壊地密度は高度とともに増加するが，降雨より地震のほうがより高い標高で発生している．この傾向は堆積岩類区域では明瞭であるが，花崗岩類区域では認められない．また，花崗岩類区域においては地震による崩壊は標高の低いところでも発生している．

⑥ 堆積岩類区域では，降雨による崩壊地密度は斜面傾斜の増大にともない一様に増加するが，地震の場合は一様な増加を示さない．花崗岩類区域でも降雨および地震ともに斜面傾斜が急になるにつれて増加しているが，緩傾斜面での崩壊地密度は降雨よりも地震のほうが高い．

⑦ 堆積岩類区域では地震による崩壊の斜面方位に偏りが認められ，その偏りは震源断層の位置と地盤振動の初動方向に密接に関係している．一方，花崗岩類区域では偏りは認められない．この地質による違いは地盤強度に関係している．すなわち，マサ化した花崗岩斜面は，砂岩・頁岩の堆積岩斜面に比べて崩れやすく，地震の揺れの方向に関係なく崩壊が発生している．

⑧ 震源断層から0km～4kmの範囲にある花崗岩斜面の約678haを対象にして，地震とその後の降雨により発生した崩壊地の面積，面積率，土砂量を算出した．対象区域の崩壊面積率は約3%，生産された土砂量は約39万m³にのぼった．

引用文献

Earthquake Research Institute (1950) Observation of aftershocks carried out in Imaichi District, Tochigi Prefecture. *Bull. Earthq. Res. Inst.*, Vol. 28, p. 387-392.

深沢晋治・吉岡恭一 (1997) 地震時斜面崩壊の発生範囲を推定する一手法，全地連「技術フォーラム'97」名古屋，p. 319-322.

藤田和夫・笠間太郎 (1983) 1：50,000地質図「神戸」，地質調査所.

平野昌繁・石井孝行 (1995) 兵庫県南部地震による断層の活動と斜面崩壊，地盤工学会関西支部平成7年度講話会資料「阪神・淡路大震災のそこが知りたい―斜面崩壊の分布とその特徴」，p. 17-22.

本多彪・山口弘次・黒沼新一 (1950) 栃木県地震の踏査報告，験震時報，15巻1号，p. 30-48.

Ikegami, R. & Kishinouye, F. (1950) The acceleration of earthquake motion deduced from overturning of the gravestones in case of the Imaichi earthquake on Dec. 26, 1949. *Bull. Earthq. Res. Inst.*, Vol. 28, p. 121-128.

井上宇胤 (1950) 昭和24年12月26日の栃木県地震について，験震時報，15巻1号，p. 1-2.

Inoue, E. (1951) On the vertical displacements accompanying Imaichi earthquake in 1949. *Bull. Earthq. Res. Inst.*, Vol. 29, p. 143-146.

井上公夫・南哲行・安江朝光 (1986) 天然ダムによる被災事例の収集と統計的分析，昭和62年度砂防学会研究発表会概要集，p. 238-241.

井上公夫 (1995) 関東地震と土砂災害，砂防と治水，104号，p. 14-20.

井上公夫・石川芳治・他7名 (1996) 地震に起因した大規模土砂移動の事例調査，平成8年度砂防学会研究発表会概要集，p. 277-278.

入倉孝次郎 (1995) 兵庫県南部地震の強震動の特徴，平成7年兵庫県南部地震とその被害に関する調査研究，文部省科学研究費研究成果報告書 (No. 06306022)，p. 103-119.

石川芳治・綱木亮介・門間敬一・武士俊也 (1996) 斜面災害および砂防施設の被害，土木研究所報告第196号，p. 349-353.

石川芳治・小野彩・水原邦夫 (1998) 北丹後地震による斜面崩壊面積率，砂防学会誌 (新砂防)，51巻4号，p. 27-32.

伊藤和明 (1977) 地震と火山の災害史，同文書院，283p. (善光寺地震，p. 206-233)

伊藤和明 (1983) 善光寺地震，―山崩れと洪水の恐怖―，地理，28巻4号，p. 45-54.

地すべり学会兵庫県南部地震等に伴う地すべり・斜面崩壊研究委員会 (1995) 兵庫県南部地震等に伴う地すべり・斜面崩壊研究報告書，地すべり学会，p. 255.

地頭薗隆・下川悦郎・松本舞恵・加藤昭一・三浦郁人 (1995) 1993年鹿児島豪雨による斜面崩壊・土石流の分布と土砂生産，鹿児島大学農学部演習林報告，No. 23, p. 33-54.

地頭薗隆・下川悦郎・三浦郁人・松本舞恵・加藤昭一 (1996) 1993年鹿児島豪雨による土砂災害発

生と降雨，鹿児島大学農学部演習林研究報告，24号，p. 69-87.

地頭薗隆・下川悦郎・寺本行芳（1997）1997年鹿児島県北西部地震による斜面崩壊，砂防学会誌（新砂防），50巻2号，p. 82-86.

地頭薗隆・下川悦郎・松本舞恵・寺本行芳（1998）1997年鹿児島県北西部地震による斜面崩壊の分布と地形的特性，砂防学会誌（新砂防），51巻1号，p. 38-45.

鹿児島県（1990）鹿児島県地質図（縮尺100,000分の1）

鹿児島県（1997）薩摩地方を震源とする地震による土砂崩壊発生箇所図（縮尺25,000分の1）

鹿児島地方気象台（1997）鹿児島県の地震活動に関する資料

角田寿喜・宮町宏樹・後藤和彦・八木原寛・平野舟一郎・福満修一郎・関谷博・金子和弘・岩切一宏・清水力（1997）地震活動の特徴，平成9年度建設技術講演会，鹿児島県北西部地震について，（財）鹿児島県建設技術センター，p. 1-12.

神奈川県（1927）神奈川県震災誌，及び大震災写真帳，p. 848.

神奈川県（1987, 88, 91）土地分類調査，5万分の1，自然災害履歴図，小田原・熱海・御殿場図幅，藤沢・平塚図幅，秦野・山中湖図幅.

金井清（1974）地震工学，朝倉書店，p. 95.

柏谷健二・平野昌繁・横山康二・奥田節夫（1976）山腹崩壊と地形特性に関して，京大防災研年報，19号，B-1，p. 371-383.

川邉洋（1987）地震による斜面崩壊の研究（II）崩壊特性と崩壊面積率の予測，東大演習林報告，77号，p. 91-142.

川邉洋（1995）過去における地震と山地崩壊，兵庫県南部地震に伴う土砂災害に関する緊急報告会資料，砂防学会，平成7年3月15日，p. 29-32.

川邉洋・辻本文武・林拙郎（1997）兵庫県南部地震による六甲山地の崩壊分布，砂防学会誌（新砂防）49巻5号，p. 12-19.

河角廣，鈴木武夫（1937）昭和2年3月7日の丹後地震に関する文献目録，地震学会誌，9巻3号，p. 26-34.

建設省河川局砂防部（1995）地震と土砂災害，砂防広報センター，p. 61.

建設省中部地方建設局（1987）昭和61年度震後対策調査検討業務，天然ダムによる被災事例調査（実例資料の統計的分析），（財）砂防・地すべり技術センター，p. 145.

建設省中部地方建設局河川計画課（1987）天然ダムによる調査事例集，p. 119.

建設省土木研究所（1995）平成6年度地震時の土砂災害防止技術に関する調査業務報告書（その3）―地震による土砂生産，災害及び対策の検討―，第2編 大規模土砂移動編，p. 108.

建設省土木研究所（1996）平成7年（1995年）兵庫県南部地震調査報告書，建設省土木研究所報告，196号，p. 493.

建設省土木研究所（1997）地震による大規模土砂移動現象と土砂災害の実態に関する研究報告書，建設省土木研究所資料，3501号，p. 261.

菊池万雄（1980）日本の歴史災害，―江戸後期の寺院過去帳による実証―，大明堂，p. 453.（弘化4年善光寺地震，p. 202-236）

小林計一郎（1956）弘化4年の善光寺大地震，信濃，8巻11号，p. 37-51.

小林計一郎監修（1985）弘化4年善光寺地震図絵（地震後世俗語乃種），絵永井善佐衛門，銀河書房，p. 269.

神戸大学工学部建設学科土木工学教室兵庫県南部地震学術調査団（1995）兵庫県南部地震緊急被害調査報告書（第2報），p. 301.

小出博（1955）山崩れ，古今書院，p. 115-135.

小出博（1980）日本の国土，―自然と開発―，東京大学出版会，上 p. 287，下 p. 556.

国土庁（1987）国土数値情報，大蔵省印刷局，p. 41-42.

国土庁土地局国土調査課（1994）土地保全図「相模湾北西地区」，縮尺2万5千分の1，及び，土地保全基本調査（相模湾北西地区）報告書，―地震による山地崩壊と保全―，p. 85.

国立天文台編（1994）理科年表，平成6年版，丸善.

小牧昭三・戸井田克（1980）崖近傍の振動性状―伊豆半島に於ける観測―その一，第17回自然災害科学総合シンポジウム講演論文集，p. 601-602.

Koshikawa, Y. (1950) Seismometrical study of the Imaichi earthquake on Dec. 26, 1949 (I). *Bull. Earthq. Res. Inst.*, Vol. 28, p. 369-377.

Koshikawa, Y. (1951) Seismometrical study of the Imaichi earthquake on Dec. 26, 1949 (II). *Bull. Earthq. Res. Inst.*, Vol. 29, p. 295-299.

京都府（1930）京都府震災荒廃林地復旧誌，p. 65.

丸山岩三（1990）寛保2年の千曲川洪水に関する研究，I〜IV，水利科学，192号，p. 50-105，193号，p. 92-105，194号，p. 39-76，195号，p. 52-96.

松本舞恵・下川悦郎・地頭薗隆（1998）1997年鹿児島県北西部地震による花崗岩斜面の崩壊の特徴，

鹿児島大学農学部演習林研究報告，26号，p.9-21．

Morimoto, R. (1950) Geology of Imaichi District with special reference to the earthquakes of Dec. 26 th, 1949（Ⅰ）. *Bull. Earthq. Res. Inst.*, Vol. 28, p. 379-386.

Morimoto, R. (1951) Geology of Imaichi District with special reference to the earthquakes of Dec. 26 th, 1949（Ⅱ）. *Bull. Earthq. Res. Inst.*, Vol. 29, p. 349-358.

長野市教育委員会・松代藩文化施設管理事務所（1998）平成10年度企画展震災後一五〇年善光寺地震，―松代藩の被害と対応―，p. 89．

長濱宇平（1929）丹後地震誌，丹後地震誌刊行会，p. 465．

中村三郎・望月朽一（1991）倉並地すべりの機構と埋没谷の影響，地すべり学会研究発表講演集，30回，p. 187-190．

中村三郎・望月朽一（1993）地すべり多発地帯の地形発達，―長野県倉並地すべりを例とした考察―，地すべり学会研究発表講演集，32回，p. 17-20．

七二会村史編纂委員会（1971）七二会村史，p. 1054．

西田顕郎・小橋澄治・水山高久（1996）土砂災害用データベースを活用した，兵庫県南部地震による山腹崩壊分布の解析，砂防学会誌（新砂防）49巻1号，p. 19-24．

西田顕郎・小橋澄治・水山高久（1997）数値地形モデルに基づく地震時山腹崩壊斜面の地形解析，砂防学会誌（新砂防），49巻6号，p. 9-16．

岡田篤正・松田時彦（1997）1927年丹後地震の地震断層，活断層研究，p. 95-135．

沖村孝（1995）兵庫県南部地震による六甲山系の斜面崩壊，地盤工学会第30回研究発表会特別セッション，阪神大震災調査報告，p. 49-60．

沖村孝（1996a）兵庫県南部地震と斜面災害―山腹斜面崩壊―，地すべり技術，23巻2号，p. 38-44．

沖村孝（1996b）六甲山地における山腹斜面の崩壊，兵庫県南部地震と地形災害（日本地形学連合編），古今書院，p. 110-126．

沖村孝，片山政和（1996）兵庫県南部地震による宅地地盤被害の原因（その1），―分布と被災立地条件―，建設工学研究所報告，38号（B），p. 85-96．

沖村孝，鳥居宣之，永井久徳（1998）地震後の降雨により発生した斜面崩壊のメカニズムの一考察，建設工学研究所報告，40号（B），p. 97-114．

奥西一夫（1995）山腹斜面崩壊の地形立地条件，地盤工学会支部平成7年度講話会資料「阪神・淡路大震災のそこが知りたい―斜面崩壊の分布とその特徴―」，p. 29-36．

奥園誠之・羽根田汎美・岩竹喜久麿（1980）地震による斜面崩壊の実施，土と基礎，28巻8号，p. 45-51．

大村寛・戸塚達哉・都筑賢治（1980）駿河湾で巨大地震が発生した場合の山地崩壊面積の推定方法に関する一試論，新砂防，32巻4号，p. 9-17．

大手桂二，服部共生，水原邦夫，日浦啓全（1983）丹後半島の森林―Ⅰ．森林の環境，丹後半島学術調査報告，京都府立大学・同女子短期大学部，p. 127-144．

齋藤豊・赤羽貞幸・中村三郎・望月朽一・長浦勲・山浦直人（1990～93）善光寺地震により発生した地すべり・崩壊，（1）～（8），地すべり学会研究発表講演集，29回，p. 50-53，p. 54-57，p. 318-321，30回，p. 183-186，p. 273-276，31回，p. 103-106，p. 107-110，32回，p. 427-430．

佐山守・河角広（1973）古記録による歴史的大地震の調査（第一報），地震研研究速報，10巻2号，p. 1-50．（弘化4年3月24日善光寺地震）

Seed, H. B., Idriss, I. M. & Keefer, F. W. (1969) Characteristics of rock motions during earthquakes. *Proc. ASCE*, SM 5, p. 1199-1218.

下川悦郎，松本舞恵，地頭薗隆（1998）未発表資料．

信濃資料刊行会（1973）新編信濃資料叢書，9巻，むし倉日記，p. 301-408．

震災予防調査会（1925）震災予防調査会報告，第百号（乙），p. 11-86．

高崎正義（1988）地図学，朝倉書店，p. 143-144．

田中正央（1975）丹沢山地の崩壊地における岩屑生産，地理学評論，48巻4号，p. 261-284．

田中正央・森正樹（1976）丹沢山地東北部における最近の山崩れに起因する侵食量の推定，地理学評論，49巻4号，p. 236-248．

田村俊和（1978）地震による表層崩落型崩壊が発生する範囲について，地理学評論，51巻8号，p. 662-672．

寺田寅彦・宮部直巳（1932）秦野における山崩れ，地震研究所彙報，10巻，p. 192-199．

寺澤章（1937）弘化地震岩倉山崩壊の際に於ける犀川湛面に就いて，信濃教育，604号，p. 34-40．

栃木県砂防課（1951）今市地震による行川，黒川，大芦川流域崩壊調査書，栃木県土木部砂防課，p. 1-36．

冨田陽子・桜井亘・中庸充（1996）六甲山系におけ

る地震後の降雨による崩壊地の拡大について, 砂防学会誌（新砂防），49巻6号，p.15-21.
宇佐美龍夫（1986）善光寺地震の研究（1），一青木雪卿の山崩図絵による調査一，地震災害予測の研究，地震災害予測研究会昭和61年度報告，p.23-63.
宇佐美龍夫（1987）善光寺地震の研究（2），一1.松代城下町の被害，2.信州地震大絵図の調査他一，地震災害予測の研究，地震災害予測研究会昭和62年度報告，p.25-50.
宇佐美龍夫（1987，96）「新編日本被害地震総覧」，[増補改訂版416-1995]，東京大学出版会，p.434.

山口伊佐夫・川邉洋（1982）地震による山地災害の特性，砂防学会誌（新砂防），35巻2号，p.3-15.
安江朝光・岩崎敏男・川島一彦・仲野公章（1981）斜面の地震応答特性の解析，土木技術資料，23巻4号，p.21-26.
善光寺地震災害研究グループ（1991, 92）善光寺地震により発生した地すべり・崩壊，(1)〜(4)，地すべり技術，17巻3号，p.57-60, 18巻1号，p.58-63, 2号, p.37-42, 3号, p.64-72.
善光寺地震災害研究グループ（1994）善光寺地震と山崩れ，長野県地質ボーリング協会，p.130.

第5章　地震による土砂移動の予測

5.1　はじめに

　建設省土木研究所（1995）は，宇佐美龍夫（1987）「新編日本被害地震総覧」などをもとに，地震による大規模土砂移動現象と土砂災害の実態を整理した．

　対象とした大規模土砂移動は，地震を直接・間接の誘因として発生したもので，少なくとも2.5万分の1地形図上で，土砂移動の発生地点が特定できるものを選定した．土砂移動の規模としては原則として，江戸時代以前のものは100万m^3以上，明治以降は10万m^3以上のものを抽出した．

　その結果，図5.1.1と表5.1.1に示したように，大規模土砂移動を引き起こした地震は37事例で，抽出した大規模土砂移動は105箇所である．

　表5.1.1に示した地震の規模（マグニチュード）は，「理科年表」の日本付近の被害地震年代表（地学部，160-191）における地震規模の値を採用した．「理科年表」の地震規模は，1885年以前については宇佐美（1987），1925年までは宇津（1979）の値を，1925年以降については気象庁（1982）を引用している．

5.2　地震による土砂移動現象の特徴

　地震による土砂移動現象の特徴を把握するため，日本列島で最も地震被害の多い中部地方で発生した地震による土砂災害の特徴を整理した（砂防学会，1998）．

　図5.2.1は，中部地方の活断層と起震断層の分布で，活断層研究会（1991）「新編日本の活断層」と松田（1995）をもとに作成したものである．本図に示したように，中部地方には非常に多くの活断層と起震断層（earthquake source fault）があり，他の地域に比べてそれらの密度は極めて高い．表5.2.1は，中部地方で土砂災害を発生させた地震災害の履歴と分類（砂防学会，1998）である．

　とくに，内陸直下型の大規模地震である天正地震（1586）の土砂災害を図5.2.2と表5.2.2に，濃尾地震の土砂災害を図5.2.3と表5.2.3に示した．

　また，口絵6～8に高田地震（1751，M 7.0～7.4）による土砂災害の状況を示した．

5.2.1　日本最大の直下型地震
　　　　　―濃尾地震（1891）と天正地震（1586）

　濃尾地震は，明治24年（1891）10月28日に発生したM 8.0の大規模地震で，内陸直下型地震としては日本で有史以来最大級であった．この時期は，日本の文明開化の時期に当たるため，その当時の先端技術である鉄道や紡績工場などが大きな被害を受けた．また，地震にともなう活断層や大規模土砂移動・天然ダムについては，多くの写真や記録が残されている．口絵21～25はこれらの記録の中から貴重な絵図や写真を紹介したものである．

　とくに，震央に近い岐阜県本巣郡根尾村水鳥付近では，落差6m以上の大断層（口絵24，25）を出現させた．そして，両側の急峻な山腹斜面では，規模の大きな崩壊が連続して発生し，川を堰止めて天然ダムを形成した．さらにこの時の地震動で脆弱となった山腹斜面は，その後も降雨などの要因が加わると，土砂災害を発生させ続けている（4年後のナンノ谷崩壊など）．すなわち，地震発生から数日後，数年後，さらには74年後の

第5章 地震による土砂移動の予測　103

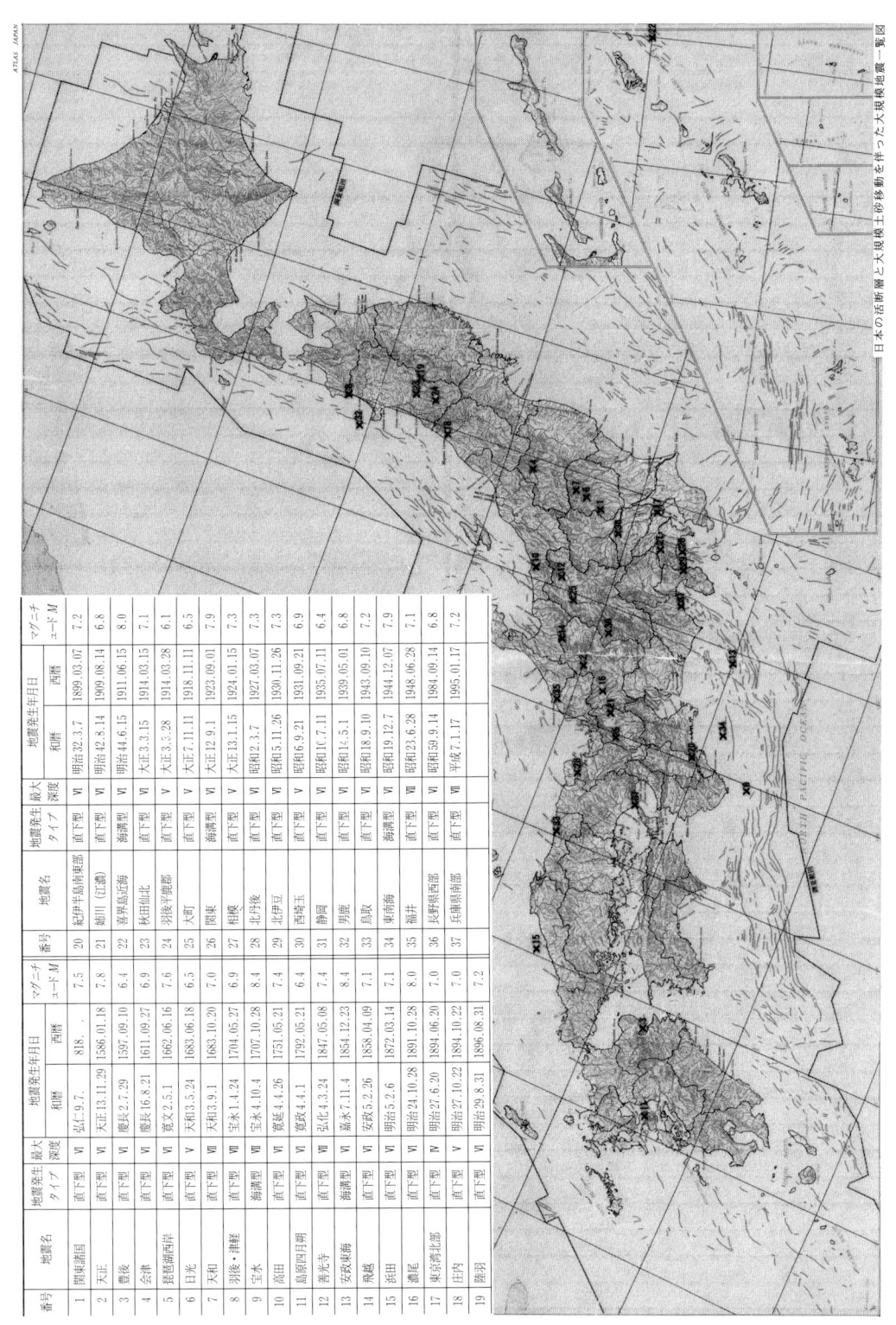

番号	地震名	地震発生タイプ	最大深度	地震発生年月日 和暦	西暦	マグニチュード M
1	関東諸国	直下型	VI	弘仁9.7.	818.	7.5
2	天正	直下型	VI	天正13.11.29	1586.01.18	7.8
3	豊後	直下型	VI	慶長2.7.29	1597.09.10	6.4
4	会津	直下型	VI	慶長16.8.21	1611.09.27	6.9
5	琵琶湖西岸	直下型	VI	寛文2.5.1	1662.06.16	7.6
6	日光	直下型	V	天和3.5.24	1683.06.18	6.5
7	天和	直下型	VII	天和3.9.1	1683.10.20	7.0
8	羽後・津軽	直下型	VII	宝永1.4.24	1704.05.27	6.9
9	宝永	海溝型	VII	宝永4.10.4	1707.10.28	8.4
10	高田	直下型	VI	寛延4.4.26	1751.05.21	7.4
11	島原四月朔	直下型	VII	寛政4.4.1	1792.05.21	6.4
12	善光寺	直下型	VII	弘化4.3.24	1847.05.08	7.4
13	安政東海	海溝型	VII	嘉永7.11.4	1854.12.23	8.4
14	飛越	直下型	VI	安政5.2.26	1858.04.09	7.1
15	浜田	直下型	VI	明治5.2.6	1872.03.14	7.1
16	濃尾	直下型	VI	明治24.10.28	1891.10.28	8.0
17	東京湾北部	直下型	IV	明治27.6.20	1894.06.20	7.0
18	庄内	直下型	V	明治27.10.22	1894.10.22	7.0
19	陸羽	直下型	VI	明治29.8.31	1896.08.31	7.2
20	紀伊半島南東部	直下型	VI	明治32.3.7	1899.03.07	7.2
21	姉川（江濃）	直下型	VI	明治42.8.14	1909.08.14	6.8
22	喜界島近海	海溝型	VI	明治44.6.15	1911.06.15	8.0
23	秋田仙北	直下型	VI	大正3.3.15	1914.03.15	7.1
24	羽後平鹿郡	直下型	V	大正3.3.28	1914.03.28	6.1
25	大町	直下型	V	大正7.11.11	1918.11.11	6.5
26	関東	海溝型	VI	大正12.9.1	1923.09.01	7.9
27	相模	直下型	V	大正13.1.15	1924.01.15	7.3
28	北丹後	直下型	VI	昭和2.3.7	1927.03.07	7.3
29	北伊豆	直下型	V	昭和5.11.26	1930.11.26	7.3
30	西埼玉	直下型	VI	昭和6.9.21	1931.09.21	6.9
31	静岡	直下型	VI	昭和10.7.11	1935.07.11	6.4
32	男鹿	直下型	VI	昭和14.5.1	1939.05.01	6.8
33	東南海	海溝型	VI	昭和18.9.10	1944.12.07	7.2
34	東南海	海溝型	VI	昭和19.12.7	1944.12.07	7.9
35	福井	直下型	VII	昭和23.6.28	1948.06.28	7.1
36	長野県西部	直下型	VI	昭和59.9.14	1984.09.14	6.8
37	兵庫県南部	直下型	VII	平成7.1.17	1995.01.17	7.2

図5.1.1　日本とその周辺の活断層と大規模土砂災害を伴った地震の分布
（基図は活断層研究会編 (1991)「日本の活断層」のデータを使用）

日本の活断層と大規模土砂移動を伴った大規模地震一覧図

表 5.1.1 日本の地震に起因した大規模土砂移動一覧表（建設省土木研究所，1995）

番号	発生年	地震名	崩壊地名	崩壊発生日	地質	斜面型	誘因	活断層の距離 (km)	距離 d (km)	地震加速度 gal	面積 m^2	土砂量 m^3	長さ m	最大幅 m	傾斜度	比高 m	天然ダムの有無	備考
1-1	818	関東諸国	赤城山南麓（三枚沢）	同日	火	直線谷型	地震		29	650	4.90E+05	6.30E+07	790	1,300	35	300		土石流
2-1	1586	天正	白河村保木脇（帰雲山）	同日	火	凸形尾根型	地震		25	1001	5.00E+05	2.50E+07	1,000	500	35	450	有	堰止湖決壊20日後，洪水量1.5E8m^3
2-2		天正	三方崩山（南斜面2渓流1）	同日	珪深	直線谷型	地震		19	1348	3.60E+05	2.40E+06	700	600	35	700	有	堰止量1.0E6m^3，洪水量6.0E5m^3
2-3		天正	三方崩山（南斜面2渓流2）	同日	珪深	直線谷型	地震		19	1348	4.40E+05	3.00E+06	1,000	800	35	700	有	堰止量1.2E6m^3，洪水量6.4E6m^3
3-1	1597	豊後	鶴見岳北側側面	同日	火	直線谷型	地震		15	535	6.00E+05	9.00E+07	600	1,500	45	650		瓜生島海没？
4-1	1611	会津	西会津町飯谷山	同日	三	直線尾根型	地震	10.0	13	877	4.00E+05	4.00E+07	1,000	1,000	40	400	有	堰止湖決壊，湛水面積1.0E6m^3
4-2		会津	西会津町下谷地浮山	同日	三	直線総根型	地震	10.0	12	918	8.00E+05	1.60E+08	600	2,000	30	200	有	土石流
4-3		会津	西会津町龍合青坂	同日	火	直線総根型	地震	10.0	11	958	4.00E+05	4.80E+07	500	1,200	35	200	有	
4-4		会津	高郷村利田	同日	火	直線尾根型	地震	8.0	8	1076	6.00E+05	1.10E+08	500	1,800	40	200	有	堰止湖決壊（40年後）五十里洪水洪水量6.4E6m^3
4-5		会津	熱塩加納村大平	同日	火	直線尾根型	地震	4.0	16	761	4.00E+05	3.00E+07	800	750	35	300	有	堰止湖決壊せず（大平沼）
5-1	1662	琵琶湖西岸	比良山地町栗	同日	中・古	直線尾根型	地震		13	1536	6.00E+05	1.20E+08	1,000	800	30	650	有	堰止湖決壊，湛水面積1.0E6m^3
6-1	1683	日光	男体山大薙崩れ	同日	火	直線谷型	地震		15	580	7.00E+05	7.00E+06	2,500	400	27	1,400	有	土石流
7-1	1683	天和	葛老山	同日	火	凸形直線型	地震		3	1322	1.30E+05	3.30E+06	800	1,000	40	220	有	堰止湖決壊（40年後）五十里洪水洪水量6.4E6m^3
8-1	1704	羽後・津軽	十二湖崩れ面	同日	三	直線谷型	地震		17	725	1.10E+06	1.10E+08	800	2,000	35	300	有	十二湖
9-1	1707	宝永	大谷崩れ	同日	三	凹形谷型	地震		305	18	1.20E+06	1.20E+08	1,000	1,800	30	1,100	有	大池・堰止量4.0E6m^3，堰止量4.7E6m^3
9-2		宝永	白鳥山	同日	三	直線尾根型	地震		316	17	1.00E+05	5.00E+06	400	250	35	350	有	堰止湖決壊3日後
10-1	1751	高田	名立崩れ	同日	三	凸形尾根型	地震		11	1430	1.30E+05	4.00E+07	200	1,000	15	80	有	津波
11-1	1792	島原四月朔	眉山	同日	火	凸形谷型	地震		6	768	1.40E+08	3.40E+08	2,000	1,000	35	600	有	津波，島原大変肥後迷惑
12-1	1847	善光寺	虫倉山・藤沢	同日	中・古	凸形谷型	地震	9.0	17	1081	4.00E+05	3.00E+06	800	500	35	300	有	
12-2		善光寺	太田	同日	三	凹形谷型	地震	10.0	18	1029	1.80E+05	2.60E+06	1,050	250	40	200	有	
12-3		善光寺	陣場平山・倉田	同日	三	凹形谷型	地震	4.0	11	1430	1.30E+05	2.70E+06	650	300	30	300	有	
12-4		善光寺	岩倉山（虚空蔵山）・通池	同日	三	凸形谷型	地震	5.0	18	1029	8.40E+05	3.00E+07	1,300	750	15	300	有	犀川堰止め決壊18日後，洪水量3.5E8m^3
12-5		善光寺	藤倉	同日	三	凹形谷型	地震	5.0	17	1081	1.30E+05	2.00E+06	650	300	15	300	有	犀川堰止め決壊19日後
12-6		善光寺	柳久保	同日	三	凹形谷型	地震	15.0	26	692	1.20E+05	9.00E+06	900	350	25	180	有	柳久保川決壊せず，堰止量6.5E6m^3，洪水量1.4E6m^3
12-7		善光寺	五十里	同日	三	凹形谷型	地震	4.0	15	1192	8.00E+04	1.20E+06	800	150	30	250	有	土尻川堰止め決壊15日後
12-8		善光寺	川浦	同日	三	凸形谷型	地震	18.0	22	843	8.50E+04	2.00E+06	200	400	35	230	有	裾花川決壊4ヵ月後，洪水量1.6E7m^3
13-1	1854	安政東海	富士川流域，七面山	同日	三	凸形直線型	地震	22.0	162	62	7.00E+05	6.60E+07	1,400	750	40	900	有	
13-2		安政東海	富士川流域，白鳥山	同日	三	直線総根型	地震	8.0	152	71	3.80E+04	6.00E+05	250	200	35	250	有	富士川堰止め決壊1日後
14-1	1858	飛越	鳶崩れ（真川・湯川）	同日	火	凹形谷型	地震		40	293	1.30E+06	4.10E+08	1,500	1,200	30	860	有	堰止湖安政5年3月10日（真川）4月26日（湯川）
15-1	1872	浜田	大記高島	同日	火		地震		34	377							有	地すべり
16-1	1891	濃尾	根尾村木島	同日	中・古		地震	0.5	3	2943								
16-2		濃尾	根尾谷金原村	同日	中・古		地震	0.5	6	2761								
16-3		濃尾	ナンノ谷	4年後(8/5)	中・古	凹形谷型	地震後降雨	18.0	23	1296	1.60E+05	1.60E+06	530	420	35	450	有	堰止湖決壊6日後，堰止量9.6E6m^3，洪水量2.0E6m^3
16-4		濃尾	穂佐白谷	74年後(9月)	中・古	直線総根型	地震後降雨	5.0	14	2020	7.50E+04	1.80E+06	200	250	37	170	有	堰止湖人工排削，堰止量6.8E5m^3，洪水量1.8E5m^3
16-5		濃尾	根尾白谷	74年後(9月)	中・古	凹形谷型	地震後降雨	3.0	10	2407	8.50E+04	1.10E+07	1,150	425	39	500	有	
17-1	1894	東京湾北部	飯能	同日	四		地震		50	187				630				

第5章 地震による土砂移動の予測

番号	地震名		崩壊地名	崩壊発生日	地質	斜面型	誘因	断層との距離 (km)	距離 d (km)	地震加速度 gal	面積 m²	土砂量 m³	長さ m	最大幅 m	傾斜度	比高 m	天然ダムの有無	備考
18-1	1894	庄内	矢滝沢大平 1	同日	三		地震		7	1205	7.20E+04	2.20E+05	600	150	10	100		岩屑なだれ（土石流）
18-2		庄内	矢滝沢大平 2	同日	三		地震		7	1205	6.50E+04	2.00E+05	500	150	9	100		岩屑なだれ（土石流）
18-3		庄内	眞室川西川 1	同日	火		地震		20	676								
18-4		庄内	眞室川西川 2	同日	火		地震		21	643								
18-5		庄内	眞室川西川 3	同日	火	凹形谷型	地震		22	612	3.90E+04	9.30E+05	215	360	25	100		記載はないが天然ダムの形成の可能性あり
18-6		庄内	眞室川鮭川 1	同日	火		地震		26	500								
18-7		庄内	眞室川鮭川 2	同日	三		地震		25	528								
18-8		庄内	眞室川乃助川	同日	三		地震		28	457								
18-9		庄内	眞室川小又川	同日	三	凹形	地震		27	479								
19-1	1896	陸羽	善知鳥島、澤赤石台	同日	三		地震	6.0	8	1368	7.00E+04	1.40E+06	350	200	32	140	有	堰止土量 1.0E6m³, 洪水量 3.75m³
20-1	1899	紀伊半島南東部	鷹野村荊鹿、飛鳥	同日	火		地震		15	1016	1.25E+06		500	250				
21-1	1909	姉川（江濃）	伊吹山	同日	中・古		地震	18.0	10	922								
21-2		姉川（江濃）	春日村粕川上流	同日	中・古		地震	24.0	16	703								
22-1	1911	喜界島近海	喜界島阿伝地区	同日	中・古		地震		34	774								
22-2		喜界島近海	奄美大島	同日	中・古		地震		65	260								
22-3		喜界島近海	徳之島	同日	中・古		地震		25	1174								
22-4		喜界島近海	沖縄本島北部	同日	中・古		地震		250	19								
23-1	1914	秋田仙北	西仙北町正手沢	同日	三	直線直線型	地震		10	1172	3.00E+03	2.30E+05	50	60	38	40		
23-2		秋田仙北	西仙北町水上	同日	三	凸形尾根型	地震		7	1305	1.00E+03	1.50E+04	30	35	30	15	有	地すべり、堰止土量 2.5E3m³, 洪水量 1.7E3m³
23-3		秋田仙北	西仙北町猿井沢	同日	三	直線尾根型	地震		7	1305	1.82E+03	2.30E+04	35	65	30	20	有	地すべり、堰止土量 7.0E3m³, 洪水量 2.3E4m³
23-4		秋田仙北	西仙北町布又	同日	三	凸形谷型	地震		9	1218	1.00E+04	2.60E+05	110	95	28	55	有	地すべり、堰止土量 4.5E4m³, 洪水量 3.8E5m³
23-5		秋田仙北	西仙北町戸川 1	同日	三	直線訂根型	地震		8	1263	3.20E+03	3.20E+04	40	80	25	23	有	地すべり、堰止土量 5.7E3m³, 洪水量 2.9E4m³
23-6		秋田仙北	西仙北町戸川 2	同日	三	凸形直線型	地震		8	1263	4.50E+03		30	90	40	40		
24-1	1914	羽後平鹿郡	横手金地亀岩、沼館付近	同日	三		地震		10	527								
25-1	1918	大町	仁科三湖、大町周辺	同日	四		地震		15	580								
26-1	1923	関東	新崎川上流・星ヶ山西側斜面	同日	火		地震		18	1535							有	洪水面積 3E3m², 磐治屋川、土石流
26-2		関東	白糸川上流・大澗	同日	火	凸形谷型	地震		18	1535	1.40E+06	1.00E+06	500	800		256		土石流
26-3		関東	根府川駅西側斜面	同日	火	凹形谷型	地震		15	1778	2.50E+05	7.5E+06	250	500		30		地すべり
26-4		関東	米神西方の日向山	同日	火		地震		18	1535								土石流
26-5		関東	曽我谷津御沢	同日	四	直線尾根型	地震と降雨		15	1778								
26-6		関東	震生湖	同日	四	直線訂根型	地震と降雨		19	1460	2.00E+04	3.00E+05	100	200		20	有	堰止湖決壊せず、震生湖県立自然公園
26-7		関東	金目川上流・春岳山南斜面	同日・14日後	三		地震と降雨		26	1033								土石流
26-8		関東	葛葉川流域・菩提	同日・14日後	三		地震・降雨		25	1084							有	堰止湖決壊（葛葉川）・9月1日
26-9		関東	山北町玄蔵南方向沢	同日・14日後	三	凸形谷型	地震・降雨		30	855	6.30E+04	3.00E+06	350	250	30	200	有	堰止湖決壊（葛葉川）・9月1日
26-10		関東	山北町世附川上流戸沢	同日・14日後	三		地震・降雨		35	684							有	堰止湖決壊9月15日（世附川）
26-11		関東	山北町谷峨	同日	四		地震・降雨		28	938							有	土石流、堰止湖決壊（6時間後）
26-12		関東	山北町嵐	同日	四		地震と降雨		29	895							有	地すべり
26-13		関東	大山川上流、大山南東斜面	同日・14日後	三		地震・降雨		26	1033							有	土石流
26-14		関東	日向川上流、大山東側斜面	同日・14日後	三		地震・降雨		44	476							有	土石流

番号	地震名	崩壊地名	崩壊発生日	地質	斜面型	誘因	断層との距離 (km)	距離 d (km)	地震加速度 gal	面積 m²	土砂量 m³	長さ m	最大幅 m	傾斜度	比高 m	天然ダムの有無	備考
26-15	関東	津久井町鳥屋石馬石	同日	三	凸形尾根型	地震と降雨		39	578	4.00E+04	5.00E+05	200	200	35		有	地すべり, 土砂の除去のため決壊せず
27-1	1924 相模	丹沢山地	同日	三		地震		10	1375								
28-1	1927 北丹後	島津村遊	同日	三		地震	12.0	25	671	4.00E+04	3.20E+05	400	100				地すべり
29-1	1930 北伊豆	三島市山中新田の末光寺右岸	同日	火	直線	地震	2.0	6	1577	3.00E+04	2.00E+05	150	200	50	100	有	
29-2	北伊豆	大仁町田中山	同日	四		地震	0.7	8	1482							有	地すべり
29-3	北伊豆	大仁町大野熊山	同日	火	凸形	地震	0.0	11	1320	2.40E+04	1.50E+05	160	150	40	60	有	地すべり
29-4	北伊豆	中伊豆町小菅	同日	三		地震	4.0	14	1154			150	180		30	有	地すべり
29-5	北伊豆	天城湯ヶ島町奥野山	同日	三		地震	0.2	18	950	4.70E+04	4.00E+05	150	150	50	100	有	土石流
29-6	北伊豆	箱根町大明神川上流湯河山斜面	同日	火		地震	1.0	10	1375	8.00E+03	2.00E+05						岩屑流
30-1	1935 西埼玉	比企郡岩殿山	同日	四		地震		27	442	5.00E+02	9.00E+02			45			
30-2	1935 西埼玉	秩父郡太田村ハ人峠	同日	中・古		地震		24	512	2.30E+03	2.50E+04	180	13				
31-1	静岡	有度山南部, 日本平西南端	同日	四		地震		8	593								
32-1	1939 男鹿	男鹿市北浦1	同日	火	凸型尾根型	地震	13.0	28	389	2.40E+04	9.10E+04	80	300	18	26		地すべり
32-2	男鹿	男鹿市北浦2	同日	三	直線尾根型	地震	15.0	30	355	9.20E+05	1.80E+06	200	460	12	42		地すべり
32-3	男鹿	男鹿市北浦3	同日	三	直線尾根型	地震	15.0	30	355	2.90E+04	4.30E+06	100	300	17	30		地すべり
32-4	男鹿	男鹿市船川港	同日	三	直線尾根型	地震	19.0	38	250	3.80E+04	2.80E+04	100	75	22	40		地すべり
32-5	男鹿	男鹿市男鹿中村	同日	火		地震		35	284	2.50E+03	7.50E+03	100	50	23	38		地すべり
32-6	男鹿	五里合安田	同日	三	凸形尾根型	地震	8.0	33	310	2.20E+04	5.30E+05	160	140	14	36		地すべり
33-1	1943 鳥取	鳥取市湯所	同日	三		地震	7.0	12	1167								
33-2	鳥取	鹿野町矢原	同日	珪深		地震	2.0	10	1269								
33-3	鳥取	気高町殿	同日	珪深		地震	1.0	9	1320								
33-4	鳥取	三朝町上西谷	同日	珪深		地震	28.0	32	446								
33-5	鳥取	鳥取市鶴峠	同日	火	凸形谷型	地震	11.0	16	968								
34-1	東南海	紀伊半島沿岸 (三重県, 和歌山県)	同日	中・古		地震		60	227								
35-1	1948 福井	北谷村浜坂1	同日	三	直線尾根型	地震	4.0	14	983	1.60E+04	2.00E+05	120	130	30	30		地すべり, 震後に降雨による土石流
35-2	1948 福井	北谷村浜坂2	同日	四	直線尾根型	地震	4.0	14	983	1.80E+04	2.70E+05	120	150	30	30		地すべり, 震後に降雨による土石流
36-1	1984 長野県西部	御嶽山 (伝上崩れ)	同日	火	直線尾根型	地震	7	7	1017	4.00E+05	3.40E+07	800	650	35	660	有	土石流, 環上湖決壊せず12日後に洪水路による排水
36-2	長野県西部	滝越	同日	火	凹形谷型	地震		9	950	9.60E+03	5.00E+05	200	100	35	50		
36-3	長野県西部	松越	同日	火	凸形直線型	地震		3	1116	3.00E+04	2.90E+05	180	100	35	50		
37-1	1995 兵庫県南部	西宮市仁川	同日	珪深	直線直線型	地震	2.0	37	293	1.10E+04	1.10E+05	110	100	15	30	有	地すべり

地質分類： 火：火山噴出岩　中・古：中・古生界　三：第三系　四：第四系　珪深：珪長質深成岩　苦深：苦鉄質深成岩

地震加速度： Cornell (1968) の式
$\alpha = 2000 e^{0.8M} / (D1^2 + H^2 + 400)$
M：マグニチュード
D1：震央からの距離
h：震源の深さ

昭和40年（1975）災害時に発生した根尾白谷・徳山白谷・越山谷などの大規模崩壊は，その後の土砂流出においても長期間にわたって当該流域に影響を与え続けている（田畑・他，1999）．

天正地震は，天正13年（1586）11月29日に発生したM 7.8の大規模地震で，阿寺断層系・御母衣断層系・法林寺断層という連続する複数の断層によってもたらされた可能性が大きい．帰雲山（標高1622 m）は，岐阜県大野郡白川村・庄川の右岸にあり，この地震によって西南斜面上部が急性の大規模崩壊を起こした．庄川左岸の保木脇にあったという帰雲城及び城下町を瞬時に埋没させ，庄川にはその時の崩壊土砂によって，天然ダムが形成された．崩壊土砂量は2500万 m³，堰止め高90 m，湛水量1億5000万 m³と見積もられている（建設省中部地方建設局，1987）．崩壊土砂は20日間も庄川を堰止め，その後の決壊により大洪水に襲われたと思われるが詳しいことはわかっていない．

図5.2.2と表5.2.2に示したように，上記以外にも多くの土砂災害が発生しており，濃尾地震よりもその発生範囲は広い．とくに，三重県桑名付近には別の震源があったようにも見える．また，2日前の11月27日には，富山県西砺波郡福岡町の木船城が地震によって大被害を受けている．

このようなことから判断すると，天正地震はほぼ同じ頃に発生した複数の直下型地震である可能性が強い（原・他，1997；井上・他，1998）．

5.2.2 地震災害に係る中部地方の自然条件

中部地方は，3000 m級の山岳地帯と濃尾平野などの平野部からなり，日本でもっとも起伏に富む地域である．このような起伏の激しい地形は，第四紀（180万年前以降）の激しい地盤運動の結果形成されたものである．

中部地方は，北米プレート・太平洋プレート・フィリピン海プレート・ユーラシアプレートが重なり合って，非常に大きな圧縮応力が働いている地域である．このため，中部地方に働く最大圧縮応力軸はほぼ東西となっており，この圧縮応力に対応した共役の活断層（北東－南西向きは右ずれ断層，北西－南東向きは左ずれ断層）が多く発達している．

これらのプレート境界部では，日本列島に向かって移動してくる海底の岩盤であるプレートが，日本列島の前面の日本海溝と南海トラフで沈み込む現象が起こっているため，その反動が海溝性巨大地震となって現れると考えられている．また，プレートの動きの影響から，中部地方の山岳地帯を占め，日本の屋根といわれる北アルプス，中央アルプス，南アルプスの山脈は，今でも数 cm/年ずつ上昇を続けている．

一方，中部地方の平野部を代表する濃尾平野は，周囲を山地や丘陵地に囲まれ，伊勢湾の奥に開けた平坦地で，木曽川・長良川・揖斐川・庄内川などから流出した多量の土砂が堆積して形成された沖積低地が大部分を占める．濃尾平野の西側にある養老・伊勢湾断層の活動により，濃尾平野は著しい沈降部となっているため，第四紀層は西側ほど厚く堆積している．この大部分は軟弱な沖積層であり，洪積層は木曽川・庄内川の谷の出口に段丘面や扇状地として多少存在している．濃尾平野の沖積低地は，木曽三川をはじめとする河川が何回も氾濫し，その度に流路を変えつつ形成されたものである．このような沖積低地は，地震時には液状化危険地帯となりうる．濃尾地震（1891年10月28日，M 8.0）の発生以前は，このような地形・地質条件を反映して，沖積低地には集落はほとんど存在しておらず，名古屋・岐阜などの旧市街地は，沖積低地より少し高い洪積台地に拓けていた．この濃尾地震では7273名の死者・行方不明者を出したが，沖積低地地域の開発が進行している現在の土地利用状況を考えると，このような地震が発生した場合，被害の規模は何倍から何十倍にもなるはずである．さらに，濃尾平野の沖積低地には，「0メートル地帯」（東京湾の平均海

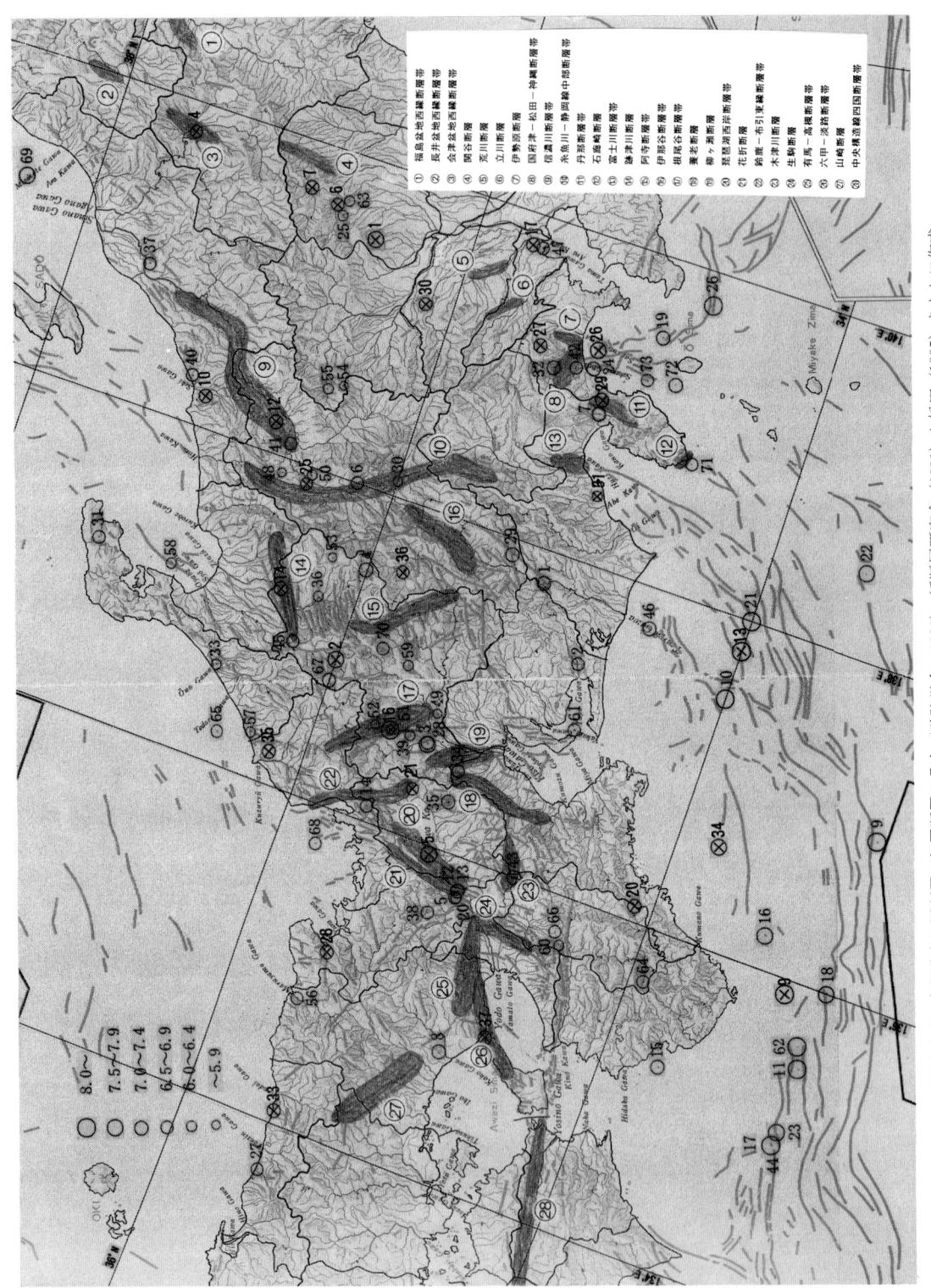

図 5.2.1 中部地方の活断層と起震断層の分布（砂防学会，1998，活断層研究会（1991）と松田（1995）をもとに作成

表 5.2.1 地震災害の履歴と分類 (砂防学会, 1998)

地震のタイプ	直下型地震		海溝型巨大地震
規模	$M\,7.0$ 前後	$M\,7.4\sim8.0$ 前後	$M\,8.0\sim8.5$ 前後
E: 地震波として出されたエネルギー (erg)	($M\,7.0$ の場合) 2.00×10^{22}	($M\,7.5$ の場合) 1.12×10^{23} ($M=8.0$ の場合) 6.30×10^{23}	($M\,8.5$ の場合) 3.55×10^{24}
被害の範囲 (深度Ⅴ以上の範囲)	県単位以下で影響を受ける 半径 40〜50 km	中部圏の大部分が影響を受ける 半径 70〜150 km	関東地方から四国地方までの沿岸部 半径 250〜300 km
回帰年間パターン	数十年間隔	数百年間隔	数百年間隔 数日または数年以内に別の震源で連続して発生

中部圏に影響を及ぼした過去の主な被害地震

地震名	発生年月日	マグニチュード	被害(死者)	地震名	発生年月日	マグニチュード	被害(死者)	地震名	発生年月日	マグニチュード	被害(死者)
遠江・三河	1686.10.3	6.5〜7.0	死者あり	天正	1586.1.18 (震源が2箇所の双発地震)	7.8	多数圧死	元禄	1703.12.31	7.9〜8.2	約6,700
三河・伊那	1718.8.22	7.0	64余	琵琶湖西岸	1662.6.16	7.25〜7.6	827余	宝永	1707.10.28	8.4	20,000以上
高田	1751.5.21	7.0〜7.4	2000余	善光寺	1847.5.8	7.4	5,947+	安政東海	1854.12.23	8.4	2〜3,000
伊勢・美濃・近江	1819.8.2	7.0〜7.5	75	(善光寺参拝者)			7,000以上	安政南海	1854.12.24	8.4	約8,150
伊賀・伊勢・大和	1854.7.9	7.0〜7.5	1,700以上	濃尾	1891.10.28	8.0	7,273	東南海	1944.12.7	7.9	998
紀伊半島東南部	1899.3.7	7.0	7								
江濃(姉川)	1909.8.14	6.8	41								
北伊豆	1930.11.26	7.0	272								
三河	1945.1.13	6.8	1,961								
福井	1948.6.28	7.1	3,769								
伊豆大島近海	1978.1.14	7.0	25								
長野県西部	1984.9.14	6.8	11								
兵庫県南部	1995.1.17	7.2	6,300	関東	1923.9.1	7.9	140,000				

E: 地震波として出されたエネルギー (単位は erg) (Gutenberg-Richter)
$\log E = 11.8 + 1.5 M$

データ出典) 宇佐美龍夫 (1996) 新編日本被害地震総覧, 東京大学出版会

表 5.2.2 天正地震による大規模土砂移動（建設省越美山系砂防工事事務所，1999）

位置	地変・崩壊地名	現在位置	発生日時	地変・崩壊形態、被害状況
1	木舟城の埋没	富山県西砺波郡福岡町木舟	天正13年11月27日（1586.1.16）	液状化で城が地中に埋没し、城主他死者多数であった。
2	金屋岩黒の崩壊	富山県西砺波郡庄川町前山	天正13年11月29日（1586.1.18）	庄川を20日間堰止め、大規模な天然ダムを形成した。
3	帰雲山の崩壊	岐阜県大野郡白川村保木脇	天正13年11月29日（1586.1.18）	崩壊土砂は帰雲城を埋没させ、庄川を20日間堰止めた。
4	三方崩山東斜面の崩壊	岐阜県大野郡白川村平瀬	天正13年11月29日（1586.1.18）	崩壊土砂により帰雲城下他集落が埋没した。
5	三方崩山南斜面の崩壊	岐阜県大野郡白川村平瀬	天正13年11月29日（1586.1.18）	崩壊土砂は大白川を堰止め、天然ダムを形成した。
6	西洞の崩壊	岐阜県郡上郡高鷲村西洞	天正13年11月29日（1586.1.18）	西洞の釜ヶ洞・折立の崩壊で集落が埋没・全滅した。
7	赤崩の崩壊	岐阜県大野郡荘川村一色	天正13年11月29日（1586.1.18）	赤崩20軒、山田8軒、牧ヶ野60軒が崩壊土砂で埋没した。
8	水沢上の崩壊	岐阜県郡上郡明宝村水沢上	天正13年11月29日（1586.1.18）	崩壊土砂は水沢上鉱山を埋没させ、吉田川を堰止めた。
9	硫黄岳の崩壊	岐阜県吉城郡上宝村	天正13年11月29日（1586.1.18）	硫黄岳（焼岳）の噴火で中尾集落・街道埋没。
10	小郷の陥没	岐阜県恵那郡加子母村小郷	天正13年11月29日（1586.1.18）	陥没による沼（約5ha）が形成され、近年まで残った。
11	近江長浜城の倒壊	滋賀県長浜市長浜城	天正13年11月29日（1586.1.18）	液状化で長浜城と城下500戸が倒壊し、死者多数。
12	大垣城の地すべり	岐阜県大垣市大垣城	天正13年11月29日（1586.1.18）	城山が地すべりして、大垣城は倒壊した。
13	徳蓮寺の地すべり	三重県桑名郡多度町	天正13年11月29日（1586.1.18）	地すべりで徳蓮寺が埋没・倒壊した。
14	長島輪中の湧没	三重県桑名郡長島町	天正13年11月29日（1586.1.18）	液状化で輪中1,000戸以上が埋没した。
15	三十三間堂の被害	京都府京都市東山区	天正13年11月29日（1586.1.18）	三十三間堂の仏600体が倒れた。
16	堺の被害	大阪府堺市	天正13年11月29日（1586.1.18）	堺では倉庫など60戸が倒壊した。

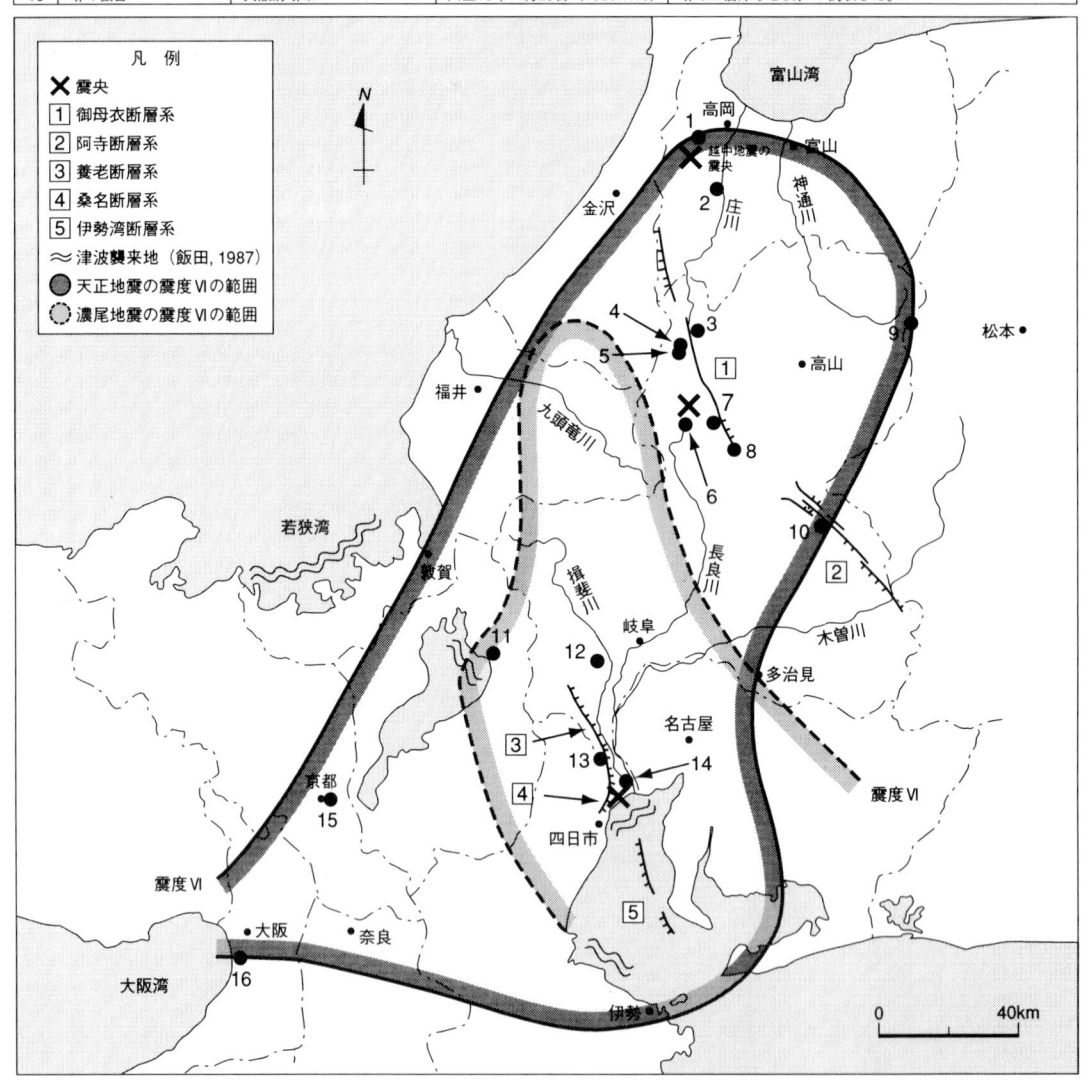

図 5.2.2 天正地震（1586）と大規模土砂移動（建設省越美山系砂防工事事務所，1999）

第 5 章　地震による土砂移動の予測　　111

表5.2.3　濃尾地震による大規模土砂移動（建設省越美山系砂防工事務所，1999）

位置	地変・崩壊地名	現在位置	発生日時	地変・崩壊形態、被害状況
1	水鳥左岸の崩壊	岐阜県本巣郡根尾村水鳥	明治24（1891）年10月28日	表層崩壊が広範に発生し、斜面全体が禿げ山状となった。
2	板所山の崩壊	岐阜県本巣郡根尾村板所	明治24（1891）年10月28日	板所山の崩壊土砂と東西断層の出現で天然ダムが形成された。
3	西光寺裏山の崩壊	岐阜県本巣郡根尾村水鳥	明治24（1891）年10月28日	西光寺倒壊の写真から、裏斜面にも多数の崩壊が確認される。
4	高尾左岸の崩壊	岐阜県本巣郡根尾村高尾	明治24（1891）年10月28日	崩谷・蛇谷などの根尾川支渓沿いにも表層崩壊が多発した。
5	宇津志の崩壊	岐阜県本巣郡根尾村宇津志	明治24（1891）年10月28日	根尾川沿いの斜面・段丘崖、魚金山に表層崩壊が多発した。
6	金原ダント坂の崩壊	岐阜県本巣郡本巣町金原	明治24（1891）年10月28日	金原谷には表層崩壊が多発し、その後も土石流が多発した。
7	深瀬の陥没・新湖形成	岐阜県山県郡高富町深瀬	明治24（1891）年10月28日	断層の出現で川の上流側が陥没したため、新湖が形成された。
8	奥ノ谷の崩壊	岐阜県揖斐郡久瀬村東津汲	明治24（1891）年10月28日	揖斐川左岸の表層崩壊、崩壊土砂は揖斐川まで流出した。
9	小津の崩壊	岐阜県揖斐郡久瀬村東津汲	明治24（1891）年10月28日	源頭部尾根から谷線まで到達する長い崩壊長が特徴。
10	東津汲の崩壊	岐阜県揖斐郡久瀬村東津汲	明治24（1891）年10月28日	揖斐川左岸の急傾斜面には広範に表層崩壊が発生した。
11	樫・大柵の崩壊	岐阜県揖斐郡久瀬村乙原	明治24（1891）年10月28日	揖斐川攻撃斜面の急傾斜（石灰岩地帯）に発生、崩壊は継続した。
12	高尾吉尾の山崩れ	岐阜県本巣郡根尾村高尾	明治24（1891）年12月08日	地震から40日後の豪雨時に発生した土石流で人家9戸埋没。
13	大井上ノ山の崩壊	岐阜県本巣郡根尾村大井	明治24（1891）年12月08日	地震から40日後の豪雨時に発生した土石流で下流集落埋没。
14	ナンノ崩壊	岐阜県揖斐郡坂内村川上	明治28（1895）年08月05日	地震から4年後の豪雨時に発生、天然ダム形成・決壊で被害大。
15	根尾白谷崩壊	岐阜県本巣郡根尾村白谷	昭和40（1965）年09月15日	地震から74年後の豪雨時に発生、石灰岩のキャップロック構造。
16	徳山白谷崩壊	岐阜県揖斐郡藤橋村白谷	昭和40（1965）年09月14日	地震から74年後の豪雨時に発生、高さ65mの天然ダムを形成。
17	越山の崩壊	岐阜県本巣郡根尾村越山	昭和40（1965）年09月13日	地震から74年後の豪雨時に発生、岩屑流は根尾川本川に流入。
18	尾幸谷の崩壊	福井県今立郡池田町水海	明治24（1891）年10月28日	水海川支渓に天然ダム形成、被害はなかったが1年以上残った。
19	芦谷山の崩壊	福井県大野市下若生子	明治24（1891）年10月28日	真名川を堰き止め、決壊が早かったので被害はなかった。
20	中島山の崩壊	福井県大野市熊河	明治24（1891）年11月06日	地震時に亀裂が発生しその後崩壊、一時真名川を堰き止めた。
21	大鶴目谷の崩壊	福井県南条郡今庄町大鶴目	明治28（1895）年07月30日	ナンノ崩壊とほぼ同時期の豪雨時に発生、7戸埋没・死者12人。
22	巣原の地すべり	福井県大野市巣原	昭和23（1948）年06月28日	濃尾地震時に活動を始め、福井地震（1948）時に活動を再開。
23	美濃俣の地すべり	福井県今立郡池田町美濃俣	昭和34（1959）年04月24日	濃尾地震の時にも小崩壊していた。美濃俣集落は廃村となった。
24	こわそ谷の崩壊	福井県大野市中島	昭和40（1965）年09月15日	真名川を堰き止め、天然ダムの決壊で多数の家屋が流失した。

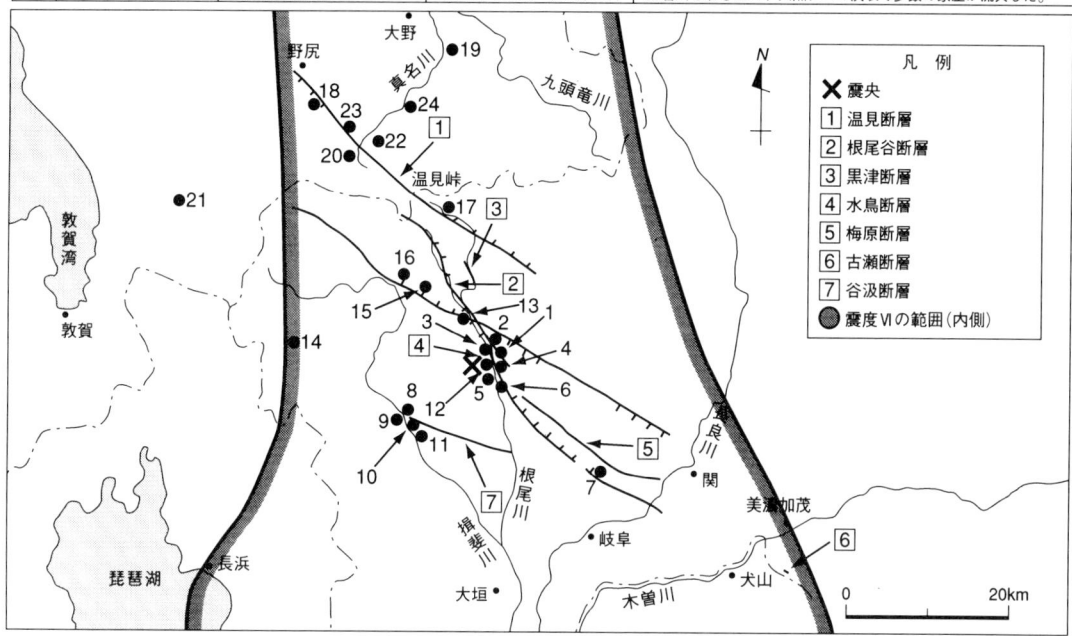

図5.2.3　濃尾地震（1891）と大規模土砂移動（建設省越美山系砂防工事務所，1999）

面より1.2 m以下の地域）が広がっており，地下水の汲み上げすぎによる地盤沈下も加わって，津波や高潮の被害も受ける危険性も非常に高い．

中部地方から近畿地方にかけては，日本でも最も活断層の分布密度が高い地域である．このため，中部地方は断層運動に伴う直下型地震の発生頻度が高い地域となっている．また，これらの活断層は活発なA級断層が多く，一連の長い断層帯（起震断層）となっている．このような活断層の運動に起因して，過去には規模の大きな直下型地震が引き起こされてきた．

5.2.3 中部地方における地震災害の特性

中部地方には，数多くの大地震を引き起こす可能性のある活断層が存在し，そのいくつかは過去に活動して大規模直下型地震が発生している．また，海溝部では，プレートの沈み込みによって海溝型巨大地震が起こり，大きな地震災害をもたらしている．

このように，被害地震は，直下型地震と海溝型地震に分類できるが，そのうち，直下型地震を，そのエネルギーの規模や被害範囲や被害状況等の違いから，さらに$M 7.0$前後と$M 7.4〜8.0$前後の地震に分類した．表5.2.1は，上記の分類に対応した中部地方における地震災害の履歴と上記の分類結果を整理したものである．

（1）直下型地震（shallow direct hit earthquake, $M 7.0$前後）

中部地方は，内陸部・海洋部を問わず活断層が集中している地域である．これらの活断層は，活動度・確実度とも高い断層が多く，これらの活断層によって引き起こされる地震は，兵庫県南部地震（1995, $M 7.2$）のようにマグニチュード$M 7.0$前後のものが多い．個々の活断層の活動間隔は，数百年から数千年に一度の活動であるが，中部地方にはこのような活断層の数が非常に多いので，中部地方で$M 7.0$前後の地震の発生確率は，数十年に一回程度と考えられる．

この規模の地震では，震度VI・VIIの範囲は活断層沿いに現れ，被害の範囲は震源から半径40〜50 km程度と考えられる．沖積低地や埋め立て地などの軟弱地盤地帯では，震度V前後の震動によって地盤の液状化現象の危険が生じ，震度V以上になると地形変状が現れ，建造物の倒壊が起こる．また，山地部でも震度V以上にみまわれた場合には局所的に表層崩壊のような土砂災害の起きる恐れが生じる．

さらに，地震による直接被害である「一次災害」のほかに，流下した土砂が河川を閉塞させて天然ダム（landslide dam）を形成し，上流部を湛水させることもある．このようにしてできた天然ダムが決壊すると，下流は洪水となるなどの「二次災害」の恐れもある．ただし，震度V程度の震動による崩壊の規模は大きいものは少なく，形成される天然ダムもそれにともなって規模は小さい．しかし，山地部が震度VI・VIIの震動にみまわれた場合，地質的に脆弱なところでは表層崩壊が頻発し，土砂は土石流となって流下する恐れがある．また，前後の降雨状況によっては，表層崩壊より大規模な地すべり性の崩壊が発生する可能性が高い．その場合には，河川を閉塞させて天然ダムも大規模となる．中部地方の大河川沿いには重要な交通網が整備されている場合が多く，このような場所で天然ダムが形成された場合には，これら重要な施設への危険性も大きい．

（2）大規模直下型地震（large shallow direct hit earthquake $M 7.4〜8.0$）

各活断層は一連となって断層帯を形成しており，地震を引き起こす可能性の高い活断層（断層帯）を，松田（1995）は起震断層（earthquake source fault）と呼んでいる．これらの起震断層の中で，長い断層帯が活動するとその地震の規模も大きくなり，天正地震（1586, $M 7.8$）や濃尾地震（1891, $M 8.0$）のように$M 8.0$前後の大規模地震が起こる．$M 8.0$の地震とは，兵庫県南部地震（$M 7.2$）の10倍程度であり，Mが1

増加すると破壊エネルギーは30倍になる．このような地震は，一つの断層帯（起震断層）については，数千年に1回の割合でしか発生しない．しかし，中部地方にはこのような断層帯（起震断層）が，多く存在しているため，地震の回数は他の地域と比較してかなり多い．

すなわち，図5.2.1に示したように，北から⑨信濃川断層帯，⑩糸魚川－静岡線中部断層帯，⑭跡津川断層帯，⑮阿寺断層帯，⑯伊那谷断層帯，⑬富士川断層帯，⑰根尾谷断層帯，⑲養老断層帯と広い範囲で断層帯（起震断層）が分布しているので，中部地方での発生確率は数百年に1回程度と考えられる．

$M 7.4～8.0$のような大規模な直下型大地震は，$M 7$級の直下型地震の時より震度VI・VIIの地域も広く，被害は極めて甚大なものとなる．震度VIIの地域は，断層に沿った弱線の部分から軟弱地盤地帯へと広がって現れる．震度VIの範囲は断層の周囲に広がるが，大規模な構造線や山脈に規制される形で現れる．被害の範囲は震源から半径70～150 km程度と考えられる．沖積低地や埋め立て地などの軟弱地盤地帯では，震度V前後の震動から地盤の液状化現象が生じ，震度V以上になると地形変状が現れ，建造物の倒壊が起こる．

また，山地部でも震度V以上にみまわれた場合には，局所的に表層崩壊のような土砂災害の起きる恐れが生じ，土砂による直接被害の「一次災害」のほかに，流下した土砂が河川を閉塞させて，天然ダムを形成し，上流部を湛水させたりする．このようにして形成された天然ダムが決壊すると，下流域は通常の降雨による洪水とは比較できないような大規模な洪水となり，甚大な「二次災害」が発生する危険性も高い．

ただし，震度V程度の震動による崩壊の規模は，大きいものではなく，形成される天然ダムもそれにともなって規模は小さい．しかし，山地部が震度VI・VIIの震動にみまわれた場合，地質的に脆弱なところでは$M 7$級の地震時より広範囲にわたって表層崩壊が頻発し，土砂は土石流となって流下する恐れがある．

（3）海溝型巨大地震（mega trench type earthquake, $M 8.0～8.5$）

中部地方では，フィリピン海プレートが東南方向から潜り込んでいるため，南海トラフの地区で，マグニチュード$M 8.0～8.5$の巨大地震（$M 8.5$で兵庫県南部地震の50倍程度）が発生する危険性が高い．この地域での巨大地震は，元禄地震（1703, $M 7.9～8.2$）と宝永地震（1707, $M 8.4$）や，安政東海地震（1854, $M 8.4$）と安政南海地震（1854, $M 8.4$）のように連続して起こる可能性も高い．また，これらの大規模地震の後に，富士山などの活火山が噴火する可能性がある．宝永地震（1707.10.28）後には，宝永の大噴火と呼ばれる富士山の噴火（1707.12.16）が発生しており，火山灰が厚く堆積した富士山の東側（御殿場付近や酒匂川流域）では，多大の被害を蒙った．

海溝型巨大地震では，震源は陸地から比較的離れていることもあって，震度VIIの地域は地盤の弱い沖積地など，海岸線沿いにわずかに現れるか，ほとんど現れない場合も多い．しかし，震度V・VIの範囲は中部地方だけにとどまらないため，被害地域も極めて広範囲となる可能性がある．とくに，南海トラフが震源のような海溝性の巨大地震では，太平洋の海岸線に沿って津波災害（波高5～10 m）の起こる可能性が高い．この場合，海抜標高10 m以下と主要河川沿いに甚大な被害が発生する危険性が高い．また，震度VとVIの境界付近あたりから土砂災害の危険性が出てくる．

内陸部では土砂による直接の被害である「一次災害」のほかに，流下した土砂が河川を閉塞させて天然ダムを形成し，上流部を湛水させたりする．また，このようにしてできた天然ダムが決壊して，下流は大洪水となるなどの「二次災害」の恐れもある．

また，海岸線や内陸部における沖積地などの軟

弱地盤地帯では，液状化現象の起こる可能性がある．さらに，太平洋岸の海岸線沿いには重要な交通網が整備されているため，津波災害とともに土砂災害や地盤の液状化現象などによって，交通網が遮断され，社会経済的に重大な影響を与える可能性が大きい．

5.3 地震による土砂災害の発生要因

5.3.1 地震による土砂移動

今まで地震災害といえば，被害の大きな平野部の変状（砂地盤の液状化や地震の震動による変形）が注目されてきた．しかし，山国である日本では，地震にともなう山地の土砂災害も多く発生している．

地震による土砂移動は，山体の一部や山地斜面の表土の一部が震動により直接崩落したり，崩落した土砂が土石流や山津波となって流下する場合が多い．また，その後の降雨をきっかけに弛んだ斜面が崩壊したり，土石流が発生する場合もある．関東地震時のように，前日からの降雨（80〜100 mm）で斜面が飽和状態となり，非常に強い震動によって，山地斜面の20％にも及ぶ範囲が崩壊した事例もある．1995年の兵庫県南部地震では，平野部の大被害に比較して，山地部での土砂災害は比較的少なかった．これは，地震の起きた季節が冬季の乾燥した時期であったことが幸いしているのかもしれない．これらの崩壊地は1000 m³（50 mプール一杯分）以下の表層崩落型崩壊が多いのだが，中には1000万 m³（東京ドームの10杯分）以上の大規模崩壊も含まれている．

5.3.2 地震による崩壊の発生メカニズム

地震発生による崩壊は，豪雨に伴う崩壊と同じように，崩壊の規模によって，発生のメカニズムが異なると考えられている．図5.3.1に示したように，小規模な表層崩壊は，地震時に重力以外の加速度が加わることによって，表土が激しく震動され，土層を構成している粒子間の摩擦抵抗が減少して発生するものである．とくに，活断層が地表地震断層となって地表面に現れた場合には，断層沿いに崩壊が多く発生している．一方，大規模崩壊は，地質や岩盤構造，地下水の挙動など複雑な要因により，不安定化していた山体が震動のショックで一気に崩壊するものと考えられる．

5.3.3 地震の規模と土砂災害

過去の地震による大規模土砂災害を見ると，直下型地震では，$M 5.8$以上で土砂災害が発生し始めており，直下型地震では，$M 6.8$から7.3までの間に集中する（図5.3.2）．海溝型地震では，$M 8$近くにならないと，大規模な土砂災害は発生しない．

この違いは地震が発生する場所の違いによって，地表面の震動の仕方が異なることを示している．つまり，直下型の地震では，規模が小さくても震源の深さが浅く，土砂災害発生地点までの距離が短いので，震度が大きい（縦揺れも激しい）ため土砂災害が発生しやすいと考えられる．これに対して，海溝型の地震では，一般に規模が大きくても震源距離までの距離が長いため，土砂災害は比

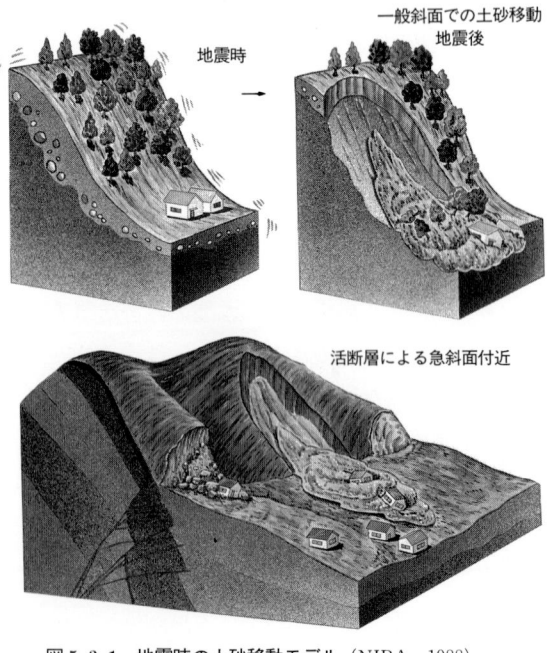

図5.3.1 地震時の土砂移動モデル（NIRA, 1988）

較的少ない．

図5.3.3によれば，震度Ⅴから土砂災害が発生し始め，震度Ⅵ，Ⅶの地域で土砂災害が多く発生している．

5.3.4 天然ダムの形成・決壊による土砂災害

地震や火山活動，集中豪雨などを誘因として，大規模で急激な土砂移動が発生し，河谷が堰き止められ，河川水が背後に貯留され，一時的に天然ダム（landslide dam）が形成される場合がある．堰止めた土砂が背後に貯留された水に対してかなり多ければ，関東地震（1923）時の震生湖のように，決壊せずに現在でも残っている場合もある．

しかし，一般にこれらの天然ダムは，堰止め土砂と貯留水との関係によって，ある時間後には決壊し，いわゆる鉄砲水や山津波（yamatunami, catastrophic debris flow）となって流下し，下流域に大きな被害を与えた事例が多く残っている．

急峻な大河川沿いの河谷には，国道や鉄道など重要な交通路が通っていることが多く，このようなところに天然ダムが形成されると，堰止め土砂と貯留水やその後の天然ダムの決壊によって，大きな被害が発生する危険性がある．天然ダムの形成とその決壊はその地点に重大な被害をもたらすだけでなく，下流地域や交通ネットワークの切断によって，非常に広い範囲に様々な影響を与えることになる．

大規模な地震や集中豪雨などが発生した場合，土砂移動による「一次災害」を防止することはほとんど不可能である．しかし，天然ダムが決壊して，下流域に被害を与えるという「二次災害」を防止することは，時間的に多少の余裕があるため，状況によっては可能である．このためには，形成された天然ダムが決壊するか・しないかの見通しを速やかに検討する必要がある．

天然ダムの発生件数は，発生規模の大小を制限せずに捉えるならば，非常に大きな割合になる．表5.1.1で天然ダムの発生件数は，39箇所になり，全体の約37％を占める．この表の中で特徴的なのは，ひとつの地震で複数の天然ダムが形成されている例が多いことである．天然ダムの継続時間が明らかな事例は13例しかない．継続時間の長さについてもバラツキが大きく，複数の要因により左右されるものと推定される．土砂崩壊による天然ダムは，本来形成後速やかに背後の水流により侵食，除去されるものであるが，条件によっては決壊，洪水を引き起こすことにもなりかねない．

図5.3.4は，天然ダムによる堰止め土量と湛水量及び継続時間の関係を見たものである．これによれば，堰止め土量（V_1）と湛水量（V_2）との間には，かなり良い相関がある．すなわち，V_1が大きいほど V_2 も大きくなる傾向がある．しかし，V_1 に対して V_2 の大きな天然ダムは決壊しやすくなっている．

一般に，決壊せずの回帰直線より下側の天然ダ

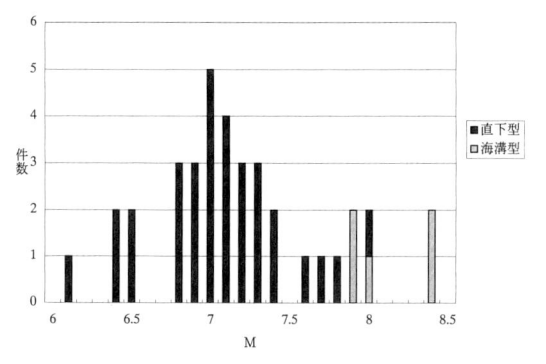

図5.3.2 大規模土砂移動の起因地震の種類と規模（マグニチュード）（建設省土木研究所，1995）

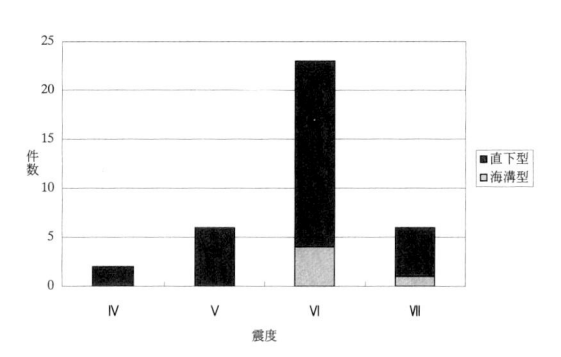

図5.3.3 大規模土砂移動の起因地震の種類と最大震度（建設省土木研究所，1995）

ムは決壊していない．決壊せずと継続時間 10^6 秒 (10日以上) の回帰直線より上側の天然ダムは遅れ早かれ決壊している．ダムファクター (dam factor, 堰止高 $H_1 * V_2$) が大きければ，決壊しやすくなる．また，上流からの平均流入量が小さければ，天然ダムはなかなか決壊しない．小規模な天然ダム（V_2 が小さく満水になる時間が短い）ほど，早く決壊している．

このような天然ダムによる災害事例と，ある時期に突発的に形成された天然ダムの形状を比較することにより，天然ダムが決壊するか否かの推定が可能となり，二次災害の防止に役立てることができると考えられる．

5.3.5 大規模土砂移動発生地点の地震加速度

5.3.3項でも説明したように，日本で用いられている気象庁震度階級（表1.2.1）によれば，山崩れが起き始め，地割れが生じる地震は，震度Ⅵの烈震からで，地震の加速度が 250 gal から 400 gal の範囲であるとされている（理科年表，1995）．大規模土砂移動の起因地震の最大震度分布では，震度Ⅵ以上が31地震と大部分を占める（全体の84％）が，震度ⅤやⅣでも土砂災害が発生している（全体に対して震度Ⅴは16％，震度Ⅳは5％）．崩壊発生地点での推定震度をみても震度Ⅴの範囲にあたる崩壊地点が少なくない．

図 5.3.5 に地震加速度の頻度分布を示した．Cornell（1968）の式によると，加速度の頻度は 1600 gal までの範囲内に約 96％がおさまる．そのなかでも 500〜600 gal，900〜1100 gal，1300〜1400 gal にピークがみられる．

5.3.6 土砂災害を発生させた地震と土砂災害地点との関係

図 5.3.6 は，震央から大規模土砂移動箇所までの距離の頻度分布で，震央から 50 km までの区

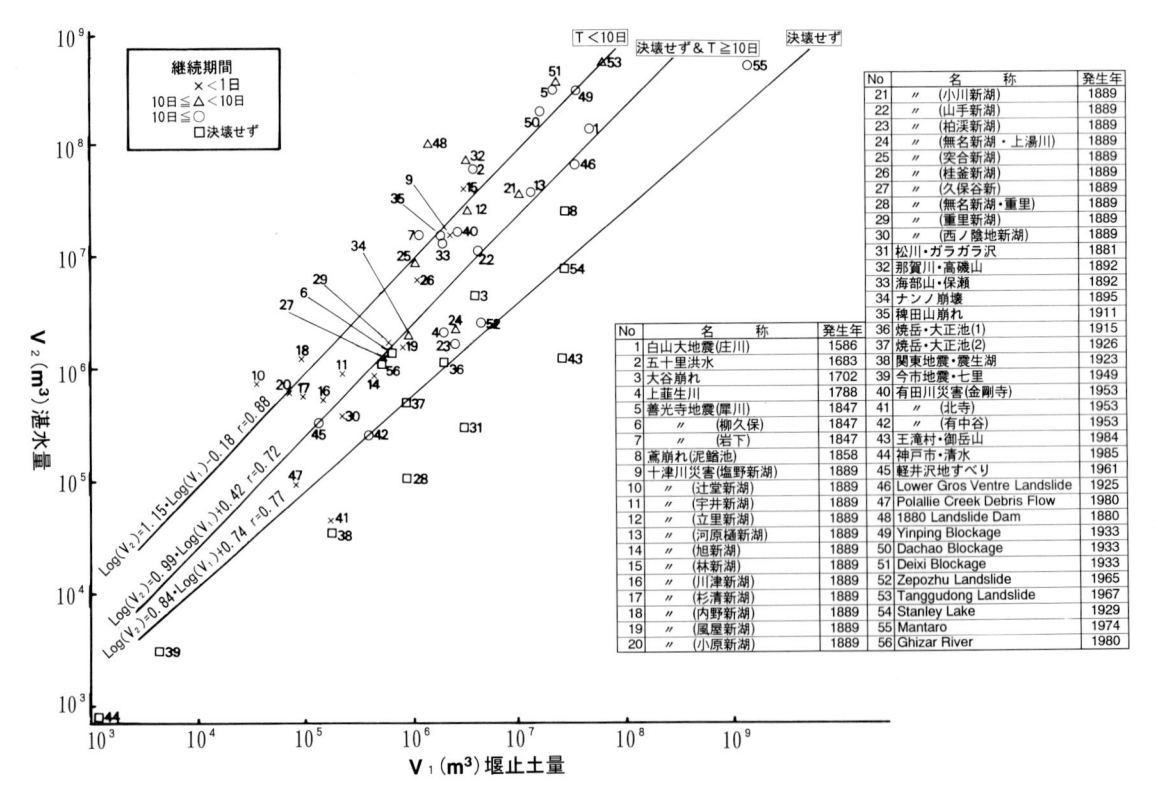

図 5.3.4 天然ダムによる堰止め土量と湛水量及び継続時間との関係（中部地建，1987）

第5章 地震による土砂移動の予測　117

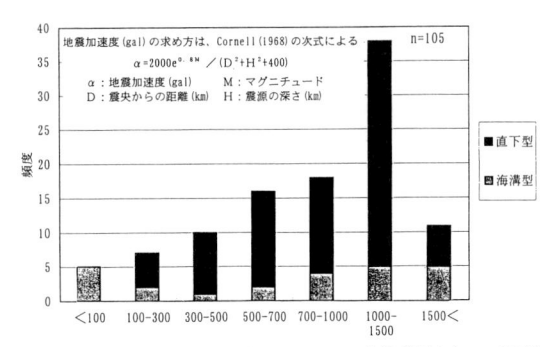

図5.3.5 地震加速度（gal）-震央と土砂移動箇所との距離
（建設省土木研究所，1995）

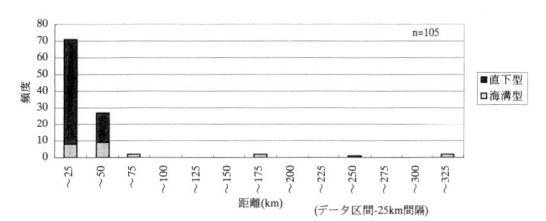

図5.3.6 震央から大規模土砂移動までの距離
（建設省土木研究所，1995）

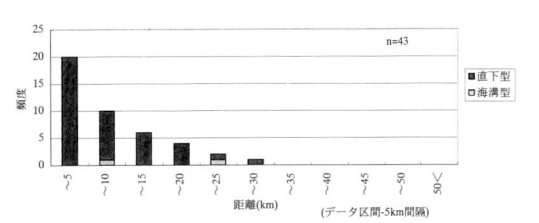

図5.3.7 地震断層から大規模土砂移動までの距離
（建設省土木研究所，1995）

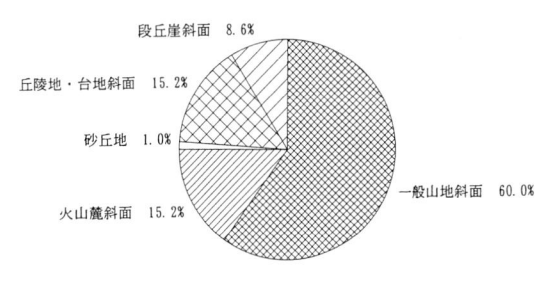

図5.3.8 大規模土砂移動が発生した地点の地形別位置
（建設省土木研究所，1995）

間に約93％が集まっている．とくに，5km〜30kmの区間に集中する傾向にある．図5.3.7は，地震断層から大規模土砂移動箇所までの距離の頻度分布である．大規模土砂移動の分布は，地震断層から30kmまでの範囲内にとどまっている．距離5kmまでのほぼ断層に近接する箇所がピークで，徐々に頻度を減じる傾向にある．距離10kmまでが全体の約70％を占めている．

図5.3.8は，大規模土砂移動が発生した箇所の地形別位置を分類したものである．地形は，地質構造，構成物質，地形発達などの観点より，砂丘地・段丘崖斜面・火山麓斜面・一般山地斜面・丘陵地・台地斜面の6種類に分類した．

一般山地斜面が全体の60％を占め，その次に火山麓斜面，丘陵地・台地斜面がそれぞれ15％を占める．日本統計年鑑（1988）によると，日本列島の地形区分別構成比は，平地以外で山地72.8％，丘陵地14.1％，台地13.1％である．土砂移動箇所の地形比率と比較すると，凡例の区分が異なるにしても，それほどの差異はないように見え，地形的な偏りはないといえる（土砂移動箇所の地形凡例で火山麓斜面は山地に，段丘崖斜面は台地に含まれるものとして比較をおこなった）．火山麓斜面で発生した島原四月朔地震，長野県西部地震などによる土砂移動箇所と他の地域と比較すると，同じ地震規模や震央との距離であっても火山麓斜面のほうが規模の大きな崩壊が発生する傾向にある．

図5.3.9は，大規模土砂移動が発生した斜面形状の分類を示している．斜面形状は，建設省急傾斜地判定マニュアルから，次に示すように横断形状と縦断形状から9種類の分類とし土砂移動位置の原斜面について該当する形状を当てはめた．なお，この斜面分類はRuke（1975）の図をもとに鈴木（1977）が等高線を入れて修正したものである．

垂直断面形（等高線と直角方向）による斜面分類
　　・凸形斜面・直線斜面・凹形斜面
水平断面形（等高線の平面形）による斜面分類
　　・尾根型斜面・直線斜面・谷型斜面
斜面分類
　　・凸形尾根型・直線尾根型・凹形尾根型
　　・凸形直線・直線斜面・凹形直線
　　・凸形谷型・直線谷型・凹形谷型

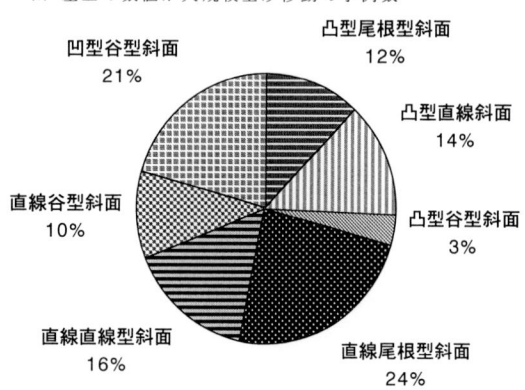

図5.3.9 地震に起因した大規模土砂移動箇所の斜面形状分類別発生頻度（建設省土木研究所，1995）

斜面形は，水平断面が尾根型，垂直断面が直線斜面形の直線尾根型斜面上で最も発生頻度が大きく14箇所，全体の約38％を占める．その他，凸型斜面と尾根型斜面，直線斜面が合成して形成される斜面に発生率が高い．

5.4 崩壊面積率による予測

ある規模の地震が発生した時に（地震後の降雨によるものを含めて），どの程度の崩壊が発生し，生産土砂量が増加するかを想定できれば，砂防計画上大変役に立つ．

表5.4.1は，主な地震の崩壊面積率（大村・戸塚・都築，1980を一部改定）である．調査方法や精度が異なるため，厳密な比較はできないが，地震後の崩壊面積率（rate of slope-failure area）を比較すると，濃尾地震(1891)，関東地震(1923)と北伊豆地震(1930)を除いて，いずれも崩壊面積率は1％以下となっている．

今仮に，崩壊深を1mと仮定すると，1km²当たりの生産土砂量は，表5.4.2のようになる．

建設省河川局監修(1997)の「改訂建設省河川砂防基準(案)計画編」の2.4計画で扱う土砂量によれば，計画流出土砂量は，土石流区域（標準面積1km²）の場合，表5.4.3のようになる．

したがって，大規模崩壊が発生せず，地震による新規崩壊地の面積率が1％以下であれば，生産

表5.4.1 主な地震の崩壊面積率（大村・戸塚・都築，1980，一部追加）

地震名	発生年	マグニチュード	崩壊面積率
関東地震	1923	M 7.9	30.0％
濃尾地震	1891	M 8.0	10.9％
北伊豆地震	1930	M 7.3	7.0％
伊豆半島沖地震	1974	M 6.9	1.0％
北海道南西沖地震	1993	M 7.8	0.7％
福井地震	1948	M 7.1	0.7％
伊豆大島近海地震	1978	M 7.0	0.6％
新潟地震	1964	M 7.5	0.3％

表5.4.2 崩壊面積率別の生産土砂量（砂防学会，1998）

崩壊面積率	崩壊深を1mと仮定した時の単位面積当たり生産土砂量
1％	1万 m³/km²
5％	5万 m³/km²
10％	10万 m³/km²
30％	30万 m³/km²

表5.4.3 地質別計画流出土砂量（建設省河川局，1997）

地質	1洪水当たりの流出土砂量
花崗岩地帯	5～15万 m³/km²/1洪水
火山噴出物地帯	8～20万 m³/km²/1洪水
第三紀層地帯	4～10万 m³/km²/1洪水
破砕帯地帯	10～20万 m³/km²/1洪水
その他の地帯	3～8万 m³/km²/1洪水

（地すべり型大規模崩壊の発生が予想されない場合）

土砂量の増加分は10%以下であろう．しかし，崩壊面積率が1%以上の地震では，崩壊面積率が高いだけでなく，大規模崩壊も各地で発生しているので，個別にきちんとした検討が必要である．

引用文献

Chorley, R. J., Schumm, S. A., Sugden, D. E., 大内俊二訳 (1995) 現代地形学, 古今書院, p. 692.

気象庁 (1983) 被害地震の表と震度分布図, p. 470.

井上公夫 (1993) 地形発達史からみた大規模土砂移動に関する研究, 京都大学農学部学位論文, p. 235.

井上公夫 (1998) 過去の地震災害事例からみた土砂移動現象と生産土砂量, 平成10年度砂防学会研究発表会講演集, p. 22-23.

井上公夫 (1999) 1792年の島原四月朔地震と島原大変後の地形変化. 砂防学会誌, 52巻4号, 45-54.

井上公夫・今村隆正 (1997) 島原四月朔地震 (1792) と島原大変, 歴史地震, 13号, p. 99-112.

井上公夫・今村隆正 (1998) 島原四月朔地震 (1792) と島原大変, 平成10年度砂防学会研究発表会講演集, p. 90-91.

井上公夫・今村隆正 (1998) 中部地方の歴史地震と土砂災害, ―主に天正地震 (1586), 濃尾地震 (1891) 時に発生した大規模土砂移動について―, 歴史地震, 14号, p. 57-68.

井上公夫・南哲行・安江朝光 (1986) 天然ダムによる被災事例の収集と統計的分析, 昭和62年度砂防学会研究発表会講演集, p. 238-241.

井上公夫・今村隆正 (1999) 高田地震 (1751) と上越海岸の土砂災害, 平成11年度砂防学会研究発表会講演集, p. 291-292.

古谷尊彦・奥西一夫・石井孝行・藤田崇・奥田節夫 (1984) 地震に伴う歴史的大崩壊の地形解析, 京大防災研年報, 27-B号, p. 387-396.

原義文・井上公夫・今村隆正 (1997) 天正地震及び濃尾地震に起因した大規模土砂移動, 平成9年度砂防学会研究発表講演集, p. 238-239.

原義文・田島靖久・井上公夫 (1998) 越美地域における濃尾地震以降に発生した大規模土砂移動 (2) ―特に, 石灰岩地帯の大規模崩壊について―, 平成10年度砂防学会研究発表講演集, p. 224-225.

金折祐司 (1999) 三つの沈縞伝説と伊勢湾断層の活動, 自然災害科学, 17巻4号, p. 327-338.

伯野元彦 (1992) 被害から学ぶ地震工学, ―現象を素直に見つめて―, 鹿島出版会, p. 156.

活断層研究会編 (1991) 新編日本の活断層―分布図と資料―, 東京大学出版会, p. 437.

気象庁 (1982) 改定日本付近の主用地震の表 (1962年〜1960年), 地震月報別刷6号.

建設省越美山系砂防工事事務所 (1999) 越美山系の地震と土砂災害―濃尾地震 (M 8.0とその後の土砂移動), p. 28.

建設省河川局監修・社団法人日本河川協会編 (1986, 97) 改定新版建設省河川砂防技術基準(案)同解説計画編, 第4章砂防計画の基本, 山海堂, p. 47-52.

建設省土木研究所 (1995) 平成6年度地震時の土砂災害防止技術に関する調査業務報告書 (その3) ―地震による土砂生産, 災害及び対策の検討―, 第2編大規模土砂移動編, p. 108.

建設省土木研究所 (1997)「地震による大規模土砂移動現象と土砂災害の実態に関する研究報告」, 土木研究所資料第3501号, p. 261.

建設省中部地方建設局 (1987) 昭和61年度震後対策調査検討業務, 天然ダムによる被災事例調査 (実例資料の統計的分析), (財)砂防地すべり技術センター, p. 145.

建設省中部地方建設局河川計画課 (1987) 天然ダムによる調査事例集, p. 119.

町田洋 (1984) 巨大崩壊, 岩屑流と河床変動, 地形, 5巻, p. 155-178.

町田洋・小島圭二・高橋裕・福田政巳 (1986) 自然の猛威, 岩波書店, p. 218.

松田時彦 (1990) 最大地震規模による日本列島の地震分帯図, 地震研彙報, 65号, p. 289-319.

松田時彦 (1995) 陸上活断層の最新活動期の表, 活断層研究研究, 13号, p. 1-13.

松田時彦 (1996)「要注意断層」の再検討, 活断層研究, 14号, p. 1-8.

松下忠洋 (1995) 山地は砂防で/活断層調査を進めよう, 砂防と治水, 104号, p. 10.

水山高久・石川芳治・福本晃久 (1982) 天然ダムの破壊と対策に関する研究, 土木研究所資料, 2744号, p. 182.

宮村忠 (1974-76) 山地災害, 1-5, 水理科学, 17巻6号, p. 100-53, 18巻3号, p. 84-113, 18巻5号, p. 34-48, 19巻2号, p. 74-102, 19巻6号, p. 56-74.

村上処直・伊藤和明 (1984) 地震と人―その破壊の実態と対策―, 同文書院, p. 232.

(社)日本電気協会 (1994) わが国の歴史地震被害一覧表, p. 772.

中筋章人・郡典宏 (1995) 兵庫県南部地震における斜面崩壊の実態, 砂防と治水, 104号, p. 21-26.

中田高・岡田篤正 (1990) 活断層詳細図 (ストリップマップ) の作成の目的と作成規準について, 活断層研究, 8号, p. 59-70.

Ruhe, R. V. (1975) Geomorphology, Boston, Mass., Houghton Mifflin. p. 246.

鈴木隆介 (1997) 建設技術者のための地形図読図入門, 第1巻 読図の基礎, 古今書院, p 200.

鈴木隆介 (1977) 基礎講座－現場技術者のための地形図読図入門－, 測量, 1977年7月号, p 50-59.

砂防学会 (1998) 平成9年度地震による伊豆半島の土砂災害調査業務委託報告書, p. 148.

寒川旭 (1992) 地震考古学, 中公新書, p. 251.

震災予防調査会 (1925) 震災予防調査会報告, 第百号 (乙), p. 11-86.

総合研究開発機構 (NIRA, 1988) 東京圏丘陵地の防災アセスメント, 一宅地災害カタログー, (株)地域開発コンサルタンツ, NIRA研究叢書, No. 880016, p. 141.

総理府地震調査研究推進本部地震調査委員会編 (1999) 日本の地震活動, ―被害地震から見た地域別の特徴―, 追補版, (財)地震予知総合研究振興会, p. 391.

田畑茂清・原義文・井上公夫 (1999) 濃尾地震 (1891) に起因した土砂移動の実態, 砂防学会誌 (新砂防), 52巻3号, p. 24-33.

田村俊和 (1978) 地震により表層崩壊型崩壊が発生する範囲について, 地理学評論, 51巻8号, p. 662-672.

宇佐美龍夫 (1987, 96)「新編日本被害地震総覧」, 及び［増補改定版416-1995］, 東京大学出版会, p. 434.

宇津徳治 (1979) 1885年〜1925年の日本の地震活動 －M 6以上の地震および被害地震の再調査, 地震研彙報, 54号, p. 253-308.

渡辺偉夫 (1983) 日本被害津波総覧, 東京大学出版会, pp. 216.

山口伊佐夫・川邉洋 (1982) 地震による山地災害の特性, 新砂防, 35巻2号, p. 3-15.

山田孝 (1995) 米国における地震に伴う土砂災害, 砂防と治水, 104号, p. 27-31.

第6章　土砂移動シミュレーション

6.1　はじめに

地震によって誘発された崩壊や地すべりの崩土の拡散，堆積範囲を予測する研究として Scheidegger (1973)，奥田節夫 (1974)，Moriwaki (1987) らによるエネルギー保存則をもとに考案されたモデルや芦田・江頭 (1985)，佐々 (1987) らによる運動量保存則をもとに考案されたものがある．

佐々 (1987) は準三次元的な崩土の到達範囲を予測する手法を開発したが，これは土塊内の微小要素に関する運動方程式を差分式の形に変換して解析をする方法である．さらに Nakamura et al. (1989) は佐々 (1987) の運動方程式の圧力項に新たな考え方を導入するとともに地震力を考慮した解析精度の高い手法を提案した．これは崩壊による土砂の移動から堆積にいたる一連の過程を定量的に計算することができるよう準三次元の崩壊土砂の運動をシュミレーションする手法で，この運動解析プログラムを LSFLOW と命名した．

LSFLOW は崩土がすべり面を境にして水路上を流れる非圧縮粘性流体の運動と考え，連続・運動方程式を解くことによる崩土の運動を再現するものである．運動方程式はナビエ・ストークスの方程式を用い，崩土の運動では鉛直方向の流れが水平方向の流れに比べて非常に小さいものと考えられるので，鉛直方向の流れを無視できると仮定して準三次元で計算する．

次に述べる計算手法の概要では LSFLOW の概要について紹介するが，最近では本プログラムも改良され，さらに複雑な地形条件にも対応できるような解析精度の高い計算ができるようになっている（郎 1998）．

6.2　計算手法の概要

6.2.1　解析式

LSFLOW では崩土を粘性流体の流れと仮定して扱う．

ナビエ・ストークスの式は

$$\rho \frac{D\vec{V}}{Dt} = -\nabla p + \mu \nabla^2 \vec{v} + \vec{F} \quad (6.2.1)$$

ここに，

$$\nabla = i\frac{\partial}{\partial x} + j\frac{\partial}{\partial y} + k\frac{\partial}{\partial z}$$

$$\nabla^2 = \frac{\partial^2}{\partial x^2} + \frac{\partial^2}{\partial y^2} + \frac{\partial^2}{\partial z^2}$$

上式を成分別に表示すると，

$$\rho \frac{Du}{Dt} = -\frac{\partial p}{\partial x} + \mu \nabla^2 u + F_x \quad (6.2.2\text{ a})$$

$$\rho \frac{Dv}{Dt} = -\frac{\partial p}{\partial y} + \mu \nabla^2 v + F_y \quad (6.2.2\text{ b})$$

$$\rho \frac{Dw}{Dt} = -\frac{\partial p}{\partial z} + \mu \nabla^2 w + F_z \quad (6.2.2\text{ c})$$

1）支配方程式

$u, v \gg w$ とし，u, v が鉛直方向に一様であると仮定する．さらに，鉛直方向の均合式において流体粒子の慣性力が重力加速度に比べて著しく小さいものとすると

$$\rho \frac{Du}{Dt} = -\frac{\partial p}{\partial x} + \mu \nabla_2^2 u + \frac{\partial \sigma_{zx}}{\partial z} + F_x \quad (6.2.3\text{ a})$$

$$\rho \frac{Dv}{Dt} = -\frac{\partial p}{\partial y} + \mu \nabla_2^2 v + \frac{\partial \sigma_{zy}}{\partial z} + F_y \quad (6.2.3\text{ b})$$

$$-\frac{\partial p}{\partial z} + F_z = 0 \quad (6.2.3\text{ c})$$

ここに， $\nabla_2^2 = \dfrac{\partial^2}{\partial x^2} + \dfrac{\partial^2}{\partial y^2}$

ここで，重力加速度を g_z（下向き正），地震力に起因する水平加速度を g_x, g_y（x, y の正の向きを正とする）とすれば，式(6.2.3)は，

$$\rho\left[\dfrac{\partial u}{\partial t} + u\dfrac{\partial u}{\partial x} + v\dfrac{\partial u}{\partial y}\right]$$
$$= -\dfrac{\partial p}{\partial x} + \mu\nabla_2^2 u \quad (6.2.4\text{ a})$$
$$+ \dfrac{\partial \sigma_{zx}}{\partial z} + \rho g_x$$

$$\rho\left[\dfrac{\partial v}{\partial t} + u\dfrac{\partial v}{\partial x} + v\dfrac{\partial v}{\partial y}\right]$$
$$= -\dfrac{\partial p}{\partial y} + \mu\nabla_2^2 v \quad (6.2.4\text{ b})$$
$$+ \dfrac{\partial \sigma_{zx}}{\partial z} + \rho g_y$$

$$-\dfrac{\partial p}{\partial z} + \rho g_z = 0 \quad (6.2.4\text{ c})$$

ここで，式(6.2.4 c)を z 方向に積分し，大気圧を 0 とすると，p_z について次の静水圧分布の式が得られる．

$$p = \rho g_z(H - z) \quad (6.2.5)$$

ここに，H は基準面から土塊の表面までの高さである．

次に，体積輸送量（流束）を次式で定義する．

$$\vec{Q} = M\vec{i} + N\vec{j} \quad (6.2.6)$$

ここに，$M = \int^h u\,dz, N = \int^h v\,dz$

ここで，$\vec{i}$, $\vec{j}$ は x および y 方向の単位ベクトルである．

さらに，式(6.2.4 a)，(6.2.4 b)を z 方向に積分して，ν（動粘性係数）$= \mu/\rho$ とすれば，次のような二次元場の方程式を得る．

$$\dfrac{\partial M}{\partial t} + u\dfrac{\partial M}{\partial x} + v\dfrac{\partial M}{\partial y}$$
$$= -g_z h\dfrac{\partial H}{\partial x} + g_x h \quad (6.2.7\text{ a})$$
$$+ \nu\nabla_2^2 M - \dfrac{\tau'_{zx}}{\rho}$$

$$\dfrac{\partial N}{\partial t} + u\dfrac{\partial N}{\partial x} + v\dfrac{\partial N}{\partial y}$$
$$= -g_z h\dfrac{\partial N}{\partial y} + g_y h \quad (6.2.7\text{ b})$$
$$+ \nu\nabla_2^2 N - \dfrac{\tau'_{zy}}{\rho}$$

前に $\mathrm{div}\,\vec{V} = 0$ を仮定したが，涵養量 $a(x, y, z, t)$ を考慮した非圧縮性流れに対する連続の条件は次式で与えられる．

$$\mathrm{div}\,\vec{V} = a(x, y, z, t) \quad (6.2.8)$$

上式を z 軸方向に積分する．ここで，涵養量は地表面でしか与えられないとすると

$$\dfrac{\partial h}{\partial t} = -\nabla\cdot\vec{Q} \quad (6.2.9)$$
$$+ a, (a = a(x, y, z = h, t))$$

よって，式(6.2.7)，(6.2.9)は 5 個の未知数 h, M, N, τ'_{zx}, τ'_{zy} を含む 3 個の方程式に帰着する．

次にまず，すべり面の抵抗則としてクーロンの基準を用いる．クーロンの抵抗則は次式で与えられる．

$$\tau' = c + \sigma\tan\phi \quad (6.2.10)$$

上式の σ に式(6.2.5)を代入すると，次式を得る．

$$\tau' = \rho g_z\left(\dfrac{c}{\rho g_z} + h\tan\phi\right) \quad (6.2.11)$$

ここで，式の形を整えるために $h_c = c/(\rho g_z)$ とおくと

$$\tau' = \rho g_z(h_c + h\tan\phi) \quad (6.2.12)$$

地すべり土塊がある速度で移動しているときは，土塊の運動方向の反対方向に抵抗力が作用するので，すべり面のせん断抵抗力の x, y 方向の成分はそれぞれ次のようになる．

$$\tau'_{zx} = \rho g_z(h_c + h\tan\phi)$$
$$\times \dfrac{u}{\sqrt{u^2 + v^2 + w^2}} \quad (6.2.13\text{ a})$$

$$\tau'_{zy} = \rho g_z(h_c + h\tan\phi)$$
$$\times \dfrac{v}{\sqrt{u^2 + v^2 + w^2}} \quad (6.2.13\text{ b})$$

よって式(6.2.7)，(6.2.9)は次のように表される．ただし，ここでは涵養量（土砂の供給等）は考慮しない．

$$\frac{\partial M}{\partial t} + \frac{\partial(uM)}{\partial x} + \frac{\partial(vM)}{\partial y}$$
$$= -g_z h \frac{\partial H}{\partial x} + g_x h + \nu \nabla_2^2 M \quad (6.2.14\,\text{a})$$
$$- g_z(h_c + h \tan\phi)$$
$$\times \frac{u}{\sqrt{u^2+v^2+w^2}}$$

$$\frac{\partial N}{\partial t} + \frac{\partial(uN)}{\partial x} + \frac{\partial(vN)}{\partial y}$$
$$= -g_z h \frac{\partial H}{\partial y} + g_y h + \nu \nabla_2^2 N \quad (6.2.14\,\text{b})$$
$$- g_z(h_c + h \tan\phi)$$
$$\times \frac{v}{\sqrt{u^2+v^2+w^2}}$$

$$\frac{\partial h}{\partial t} = -\left[\frac{\partial M}{\partial x} + \frac{\partial N}{\partial y}\right] \quad (6.2.14\,\text{c})$$

なお，クーロンの抵抗則以外に，ニュートン型の粘性抵抗則と一般に水の流れで使われているマニング型の抵抗則を考えると以下のようになる．

ニュートン型の粘性抵抗則の場合，

$$\tau'_{zx} = \rho \frac{\nu}{\delta} u \quad (6.2.15\,\text{a})$$

$$\tau'_{zy} = \rho \frac{\nu}{\delta} v \quad (6.2.15\,\text{b})$$

ここに，ν はすべり面の動粘性係数，δ はすべり面の厚さであり，ここではすべり面の動粘性係数を ν/δ で定義して，崩壊土砂の動粘性係数と区別することとする．

マンニングの抵抗則の場合，

$$\tau'_{zx} = \frac{\rho g n^2 u\sqrt{u^2+v^2}}{h^{1/3}} \quad (6.2.16\,\text{a})$$

$$\tau'_{zy} = \frac{\rho g n^2 v\sqrt{u^2+v^2}}{h^{1/3}} \quad (6.2.16\,\text{b})$$

ここに，n は粗度係数，h は水深（流動深）である．

6.2.2 離散化式

崩壊土砂の運動の支配方程式(6.2.14 a, b)および連続の方程式(6.2.14 c)の離散化は差分法によって行う．そのために，まず，(x, y) 空間を図 6.2.1 に示すように格子分割し，従属係数 M，

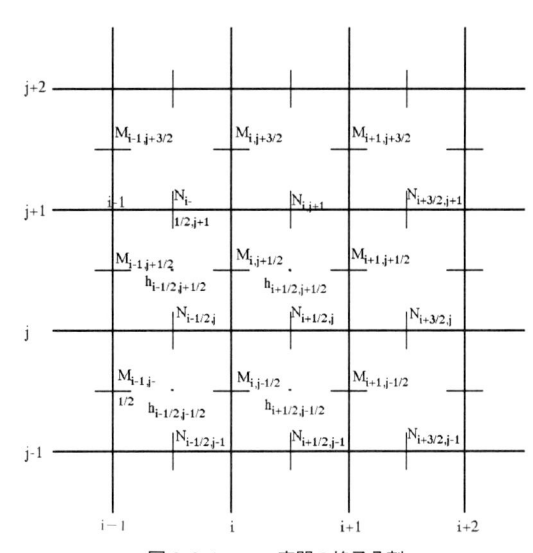

図 6.2.1　x, y 空間の格子分割

N を格子辺の中心で定義し，h を格子の中心で定義する．x, y の格子間隔及び t の時間間隔をそれぞれ Δx, Δy, Δt とし，差分化にあたって変数の右下に (x, y) 平面での位置を示す添字 i, j を，変数の右肩に時間ステップを示す添字 n を付することにする．

（1）運動の方程式

式(6.2.14 a, b)の差分化は，岩佐ら（1980）の方法を適用する．ただし，対流項は，計算の安定をはかるために風上差分法を採用する．

x 方向の運動方程式を離散化すると次式を得る．

$$\frac{M_{i,j+1/2}^{n+3} - M_{i,j+1/2}^{n+1}}{2\Delta t} + MX + MY \quad (6.2.17)$$
$$= MGZ + MGX + MNU + MF$$

対流項：

$M_{i,j+1/2}^{n+1} \geq 0$ のとき，

$$MX = u_1 \frac{M_{i,j+1/2}^{n+1} - M_{i-1,v_{j+1/2}}^{n+1}}{\Delta x} \quad (6.2.18\,\text{a})$$

$M_{i,j+1/2}^{n+1} < 0$ のとき，

$$MX = u_2 \frac{M_{i+1,j+1/2}^{n+1} - M_{i,j+1/2}^{n+1}}{\Delta x} \quad (6.2.18\,\text{b})$$

$v \geq 0$ のとき，

$$MY = v\frac{M^{n+1}_{i,j+1/2} - M^{n+1}_{i,j-1/2}}{\Delta y} \quad (6.2.19\text{ a})$$

$v<0$ のとき，

$$MY = v\frac{M^{n+1}_{i,j+3/2} - M^{n+1}_{i-1,j+1/2}}{\Delta y} \quad (6.2.19\text{ b})$$

ここに，

$$u_1 = \frac{M^{n+1}_{i,j+1/2} + M^{n+1}_{i-1,j+1/2}}{2h^{9+2}_{i+1/2,j+1/2}}$$

$$u_1 = \frac{M^{n+1}_{i,j+1/2} + M^{n+1}_{i-1,j+1/2}}{2h^{n+2}_{i+1/2,j+1/2}}$$

$$u_2 = \frac{M^{n+1}_{i+1,j+1/2} + M^{n+1}_{i,j+1/2}}{2h^{n+2}_{i+1/2,j+1/2}}$$

$$v = \frac{\frac{1}{4}(N^{n+1}_{i-1/2,j} + N^{n+1}_{i-1/2,j} + N^{n+1}_{i+1/2,j+1} + N^{n+1}_{i-1/2,j+1})}{\frac{1}{2}(h^{n+2}_{i+1/2,j+1/2} + h^{n+2}_{i-1/2,j+1/2})}$$

圧力項：

$$MGZ = -g_z\bar{h}\,\text{sign}\left(\frac{\partial H}{\partial x}\right)\left[\left|\frac{\partial H}{\partial x}\right| - \tan\phi_m\right] \quad (6.2.20)$$

ここに，

$$\bar{h} = \frac{h^{n+2}_{i+1/2,j+1/2} + h^{n+2}_{i-1/2,j+1/2}}{2}$$

$$\frac{\partial H}{\partial x} = \frac{H^{n+2}_{i+1/2,j+1/2} - H^{n+2}_{i-1/2,j+1/2}}{\Delta x}$$

$$H^{n+2}_{i+1/2,j+1/2} = h^{n+2}_{i+1/2,j+1/2} + \bar{z}_{Bi+1/2,j-1/2}$$

$$H^{n+2}_{i-1/2,j+1/2} = h^{n+2}_{i-1/2,j+1/2} + \bar{z}_{Bi-1/2,j-1/2}$$

$\text{sig}n(x): x\geq 0$ のとき 1, $x<0$ のとき -1

$[x]_+: x\geq 0$ のとき x, $x<0$ のとき 0

水平震度項：

$$MGX = g_x\frac{h^{n+2}_{i+1/2,j+1/2} + h^{n+2}_{i-1/2,j+1/2}}{2} \quad (6.2.21)$$

粘性項：

$$MNU = \frac{\nu}{2}\left[\frac{M^{n+1}_{i-1/2,j+1/2} + M^{n+1}_{i,j+1/2} - 2M^{n+1}_{i,j+1/2}}{(\Delta X)^2}\right.$$
$$\left. + \frac{M^{n+1}_{i,j-1/2} + M^{n+1}_{i,j+3/2} - 2M^{n+1}_{i,j+1/2}}{(\Delta y)^2}\right] \quad (6.2.22)$$

摩擦項：

$$MF = -g_z(h_c + \bar{h}\tan\phi_s)$$
$$\times \frac{M^{n+3}_{i,j+1/2} + M^{n+1}_{i,j+1/2}}{2\bar{h}} \quad (6.2.23)$$
$$\times \frac{1}{\sqrt{\bar{u}^2 + \bar{v}^2 + \bar{w}^2}}$$

ここに，

$$h_c = \frac{c}{\rho g_z}$$

$$\bar{h} = \frac{1}{2}(h^{n+2}_{i-1/2,j+1/2} + h^{n+2}_{i+1/2,j+1/2})$$

$$\bar{u} = \frac{M^{n+1}_{i,j+1/2}}{\bar{h}}$$

$$\bar{v} = \frac{1}{4\bar{h}}(N^{n+2}_{i-1/2,j} + N^{n+2}_{i+1/2,j+1} + N^{n+2}_{i-1/2,j+1})$$

$$\bar{w} = -(\bar{u}\tan\alpha + \bar{v}\tan\beta)$$

$$\tan\alpha = \frac{(z_{Bi-1,j} + z_{Bi-1,j+1}) - (z_{Bi+1,j} + z_{Bi+1,j+1})}{4\Delta x}$$

$$\tan\beta = \frac{(z_{Bi,j} - z_{Bi,j+1})}{\Delta y}$$

$$\bar{z}_{Bi+1/2,j+1/2} = \frac{z_{Bi,j} + z_{Bi+1,j} + z_{Bi+1,j+1} + 1 + z_{Bi,j+1}}{4}$$

$$\bar{z}_{Bi-1/2,j+1/2} = \frac{z_{Bi-1,j} + z_{Bi,j} + z_{Bi,j+1} + z_{Bi-1,j+1}}{4}$$

y 方向の運動方程式を離散化すると次式を得る．

$$\frac{N^{n+3}_{i+1/2,j} - M^{n+1}_{i+1/2,j}}{2\Delta t} + NX + NY$$
$$= NGZ + NGX + NNU + NF \quad (6.2.24)$$

対流項：

$u\geq 0$ のとき，

$$NX = u\frac{N^{n+1}_{i+1/2,j} - N^{n+1}_{i-1/2,j}}{\Delta x} \quad (6.2.25\text{ a})$$

$u<0$ のとき，

$$NX = u\frac{N^{n+1}_{i+3/2,j} - N^{n+1}_{i+1/2,j}}{\Delta x} \quad (6.2.25\text{ b})$$

$N_{i+1/2,j}\geq 0$ のとき，

$$NY = v_1\frac{N^{n+1}_{i+1/2,j} - N^{n+1}_{i+1/2,j-1}}{\Delta y} \quad (6.2.26\text{ a})$$

$N_{i+1/2,j}<0$ のとき，

$$NY = v_2 \frac{N_{i+1/2,j+1}^{n+1} - N_{i+1/2,j}^{n+1}}{\Delta y} \quad (6.2.26\,b)$$

ここに，

$$u = \frac{\frac{1}{4}(M_{i,j+1/2}^{n+1} + M_{i+1,j+1/2}^{n+1} + M_{i,j-1/2}^{n+1} + M_{i+1,j-1/2}^{n+1})}{\frac{1}{2}(h_{i+1/2,j+1/2}^{n+2} + h_{i+1/2,j-1/2}^{n+2})}$$

$$v_1 = \frac{N_{i+1/2,j}^{n+1} + N_{i+1/2,j-1}^{n+1}}{2 h_{i+1/2,j-1/2}^{n+2}}$$

$$v_2 = \frac{N_{i+1/2,j+1}^{n+1} + N_{i+1/2,j}^{n+1}}{2 h_{i+1/2,j+1/2}^{n+2}}$$

圧力項：

$$NGZ = -g_z \bar{h}\,\mathrm{sign}\!\left(\frac{\partial H}{\partial y}\right) \left[\left|\frac{\partial H}{\partial y}\right| - \tan\phi_m\right]_+ \quad (6.2.27)$$

ここに，

$$\bar{h} = \frac{h_{i+1/2,j+1/2}^{n+2} + h_{i+1/2,j-1/2}^{n+2}}{2}$$

$$\frac{\partial H}{\partial y} = \frac{H_{i+1/2,j+1/2}^{n+2} - H_{i+1/2,j-1/2}^{n+2}}{\Delta y}$$

$$H_{i+1/2,j+1/2}^{n+2} = h_{i+1/2,j+1/2}^{n+2} + \overline{Z}_{Bi+1/2,j+1/2}$$

$$H_{i+1/2,j-1/2}^{n+2} = h_{i+1/2,j-1/2}^{n+2} + \overline{Z}_{Bi+1/2,j-1/2}$$

$\mathrm{sign}(y): y \geq 0$ のとき 1，$y < 0$ のとき -1

$[y]: y \geq 0$ のとき x，$y < 0$ のとき 0

水平震度項：

$$NGY = g_y \frac{h_{i+1/2,j+1/2}^{n+2} + h_{i+1/2,j-1/2}^{n+2}}{2} \quad (6.2.28)$$

粘性項：

$$NNU = \frac{\nu}{2}\left[\frac{N_{i-1/2,j+1/2}^{n+1} + N_{i+3/2,j}^{n+1} - 2 N_{i+1/2,j}^{n+1}}{(\Delta x)^2} + \frac{N_{i+1/2,j-1}^{n+1} + N_{i+1/2,j+1}^{n+1} - 2 N_{i+1/2,j}^{n+1}}{(\Delta y)^2}\right] \quad (6.2.29)$$

摩擦項：

$$NF = -g_z(h_c + \bar{h}\tan\phi_s) \frac{\frac{N_{i+1/2,j}^{n+3} + N_{i+1/2,j}^{n+1}}{2\bar{h}}}{\sqrt{u^2 + v^2 + w^2}} \quad (6.2.30)$$

ここに，

$$h_c = \frac{c}{\rho g_z}$$

$$\bar{h} = \frac{1}{2}(h_{i+1/2,j-1/2}^{n+2} + h_{i+1/2,j+1/2}^{n+2})$$

$$\bar{u} = \frac{1}{4\bar{h}}(M_{i,j-1/2}^{n+1} + M_{i+1/2,j-1/2}^{n+1} + M_{i+1,j+1/2}^{n+1} + M_{i,j+1/2}^{n+1})$$

$$\bar{v} = \frac{N_{i+1/2,j}^{n+2}}{\bar{h}}$$

$$\bar{w} = -(\bar{u}\tan\alpha + \bar{v}\tan\beta)$$

$$\tan\beta = \frac{(z_{Bi,j-1} + z_{Bi+1,j-1}) - (z_{Bi,j+1} + z_{Bi+1,j+1})}{4\Delta y}$$

$$\tan\alpha = \frac{(z_{Bi,j} - z_{Bi+1,j})}{\Delta x}$$

$$\overline{z}_{Bi+1/2,j+1/2} = \frac{z_{Bi,j} + z_{Bi+1,j} + z_{Bi+1,j+1} + z_{Bi,j+1}}{4}$$

$$\overline{z}_{Bi+1/2,j-1/2} = \frac{z_{Bi,j} + z_{Bi+1,j} + z_{Bi+1,j-1} + z_{Bi,j-1}}{4}$$

（2）連続の式

連続の式(6.2.14)を離散化すると次式を得る．

$$\frac{h_{i+1/2,j+1/2}^{n+2} - h_{i+1/2,j+1/2}^{n}}{2\Delta t} + \frac{M_{i+1,j+1/2}^{n+1} - M_{i,j+1/2}^{n+1}}{\Delta x} + \frac{N_{i+1/2,j+1}^{n+1} - N_{i+1/2,j}^{n+1}}{\Delta y} = 0 \quad (6.2.31)$$

6.2.3 境界条件と移動境界法

式(6.2.17)，(6.2.24)，(6.2.31)によって，崩壊による崩壊土塊の運動を計算するには，境界条件を与えねばならない．崩土がすべり面上を滑動もしくは流動する過程では，崩壊土塊の移動とともに，崩壊土塊はその位置を時々刻々と変化させるので，崩土の周縁も移動することになる．した

がって，崩土の運動方程式の計算では，そのことを考慮に入れる必要がある．ここではそのために，斜面を遡上する津波の計算などで使われている手法を利用する．

この方法では，まず崩土の周辺から土砂が流入しないものとして，運動方程式を解く．崩土の堆積域の境界では，境界法線方向の流束がゼロであり，さらに境界の接線方向ではすべり壁の条件が適用できるものとすると，境界における変量は図6.2.2に示すもので与えられる．ここで土砂の堆積領域の周囲に境界格子を設けて，同図に示す関係式を適用すれば，6.2.2項で誘導した離散式がそのまま境界の計算に使用できることになり，計算が簡単になる．

次に，この土砂の堆積域から土砂が外に向かって流出するかどうかの計算をする．すなわち，土砂が堆積しているセルと未だ堆積していないセルとの間の土砂の流入出量を求める．この計算には，セル間の流量方程式が必要になる．セル間の流量方程式は式(6.2.20)，(6.2.27)の運動方程式に準拠して，次式で与えられるものと仮定する．

$$\frac{\partial Q}{\partial t} = -Cg_z h \, \text{sign}\left[\frac{\partial H}{\partial x}\right] \\ \times \left[\left|\frac{\partial H}{\partial x}\right| - \tan\phi_m\right] + g'h\frac{\tau}{\rho} \quad (6.2.32)$$

ここに，Qはセル間の流束であり，x方向ではMに方向ではNに一致するものである．また，Cはセル間の流出係数，g'はxあるいはy方向の水平加速度である．上式の右辺をmとおいて，離散化すると，

$$\frac{Q^{n+3} - Q^{n+1}}{2\Delta t} = m \quad (6.2.33)$$

ここに，mは圧力項，水平加速度，および抵抗項の和で表され，差分法による離散化式はx方向ではそれぞれ式(6.2.20)，(6.2.21)，(6.2.23)で与えられる．ここで，前の時刻$n+1$時刻では流束はゼロであるから，

$$Q^{n+3} = 2m\Delta t \quad (6.2.34)$$

x方向の境界条件

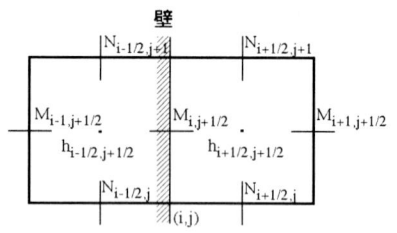

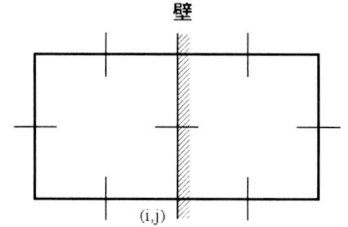

$M_{i,j+1/2} \leftarrow 0$ $h_{i-1/2,j+1/2} \leftarrow h_{i+1/2,j+1/2}$
$M_{i+1,j+1/2} \leftarrow -M_{i-1,j+1/2}$
$N_{i+1/2,j+1} \leftarrow N_{i-1/2,j+1}$
$N_{i+1/2,j} \leftarrow N_{i-1/2,j}$

$M_{i,j+1/2} \leftarrow 0$ $h_{i+1/2,j+1/2} \leftarrow h_{i-1/2,j+1/2}$
$M_{i+1,j+1/2} \leftarrow -M_{i-1,j+1/2}$
$N_{i+1/2,j+1} \leftarrow N_{i-1/2,j+1}$
$N_{i+1/2,j} \leftarrow N_{i-1/2,j}$

y方向の境界条件

$h_{i+1/2,j-1/2} \leftarrow h_{i+1/2,j+1/2}$
$N_{i+1/2,j} \leftarrow 0$
$N_{i+1/2,j-1} \leftarrow -N_{i+1/2,j+1}$
$M_{i,j-1/2} \leftarrow M_{i,j+1/2}$
$M_{i+1,j-1/2} \leftarrow M_{i+1,j+1/2}$

$h_{i+1/2,j+1/2} \leftarrow h_{i+1/2,j-1/2}$
$N_{i+1/2,j} \leftarrow 0$
$N_{i+1/2,j+1} \leftarrow -N_{i+1/2,j-1}$
$M_{i,j+1/2} \leftarrow M_{i,j-1/2}$
$M_{i+1,j+1/2} \leftarrow M_{i+1,j-1/2}$

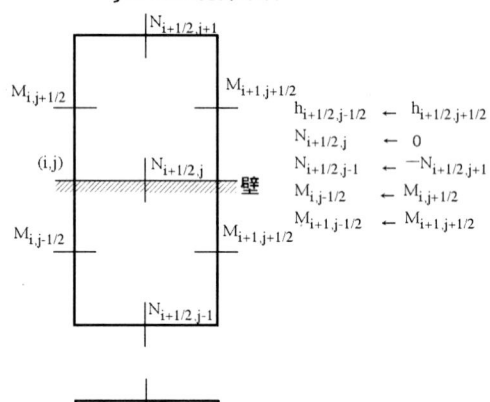

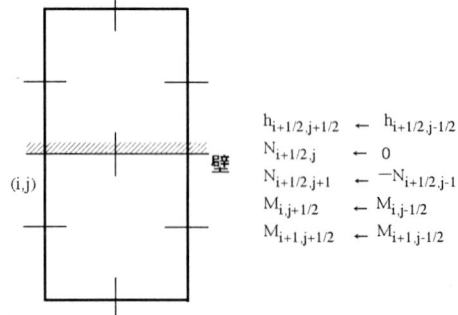

図6.2.2 境界条件の取り扱い

となる.

このようにして，土砂の堆積していないセル（空虚セル）への流入量が決まり，次の連続式より空虚セルの堆積土砂の厚さが計算される.

$$h = 2\Delta t \left[\frac{M_1 - M_2}{\Delta x} + \frac{N_1 - N_2}{\Delta y} \right] \quad (6.2.35)$$

ここに，M_1，M_2はx方向の流入・流出量，N_1，N_2はy方向の流入・流出量である.

(6.2.20)式では，$[|\partial h/\partial x| - \tan\phi_m]$という項が含まれている．この項は微小要素間で土砂の流出入があるかどうかを決定する項でもし$|\partial h/\partial x| - \tan\phi_m \geq 0$であれば$(|\partial h/\partial x| - \tan\phi_m)$の値をそのまま計算に用いて土砂の流出入を計算することになる．一方，$|\partial h/\partial x| - \tan\phi_m < 0$であれば$[|\partial h/\partial x| - \tan\phi_m]$の値をゼロとして計算することを示している．したがって，$|\partial h/\partial x| - \tan\phi_m < 0$である場合には圧力項自体がゼロとなり，微小要素間の土砂の流出入をより的確に評価することが可能となったものと考えられる.

6.3 解析事例

6.3.1 中木地すべり

1974年5月9日午前8時33分頃，伊豆半島沖に地震が発生した．この地震により伊豆半島南部の南伊豆町中木地区で崩壊が発生した．この崩壊は，長さ150m，比高約65m，幅50～70m，平均深さ20mで，約5万m³の土砂により死者，不明者27人，負傷者78人，家屋全壊16戸という多大な被害が生じた．気象庁によるとこの地震のマグニチュードは6.8，震央の位置は東経138.8°，北緯34.6°，震源の深さは20kmで，震度は石廊崎でVであった．主要動の継続時間は三島測候所の観測では約40秒であり墓石等の転倒により推定される崩壊地付近の地震加速度は水平310gal，鉛直210gal程度とされている.

崩壊地は伊豆半島南端に位置しており周辺は大部分が新第三紀中新世の火山岩類であり，崩壊地も新第三紀中新世の白浜層群の凝灰岩となってい

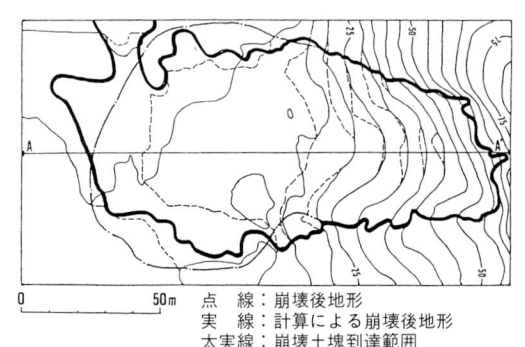

点 線：崩壊後地形
実 線：計算による崩壊後地形
太実線：崩壊土塊到達範囲
一点鎖線：計算による崩壊土塊到達範囲

図6.3.1 中木地すべり計算結果平面図

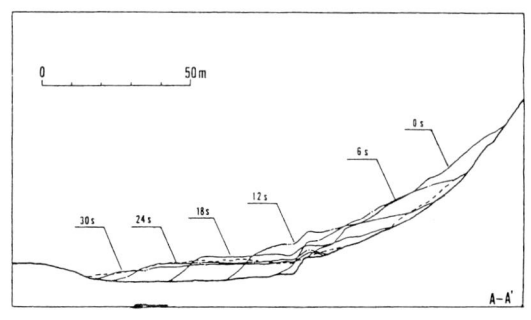

図6.3.2 中木地すべり-計算による地塊移動状況（断面図）

る．北方に約400mに震源と思われる石廊崎断層がWNW-ESE方向に伸びている．崩壊前後平面図（図6.3.1）をみると崩壊地の端部から海に向かって土砂が堆積している．この土砂は崩土を人為的に海側に押し出したものであり崩壊土砂が図のように移動したものではない.

計算における地震力は鉛直加速度71gal，水平加速度240gal，地震動継続時間1.65秒，周期0.17秒として与えた．計算メッシュは地図の等高線の間隔を考慮して5m幅で分割し崩壊域と堆積域を十分にカバーできる広さとした．計算は，すべり面摩擦角と土塊内の摩擦角を1度間隔でトライアルで計算した．その結果，すべり面摩擦角8°，土塊内の内部摩擦角10°という値を用いたときに崩壊後地形が最も類似した（図6.3.1，6.3.2参照）.

図6.3.1は崩壊後地形と計算結果地形を比較した平面図である．これをみると計算による土塊の到達範囲は実際の堆積状況と比較して，到達距離

に関しては中央測線 A-A' において一致している．土塊の横方向への広がり方は計算によるもののほうが大きくなっているが，これは危険範囲の予測に関して安全側になること，また，家屋の影響を考慮していないことを考えるとよく再現できている．計算では，地震発生から約 20 秒で完全に土塊が崩落後停止し，崩壊形態は図 6.3.2 にみられるように斜面上部から崩壊が発生し，下部斜面を押し出すように崩壊が進行していくという結果となった．

6.3.2 マディソン岩盤地すべり

1959 年 8 月 17 日に，Madison Rockslide はアメリカモンタナ州イエロー・ストーン公園ヘブゲン湖下流の Madison 河左岸で発生した．誘因はヘブゲン湖地震（M 7.1）である．この崩壊により幅 700 m に渡り Madison 川は崩土で埋められ，高さ 200 m のダムをつくり，川を 3 週間堰き止めた（Hadley, 1978）．

崩壊規模は長さ約 600 m，幅約 700 m，比高約 200 m，崩壊土量は 3800 万 m³ である．崩土の大半は 30～50 m のブロック化した岩塊で細粒物質は少ない．また崩土は対岸斜面に 150 m の高さまでのし上がった．

マディソン地すべり発生前後の計算に用いた地形立体図を図 6.3.3 に示す（郎，1998）．図 6.3.3（a）は地すべり発生前の地形を示している．図 6.3.3（b）は発生後の解析によって求められた崩土の拡散範囲を示す地形図を示している．崩壊地点から震央までの距離は 27 km で，崩壊地における推定震度は推定水平最大加速度は 245.2 gal，垂直最大加速度は 81.2 gal である．

地質は先カンブリア紀のドロマイト，片岩，片麻岩から成り，片理面は谷側へ 40°～50° 傾いている．ドロマイト層は割れ目の少ない良好な地盤であり，片岩，片麻岩の層は割れ目が多く，部分的に破砕や変質をうけ，深部まで風化していたところもある．崩壊は片岩，片麻岩を支えていたド

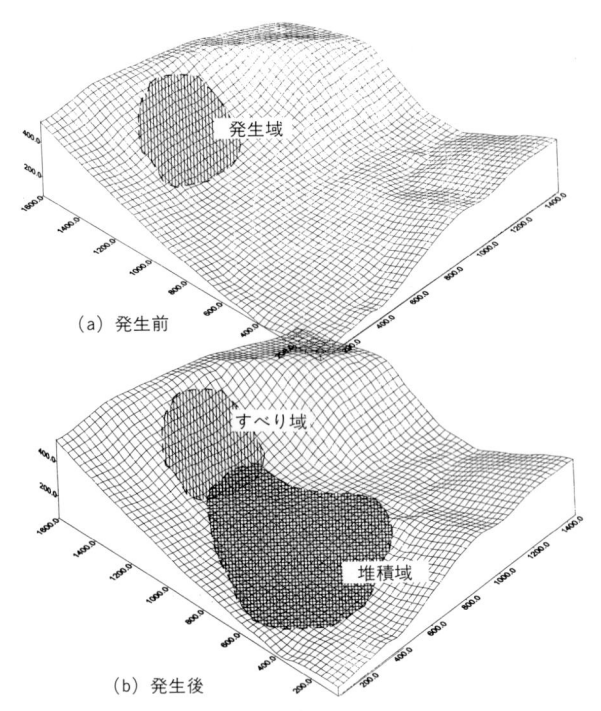

図 6.3.3 マディソン地すべり発生前地形（a）および発生後の計算地形（b）の立体図

ロマイトの層が崩れ，それにともない，片岩，片麻岩の層が崩れた．Madison 川は，ヘブゲンダム湖から比高 1000 m 前後の山地（Madison Range）を峡谷をつくって西流し，ミズウリ盆地の一角に出る．この山地は，北西－南東にのびる断層崖で，ミズウリ盆地にのぞんでいる．崩壊地は，上記山地の平原にのぞむ西端に位置し，Madison 川右岸に一見靴先状にのびた尾根を構成している．

計算に用いた地形メッシュ点数は 29×32 で，メッシュ幅は 50 m である．計算結果として ϕ_m は 10.0° を用いた場合が最もよく実際の地すべり後の地形を再現できた．

6.3.3 仁川地すべり

1995 年 1 月 17 日に淡路島北端部を震源として発生した直下型地震（M 7.2）は，神戸市街地を中心に甚大な被害をもたらした．また，人工地盤の液状化や崩壊，地すべりなどの地盤災害が多く発生した．

(a) 発生前

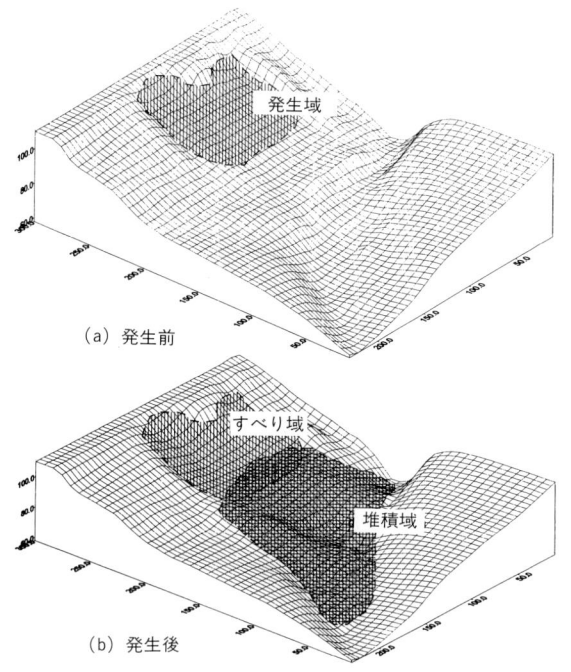

(b) 発生後

図6.3.4 仁川地すべりの発生前地形(a)および発生後の計算地形(b)の立体図

兵庫県南部地震により発生した地すべりの中で最も大規模な災害を引き起こしたものは仁川地すべりである．地震時により急速な地すべりを起こし，死者34人，埋没人家8戸という土砂災害となった．多量の崩土が仁川を堰き止め，天然ダムを形成した（佐々・他，1995）．

地すべり規模は長さ約175 m，幅約30 m である．崩壊土量は11～12万 m³ である．仁川地すべり発生前後の計算に用いた立体図を図6.3.4に示す（郎，1998）．図6.3.4（a）は地すべり発生前の地形を示している．図6.3.4（b）は発生後の解析によって求められた最大拡散範囲を示す立体図を示している．

斜面の地質は，斜面下部が花崗岩であり，斜面上部が軟質な地質である大阪層群の地層と，盛土（大阪層群の土砂と段丘堆積物，花崗岩の混ざったもの）とが存在し，一部に段丘堆積層が挟まっている．地すべり面は花崗岩の上の土層内に形成されている．

地すべり発生前の斜面の傾斜は20°弱であるが，地すべり運動時に発揮された平均的見かけの摩擦係数（崩壊高さと運動距離との比 H/L）は約0.18であった．この地すべりの特徴は運動中の平均の見かけの摩擦係数が小さく，その結果，高速運動が生じたことである（佐々・他，1995）．

地形メッシュ点数は30×23で，メッシュ幅は10 m である．計算した結果，ϕ_s は2.5°，ϕ_m は10.0°を用いた場合が最も良く実際の地すべり後の地形を再現できた．

6.3.4 党家岔地すべり

1920年12月16日に中国寧夏回族自治区で発生した M 8.5の海原地震（Haiyuan Earthquake）によって震央の南70 km の西吉地区では大規模な崩壊や地すべりが多数発生し，死者数は約24万人に達したが，そのうちの半数が地すべりによるものとされている．また，地震による地すべりによって40箇所以上の天然ダムが形成され，そのうち27箇所は現在も残っている（馮，1980）．

海原地震を起こした断層が約220 km にわたって延び，西吉は断層の上盤側にあたり，その被害状況は下盤側にくらべ甚大であった．西吉県の年平均降雨量は387 mm と少ないため，地すべり地は降雨による侵食をあまり受けず，発生から70年以上も経過したものとは思えないほど新鮮なままで残存している．

党家岔地すべり（Dangjiucha Landslide）は西吉の中心から西南西へ約40 km に位置する．この地すべりによって前面にあった河川を堰きとめ，この地震により発生した地すべり湖のうち最大のものを形成した（張・他，1995）．この地すべりは頭部で二つの地すべりに分かれ，その規模は延長約2.5 km，最大幅約1.0 km に達している．

この地震により誘発された地すべりの形態は共通の特徴がある．すなわち，黄土がその下の第三紀層の表面に沿ってすべり，地すべり土塊の表面には階段状の亀裂などいっさい見られず，その土塊全体が滑動体となって流動したことである．党

130

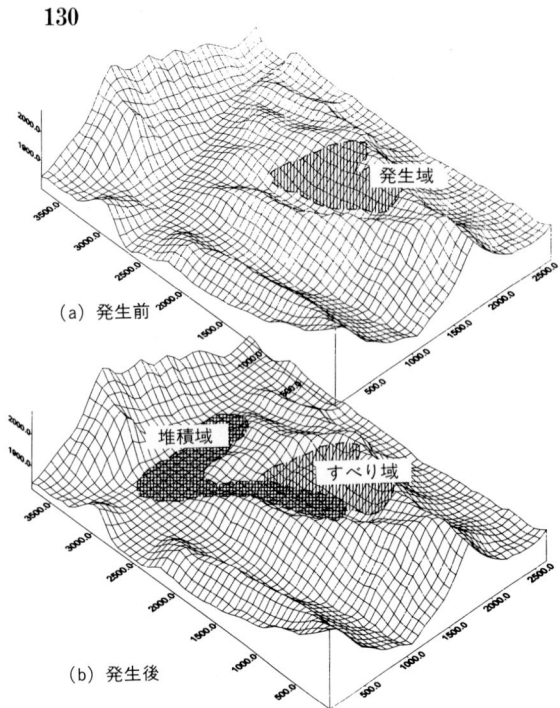

図6.3.5 党家岔地すべりの発生前地形(a)および発生後の計算地形(b)の立体図

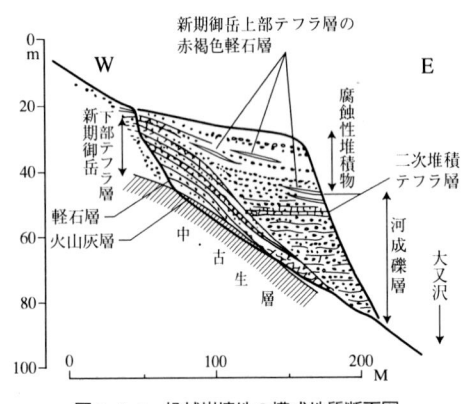

図6.3.6 松越崩壊地の模式地質断面図

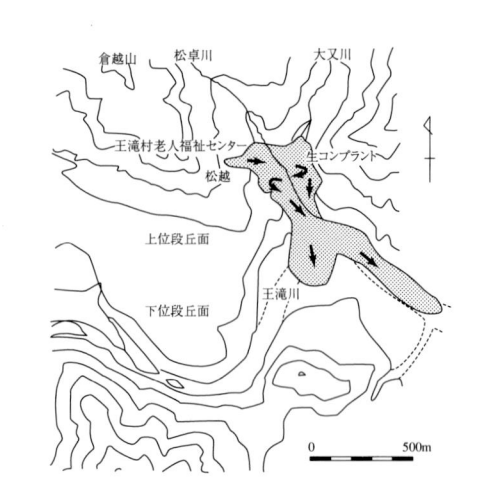

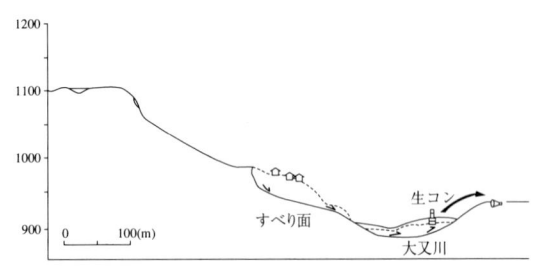

図6.3.7 松越地すべりの崩壊状況図

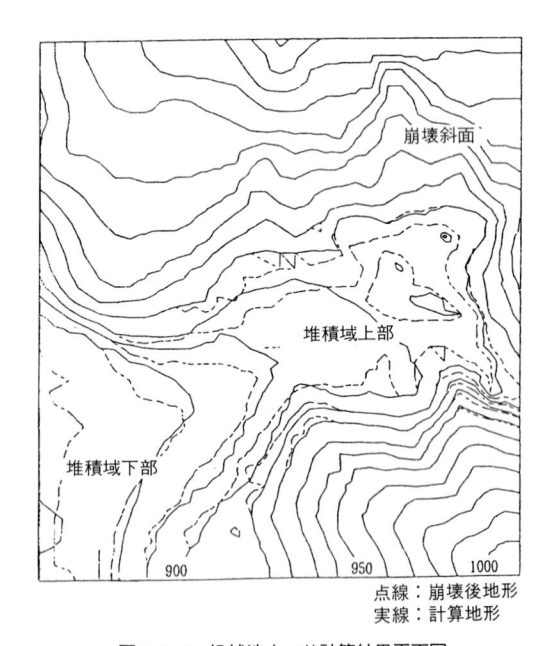

図6.3.8 松越地すべり計算結果平面図

家岔地すべり発生前後の計算に用いた立体図を図6.3.5に示す（郎，1998）．図6.3.5(a)は地すべり発生前の地形を示している．図6.3.5(b)は発生後の解析によって求められた最大拡散範囲を示している．

地形メッシュについて，メッシュ点数は41×29で，メッシュ幅は90.9mである．計算した結果，ϕ_s は8.0°，ϕ_m は10.0°である．

6.3.5 松越地すべり

1984年9月14日8時48分に長野県王滝村を中心とした直下型地震（長野県西部地震）が発生

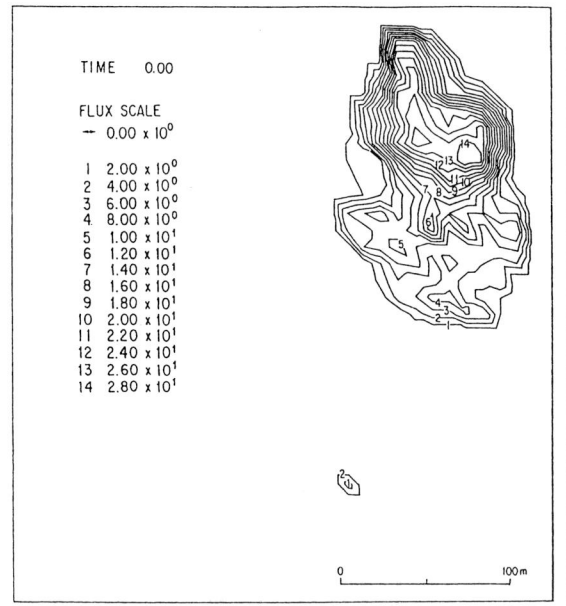

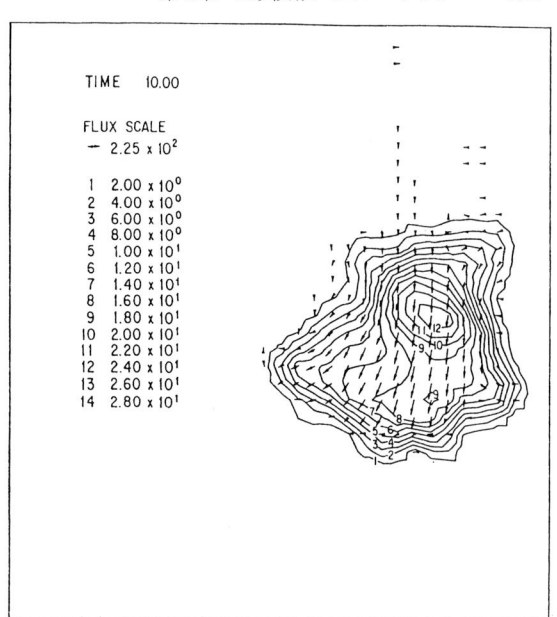

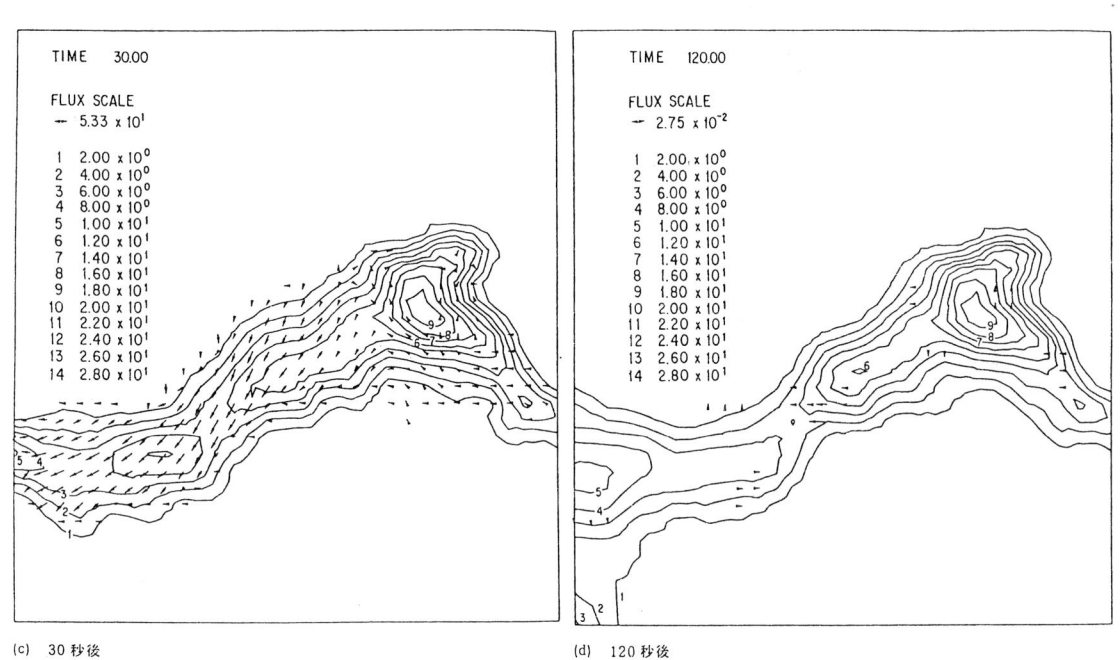

(a) 崩壊前　(b) 10秒後　(c) 30秒後　(d) 120秒後

図 6.3.9　松越地すべり―計算による土塊移動状況図（堆積土層厚の分布）

した．この地震により，御嶽山の山腹に大規模崩壊，松越地区の地すべり性崩壊，滝越地区の崩壊等，多数の土砂災害が発生し，家屋，人命ともに多大な被害をもたらした．長野県西部地震の概要はマグニチュード 6.9 で震度 6，震源地は東経 137.5° 北緯 35.8° の地点で深さは 10 km と発表されている．

今回，解析を行った松越地区の崩壊は大又川と松草川の合流点付近の大又川右岸に発達する松越段丘において発生している．崩壊地のある河岸段丘は木曾谷層上部の祖粒な河成礫層の堆積面に崖錐性岩屑層及び新期御嶽上部テフラ層の一部が載

っていて，表面が東へやや傾斜している．

崩壊地では美濃帯中古生層の泥岩・チャートと古期御嶽活動期の礫層からなる急斜面に沿って新期御嶽下部テフラ層の軽石層・火山灰層が風成で堆積し，低部では薄い亜角〜亜円礫層を挟んでいる．(図6.3.6参照)．

崩壊の規模は長さ約225 m，幅約170 m，最大深さ約30 mで崩壊土量は29万 m³ にもおよぶ．崩土は，図6.3.6のように大又川を越え，河床付近に設置されていた生コンプラントを対岸斜面に約35 m押し上げた．再び大又川に流下した崩土は，貯水位が低下して湖底の見えていた御嶽湖上流端域に流入し，崩壊域から約890 m離れた位置まで拡散した．

崩壊の状況は波状の痕跡を残していること，対岸斜面に乗り上げる様子がセメントミルクのそれに似ていたということから泥流状になっていたものと思われる．

計算における地震力は，鉛直加速度83 gal，水平加速度281 galを与えた．計算は，すべり面摩擦角1°，2.5°，5°，内部抵抗角10°，15°の値を組合せ，トライアルで計算した結果，すべり面摩擦角2.5°内部抵抗角10°，15°の場合にも最も良好な再現結果を得られた（図6.3.8参照）．

崩壊土塊の移動状況を移動土塊の厚さで図化した結果が図6.3.9である．この図を見ると崩壊した土塊が実際の場合と同様に対岸へ乗り上げ，再び大又川にもどり流下していった様子がよく再現されていることがわかる．計算結果から，崩壊土の停止までには50秒しか要さず非常に高速で移動した様子がうかがえる．

6.4 摩擦係数と運動様式

6.4.1 動的摩擦角と静的摩擦角

過去に地震や降雨などを誘因にして発生した崩壊や地すべりについて事例解析で示したような崩土のシミュレーションを実施し，崩土の運動に関与する物性値を推定した（郎・他，1998）．

ここで ϕ_s は崩土の運動時におけるすべり面での動的摩擦角，ϕ_m は崩土内における動的摩擦角，ϕ_c は崩壊発生源における崩壊発生時のすべり面の静的摩擦角である．この ϕ_c の値は斜面安定解析により別途計算されたものである．

全国20カ所の地すべりや崩壊について摩擦係数を推定し，取りまとめたものを表6.4.1に示す．また動的摩擦係数（$\tan\phi_s + \tan\phi_m$）と静的摩擦係数 $\tan\phi_c$ との関係を図6.4.1に示す．

図中の記号●，▲，■はそれぞれ地震，降水，

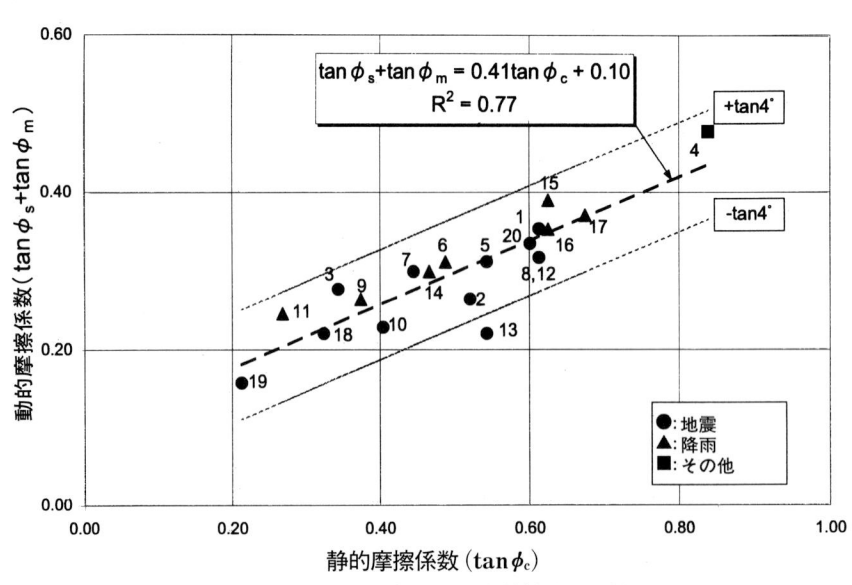

図 6.4.1　静的摩擦係数と動的摩擦係数の関係

第6章　土砂移動シミュレーション　133

表6.4.1　摩擦係数計算に用いた地すべりの解析結果（郎・他，1998）

No.	地すべり	所在地	発生日付	誘因	$tan\phi_s$	$tan\phi_m$	$tan\phi_c$	$tan\phi_s+tan\phi_m$	A
1	帰雲山	岐阜県	1586.01.18	地震	0.132	0.222	0.613	0.353	0.577
2	葛老山	栃木県	1683.10.20	地震	0.087	0.176	0.521	0.264	0.507
3	名立	新潟県	1751.05.21	地震	0.009	0.268	0.344	0.277	0.804
4	Frank	カナダ	1903.04.29	不明	0.012	0.466	0.839	0.479	0.570
5	つえ谷	高知県	1946.12.21	地震	0.044	0.268	0.543	0.312	0.574
6	金剛寺	和歌山県	1952.07.18	降雨	0.044	0.268	0.488	0.312	0.639
7	Madison	アメリカ	1959.08.17	地震	0.123	0.176	0.445	0.299	0.672
8	中木	静岡県	1974.05.09	地震	0.141	0.176	0.613	0.317	0.517
9	一宮	兵庫県	1976.09.13	降雨	0.087	0.176	0.374	0.264	0.706
10	寿山	宮城県	1978.06.12	地震	0.070	0.158	0.404	0.228	0.565
11	濁沢	新潟県	1980.12.30	降雨	0.105	0.141	0.268	0.246	0.917
12	酒勒山	中国	1983.03.07	降雨	0.141	0.176	0.613	0.317	0.517
13	松越	長野県	1984.09.14	地震	0.044	0.176	0.543	0.220	0.405
14	地附山	長野県	1985.07.26	降雨	0.105	0.194	0.466	0.299	0.642
15	焦家	中国	1989.03.15	地下水	0.141	0.249	0.625	0.390	0.624
16	上灘	中国	1992.03.21	地下水	0.141	0.213	0.625	0.353	0.565
17	促谷	滋賀県	1992.08.20	降雨	0.158	0.213	0.675	0.371	0.550
18	仁川	兵庫県	1995.01.17	地震	0.044	0.176	0.325	0.220	0.677
19	宝塚	兵庫県	1995.01.17	地震	0.070	0.087	0.213	0.157	0.741
20	党家岔	中国	1920.12.16	地震	0.141	0.194	0.601	0.335	0.557

$tan\phi_s$：すべり面の動的摩擦係数　　$tan\phi_m$：崩土の動的摩擦係数
$tan\phi_c$：すべり面の静的摩擦係数　　$tan\phi_s+tan\phi_m$：見かけの摩擦係数
A：$(tan\phi_s+tan\phi_m)/tan\phi_c$

その他の誘因による崩壊のデータである．点線は動的摩擦角と静的摩擦角との関係を示す線である．図から明らかなように，降水による地すべりの動摩擦角は関係線より上，つまり平均より大きい値を取っていることがわかる．これは降雨による地すべりの流動性は規模の小さい表層崩壊とは異なり，地震による大規模崩壊のそれより小さいことを示す．

降雨，地震などの誘因を考慮せずに，地すべり発生斜面のすべり面の静的摩擦角と崩土の動的摩擦角との関係を求め，次の関係式を得た．

$$\tan\phi_m+\tan\phi_s=0.41\tan\phi_c+0.10 \quad (6.4.1)$$

相関係数は0.77で，両者の間にはよい相関があると思われる．また，全データをほぼカバーするように，プラスマイナスtan 4°で2本の直線を引くと，図中の上限と下限の点線になる．

すなわち，(6.4.1)式より，±tan 4°の幅で，崩土の拡散範囲を予測するための値を設定できるものと考えた．これは崩土の拡散範囲を予測するとき，平均値のみならず，最大および最小拡散範囲を予測することはより意味の大きいことと思われるからである．

崩土の運動・堆積範囲を予測する場合，動的状態における摩擦角を予測することは非常に困難なため臨界静的内部摩擦角 ϕ_c を推定することによって動的な摩擦係数を概略推定し，再現計等を容易にすることができる．

事例計算によると，$(\tan\phi_s+\tan\phi_m)$ の値が一定でいれば，崩土の拡散範囲をシュミレーションした場合，すべり土塊はほぼ一定の場所に堆積する傾向があることがわかった．また ϕ_s と ϕ_m の間には，ϕ_m の値が大きいと ϕ_s の値が小さく，ϕ_m の値が小さいと ϕ_s の値が大きいという関係がある．

解析事例は少ないが参考までに降雨による地すべりのデータを抽出し，その関係式を求めると(6.4.2)式となる．

$$\tan\phi_s+\tan\phi_m=0.39\tan\phi_c+0.12$$
$$(6.4.2)$$

相関係数は0.90で，非常に良い相関がある．また，地震による地すべりデータを抽出し，その関係式を求めると(6.4.3)式となって

$$\tan\phi_s+\tan\phi_m=0.35\tan\phi_c+0.10$$
$$(6.4.3)$$

相関係数は 0.64 で，全データの場合と降雨による場合の相関係数より低い結果となった．誘因別の動的摩擦係数と静的摩擦係数の関係についてはさらに解析事項を増し，検討する必要があると考えられる．

6.4.2 崩土の物性と等価摩擦係数

崩土の到達範囲に地すべりや崩壊の形状や堆積状況が無関係で等価摩擦係数(equivalent coefficient of friction)によって決まるということが Scheidegger (1973) で示された．しかし，同様の検討を斜面形状などの条件を変えたモデル斜面において LSFLOW を用いて検討した結果，崩壊土砂量が変化しても ϕ_s, ϕ_m などの摩擦係数が等しければ等価摩擦係数は，ほとんど変化しないことが，また崩土の到達距離は等価摩擦が小さく，崩土の体積が大きいほど長くなることが明らかになった（図6.4.2）．

しかし図6.4.2は計算での結果であるが，実際の崩土の体積と等価摩擦係数について古谷(1996)が示しているように崩壊土量が大きくなると等価摩擦係数は小さくなり，崩壊土量が小さいと等価摩擦係数は大きくなる傾向がある（図6.4.3）．このことは斜面を構成する材料は同じでも崩土の体積によって等価摩擦係数が異なるということが考えられる．

計算では同一の体積を持つ材料ならば崩土の体積に関係なく等価摩擦係数は等しいことから，崩土の体積が大きくなると動的な摩擦係数を小さくするメカニズムが働くことが推定される．例えば，実際の崩壊や地すべりでは移動にともない崩土のすべり面や土塊内に崩壊土量が大きい場合には大きな過剰間隙水圧を発生させ，崩土の見かけの摩擦角 ϕ_s, ϕ_m を小さくすることが考えられる．

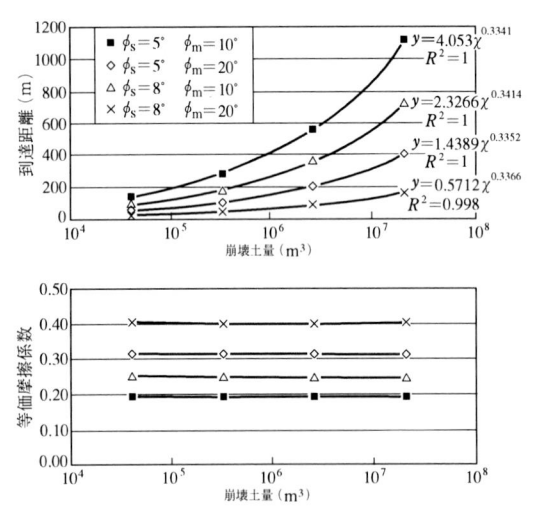

図 6.4.2 崩壊土量と到達距離および等価摩擦係数の関係

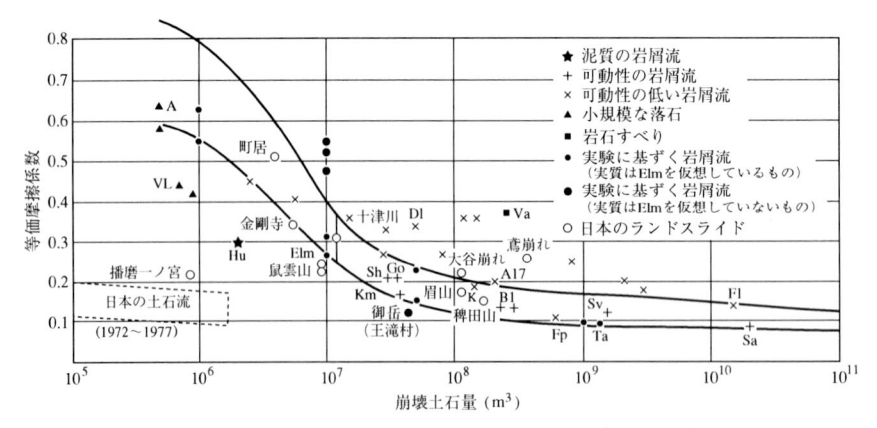

図6.4.3 世界と日本の大規模ランドスライドの崩壊土量と等価摩擦係数の関係
（奥田，1984 を修正（古谷））

A：エアロロ，LV：バァルラゴン，Hu：ワスカラン，Sh：シャーマン，Go：ゴルドウ，D：ダイタブレッツ，K：カンデルタル，Bl：ブラクホーク，F：フェルンパス，Ta：タミンス，Si：サイダース，A17：月面上のアポロ17，Va：バイオント，Eh：エンゲルベルク，Fl：フリムス，Fp：ヘルンパス，Pa：パルミラ，Sa：サイドマーラー．

引用文献

芦田和男・江頭進治（1985）斜面における土塊の抵抗則と移動速度，京都大学防災研究所年報，28号B-2，p. 297-307.

張得宣・竹内篤雄・佐々恭二（1995）1920年海原地震の際に発生したレス地すべりの運動特性，地すべり，32巻1号，p. 12-17.

古谷尊彦（1996）ランドスライド，古今書院，p. 124.

Hadley, J. B. (1978) Madison canyon rockslide, Montana, U. S. A., In Rockslides and Avalanches, Voight, B., Ed., Elsevier, Vol. 1, p. 167-180.

岩佐義郎・井上和也・水島雅文（1980）氾濫水の水理数値解析法，京都大学防災研究所年報，第23号B-2，p. 302-317.

馮学才・他（1980）一九二〇年海原大地震，地震出版社，p. 134.

Moriwaki H. (1987) Geomorphological prediction of the travel distance of a debris, *Proc. The China-Japan Field Workshop on Landslide, 1987*, Xian-Lanzhou, China, p. 79-84.

Nakamura H., Tunaki R., Ishihara S. (1989) Simulation model for debris movement of landslide, *Proc. of the Japan-China Symposium on Landslides and Debris Flows, Niigata*, p. 81-86.

奥田節夫（1984）歴史的記録からみた大崩壊の土石堆積状態の特性，京都大学防災研究所年報，27号B-1，p. 353-368.

郎煜華・中村浩之（1998）黄土地すべりのすべり面形状の特性と崩土の拡散範囲の予測，地すべり，34巻4号，p. 9-18.

郎煜華（1998）地震による崩壊の特徴と崩土の拡散範囲の予測に関する研究，東京農工大学学位論文，p. 20-22.

佐々恭二（1987）地すべり・斜面崩壊の運動予測，京都大学防災研究所年報，30号B-1，p. 341-357.

佐々恭二・福岡浩（1995）西宮市仁川地すべりと地震時地すべりの発生予測，兵庫県南部地震等に伴う地すべり・斜面崩壊研究報告書，p. 10-20.

Scheidegger, A. E. (1973) On the prediction of the reach and velocity of catastrophic landslide, *Rock Mechanics*, 5, p. 231-236.

第7章　米国における予測手法

7.1　はじめに

　北米における主な地震発生地域は北からアラスカ，カナダ，米国（アメリカ合衆国），メキシコに至る太平洋沿岸部に位置している．これらの地域では大規模な地震が頻発し，家屋や公共施設に大きな被害を与えており，地震およびその対策に関する調査・研究および対策の実施は日本と同様に世界的に見ても進んでいる．一方，北米の太平洋沿岸地域には北米大陸の背骨に当たるロッキー山脈などの急峻な山脈が走っており，このため，地震により斜面崩壊，地すべりなどの土砂災害が多く発生する状況は日本と同様である．そこで，北米のうちでもとくに地震が頻発し地震による土砂災害に関する調査・研究の進んでいる米国において地震にともなう土砂移動現象による災害および土砂移動現象の発生限界予測手法に関する文献・資料を収集し紹介する．これらの予測手法は日本における地震による土砂災害予測および災害防止対策の検討するための貴重な資料となる．

7.2　米国における地震発生メカニズム

　地震はその発生メカニズムにおいて，大きくは「プレート境界地震」(inter-plate earthquake) と「内陸型地震」(intra-plate earthquake) に分かれる．北米の太平洋沿岸地方に多発する大地震は「プレート境界地震」である．この「プレート境界地震」の発生域は，①プレートが生産される海嶺 (ridge)，②プレートが互いにすれ違う断裂帯 (fracture zone)，③プレートが地球内部に戻る沈み込み帯 (subduction zone) の3種類に区別される．北米の太平洋沿岸では，②のプレートが互いにすれ違う断裂帯において発生する地震が主であり，カナダからアメリカ本土およびメキシコに至る地域で発生する．この代表的なものとして，カリフォルニア (California) 州西岸を走る長さ1200 kmにも達するサンアンドレアス断層 (San Andreas fault) がある．また，一部に①のプレートが生産される海嶺においても地震が発生し，代表的なものはアラスカおよびアリューシャン列島付近で発生する地震である．

7.3　米国における地震による土砂災害の概要

　近年，米国において土砂災害を引き起こした大規模な地震を表7.3.1に示す（Keefer, 1984, Keefer 他, 1985, Keefer 他, 1989, Keefer, 1994）．表7.3.1からもわかるように米国で最も地震が頻発し，被害も大きいのはカルフォルニア州である．以下ではカリフォルニア州における20世紀の主な地震による土砂災害の概要を述べる（Wilson & Keefer, 1985, Harp 他, 1991, Jibson 他, 1994）．

7.3.1　1906年サンフランシスコ地震（San Francisco Earthquake）

　1906年のサンフランシスコ地震（M 7.7）では，北はアカタ（Acata）から南はキングシティ（King City）までの約32000 km^{2}の広い範囲にわたって多数の斜面移動現象が生じた．斜面移動現象は少なくとも11名の，おそらくは数十人の人々の命を奪い，建物，道路，橋梁，鉄道およびその他の施設に甚大な被害を与えた．地震による斜面移動現象とそれにともなう被害に関しては，Youd & Hoose (1978) が詳しく調査してまとめ

表 7.3.1 米国における近年の大規模地震と生産土砂量および斜面崩壊箇所数(Keefer, 1984, Keefer 他, 1985, Keefer 他, 1989, Keefer, 1994 より改変)

場所	発生年月日	モーメントマグニチュード	斜面崩壊による生産土砂量 (m^3)	斜面崩壊箇所数
カリフォルニア, San Francisco	1906.4.18	7.7	—	$>10^4$
カリフォルニア, Long Beach	1933	6.2	—	—
カリフォルニア, Imperial Balley	1940.3.19	7.1	—	$10^2 \sim 10^3$
ワシントン, Puget Sound	1949.4.13	7.0	—	$10^1 \sim 10^2$
カリフォルニア, Kern County	1952.7.21	7.5	—	—
カリフォルニア, Daly City	1957.3.27	5.3	$6.70\text{E}+04$	2×10^1
アラスカ, Southeast Alaska	1958.7.10	7.7	—	$10^3 \sim 10^4$
モンタナ, Hebgen Lake	1959.8.18	7.1	—	$10^2 \sim 10^4$
アラスカ, Alaska	1964.3.28	9.2	—	$>10^4$
ワシントン, Puget Sound	1965.4.29	6.5	—	$10^1 \sim 10^2$
カリフォルニア, Parkfield-Cholama	1966.6.28	6.2	—	$10^2 \sim 10^3$
カリフォルニア, San Fernando	1971.2.9	6.6	—	$10^3 \sim 10^4$
ハワイ, Honomu	1973.4.26	6.1	—	$10^1 \sim 10^3$
ハワイ, Kilauea	1975.11.29	7.1	—	$10^2 \sim 10^3$
カリフォルニア, Santa Barbara	1978.8.13	5.6	—	$10^1 \sim 10^2$
カリフォルニア, Homested Valley	1979.3.15	5.2	—	$10^1 \sim 10^2$
カリフォルニア, Coyote Lake	1979.8.6	5.4	—	$10^1 \sim 10^2$
カリフォルニア, Mount Diablo	1980.1.24	5.8	—	1×10^2
カリフォルニア, Mammoth Lakes	1980.5.25	6.2	$1.20\text{E}+07$	5×10^3
カリフォルニア, Coalinga	1983.5.2	6.5	$1.94\text{E}+06$	1×10^4
アイダホ, Borah Peak	1983.10.28	7.3	—	$10^2 \sim 10^3$
カリフォルニア, Loma Prieta	1989.10.17	7.0	$7.45\text{E}+07$	—
カリフォルニア, Northridge	1994.1.17	6.7	$>6.0\text{E}+06$	—

ている。

カリフォルニア海岸山脈の北部において卓越していたのは落石(rock fall)および土砂の崩落(soil fall), 岩のすべり(rock slide), 分散型土砂崩壊(disrupted soil slide), 土砂の回転すべり(soil slump)であった。落石, 土砂の崩落, 岩のすべりは海岸に沿う約 300 km の地帯と道路法面および急な谷壁斜面で発生した。落石により 1 名が亡くなった。多くの既存の土砂の回転すべりが地震により動いた。おそらく地震が雨期に発生したため, 地下水位が上昇して地すべり地の地下水位が上昇していたためと考えられる。岩の回転すべり(rock slump), 岩の直線すべり(block slide), 岩なだれ(rock avalanche), 速い土砂の流動(rapid soil flow)および遅い土砂の流動(slow earth flow)が海岸山脈でいくつか見られた。約数十万か 100 万 m^3 の岩なだれがサンフランシスコ南部のサンタクルーズ山地(Santa Cruz Mountains)で発生し, 少なくとも 10 名が亡くなった。

サンフランシスコの市街地をなしていた 3 つの地域(合計約 3 km^2)の, 緩い砂の埋め立て地(loose sandfill)では速い土砂の伸展(soil lateral spread), 地盤沈下(ground settlement)および地盤の液状化(soil liquefaction)が起こり大きな被害が発生した。多くの建物が壊れたが, その中でもベラニカストリートホテル(Velanica Street Hotel)の倒壊により数十名が亡くなった。ホテルが倒壊した原因の一つは建物の基礎地盤の伸展である。地盤の運動により水道の 2 本の幹線が切断され, これによる断水のために火災の消火ができずに火災の被害が増大した。サンフランシスコ郊外の沖積地, 洪積地では土砂の伸展が生じた。数 km にわたる堆積地では地盤の亀裂が生じたり, 地盤沈下が起こったり, 伸展が生じた。

7.3.2 1933 年ロングビーチ地震(Long Beach Earthquake)

1933 年のロングビーチ地震(M 6.2)による地すべり(landslide)や地盤の破壊(ground failure)には不明の点が多い。ロングビーチとニューポートビーチ(Newport Beach)の間の海岸付近では人工埋め立て地(manmade fill)は湿った砂や泥により被われた。ロングビーチの市

街地では舗装が乱れ，盛土の水路の堤防ではおそらく伸展により 100 mm の亀裂が生じた．ロングビーチとコンプトン (Compton) の間の人工盛土および良く締め固まっていない堆積物地帯では土砂の回転すべりが生じた．土砂の回転すべりおよび伸展により局地的な被害が生じた．液状化による噴砂がニューポートビーチ，ハンチントンビーチ (Huntington Beach)，アラミトス・シールビーチ (Alamitos-Seal Beach)，サンタアナ (Santa Ana) 川の河口，ボルサチカ (Bolsa Chica)，カブリロビーチ (Cabrillo Beach) そしてコンプトン (Compton) 地区で発生した．山地において落石や形態がはっきりしない斜面移動現象がロスアンゼルス (Los Angeles) 郡を中心として，南はサンクレメンテ (San Clemente)，北西はアナカパ (Anacapa) 島の谷で発生した．

7.3.3 1952年ケルン郡地震 (Kern County Earthquake)

1952年のケルン郡地震 (M 7.5) およびその余震により南西シエラネバダ (Sierra Nevada) 山脈，テハチャピ (Tehachapi) 山脈，サンガブリエル (San Gabriel) 山脈において数百の斜面崩壊が発生した．斜面崩壊の中には，落石，岩のすべり，土砂の流動，分散型土砂崩壊，既存の粘土質の深いすべりの再活動が含まれる．このような斜面崩壊は多くのハイウェイを数週間通行止めにし，いくつかの谷をせき止めて小さな天然ダムを生じさせた．活断層のずれが生じた場所の近くの斜面では（おそらく地震動が大きかったために，大部分は再活動型の地すべりではあるが）地すべりが集中して発生した．落石は地震断層から遠いビンセント (Vincent) とパサデナ (Pasadena) の間のアンゼルス (Angeles) 森ハイウエイにおいても起こった．

サンホアオキン (San Joaquin) 谷の低地では，アービン (Arvin) とマリコパ (Maricopa) の間の数百 km² の範囲で地割れが生じた．土砂の回転すべり，土砂の直線すべり，および伸展により生じたものも含む地割れは農地や建物の基礎に重大な被害を与えた．深いすべりは震央に近いハイウェイや橋の取り付け部の盛土に対しても軽微な被害をもたらした．地震による斜面崩壊の被害が生じた範囲はおよそ 7000 km² に及んだ．

7.3.4 1971年サンフェルナンド地震 (San Fernando Earthquake)

1971年のサンフェルナンド地震 (M 6.6) による地すべりは活断層による地割れの北方の山地の 250 km² に集中しており，さらに，震央から南へパロスベルデス半島までおよび東はサンガブリエル (San Gabriel) 山脈までの約 3000 km² において分布している．これらの斜面崩壊による被害は少なくとも1億3500万ドルにのぼった．

この地震によって数百の落石，岩の回転すべり，土砂の崩落，分散型土砂崩壊，岩なだれ，土砂の回転すべりが生じた．密な集塊岩，片麻岩，花崗岩からできている急な崖や道路の切土法面においては落石が多く生じていた．河岸の緩いあるいはわずかに固化した砂や砂礫の斜面では土砂の崩落が発生した．1 m よりも薄いシルト質や粘土質の緩い不飽和土では分散型土砂崩壊や表土の崩落が発生した．大部分の岩の回転すべりは既往のすべり箇所で生じた．土砂の回転すべりは細粒の土砂による道路盛土および橋梁の取り付け部で起こり，このような道路のり面の被害は1984年当時で1200万ドルに達した．地すべりはカールホルトン (Karl Horton) 幼年学校およびオリーブビウ (Olive View) 病院でも起こった．

フォンノーマン (Von Norman) 湖では速い土砂の伸展が生じた．そのうちの最大のものはサンフェルナンド (San Fernando) 幼年学校，シルマ (Sylmar) 変電所，付近のハイウェイ，鉄道，パイプライン等の施設に1984年当時で5800万ドルの被害を与えた．この伸展は沖積層の緩いシルトおよび砂からなり一部が水面下にあり飽和

していたため，液状化したものと推定された．この伸展の平均地盤傾斜角は約1.5°であった．

　大きな被害を与える可能性のある液状化による地すべり（liquefaction-induced landslide）が下流フォンノーマンダム（Von Norman Dam）で起こった．この地すべりはダムの強度を低下させたために下流に住む約8万人の人々が一時避難した．このダムの復旧には1984年当時で6600万ドルの費用を要した．このダムは1912年から1940年にかけて，アースフィルタイプのダムとして建設されたが，被害を受けたのはこの本体の盛土部分であった．

7.3.5　1978年サンタバーバラ地震（Santa Barbara Earthquake）

　1978年のサンタバーバラ地震（$M\ 5.6$）はゴレタ（Goleta）岬沖約4 kmの海底で起こった．この地震により，約200 km²の範囲にわたって数十の落石，岩のすべり，土砂の崩落が散発的に起こった．これらの斜面崩壊はサンタイネツ（Santa Ynez）山地の急な道路法面およびゴレタ岬近くの海岸段丘崖に限られていた．地質は基本的には固結度の低いあるいは密着した亀裂のある堆積岩かそれらを起源とした崩積土（colluvial soil）および残積土（residual soil）である．これらの斜面崩壊は大部分がほんの数m³である．サンマルコス（San Marcos）峠の近くの最大の落石，それが唯一の被害を出したものだが，その土砂量は約100 m³であり，ハイウェイ154号を約30時間不通にした．

　エルウッド（Elwood）近くの土砂の回転すべりも地震によるものとされている．この地すべりは掘削した岩や土砂および丸太によってつくられた緩い鉄道盛土でおこり，その地震のほんの数分後に通過した貨物列車を脱線させた．カリフォルニア大学サンタバーバラ校でも，ゴレタ湿地の堤防の緩い粘土の盛土で伸展が起こった．

7.3.6　1989年ロマプリータ地震（Loma Prieta Earthquake）

　ロマ・プリータ地震（$M\ 7.1$）は1989年10月17日にカリフォルニア州サンフランシスコ南約100 kmのロマプリータ（Loma Prieta）で発生した直下型地震である．この地震により，サンフランシスコ湾にかかるベイブリッジ（Bay Bridge）が損壊し，オークランド（Oakland）を走る二階建高速道路が倒壊するなど大きな被害が発生した．

　土砂災害に関しては，サンフランシスコ南部の標高1000 m前後のサンタクルーズ山地（Santa Cruz Mountains）で地すべり・斜面崩壊が発生し，山地内にある家屋や道路に被害が発生した．また，太平洋岸の急な海食崖でも斜面崩壊が多数発生した．この付近の地質は主に第三紀～第四紀の砂岩・頁岩であり，サンタクルーズ山地では古い地すべりが再活動し，土砂・岩盤の回転すべりや遅い土砂の伸展が多数発生した．また，サンタクルーズ市街地を流れるサンローレンツ（San Lorenzo）川では堤防にも亀裂が走るなどの被害が発生した．

7.3.7　1994年ノースリッジ地震（Northridge Earthquake）

　ノースリッジ地震（$M\ 6.7$）は1994年1月17日にカリフォルニア州ロスアンゼルスより約20 km北のノースリッジ（Northridge）で発生した地震である．

　この地震により，震央を中心とした約1万km²の範囲内で多数の地すべりや斜面崩壊が発生し，道路，上下水道，送電線等に被害を与えた．特に，震央北西部のサンタスサーナ（Santa Susana）山地やサンタクララ（Santa Clara）峡谷の北側の1000 km²の地域に地すべりや斜面崩壊が集中して発生した．これらの地域は構造運動のために地形は起伏が激しく，地質も新第三紀の弱固結および未固結の堆積岩からなりさらに破砕

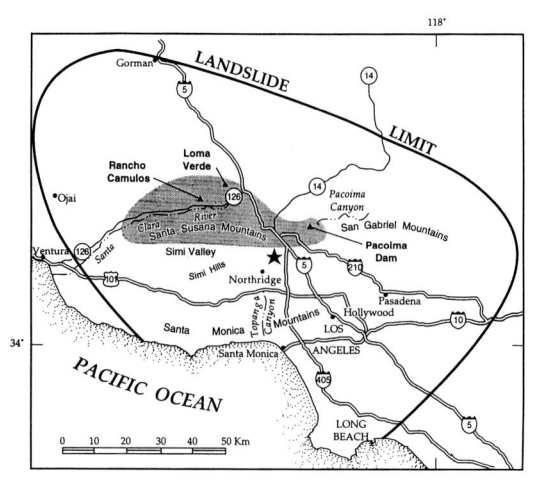

図7.3.1 ノースリッジ（Northridge）地震（星印が震央）により土砂移動現象が発生した最遠範囲（太い実線）と土砂移動現象が集中した範囲（網掛けの範囲）
（Harp & Jibson, 1995）

表7.4.1 地震による斜面における土砂移動現象の分類
（Keefer, 1984）

	大区分		小区分	
Land-slides in rock	(A)分散型崩壊 disrupted slides and falls		rock falls rock slides rock avalanches	（落石） （岩のすべり） （岩なだれ）
	(B)一体型すべり coherent slides		rock slumps rock block slides	（岩の回転すべり） （岩の直線すべり）
Land-slides in soil	(A)分散型崩壊 disrupted slides and falls		soil falls disrupted soil slides soil avalanches	（土砂の崩落） （分散型土砂崩壊） （表土の崩落）
	(B)一体型すべり coherent slides		soil slumps soil block slides slow earth flows	（土砂の回転すべり） （土砂の直線すべり） （遅い土砂の流動）
	(C)伸展，流動 lateral spreads and flows		soil lateral spreads rapid soil flows subaqueous landslides	（速い土砂の伸展） （速い土砂の流動） （水面下での地すべり）

されていたために脆弱であったためと考えられる。このため、急勾配の山腹斜面では分散型土砂崩壊や崩落（disrupted slides and falls）が広い範囲にわたって発生した。また、数は少ないものの、大規模な岩のすべりも発生した。その中でも、サンタクララ峡谷北部の山地で発生したパンチョカムロス（Pancho Camulos）地すべりは長さが約600 m、幅約200 m、平均厚さ約50 mで、土砂量は約600万 m^3 にも達した。図7.3.1にこの地震により斜面崩壊が発生した最遠範囲と斜面崩壊が集中した範囲を示す（Harp他, 1995）。

7.4 土砂移動現象の発生限界予測

7.4.1 土砂移動現象の分類

地震による土砂移動現象（以下では広い意味でのlandslide）の発生限界を知ることは地震による土砂災害発生の予測と対策の検討にとって重要である。土砂移動現象の範囲は地震の規模により異なることは容易に想像のつくところであり、これまで地震の規模としてはマグニチュード（magnitude）あるいはモーメントマグニチュード（moment magnitude）等が用いられ、これらの指標と土砂移動現象の発生範囲、発生箇所数等との関係が米国の研究者によって積極的に研究さ

れてきている。ここではこれらの研究の成果を紹介する。

以下では地震による斜面における土砂移動現象（landslide）の分類は基本的にはバーンズ（Varnes, 1978）による（Keefer, 1984）。表7.4.1に示すように分類の基本は、材料（material）；岩（rock）、土砂（soil）、運動形態（type of movement）；崩落（fall）、トップリング（topple）、回転すべり（rotaional slide, slump）、直線すべり（translational slide）、伸展（lateral spread）、流動（flow）、移動材料の分離度（internal disruption ratio）；（高い、低い）、すべりの深さ（depth）；（薄い、厚い）、および移動速度（velocity）；（非常に遅い〜非常に速い）である。

世界における40個の地震による土砂移動現象の調査では、地震により起こりやすい現象は、落石（rock fall）、分散型土砂崩壊（disrupted soil slide）、岩のすべり（rock slide）である（Keefer, 1984）。

7.4.2 地震のマグニチュード

地震の大きさを表す指標として、マグニチュード（M：magnitude）が一般に用いられている。マグニチュードは1935年に地震学者リヒター（Richter）によって定義されたもので、震央から100 km離れた場所に設置されたウッド・アンダ

ーソン型地震計（Wood-Anderson seismograph）（振子の固有周期0.8秒，減衰定数0.8，基本倍率2800倍）の記録した最大震幅（ミクロン）の常用対数で表すと定義されている．しかし，リヒターの定義したローカルマグニチュード M_L（Richter local magnitude）では震源が深い場合には適切でないなどの問題があり，現在では修正を加えたものが用いられている．

現在では，浅い地震では表面波を測定して得られる表面波マグニチュード M_S（Richter surface-wave magnitude），深い地震では実体波を得られる測定して実体波マグニチュード m_b（body wave magnitude）を用い，日本では，周期5秒程度以下の波の最大震幅を用いる気象庁マグニチュード M_J が用いられている．

地震が大きくなるにつれて地震波の長期周期成分が卓越してきていわゆるマグニチュードの飽和が起こる．m_b（周期1秒程度）では $M6\sim7$ で，M_J（周期5秒まで）では $M7.5$ で，M_S（周期20秒まで）では $M8$ 程度から飽和が始まる．このため，大規模な地震に対しては，地震モーメント M_0 の対数をとった，モーメントマグニチュード M_W（moment magnitude）が用いられている．

Keefer（1984）らは，マグニチュード M として比較的小規模な地震に対しては M_S を用い，$M \geq 7.5$ の比較的大規模な地震に対してはモーメントマグニチュード M_W（金森，1977）を用いている．また，$M \geq 5.5$ 以下の小規模な地震については，リヒターのローカルマグニチュード M_L を用いている．

7.4.3 土砂移動現象を起こす最小のマグニチュード

Keefer（1984）によれば，米国における，土砂移動を起こす最小のマグニチュードは4.0であり，一般的なマグニチュードと土砂移動現象の種類の関係は次のようである．

① $M_L ≒ 4.0$：落石，岩すべり，土砂の崩落，分散型土砂崩壊
② $M_L ≒ 4.5$：土砂の回転すべり，土砂の直線すべり
③ $M_L ≒ 5.0$：岩の回転すべり，岩の直線すべり，遅い土砂の流動，速い土砂の伸展，速い土砂の流動，水面下の地すべり，（液状化）
④ $M_S ≒ 6.0$：岩なだれ
⑤ $M_S ≒ 6.5$：土砂なだれ

7.4.4 土砂移動現象が発生する地域の面積とマグニチュード

Keefer（1984）は世界における30個の地震による土砂移動現象（landslide）の発生範囲とマグニチュードの関係を調査して，図7.4.1を得た．図7.4.1より，マグニチュードにより最大の土砂移動現象発生範囲の面積がほぼ推定できる．

7.4.5 地震による土砂移動現象が起こる地点と震央および地震断層からの最大距離とマグニチュード

Keefer（1984）は世界における40個の地震のデータを基に，震央（epicenter）および地震断層（seismic fault）から地震による土砂移動現象（landslide）が起こった地点までの最大距離とマグニチュードの関係を分析した．この際に，土砂移動現象を表7.4.1に示すように，(A)：disrupted slides and falls（分散型崩壊や崩落），(B)：coherent slides（一体型すべり），(C)：lateral spreads and flows（伸展および流動）の3種に区分した．

各区分ごとおよびそれらをまとめて，震央から土砂移動現象発生最遠地点までの距離（Re）とマグニチュード（M）の関係を図7.4.2に，地震断層から土砂移動現象発生最遠地点までの距離（Rf）とマグニチュードの関係を図7.4.3のように示した．Re および Rf の最小マグニチュード（発生限界マグニチュード）は(A)(B)(C))区分において，それぞれ，$M ≒ 4.0$，$M ≒ 4.5$，$M ≒$

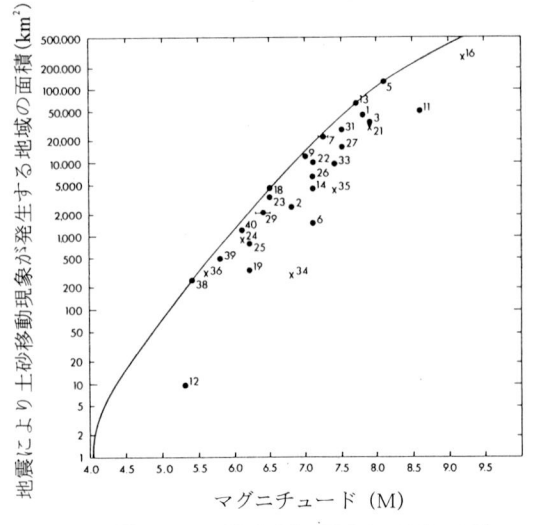

図7.4.1 地震による土砂移動現象が発生する地域の面積とマグニチュード（Keefer, 1984）（●印は陸地で発生した地震を，×は海中で発生した地震を示す．横線はマグニチュードの範囲，実線はおおよその上限を表す線．図中の番号は表（省略）中の地震番号を表す．）

5.0である．図7.4.2Cと図7.4.3C中の一点鎖線はそれぞれ栗林と龍岡（1975, 1977）による日本におけるおよびYoud and Perkins（1978）による世界の液状化現象の発生した地点の最遠点の上限値である．なお，図7.4.3に示す26個の地震のうち6個の地震では余震の震央を地震断層からの距離として用いている．

7.4.6 地震の震度と土砂移動現象

従来，日本の気象庁では，人体感覚，周囲の物体・構造物および自然界への影響を基に気象庁の職員が判断する震度（seismic intensity）0～Ⅶの8段階の震度が用いられてきたが，1995年の兵庫県南部地震を契機として，震度計を基にして計る0～Ⅶまでを10段階で表す計測震度を用いるようになった．ただし，国際的には統一された震度階はなく，アメリカやヨーロッパでは，改正メルカリ震度階（MMI：Modified Merical Intensity）（12段階）が用いられている．メルカリ震度階は1931年にWood and Neumannにより提案され，1958年にRichterにより改正された．

Keefer (1984) は，(A)：Disrupted slides and falls（分散型崩壊や崩落），(B)：Coherent slides（一体型すべり），(C)：Lateral spreads and flows（伸展および流動）の3種の区分ごとに，これらの土砂移動現象が発生する最低の改正メルカリ震度階（MMI）の分布を調査し，図7.4.4に示した．日本の震度階と基準が異なるため，単純には比較はできないが，MMIが最低Ⅳ以上で土砂移動現象が発生しており，最頻値は震度Ⅵ，Ⅶである．

7.4.7 地震にともなう土砂移動現象による土砂量の予測

Keefer & Wilson (1989) は南北アメリカ，インド，ニュージーランド，ニューギニアで発生した10個の大地震による土砂移動現象による土砂移動量を基に，地震の規模（マグニチュード）から全体の土砂移動量を推定する式(7.4.1)を求めた．

$$\log_{10} V = 1.44 M_w - 2.34 \quad (7.4.1)$$

ここに，Vは地震による土砂移動現象の全土砂量（m³），M_wは地震のモーメントマグニチュード（moment magnitude）である．

一方，地震の強さを表す指標として，地震モーメントM_0があり，これは金森（1977）による式(7.4.2)により計算できる．

$$M_0 = \mu D S \quad (7.4.2)$$

ここに，M_0は地震モーメント（seismic moment），μは地震が発生した場所の岩石の硬さ（剛性率；rigidity），Dは断層面上の平均的な断層変位量（fault slip），Sは断層破壊面積（rupture area）である．

なお，M_wとM_0の関係はHanksと金森（1979）により式(7.4.3)で表される．

$$M_w = 2/3 \cdot \log_{10} M_0 - 10.7 \quad (7.4.3)$$

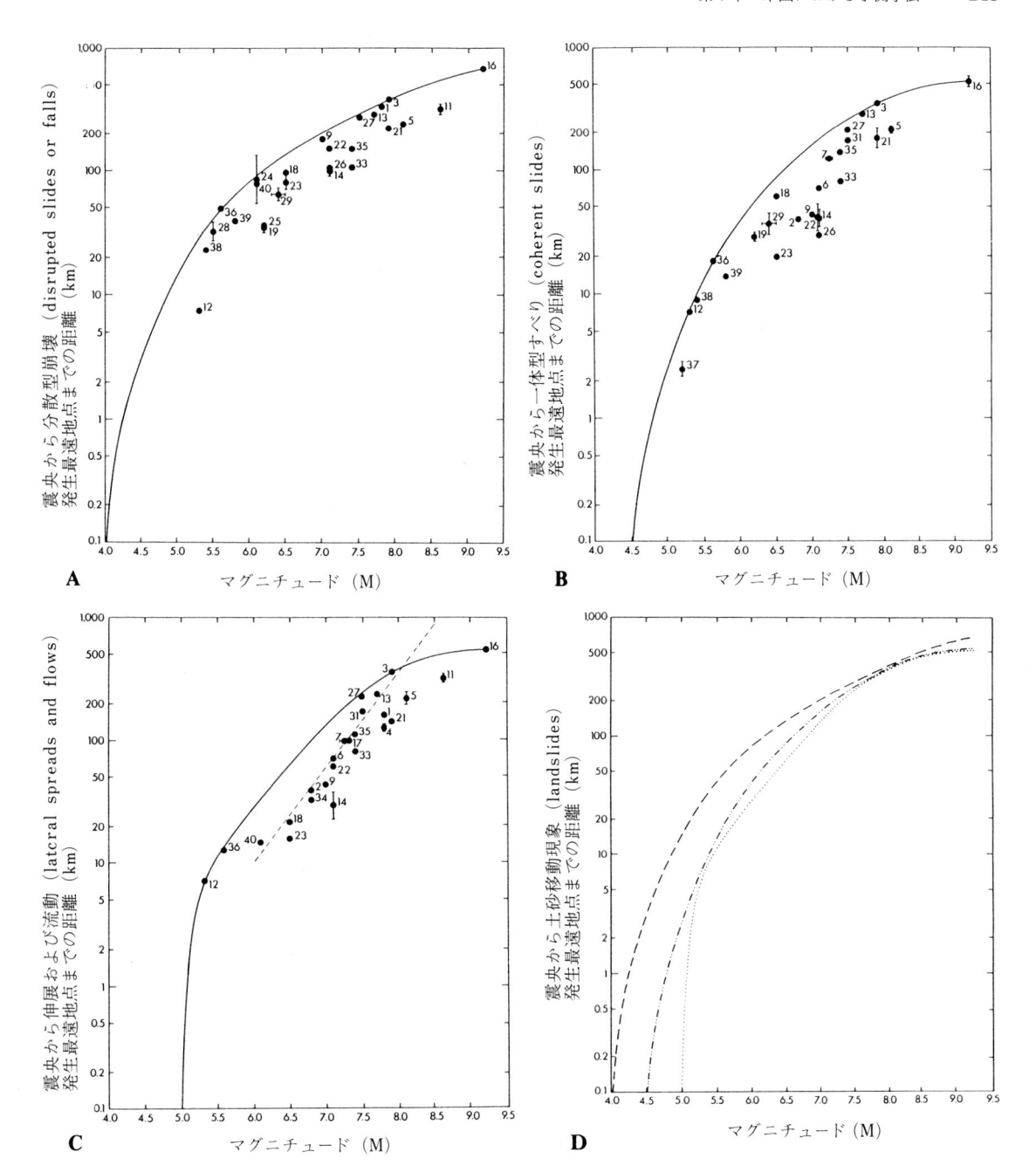

図7.4.2 震央から土砂移動現象発生最遠地点までの距離 (Re) とマグニチュードとの関係 (Keefer, 1984) (縦線はおおよその位置の範囲を示す．横線はマグニチュードの範囲．図中の番号は表 (省略) 中の地震番号を表す)
  A : disrupted slides and falls，実線はおおよその上限を表す．
  B : coherent slides，実線はおおよその上限を表す．
  C : lateral spreads and flows，実線はおおよその上限を表す．
    破線は栗林と龍岡 (1975, 1977) による日本における液状化の上限を示す．
  D : A，B，C の上限線の比較，破線は disrupted slides and falls の，二点鎖線は coherent slides の，点線は lateral spreads and flows の上限線である．

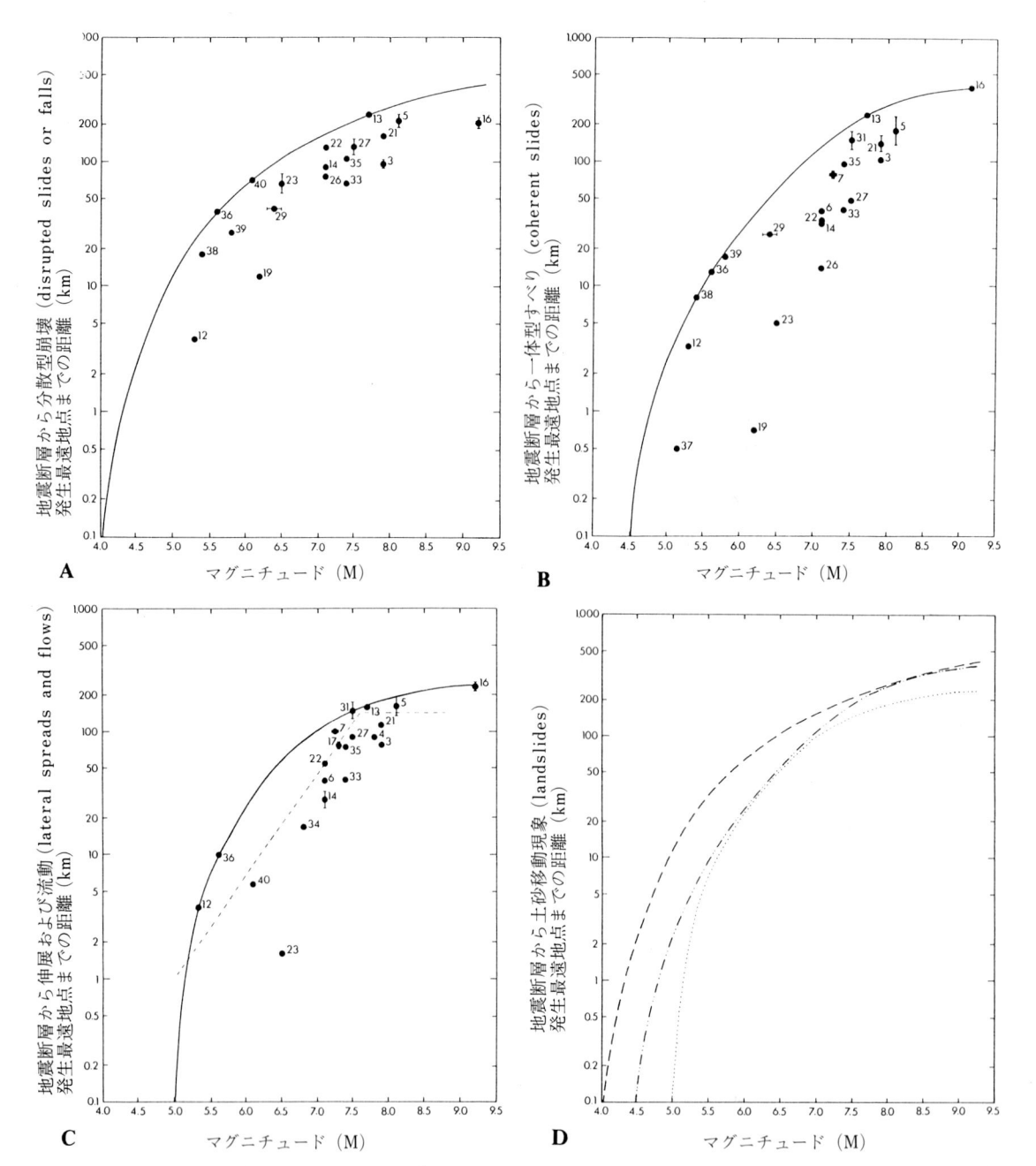

図 7.4.3　地震断層から土砂移動現象発生最遠地点までの距離（**Rf**）とマグニチュードとの関係（Keefer, 1984）（縦線はおおよその位置の範囲を示す．横線はマグニチュードの範囲．図中の番号は表（省略）中の地震番号を表す）
　　　　A：disrupted slides and falls，実線はおおよその上限を表す．
　　　　B：coherent slides，実線はおおよその上限を表す．
　　　　C：lateral spreads and flows，実線はおおよその上限を表す．
　　　　　　破線は Yound & Perkins（1978）による液状化発生の上限を示す．
　　　　D：A，B，C の上限線の比較，破線は disrupted slides and falls の，二点鎖線は coherent slides の，点線は lateral spreads and flows の上限線である．

図7.4.4 土砂移動現象が起こる最小の改正メリカル震度(**MMI**)（Keefer, 1984）（棒グラフの高さは該当する地震の数を示す．最小のMMIは等震度線を描いた斜面崩壊積分布図を基に測定された．震度がMMIで表されていない場合はMedvedev (1962)の関係を用いて変換した．
A：Disrupted slides and falls の最小発生震度
B：Coherent slides の最小発生震度
C：Lateral spreads and flows の最小発生震度

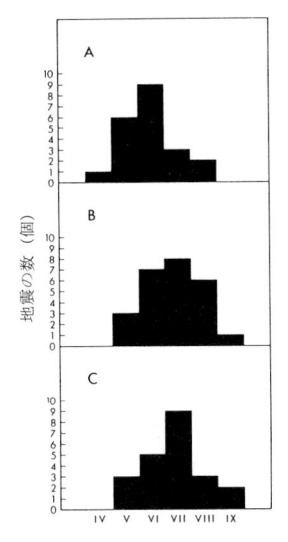

表7.4.2 モーメントマグニチュード M_W と地震モーメント M_0 の関係

モーメントマグニチュード M_W	エネルギー（ジュール）	断層の長さ (km)	地震モーメント M_0 (dyn-cm)	すべり量 (m)
9.5	1.1×10^{19}	810	2.2×10^{30}	28
9.0	2.0×10^{18}	460	4.0×10^{29}	16
8.5	3.6×10^{17}	260	7.1×10^{28}	9
8.0	6.3×10^{16}	145	1.3×10^{28}	5
7.5	1.1×10^{16}	81	2.2×10^{27}	1.6
6.0	6.3×10^{13}	14	1.3×10^{26}	0.5

ここに，地震モーメント M_0 の単位は dyn-cm である．

これより式(7.4.1)は式(7.4.4)で表される．

$$\log_{10} V = \log_{10} M_0 - 19.1(\pm 0.93) \quad (7.4.4)$$

なお，M_W と M_0 の関係を表7.4.2に示す．

Keefer (1994) は南北アメリカ，インド，ニュージーランド，ニューギニア，ペルー，エクアドル，グアテマラ，エルサルバドルで発生した15個の大地震による斜面崩壊による土砂移動量

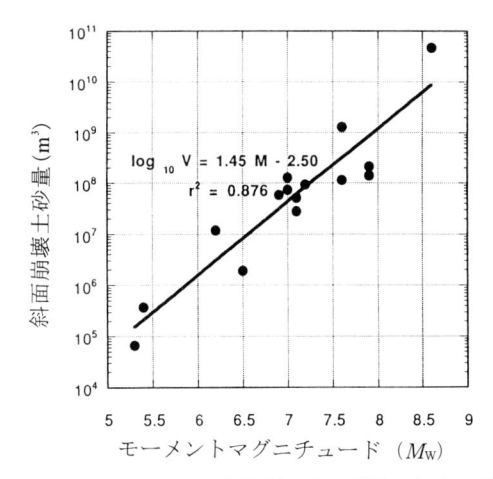

図7.4.5 地震による土砂移動現象の全土砂量 V (m^3) と地震のモーメントマグニチュード M_W の関係（Keefer, 1994）（実線は最小二乗法による回帰直線を示す）

を基に，地震の規模（マグニチュード）から全体の土砂移動量を推定する式(7.4.5)を求めた．

$$\log_{10} V = 1.45 M_W - 2.50$$
$$(5.3 \leq M_W \leq 8.6; r^2 = 0.876; n = 15) \quad (7.4.5)$$

ここに，V は地震による土砂移動現象の全土砂量 (m^3)，M_W は地震のモーメントマグニチュードである．結果を図7.4.5に示す．

一方，地震の強さを表す指標として，地震モーメント M_0 (dyn-cm) を用いると，式(7.4.5)は式(7.4.6)で表される．

$$\log_{10} V = 0.95 \log_{10} M_0 - 17.7$$
$$(1.4\times10^{24} \leq M_0 \leq 10^{29} : \quad (7.4.6)$$
$$r^2 = 0.873 : n = 15)$$

式(7.4.6)の勾配を1.0として簡略化すると式(7.4.7)が得られる．

$$\log_{10} V = \log_{10} M_0 - 18.9(\pm 0.13)$$
$$(1.4\times10^{24} \leq M_0 \leq 10^{29} : \quad (7.4.7\text{a})$$
$$r^2 = 0.870 ; n = 15)$$

あるいは

$$V = M_0 / 10^{18.9(\pm 0.13)} \quad (7.4.7\text{b})$$

である．この結果を図7.4.6に示す．

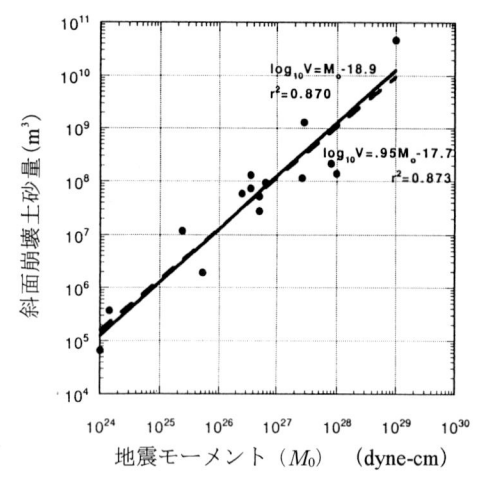

図 7.4.6 地震による土砂移動現象の全土砂量 V (m³) と地震モーメント M_0 の関係 (Keefer, 1994)(破線は最小二乗法による回帰直線を,実線は勾配を 1.0 とした時の近似線を示す.)

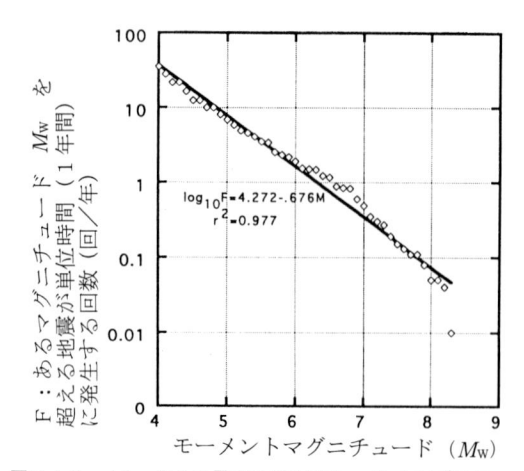

図 7.4.7 ペルーとその周辺におけるモーメントマグニチュード M_W と年平均発生回数 F (回/年) の関係 (Keefer, 1994)

7.4.8 地震により土砂移動現象が予想される範囲

Keefer & Wilson (1989) は南北アメリカ,インド,ニュージーランド,ニューギニア等で発生した 37 の大地震による土砂移動現象に関するデータを基に,地震の規模(マグニチュード)から土砂移動現象の発生する範囲 (Ae) (area) を推定する式(7.4.8)を求めた.

$$\log_{10} Ae = M_W - 3.46 \quad (5 < M_W < 9.2) \quad (7.4.8)$$

ここに,Ae は地震による土砂移動現象の発生する範囲の面積 (km²),M_W は地震のモーメントマグニチュードである.ただし,約 95% の土砂移動現象は式(7.4.8)で求めた面積 Ae の約半分の面積の範囲で発生する.

7.4.9 地震の発生確率を考慮に入れた生産土砂量の予測

Episona・他 (1985) および金森 (1977) は長年 ($M \geq 6$ については 1900-1984,$4 \leq M \leq 6$ については 1963-1984) の地震に関するデータのあるペルーとその周辺地域における地震を調査し,マグニチュードと地震の発生数 (frequency) を式(7.4.9)のように表した.

$$\log_{10} F = a - bM_W \quad (7.4.9)$$

ここに,F はあるモーメントマグニチュード (M_W) を超える地震が単位時間(1 年間)に発生する回数 (number of earthquakes per unit time),M_W は地震のモーメントマグニチュードである.a,b は係数である.土砂移動現象の発生する最低のモーメントマグニチュードの大きさを考慮して,一般的には $M_W \geq 4$ の地震を考える.

ペルーとその周辺の地域の解析結果から式(7.4.10)および図 7.4.7 が得られた.

$$\log_{10} F = 4.272 - 0.676 M_W \quad (7.4.10)$$
$$(M_W \geq 4 ; r^2 = 0.977 ; n = 39)$$

Keefer (1994) は式(7.4.3)を用いてペルーとその周辺において発生した地震のモーメントマグニチュードの階級 ($M_W = 0.1$) ごとの地震モーメント M_0 (dyn-cm) を計算して,これに式(7.4.10)により求めた各モーメントマグニチュード階級ごとの発生回数をかけて,$M_W = 4$ から既往の最大地震の $M_W = 8.3$ までの地震モーメントの年間合計値 M_0 (total annual seismic moment release, dyn-cm) を合計した値 ΣM_0 を求めた.この結果

第7章 米国における予測手法

$$\sum M_0 = 1.35 \times 10^{27} \quad \text{(dyn-cm)/(yr.)} \tag{7.4.11}$$

を得た．この値および (7.4.7 b) を用いることにより，年平均の地震による生産土砂量 V' (mean rate of annual debris production of earthquake-induced landslide material) は式 (7.4.12) により求めることができる．

$$V'(\text{peru}) = 1.35 \times 10^{27}/10^{18.9} \quad (\text{m}^3/\text{yr.}) \tag{7.4.12 a}$$

あるいは

$$V'(\text{peru}) = 1.70 \times 10^{8} \quad (\text{m}^3/\text{yr.}) \tag{7.4.12 b}$$

と表せる．

各マグニチュードごとの地震モーメント M_0 (dyn-cm) および頻度から各モーメントマグニチュード毎の年平均生産土砂量が算定でき，それを基に，モーメントマグニチュードと年平均生産土砂量に対する累積の割合(%)の関係を求めると図7.4.8のようになる．図7.4.8より，$M \leqq 5$ の地震による生産土砂量は全体の1%以下であり，全体の95%以上の土砂量は $M \geqq 7$ 以上の地震により生産されていることがわかる．

これまでに述べてきた方法と同様の方法を用いて Keefer (1994) は世界の11地域における地震モーメント M_0 (dyn-cm) を合計した値 $\sum M_0$ を求め，式(7.4.7 b)を用いて年平均生産土砂量 V' (m³/年) を求めた．この結果の一部を表7.4.3に示す．表7.4.3において，M_0 の最小値，平均値，最大値はそれぞれ式(7.4.7 b)の標準偏差 +0.13 を採用した場合，平均値を採用した場合，および標準偏差 −0.13 を採用した場合の計算値である．

なお，年平均侵食速度 E_v (m³/km²・年) は年平均生産土砂量 V' (m³/年) を対象地域面積 A (km²) で除した値であり，これは 1000 年間の侵食深 E_d (mm/1000 年) に等しい．

表7.4.3より，日本における年平均侵食速度 E_v (m³/km²-年) は米国のサンフランシスコ湾岸地域やハワイ諸島に比べて小さく，世界的に見るとやや小さいほうのグループに属していることがわかる．ただし，表7.4.3の結果は，地震の観

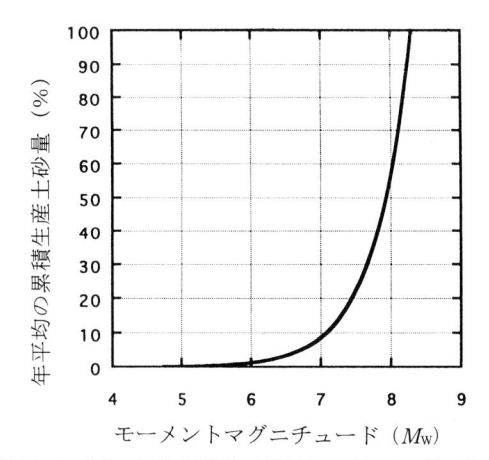

図7.4.8 ペルーとその周辺におけるモーメントマグニチュード M_W と年平均の生産土砂量の累積割合(%) (Keefer, 1994)

表7.4.3 地震による土砂移動現象に関連する年平均合計地震モーメント $\sum M_0$(dyn-cm/年)，年平均生産土砂量 V'(m³/年)，年平均侵食速度 E_v(m³/km²-年)=E_d(mm/1000 年) および対象地域面積 A(km²) (Keefer, 1994 より抜粋)
(各地域の上段は最大値，中段は平均値，下段は最小値を示す)

地域	値	$\sum M_0$ (dyn-cm/年)	V' (m³/年)	E_v (m³/km²-年)	A (km²)
米国 カリフォルニア州 サンフランシスコ湾岸	最大	5.03 E+25	8.55 E+06	432.23	19,770
	平均	3.61 E+25	4.55 E+06	230.16	
	最小	1.43 E+25	1.34 E+06	67.67	
米国 カリフォルニア州 シエラネバダ大盆地	最大	2.23 E+25	3.79 E+06	37.47	101,183
	平均	1.46 E+25	1.84 E+06	18.20	
	最小	6.94 E+24	6.48 E+05	6.40	
米国 カリフォルニア州 南カリフォルニア	最大	3.37 E+25	5.73 E+06	82.29	69,626
	平均	3.37 E+25	4.25 E+06	61.00	
	最小	3.37 E+25	3.15 E+06	45.22	
米国 ハワイ州	最大	5.83 E+25	9.90 E+06	745.58	13,275
	平均	5.83 E+25	7.34 E+06	552.70	
	最小	5.83 E+25	5.44 E+06	409.73	
日本 中部日本 715年以降	最大	9.00 E+24	1.53 E+06	23.05	66,320
	平均	9.00 E+24	1.13 E+06	17.08	
	最小	9.00 E+24	8.40 E+05	12.66	
日本 中部日本 1586年以降	最大	3.03 E+25	5.15 E+06	77.59	66,320
	平均	1.96 E+25	2.47 E+06	37.21	
	最小	7.00 E+24	6.53 E+05	9.85	
ペルー およびその 周辺地域	最大	1.35 E+27	2.29 E+08	99.41	2,308,000
	平均	1.35 E+27	1.70 E+08	73.69	
	最小	1.35 E+27	1.26 E+08	54.63	

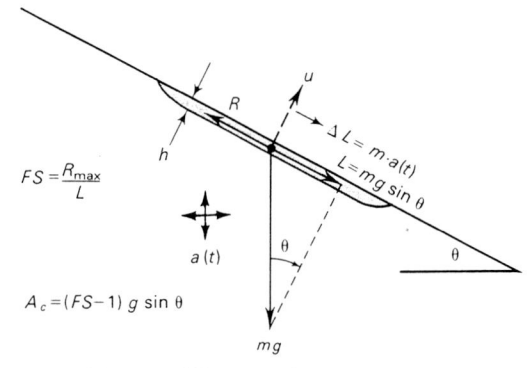

図7.4.9 直線すべりの安定検討の模式図
(Wilson & Keefer, 1985)
L：土塊の重さの斜面方向の分力
R：斜面方向の抵抗力，
$a(t)$：地震による加速度，
θ：斜面の角度
h：すべり土塊の厚さ
m：すべり土塊の質量
g：重力加速度

測期間の違い，対象地域面積 A（km²）の違い，対象とした地震のモーメントマグニチュードが $4 \leq M_W < 8.6$ であり，$8.6 \leq M_W$ の巨大地震を含んでいないなどの問題点もあり，実際の適用には限界がある．

7.4.10 地震による土砂移動現象の機構
(1) 斜面の安定機構

地震が作用しない時の直線（無限長斜面型）すべり（block-slide type）の安定は図7.4.9に示すように，土塊（landslide mass）の重力（gravitational load）による滑動力（$L = mg \sin \theta$）とこれに対抗するすべり抵抗力（R）（resisting force）の釣り合いとしてとらえることができる．この2つの力から，滑りの安全率（FS）（factor of safety）は式(7.4.13)で表される．R_{max} は最大すべり抵抗力（maximum resistance）である．

$$FS = \frac{R_{max}}{L} \quad (7.4.13)$$

地震時（dynamic situation, seismic situation）には土塊の質量（m）（mass）に加速度（$a(t)$）（acceleration）が作用して，地震による滑動力（$ma(t)$）（downslope seismic force）が加わる．

したがって，合計の滑動力（total downslope force）は（$L + ma(t)$）となり，これが抵抗力より大きくなれば，すべりが発生する．このとき，地すべりを起こす限界の地震による加速度を限界加速度（Ac）（critical acceleration）と定義する．このとき $R_{max} = L + m \cdot Ac$ より，

$$m \cdot Ac = R_{max} - L \quad (7.4.14)$$

あるいは

$$mAc = \left(\frac{R_{max}}{L} - \frac{L}{L}\right)L \quad (7.4.15)$$
$$= (FS-1)L$$

また，

$$Ac = (FS-1)L/m \quad (7.4.16)$$

したがって，

$$Ac = (FS-1)g \sin \theta \quad (7.4.17)$$

ここで，g は重力加速度（the acceleration due to the gravity），θ は斜面の傾斜（°）（slope angle）である．このように，すべりが発生するためには，地震の加速度が限界加速度 Ac をある有限の時間（時間については後で述べる）超える必要がある．このように，限界加速度 Ac は地すべりが起こるかどうかの判断基準として使える．

もし，斜面の傾斜および斜面を構成している土塊の強度（strength of slope material）がわかっているならば，式(7.4.18)により，直線（無限長型）すべり（shallow landslide）の限界加速度（Ac）を算定することができる（Wilson & Keefer, 1985）．

$$\frac{Ac}{g} = \frac{c'}{\gamma h} + (1-\lambda)\tan \phi' \cos \theta - \sin \theta \quad (7.4.18)$$

ここに，θ は斜面の傾斜（slope steepness angle），γ は土塊の単位体積重量（specific weght），h はすべりの厚さ（thickness of poten-

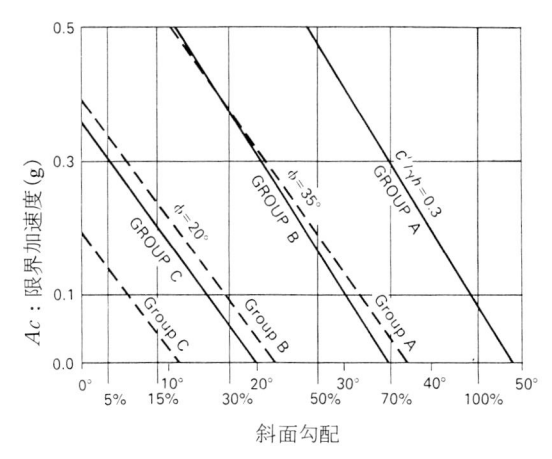

図7.4.10 3種の岩質毎の斜面の勾配と限界加速度（Ac）の関係（Wilson & Keefer, 1985）
実線は乾燥状態の斜面
破線は湿潤状態の斜面
A：固結度の高い岩盤，粘着係数（$C'/\gamma h$）は$h=3$mのとき
B：固結度の低い岩盤
　　$\phi=35°$（ピーク強度，非排水状態）
C：粘土質の岩盤
　　$\phi=20°$（ピーク強度，非排水状態）

tial landslide），c'は地震時の有効粘着力（effective cohesion），ϕ'は地震時の有効内部摩擦角（effective friction angle），λは上載荷重に対する間隙水圧比（ratio of pore pressure to overburden stress）である．

式(7.4.18)を用いることにより，岩質ごとに3種類に区分して平均的なc'，ϕ'を想定した場合の斜面の傾斜と限界加速度Acの関係を図7.4.10に示す．図7.4.10より，地震により発生する可能性のある土砂移動現象は比較的小さな限界加速度（$Ac<0.3$）で起こる可能性があることがわかる．

（2）ニューマーク法（Newmark Analysis）

ニューマーク（1965）は地震による土塊の移動量（displacement of block）を推定するための手法（ニューマーク法）を開発した．ニューマーク法は地震動の加速度の経時変化の強震記録（strong-motion record）を用いて土塊の移動の距離（displacement of the block）を推定するものである．この手法は直線型で一体型すべり（translational, coherent slide），直線すべり（block slide），遅い土砂の流動（slow earth flow）に最も適しており，少し変形することにより回転すべり（rotational slump）にも適用できる．さらに，土の引張破壊（tensile failure）や脆性的挙動（brittle behavior）を考慮することにより分散型地すべり（disrupted landslide）の初期の滑動にも適用可能である．しかしながら，この手法は液状化による伸展や流動形態の地すべり（liquefaction-induced lateral spread and flow）にはあまり向かない（Wilson & Keefer, 1985）．

図7.4.11はニューマーク法の原理を示しているが，A図は強震記録（strong-motion record）の加速度の経時変化（acceleration versus time）を示しており，限界加速度（Ac）の重要性がわかる．加速度の経時変化図において，想定斜面の限界加速度（Ac）をこえる加速度が生じた場合には土塊の移動が起こるが，このとき，Acを超える加速度における土塊の移動量を計算する必要がある．

図7.4.11において限界加速度Acを超えた加速度の領域（点Aと点Bの間）の加速度を積分して土塊の速度を計算し，さらにこの速度を積分して累積の移動量を計算する．ただし，点Bを過ぎても土塊の速度は急には0にならないので，その後の移動速度の減少も考慮する．なお，反対方向の加速度の時には移動は起こらない（斜面上方向きのため）とする．図7.4.11に示すように，2回目の限界加速度を超える加速度が生じた場合にはこれによりさらに移動が生じる．

ニューマーク法は盛土の地すべりによる移動量を算定するために実際の設計に用いられてきている．ニューマークは限界加速度Acは一定としているが，移動量が増加すると地盤強度が低下するためAcは低下すると考えるほうが良い（Goodman & Seed, 1966）．もし，移動によりAcが0になると，静的な状態でも斜面は不安定になり地震後も移動が続くこととなる．

実際にはこのように限界加速度Acは土塊の

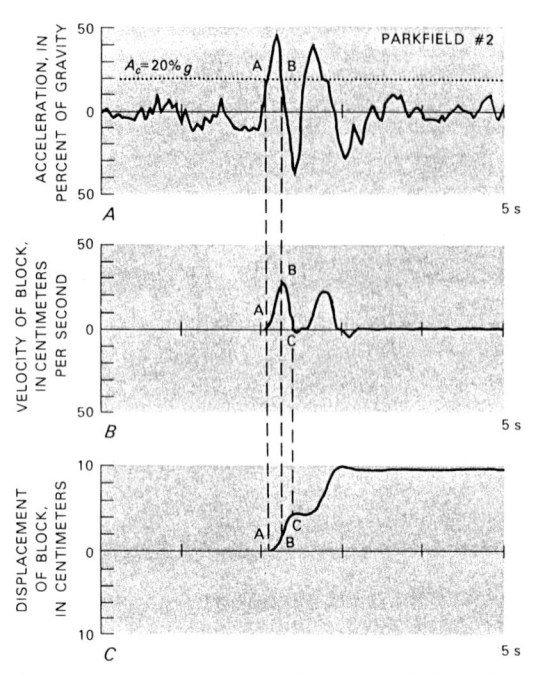

図 7.4.11 ニューマーク法の原理（Parkfield 地震 1966 年の観測記録 St. 2），限界加速度 $Ac=0.2\,g$ (Wilson & Keefer, 1985)
  図 A：加速度の経時変化
    限界加速度 $Ac=0.2\,g$ の斜面について検討
  図 B：土塊の速度変化
    すべり土塊の移動速度の時間変化
  図 C：土塊の移動距離
    すべり土塊の移動量の時間変化
  点 A：加速度が Ac を越えた時
  点 B：すべり土塊の最大速度時，
  点 C：すべり土塊の移動停止時

移動により変化すると考えられるが，危険区域図を作成する場合のようなかなり広い範囲の多くの斜面崩壊を対象とする場合には限界加速度 Ac の低下を個々に適切に調査することは実際的ではないから，このような場合には，限界加速度 Ac は一定であるとして扱うこととする．さらに，移動量について，「限界移動量」(critical displacement) という基準を設けて，これ以上に移動したら，土塊の強度が著しく減少するものと仮定する．すなわち，移動量が「限界移動量」以下であれば，土塊の強度低下は少なく，地震後には移動は停止すると考えられ，また，移動による被害（斜面移動現象および付近の建物等）も比較的小さいと考えられる．逆に移動量が「限界移動量」を超えた場合には被害は非常に大きく，地すべり土塊そのものも大きく移動してしまうと考えられる．

「限界移動量」は土砂移動現象の種類により，岩質（lithology）により，地形（slope geometry）により，履歴（previous history）により大きく異なると考えられる．しかしながら，実用的に，地域を限定して用いる場合には，この「限界移動量」を一体型すべり（coherent slide）に対しては 10 cm として用いることとする．

この理由としては，(i) 10 cm の移動により，斜面崩壊のすべり面の接着（cohesive bond）の大部分が切れ，すべり面が地すべりの上部から下部につながる．(ii) 10 cm の移動量くらいまでなら，それを基礎としている建物は大きく破壊されない．

落石（rock fall）や分散型地すべり（disrupted landslide）のように引張破壊が起こりやすい土質・岩質の場合には，より脆性的であり，「限界移動量」はより小さくなる．このような場合には「限界移動量」として 2 cm を用いる．

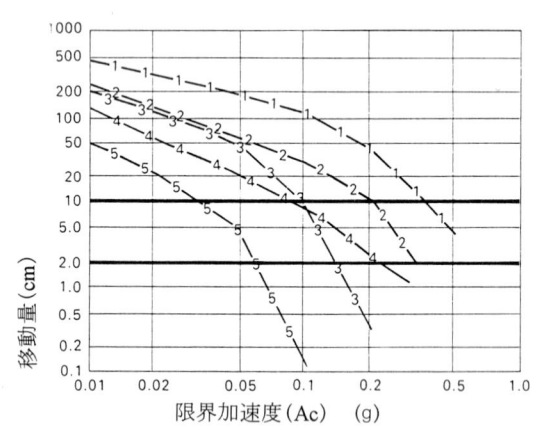

図 7.4.12 ニューマーク法による限界加速度（Ac）に応じた移動量（cm）の推定 (Wilson & Keefer, 1985)
  限界移動量 10 cm の線は一体型すべり（coherent landslides: slumps, block slides, earth flows）の，限界移動量 2 cm は分散型崩壊（disrupted landslides: falls, slides, avalanches）の場合を示す．
  (California 州における強震記録に基づく)
  1. 1971 San Fernando 地震
  2. 1966 Parkfield 地震，観測地点 2
  3. 1940 El Centro 地震
  4. 1966 Parkfield 地震，観測地点 5
  5. 1952 Taft 地震

（3）斜面安定に対する地震動の強さ

図7.4.12には，ニューマーク法による限界加速度（Ac）に応じた移動量（cm）の変化を示す．実際に限界加速度を推定するときには，各地震の地震動に対して，限界移動量（10 cm，2 cm）を超えるときの限界加速度（Ac）を求めれば良い（Wilson & Keefer, 1985）．10 cmおよび2 cmの限界移動量に対応する限界加速度をそれぞれ，Ac_{10}, Ac_2と表すこととする．図7.4.12より，点5のTaft地震（1952）では$Ac_{10}=0.03\,g$であり，点1のSan Fernando地震では$Ac_{10}=0.33\,g$である．

Ac_{10}は一体型すべりに適用し，Ac_2は分散型崩壊に適用するが，これらの値に対して，各斜面（地すべり地）の限界加速度Acが小さい場合（$Ac \leq Ac_{10}, Ac_2$）にはこの地震により地すべりおよび被害が生じ，限界加速度が大きい（$Ac > Ac_{10}, Ac_2$）場合には顕著な地すべりおよび被害は生じないと判定できる．したがって，Ac_{10}, Ac_2は地震による土砂移動現象（地すべり）の発生を予測するために有効な地震の強さを表現するパラメーターとなる．

地震の強震計測データを用いて地震の強さを表す若干簡略な表現方法がArias（1970）により開発された．アリアス強度（Ia）（Arias intensity）は加速度（a）の二乗の時間に対する積分値で求められる．

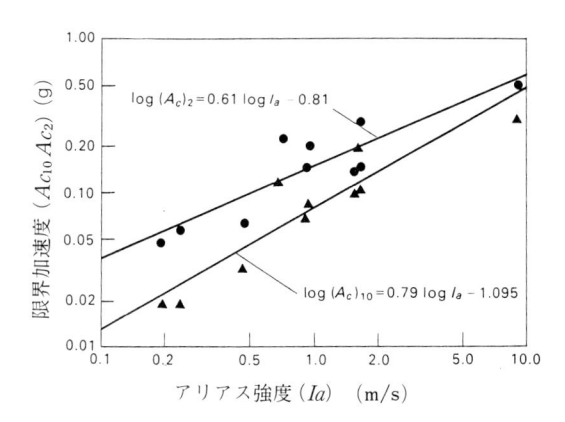

$$Ia = \frac{\pi}{2g}\int_0^\infty [a(t)]^2 dt \qquad (7.4.19)$$

図7.4.13には10個の地震のデータを基に計算したアリアス強度（Ia）とニューマーク法による限界加速度（Ac_{10}）および限界加速度（Ac_2）の関係を示す．これより，アリアス強度（Ia）と限界加速度（Ac_{10}, Ac_2）の経験的な関係を求めることができる．この関係を用いれば，複雑なニューマーク法の計算を行わなくても，アリアス強度（Ia）により，限界加速度（Ac_{10}, Ac_2）を推定することができる．

（4）地震のマグニチュードと距離に応じた地震動の強さの評価法

実際の地震では，強震計のデータ数は限られており，また，震央からの距離と限界加速度の関係を算定するためには高度な技術が必要である．このような問題を解決するために，Wilson & Keefer（1985）はArias強度で表された地震の強さについて，地震のマグニチュードおよび震央からの距離との関係を求めた．この際に，次のような仮定をしている．

（1）アリアス強度の対数（$\log Ia$）とモーメントマグニチュード（M）は直線関係

図7.4.13 アリアス強度（Ia）と限界加速度（Ac_{10}：▲）および限界加速度（Ac_2：●）（10個の地震のデータによる）（Wilson & Keefer, 1985）

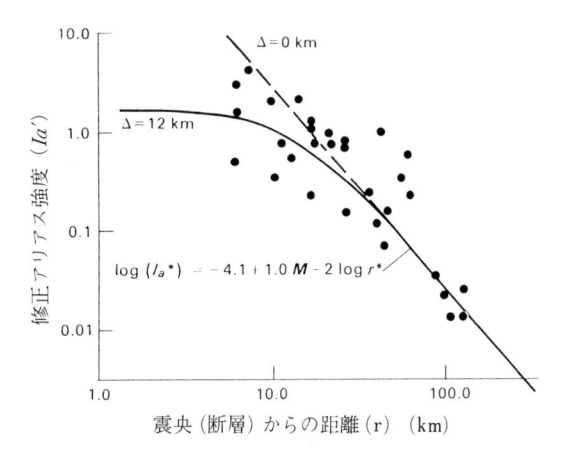

図7.4.14 既往の地震観測データによる修正アリアス強度（Ia'）と震央（断層）からの距離（r）との関係（M6.5の地震に対応）（Wilson & Keefer, 1985）
修正アリアス強度（Ia'）はM6.5の地震に対応するように強震記録より計算された．△は震央の深さ，$r* = \sqrt{r^2 + \Delta^2}$

（2）アリアス強度（Ia）と震央からの距離（r）とは負の相関関係にある．

このような仮定により，式(7.4.20)のような関係式が求まる．

$$\log Ia = K_0 + K_m \cdot M - 2\log r + K_\sigma P \quad (7.4.20)$$

ここに，M：モーメントマグニチュード，r：震央あるいは断層からの距離，K_0，K_m：比例定数，K_σ：対象となるマグニチュードおよび距離に応じたアリアス強度の標準偏差，および P：超過確率（exceedance probability）（$P=0$ は平均で50%超過確率，$P=\pm 1$ は標準偏差1の範囲で16および84%の超過確率）である．

Wilson & Keefer（1985）が既往の地震のデータを整理した結果（図7.4.14），式(7.4.21)の関係を得た．

$$\log Ia = -4.1 + M - 2\log r + 0.44P \quad (7.4.21)$$

式(7.4.21)を用いることにより，地震のマグニチュードと震央（断層）の位置が与えられれば，震央（断層）からの距離に応じた地震動の強さ（アリアス強度）と超過確率を求めることができる．例えば，図7.4.13，7.4.14から，$M6.5$ の地震に対して，震央（断層）からの距離が 20km の地点において，アリアス強度 0.63m/s（限界加速度（$Ac_{10}=0.05g$）に対応する値）が 50%の確率で起こると推定される．同様に震央（断層）からの距離が 50km の地点において，アリアス強度 0.1m/s（限界加速度（$Ac_{10}=0.012g$）に対応する値）が 50%の確率で起こると推定される．

7.4.11 地震による土砂移動現象の発生限界の検討

既往の地震による土砂移動現象に関してまとめた，地震のマグニチュードと土砂移動現象の発生限界（震央（断層）から最遠点までの距離）と今回得られたアリアス強度の関係を比較することにより（図7.4.15），地震により発生する土砂移動現象の発生限界のアリアス強度（Ia）を検討する．図7.4.15より，（i）一体型地すべり（coherent landslide）に対しては $Ia=0.5$ m/s が，（ii）分散型地すべり（disrupted landslide）に対しては $Ia=0.15$ m/s が，（iii）伸展および流動（lateral spread & flow）に対しては $Ia=0.5$ m/s が良く対応する（超過確率50%）．この値を中心とした標準偏差±2 の中に既往のデータが全て入る（超過確率は2%および98%）．

さらに図7.4.13を用いれば，地震による土砂移動現象発生の限界値としての限界加速度（Ac_{10}, Ac_2）を求めることができ，（i）一体型すべりおよび伸展・流動に関しては $Ac_{10}=0.05g$（$Ia=0.5$ m/s に対応）であり，（ii）分散型の崩壊に対しては $Ac_2=0.05g$（$Ia=0.15$ m/s に対応）である．すなわち，地震による最遠点における土砂移動現象の限界加速度は共に $0.05g$ であると推定される（Wilson & Keefer, 1985）．

7.4.12 地震による土砂移動現象の発生範囲限界図の作成

式(7.4.21)を用いることにより，地震のマグニチュード（M）と震央（断層）の位置が与えられれば，震央（断層）からの距離（r）に応じた地震動の強さ（アリアス強度：Ia）と超過確率（P）を求めることができる．逆に，地震のマグニチュード（M）と地すべりが起こる限界の地震動の強さ（アリアス強度：Ia）および求めたい発生超過確率（P）を与えることにより土砂移動現象が発生する震央（断層）からの距離（r）を求めることができる．

したがって，例えば，$M6.5$ の地震に対して，超過確率50%（$P=0$）で，一体型地すべり（coherent landslide）の発生する限界をアリアス強度 $Ia=0.5$ m/s（$Ac_{10}=0.05g$）と仮定することにより，発生地点の震央（断層）からの最遠距離として 24km を式(7.4.21)より計算できる．

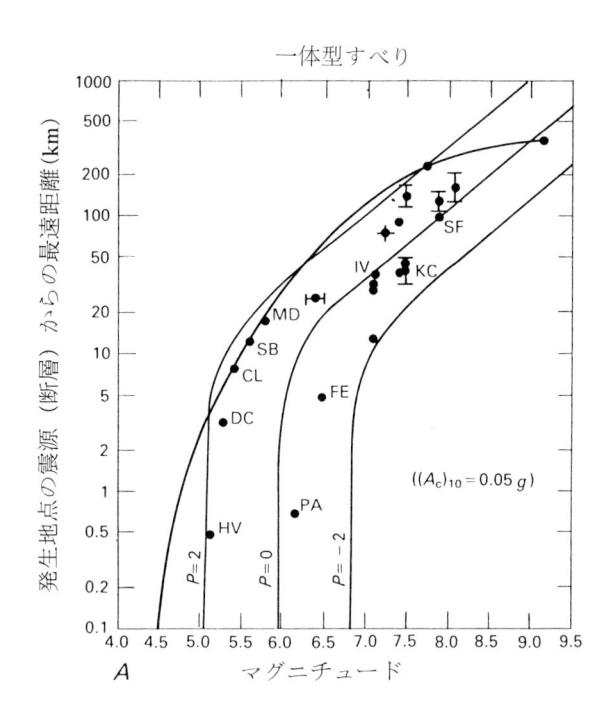

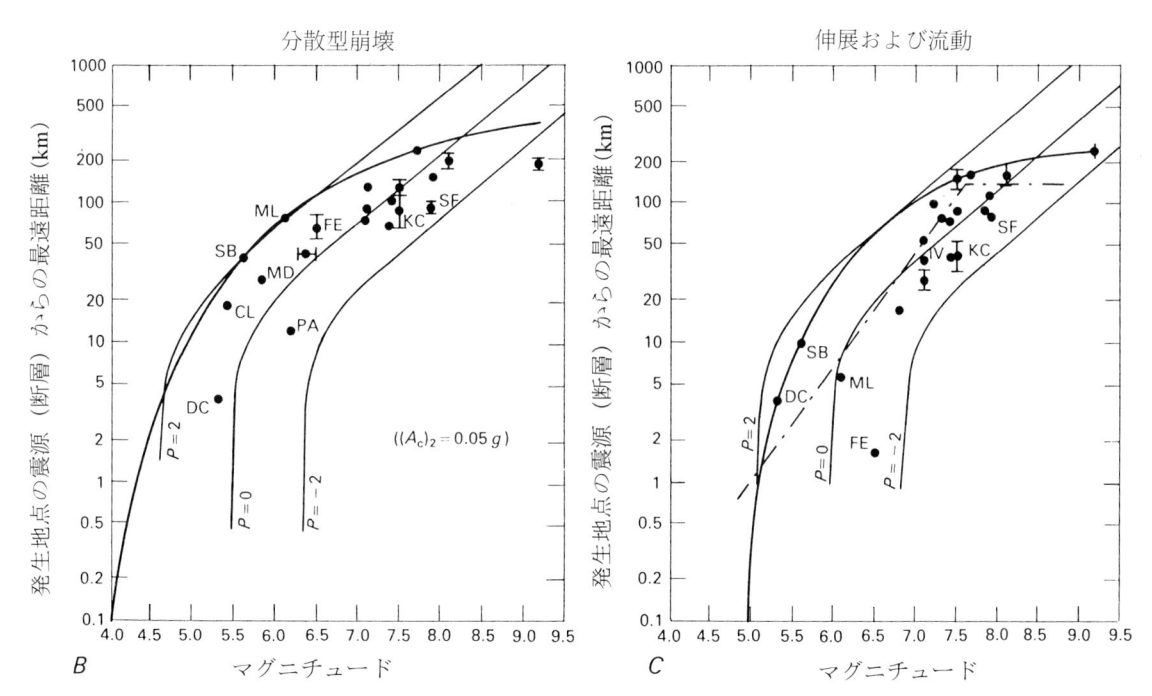

図 7.4.15 既往の地震におけるマグニチュードと土砂移動現象の発生限界（距離）の実績と Arias 強度の関係（Wilson & Keefer, 1985）
　図 A：分散型崩壊（slumps and block slides）（Ia=0.5 m/s）
　図 B：一体型すべり（falls, disrupted slides, and avalanches）（Ia=0.15 m/s）
　図 C：伸展および流動（Ia=0.5 m/s）
　California 州の地震は以下のとおり：CL：Coyote Lakes, DC：Daly City, FE：San Fernando, HV：Homestead Valley, IV：Imperial Valley, KC：Kern County, MD：Greenville-Mount Diablo, ML：Mammoth Lakes, PA：Parkfield-Cholame, SB：Santa Barbara, SF：San Francisco
　記号のついていない地震は California 州以外で発生した地震を表す．太い実線はプロットの上限を示す．マグニチュードと斜面移動現象の関係の最適線に記されている超過確率は P=0 で 50%，P=2 で 2%，P=−2 で 98% である．プロットの震源の深さの平均は 12 km と推定されている．
　一点鎖線は Youd と Perkins（1976）による上限線である．

FIGURE 175.—Map of the Los Angeles basin and surrounding uplands showing zones of probability for coherent landslides from a hypothetical **M** 6.5 earthquake on the northern Newport-Inglewood fault zone (straight line in center of map). The outer oval-shaped line is the limit for coherent slides from a **M** 6.5 earthquake based on worldwide data from historical earthquakes (Keefer, 1984b). The inner oval-shaped line is the 50-percent probability line that corresponds to the source distance at which the mean predicted Arias intensity (from fig. 174) is equal to the threshold shaking severity for coherent landslides (I_a = 0.5 m/s). Most of the coherent landslides will occur within the 50-percent probability line.

図 7.4.16 Newport-Inglewood 断層（図中の直線）北部において $M6.5$ の地震が発生したと仮定した場合の一体型地すべり（**coherent landslide**）が起こる範囲とその確率を示すロスアンゼルス地区の発生範囲限界図（Wilson & Keefer, 1985）
外側の楕円は世界の既往のデータの最遠点の範囲，内側の楕円はアリアス強度（Ia）と限界加速度（Ac）の計算による超過確率 50% で起こると予想される範囲（大部分はこの範囲で起こる）

この範囲をロスアンゼルス地区に適用した例を図7.4.16に示す．図7.4.16においては，同時に，世界中で発生した既往の$M6.5$の地震に対する（ⅰ）一体型地すべり（coherent landslide）の最大範囲（距離65 km）を示す．同様にして（ⅱ）分散型地すべり（disrupted landslide）および（ⅲ）伸展および流動（lateral spread & flow）に対しても想定した地震による土砂移動現象の発生範囲限界図を作成することができる（Wilson & Keefer，1985）．

引用文献

Episona, A. F., Casaverde, L. A., Michael, J. A., Alva-Hurtado, J., and Vargas-Neumann (1985) Earthquake Catalof of Peru, *U. S. G. S. Open-File Rep.*, 85-286, p. 618.

Harp, E. L., Schmidt, K., Wilson, R., Keefer, D. K., and Jipson, R. W. (1991) Effects of landslides coseismic fractures triggered by the 17 October 1989 Loma Prieta, California, Earthquake, *Landslide News* No. 5, p. 18-22.

Harp, E. L. and Jibson, R. W. (1995) Inventory of landslides triggered by the 1994 Northridge, California, Earthquake, *U. S. G. S, Open-File Report* 95-213, p. 1-17.

Jibson, R. W., Harp, E., Keefer, D. K. and Wilson, R. C. (1994) Landslides triggered by the 17 January 1994 Northridge, California, Earthquake. *Landslide News* No. 8, p. 7-10.

Kanamori, H. (1977) The energy release in great earthquakes, *Journal of Geophysical Research*, Vol. 82, No. 20, p. 2981-2987.

Keefer, D. K. (1984) Landslides caused by earthquakes, *Geological Society of American Bulletin*, Vol. 95, p. 406-421.

Keefer, D. K., Wilson, R. C., Harp, E. L., Lips, E. W. (1985) The Borah Peak, Idaho Earthquake of October 28, 1983-Landslides, *Earthquake Spectra*, Vol. 2, No. 1, p. 91-125.

Keefer, D. K., Wilson, R. C. (1989) Predicting earthquake-induced landslides, with emphasis on arid and semi-arid environments, *Publication of the Inland Geological Society*, Vol. 2, p. 118-149.

Keefer, D. K. (1994) The important of earthquake-induced landslides to long-term slope erosion and slope-failure hazards in seismically active regions, *Geomorphology* 10, Elsevier, p. 265-284.

Wilson, R. C, & Keefer, D. K. (1985) Predicting areal limits of earthquake-induced landsliding, *U. S. G. S. Professional Paper* 1360, p. 317-346.

第8章　地震による土砂災害の回避

8.1　震前対策

8.1.1　対策の概要

　地震発生にともない，山地および斜面では斜面崩壊，地すべり，土石流等が発生し周辺や下流の家屋や公共施設に被害を与えるとともに人命に被害を与える．また斜面崩壊により天然ダム（landslide dam）が形成され，上流部への湛水（backwater flooding）により家屋や公共施設が被害を受ける場合もある．さらに発生した斜面崩壊や地すべりはその後の余震（aftershock）や降雨により拡大する可能性もあり，また天然ダムが決壊（failure of landslide dam）して下流の家屋や公共施設に土石流や洪水の被害を与える場合もある．このような地震による土砂災害を回避する方法として，地震の発生する前に想定される地震に対して土砂災害を未然に防ぐ対策，例えば危険な斜面を点検して適切な崩壊防止工事・地すべり防止工事を実施したり，土砂流出に備えて下流に砂防ダム等を設置しておく等の対策をとる場合と，地震発生後直ちに危険個所を点検して，斜面崩壊の拡大，天然ダムの決壊等による二次災害（secondary disaster）を回避する対策をとる場合がある．前者のように地震の発生前に行う対策を震前対策（pre-earthquake disaster prevention measures），後者のように地震発生後に行う対策を震後対策（post-earthquake disaster prevention measures）と呼ぶ．地震の発生前に適切に地震の発生が予知でき，さらにその地震による土砂災害の発生箇所，規模，形態等が予測できる場合には震前対策を実施することにより地震による土砂災害を効果的に回避できる．しかしながら，地震の発生の予知や土砂災害の発生の予測が完全にはできない現状においては，地震発生後の二次災害の防止および土砂災害の拡大の防止を行う震後対策も重要であり，地震による土砂災害を軽減するためには震前対策と震後対策の両対策を組み合わせて行うことが必要である．

　ここでは地震による土砂災害のうち1箇所当りの移動土砂量が比較的小規模な斜面崩壊・土砂流出対策と移動土砂量が極めて大きい大規模崩壊対策に分けて震前対策の方法について述べる．

8.1.2　斜面崩壊・土砂流出対策
（1）　震前対策の流れ

　震前対策の全体の流れを図8.1.1に示す．震前対策の第一歩は想定された地震に対してどのような斜面崩壊やそれにともなう土砂流出が発生し，そのような土砂移動現象がどのような被害を人家・人命・公共施設等に与えるかを精度良く予測することである．地震による斜面崩壊や土砂流出などの土砂移動現象を精度良く予測する手法としては第5, 6, 7章で述べたような手法があるのでこれらを基に対象地域における斜面崩壊・土砂流出の予測を行う．予測により土砂災害の発生の可能性がある箇所や渓流については地震の発生する前に被害を防止・軽減できるような対策を実施することが可能となる．

　震前対策は施設によるハード対策（active measures）と施設によらないソフト対策（passive measures）に大別できる．両者の対策を適切に組み合わせて実施することにより被害を最小限にすることが重要である．

```
地震の（規模・範囲）想定
（震度、マグニチュード、場所）
          ↓
    土砂災害の発生予測
   （発生形態・規模、被害）
┌─────────────────┬─────────────────┐
│ 斜面崩壊・土砂流出の │ （対策）施設の耐震点検 │
│    危険度予測      │                  │
├─────────────────┼─────────────────┤
│ 斜面崩壊発生予測   │   施設の耐震点検    │
│ 被害の発生予測     │                  │
└─────────────────┴─────────────────┘
          ↓
        震前対策
┌─────────────────┬─────────────────┐
│   ソフト対策       │   ハード対策      │
├─────────────────┼─────────────────┤
│ 住民の防災意識の向上 │ 斜面崩壊防止工    │
│ 警戒・避難体制の整備 │ 地すべり防止工    │
│ 土地利用規制       │ 土石流対策工     │
│                  │ 既設施設の改築・補強│
└─────────────────┴─────────────────┘
```

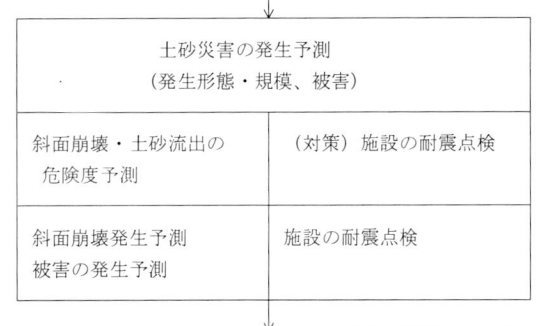

図 8.1.1　震前対策の流れ

（2）ソフト対策

ソフト対策としては、図 8.1.1 に示すように、住民の防災意識の向上（education and publication for disaster prevention）、警戒・避難体制（warning and evacuation system）の整備、土地利用の規制（control of land use）等がある。これらのソフト対策の基礎となるのは住民の防災意識の向上である。防災意識の向上のためには、まず、過去の地震による土砂災害の実態を知ってもらうことであり、そのためには既往の地震による土砂災害の実態を知らせたり、地震による土砂災害の発生危険個所を示したハザードマップ（土砂災害危険区域図）（hazard map）を作成して公表し、住民に積極的に配布し、知らせることが重要である。警戒・避難体制はハザードマップを基にして関係する行政機関（国、都道府県、市町村）、防災担当機関が中心となって整備するのが一般的である。警戒・避難体制は、地震の発生する危険性が高まった場合に事前に警戒・避難する体制と、地震発生後の土砂災害の拡大、二次災害の防止・軽減のための警戒・避難体制の 2 種類に大別できる。前者が純粋の震前対策であるが、後者の場合についてもその体制を地震前に整備しておくことが必要である。警戒・避難体制の整備に含まれる項目としては、ハザードマップ（危険区域図）の作成・公表、避難路・避難場所の設定と周知、警戒・避難の判断となる情報の収集・分析システムの整備、警戒・避難の判断基準の設定、警戒・避難情報の住民への伝達手法の整備、避難時の交通手段の整備、避難地域の保安体制、避難訓練等がある。

（3）ハード対策

ハード対策は地震による土砂災害の発生の可能性がある箇所や渓流について、事前に斜面崩壊防止工、地すべり防止工、土石流対策工、砂防工事等を実施しておき、被害の発生の原因となる土砂移動現象を防止したり、土砂移動を調節・調整して被害が発生しないようにする対策である。地震による土砂災害発生危険個所・渓流はしばしば降雨による土砂災害発生危険個所・渓流と重なるため、実際には降雨による土砂災害対策として行われる場合が多い。しかし、とくに地震による危険性が高い箇所については地震対策を主目的に対策工が実施される。対策工の工種や施設の構造は降雨対策のものと比べて大きな違いはないが、想定された地震の震度（あるいは加速度）に対しても施設の機能が維持されるような耐震性（aseismicity）の検討が必要である。

砂防関係施設の耐震性に関しては、1995 年 1 月 17 日に発生した兵庫県南部地震による砂防関係施設の被災度調査結果では砂防ダムがその機能を失ったり、施設の被災が原因で周辺の家屋等に直接的な災害や二次災害を起こすような事例は発生していなかった（砂防学会、1996）。また、床固工や護岸工等の被災率も低く、その一部が破壊した場合でも地震後の大規模な出水による二次災害の発生につながるようなものは見あたらなかっ

た．このことから，現行の設計基準で設計された砂防ダム，床固工，護岸工等は兵庫県南部地震と同程度の大規模な地震に対しても基本的な耐震性能を有しており，現行の砂防設備の設計基準は耐震性の面からは妥当と判断された（砂防学会，1996）．しかしながらこのような設計基準の性能を実現するためには，砂防設備の調査，計画，設計，施工を入念に行い，耐震性を含む砂防設備の安全性の確保に万全を期すことが重要である．兵庫県南部地震により一部の砂防ダム，床固工，コンクリート護岸工では打継目においてクラックが発生しており，この原因は打継目の処理が十分ではなかったためと判断された．このため，地震に対する安全性の向上のためには打継目の処理を確実に行うとともに，場合によっては鉄筋による補強を行う必要がある（砂防学会，1996）．さらに，築造後長年を経過して老朽化が進んでいる施設に対しては日常から点検を行い，必要な補強，補修を行い，場合によっては改築を行う必要がある．

8.1.3 大規模崩壊対策
(1) 震前対策の流れ

地震による大規模崩壊（large-scale landslide, 発生幅が約100 m以上の地すべり）による災害の防止・軽減のための震前対策の流れも図8.1.1に示す斜面崩壊・土砂流出対策に関するものと基本的には変わらないが，大規模崩壊対策においては対象となる斜面移動現象の規模が巨大であるため一般に経済的・技術的に事前のハード対策が困難な場合が多くソフト対策が主となる場合が多い．このため，震前対策としては，大規模崩壊が発生する可能性の高い箇所を事前に抽出して調査し，想定された地震に対する崩壊の危険性を判定することが重要といえる．

(2) ソフト対策

ソフト対策の基礎となる大規模崩壊危険個所の抽出は一般には空中写真，地形図を基にした微地形（microtopography）の判読による．大規模崩壊危険個所を判読するための代表的な微地形としては崩壊頭部の二重山稜（twin ridges），滑落崖（landslide scarp），引張亀裂（tension crack），側部の側方崖（side cliff），側方亀裂（side crack），末端部の崩壊，崖錐（talus），圧縮亀裂（compression crack）などがある．微地形の判読結果を基に大規模崩壊の発生区域の予測や運動形態の予測などを行うとともに，断面図による地形・地質等の検討も加えて，個々の斜面の安定度の評価（崩壊発生の可能性）を行う．運動形態は移動速度が極めて大きいものから極めて遅いものの順に「崩壊型」（fall and flow），「中間型」，「慢性型」（creep）に区分できる．3つの運動形態は地質条件や地形発達史に左右されており，現在の地形条件はその運動形態との係わりが大きい．個々の斜面の安定度の評価（崩壊発生の可能性）は近い将来移動現象が発生する可能性を示すものであり，一般的には，A：不安定，B：やや不安定，C：安定の3段階に区分するのが一般的である．これらは判読される微地形の明瞭度や分布密度などを基に判定される（建設省，1997）．

以上のようにして判読・評価した①発生範囲（area），②運動形態（type of movement），③安定度（stability）をもとに大規模崩壊のハザードマップを作成する．ハザードマップにおいては①発生範囲，②運動形態，③安定度の要素の他に，大規模崩壊による崩壊土砂の到達範囲を設定してその範囲内にある保全対象物を明示する．このことにより，保全対象物の重要度を考慮した大規模崩壊による被災度が判定できる．

大規模崩壊のハザードマップが作成されれば，それを住民等に公表するとともに，必要に応じて監視装置（monitoring equipment）を設置して，日常的な斜面の変状，移動状況を監視し，地震時の崩壊発生の危険性を監視する．斜面の監視装置としては伸縮計（extensometer），地盤傾斜計（surface inclinometer），地中傾斜計（borehole inclinometer），パイプひずみ計（stress strain gage of pipe），地中伸縮計（borehole tensioned wire），AEセンサー（acoustic emission sensor），すべり面検知ケーブル（slip surface detective cable）などがある．監視装置の計測データを基に地震による大規模崩壊の発生を予測する．

大規模崩壊の予測の情報を関係住民，関係機関に伝達するシステムを整備するとともに，具体的な避難路，避難場所，交通手段等を検討しておくことも重要である．さらに大規模崩壊による災害発生の危険性が高い地域では，土地利用の規制や人家，施設の移転を検討することも重要である．

(3) ハード対策

大規模崩壊による災害の防止・軽減のためのハード対策において大規模崩壊の発生そのものを防止しようとする場合は対策施設の規模が大きくなり，費用が莫大になる場合が多い．したがって，大規模崩壊が発生しても家屋や公共施設等に被害が生じないように家屋，施設の移転等を検討することが一般的である．いずれにしても大規模崩壊による災害の防止・軽減をハード対策のみで行うことには限界があり，ソフト対策と組み合わせて行う必要がある．ハード対策の工種は通常の地すべり防止工（landslide control facility），斜面崩壊防止工（slope failure control facility）および砂防施設（sediment control facility）と同様であるがその規模は大きくなる場合が多い．このような対策施設の設計に当たっては耐震性を検討することが必要である．

8.2 震後対策

8.2.1 対策の概要

震後対策の対象とするのは地震発生と同時に起きる斜面崩壊，地すべり，土石流等による一次的な被害に対してではなく，地震発生後に起こる余震や降雨等に起因して起こる斜面崩壊，地すべり，土石流，天然ダムの決壊（failure of landslide dam）にともなう土石流・洪水および構造物の被災による斜面崩壊の拡大・土砂流出等に起因する二次災害（secondary disaster）を防止・軽減することが主な目的である．このためには，地震発生後に地震による土砂移動現象・土砂災害の発生箇所，形態，規模さらに構造物の被災状況を迅速かつ的確に調査・把握して二次災害の起こる可能性の高い箇所を判定して迅速に緊急措置（urgent correspondence）や応急対策（temporary counter measures）をとる必要がある．

地震発生後の調査と復旧（restoration）の流れを図8.2.1に示す（建設省，1986を一部改変）．地震発生後の調査と復旧の過程は地震発生後の経過時間に従って一般に次の3段階に分けられる．

(1) 第一段階（地震発生直後，first step）

震度の極めて大きかった（震度V強以上）地域を対象に斜面崩壊等の大規模な土砂移動現象や土

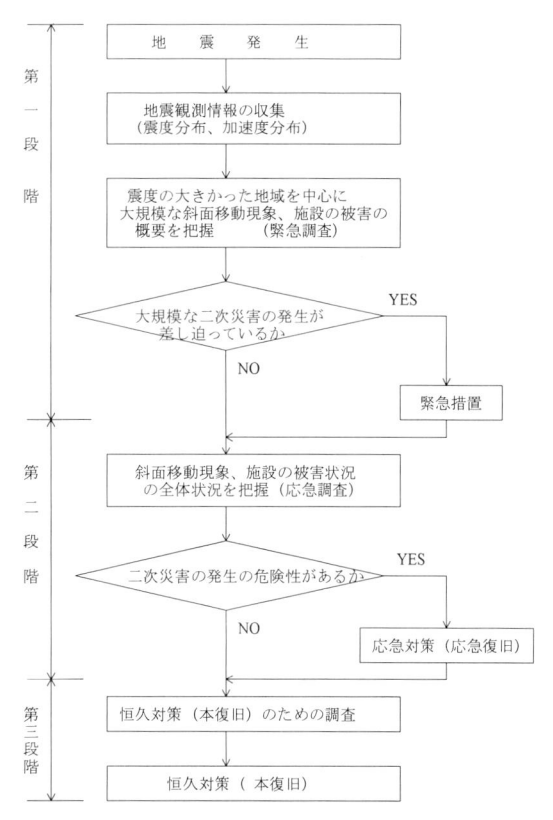

図8.2.1 土砂災害に関する震後対策の流れ
（建設省，1986を一部改変）

砂災害防止施設（構造物）のうち大規模なものや人家・公共施設に直接的に影響を与えるもの，天然ダムなどの決壊のように差し迫った二次災害の発生の危険性があるものについてヘリコプターや地上から迅速な調査を行い，その位置や状況，家屋等への影響等を概略把握する．この緊急調査（urgent investigation）結果に基づき，大きな二次災害の発生が差し迫って起こる可能性があるものについては，行政機関・防災担当機関に連絡をとり付近の住民の避難を主体とした緊急措置（urgent correspondence）を実施する．

（2）第二段階（第一段階後，second step）

震度の大きかった（震度Ⅳ以上）地域全体について斜面崩壊，地すべり，土石流の発生状況，天然ダムの形成状況，および土砂災害防止施設の被害状況，家屋・公共施設の被害状況等についてヘリコプターおよび地上から調査を行い，その位置や規模，形態，被害の程度等について概略を把握する．この応急調査（rough investigation）結果に基づき二次災害の発生の危険性が高い箇所について応急対策（temporary countermeasures）を実施する．

（3）第三段階（第二段階後，third step）

震後の混乱が収まり，恒久対策（本復旧）のために必要な詳細調査（detailed investigation）を行うとともに地震後の土砂災害防止・軽減のための本格的な対策や恒久対策（本復旧）（permanent restoration）を行う．

8.2.2 震後の調査法

地震発生後に，地震により発生した土砂移動現象（斜面崩壊，地すべり，土石流，天然ダムの形成・決壊）およびそれらの土砂移動現象による家屋や公共施設等に関する被害状況の調査に用いられる主な手法とその目的・内容および各段階における調査方法の利用度を表8.2.1に示す．

地震発生直後の第1段階の調査としては，まず，地震の震度および被害状況（速報）をテレビ，ラジオ，およびインターネット等を通じて収集する．これらの情報を基に，土砂災害の発生中心地域を予測し，さらに調査のための交通機関（ヘリコプター，自動車，バイク等）を検討する．次に，地上からとヘリコプターにより土砂移動現象・土砂災害発生の中心地域を重点的に調査して，大規模な土砂移動現象・土砂災害（斜面崩壊，地すべり，土石流，天然ダムの形成，人家・施設の被害）の概要を把握する．この際，とくに，直接人命等に被害が発生した土砂災害や二次災害の発生がさし迫っている大規模な土砂移動現象に重点を絞り迅速に調査し，その調査結果を必要に応じて携帯電話，FAX，無線，インターネット等を通じて市町村の災害対策本部（disaster prevention head quarter）や防災担当機関に報告する．とくに天然ダムの形成があり，短時間に決壊の恐れのある場合には迅速に下流の住民を避難させる等の必要性が大きいので直ちに都道府県や市町村の災害対策本部，防災担当機関等に連絡する．第一段階の調査では土砂移動現象・土砂災害に関する概略の情報を収集することが主目的であり，目視や写真撮影，ビデオ撮影によって斜面移動現象の形態，規模（高さ，長さ，土砂量）や二次災害の発生の危険性等を調査する．また，写真やビデオ撮影の記録はその後の変化と比較することにより被害拡大予測や対策検討の判断資料にも利用できる．

地震発生後の第二段階の調査としては，震度の大きかった地域全体について，空中写真を用いたり，ヘリコプターおよび地上からの調査により，土砂移動現象・土砂災害の概要（土砂移動現象・土砂災害の分布，形態，規模，被害の程度，二次災害発生の可能性と程度）を把握する．また，第一段階で調査した二次災害が差し迫って危険である箇所についても追跡の調査を実施する．これらの調査箇所のうち，とくに応急対策（応急復旧）が必要と思われる箇所についてはさらに，応急対策の必要性およびその内容を検討するための資料を得るために平面・縦横断測量（land survey），

表 8.2.1　震後の土砂移動現象・土砂災害の調査法

調査方法	主な調査目的・内容	各段階における利用度		
		第1段階	第2段階	第3段階
地震の震度，被害情報の収集	被害中心地域の把握，被害の予測調査手法，交通手段の検討	◎	○	
地上からの目視調査 （現地踏査）	土砂移動現象・災害の概要（場所，規模，亀裂，二次災害の危険性，人家・施設等の被害等）	◎	○	
ヘリコプターを用いた調査 （目視，写真撮影，ビデオ撮影）	大規模な土砂移動現象・災害発生箇所の調査 土砂災害甚大地域の概要把握 災害発生位置，規模，被災度 地表変動，水位，流量	◎	○	○
写真・ビデオ撮影	土砂移動現象・災害の状況の把握	◎	○	
空中写真を用いた調査	土砂移動現象・災害の全体状況の把握 斜面崩壊等の規模の計測	○	◎	○
平面，縦横断測量	土砂移動現象・災害の詳細な状況の把握 震後対策の計画のための資料		◎	◎
既往文献調査 ・地形図，地質図 ・空中写真，構造図 ・過去の災害	土砂移動現象・災害の分布特性 土砂移動現象・災害の拡大の特徴 施設の被害状況検討 施設の耐震性の検討	○	◎	○
斜面変動調査 ・伸縮計 ・地中傾斜計 ・地下水位計 ・ワイヤーセンサ	斜面の変動速度の計測 二次災害の可能性検討 すべり面の位置 地下水位の変動 土石流の発生監視		◎	○
水理水文調査 ・雨量観測 ・水位，流量観測	二次災害の発生予測資料 斜面崩壊・天然ダム決壊予測		◎	◎
構造物被災度調査 ・現地計測	構造物の被災度の調査 破壊，亀裂，変形，漏水の計測		◎	○
地質・土質調査 ・現地踏査 ・ボーリング，標準貫入試験，サンプリング	亀裂の発生状況，地質・土質判定 土層判別，N 値，地盤強度		○	◎
室内試験 物理試験（粒度分析等） 力学試験（せん断試験等） 圧縮強度試験	土質特性，流動化特性 地盤強度定数 構造物材料の強度		○	◎

既往文献調査（past record investigation），斜面変動調査（slope displacement investigation），水理水文調査（hydraulic and hydrological investigation），構造物被災度調査（investigation on damage degree of structures）等の調査を行う．

土砂災害を引き起こす斜面移動現象としては，小規模斜面崩壊，地すべり，土石流，長大斜面崩壊（移動土砂量約 $10^4 \sim 10^5 \mathrm{m}^3$）（large-scale slope failure），大規模地すべり（移動土砂量約 $10^6 \mathrm{m}^3$ 以上）（large-scale landslide），天然ダム（landslide dam）の形成と決壊等がある．これらのうち特に大きな二次災害を引き起こす可能性が高いものとして，長大斜面崩壊・地すべりと天然ダムについて具体的な調査項目，調査様式を表8.2.2(1)，(2)および表8.2.3(1)，(2)に示す（建設省，1992）．これらの調査様式内の太枠で囲んだ項目はとくに第一段階の調査（緊急調査）においても目視等で概略の値を観測する必要があるもので，第二段階では測量機器等を用いてさらにその精度を上げていくことが必要である．なお，小規模な斜面崩壊，小規模な地すべりについても長大斜面崩壊・地すべりの様式に準じて調査を行う．

地震発生後の第三段階の調査に関しては恒久対策（本復旧）を実施するために行う調査であるの

表 8.2.2(1)　長大斜面崩壊・地すべりの調査様式　(建設省，1992)

調査表作成日時；　　年　　月　　日　　分※
調査者；所属　　　　氏名

①地　区　名	都道府県　　　市郡　　　区町村	
②河　川　名	川水系　　　　川	
③地すべり履歴	既往地すべり・新規地すべり	
④発　生　日　時	平成　年　月　日（　）　時　分（頃）	
⑤誘　　　　因	地震・豪雨・その他（　　　　　　　　　　　　　　）	
⑥降　水　量	雨・雪；連続　　　mm，日　　　mm/日，時間　　　mm/時	
⑦地震の情報	震度　　震央からの距離　　余震の可能性	
⑧地　　　質		
⑨調　査　方　法	踏査・航空機；目視・写真・VTR	
⑩保　全　対　象	人家戸数（　　　　　戸） 道路（国道・県道・市道・私道）　　　m，線路　　　m 公共施設（　　　　　　　　　　　　　　　　　　　） 農地など（　　　　）　　ha	
⑪被　害　状　況	人的被害	死亡　　名，行方不明　　名，負傷　　名
	資産被害	人家；浸水　　戸，損壊　　戸，流失　　戸 公共施設 道路　　m，線路　　m 流失面積　　ha，埋没耕地面積　　ha
	その他	
⑫長大斜面崩壊・地すべりの諸元		
幅	最大　　　m，平均　　　m	
長　　　　さ	最大　　　m，平均　　　m	
深　　　　さ	推定・測定　　　m	
移　動　土　砂　量	推定・測定　　　m³	
面　　　積	m²	
そ　の　他		
⑬亀　　　裂		
⑭植　　　生		
⑮湧　　　水	有・無	
⑯施設・構造物の変状		
⑰移　動　状　況		
⑱移動量測定箇所	（図）	
⑲拡大の可能性		

※：時間を追って，各時刻1枚ずつ作成する。
太線：太線内は，大規模な災害の拡大予想箇所の情報収集（ヘリコプターでは第一段階）の際に集める情報である。なお，保全対象，被災状況については，概略でよい。

表 8.2.2(2)　長大斜面崩壊・地すべりの調査様式
(建設省, 1992)

```
─略図（地形 図・縦・横断図）─




─写真─
（写真は，ヘリコプターにより撮影し判読に使用したハードコピーも添付する．）
```

で，恒久対策（本復旧）として検討している施設（構造物）の計画・設計・施工に必要な事項について詳細な調査を行う．調査法としては，第二段階に行った平面・縦横断測量，既往文献調査，斜面変動調査，水理水文調査，構造物被災度調査の不足事項を追加調査するとともに，新たに，地質・土質調査，室内土質試験等を実施して，地盤強度，すべり面，土層構成等を明らかにする．

8.2.3　長大斜面崩壊・地すべりの震後対策

(1)　二次災害危険度判定

第一段階の緊急調査および第二段階の応急調査の結果を基に長大斜面崩壊・地すべりの活発化の予測とそれにともなう危険区域（threatened area）の予測を行い，二次災害の危険度（dangerous degree）判定を行う．表 8.2.4 に長大斜面崩壊・地すべりに関する概略調査（緊急調査）と危険度概略判定について示す（建設省，1992）．

危険度（概略）判定手法としては，表 8.2.5 に示す主として前兆現象による定性的な方法と，図 8.2.2 に示すような地表面の移動速度の観測結果を利用した定量的な方法があり，両者が併用される場合が多い（建設省，1992）．なお，小規模な地すべりや斜面崩壊の災害拡大予測についても同様の手法が用いられている．なお，降雨が強くなると長大斜面崩壊や地すべりが活発化する場合が多いので，活発化の予測のためのひとつの指標として降雨量を用いる場合がある．これまでの例では時間雨量で 10〜20 mm/時，累積連続雨量で 50 mm 程度が警戒体制に入る目安とされている．

危険区域の判定に関しては大部分の既往の地すべりでは移動土塊の最大水平移動距離は地すべり発生域の最大水平距離の 2 倍以内となっており，堆積幅も崩壊幅の 2 倍以内である．また，比較的小〜中規模の斜面崩壊では崩土の到達距離は斜面高の 2 倍以内に収まる場合が多い．これらの値が地すべりや長大斜面崩壊による災害危険範囲の判断の一応の目安になる．一方，大規模な崩壊（土砂量 $10^6 m^3$ 以上）になるほど崩土の落下高に対する移動距離は大きくなる．なお，長大斜面崩壊では，下流に比較的急勾配の長い斜面が続いたり，急勾配の渓流や河川が続いたりするような場合は崩土が流動化して遠距離まで崩土が土石流となって流下する場合があるので注意を要する（石川，1999）．時間的に余裕がある場合には長大斜面崩壊・地すべりの到達範囲の推定手法として，「第 6 章土砂移動シミュレーション」を用いることも有効である．

長大斜面崩壊・地すべりの活発化による二次災害を防止するとともに，応急対策及び恒久対策の検討のデータを収集するために，長大斜面崩壊・地すべりに関する監視を継続的に行い，災害の危険が迫ってきた場合には被害を受ける可能性のある地域の住民を避難させる．監視する項目としては，降雨量，震度（余震による），斜面の変位量等であり，とくに斜面崩壊・地すべりの活発化に

表8.2.3(1)　天然ダムの調査様式（建設省，1992）

調査表作成日時；　　年　　月　　日　　分※
調査者；所属　　　　氏名

①地　区　名	都道府県　　　市郡区　　　区町村
②河　川　名	川水系　　　　川
③図　面　名	（1/25,000）
④天然ダム発生日時	年　　月　　日　　時　　分（頃）
⑤直　接　の　誘　因	地震・豪雨・その他　（　　　　　　　　　　　　　　　　） （地震の情報；深度・震央からの距離・余震の可能性） （豪雨の原因；台風・前線・雷雨・その他（　　　　　　））
⑥土砂移動形態	土石流・地すべり・崩壊・掃流・その他（　　　　　　）
⑦地　　　　質	
⑧調　査　方　法	地上・空中；目視・測量・写真・VTR・その他
⑨天然ダムの状況	調査方法：（地）；地上，（空）；空中を区別し，できれば空中写真（垂直あるいは斜め）を添付する。
天然ダムの高さ（H）	(m)
天然ダムの長さ（L）	(m)
天然ダムの幅（B）	(m)
天然ダム形成前の元河床勾配（θ）	(°)
天然ダムへの流入流量（Q_{in}）	(m³/sec)
天然ダムの水位	図に示す　　　　　（越流まで　　　m）
天然ダムの湛水池状況	略図に示す
満水までの容量	略図に示す　　　　　　　　　　　(m³)
天然ダム上流の流域面積（A）	(km²)
天然ダムの透水係数（k）*	(m/sec)
天然ダムの構成材料の粒度分布*	
越流川幅，越流流量☆	(m)　　　　　(m³/sec)
堤体の侵食箇所と形状☆	略図に示す
堤体土砂の侵食状況・速度☆	
天然ダム周辺の地形，人家等の配置	略図に示す
人命・建物・施設等の被災状況	時間経過に従い表に示す
⑩天然ダム満水予想時刻 （満水までの容量）÷（流入流量）	時間　　　分後 （　日　　時　　分頃）
⑪今後の雨量，流量等の情報	
⑫天然ダム形成源の情報	

※：天然ダム形成時から時間を追って，各時刻1枚ずつ作成する。
太線：太線内は，大規模な災害の拡大予想箇所の情報収集（ヘリコプターでは第一段階）の際に集める情報である。
＊：資料があれば記入。
☆：天然ダムから越流が始まっている場合に記入。

表 8.2.3(2) 天然ダムの調査様式 (建設省, 1992)

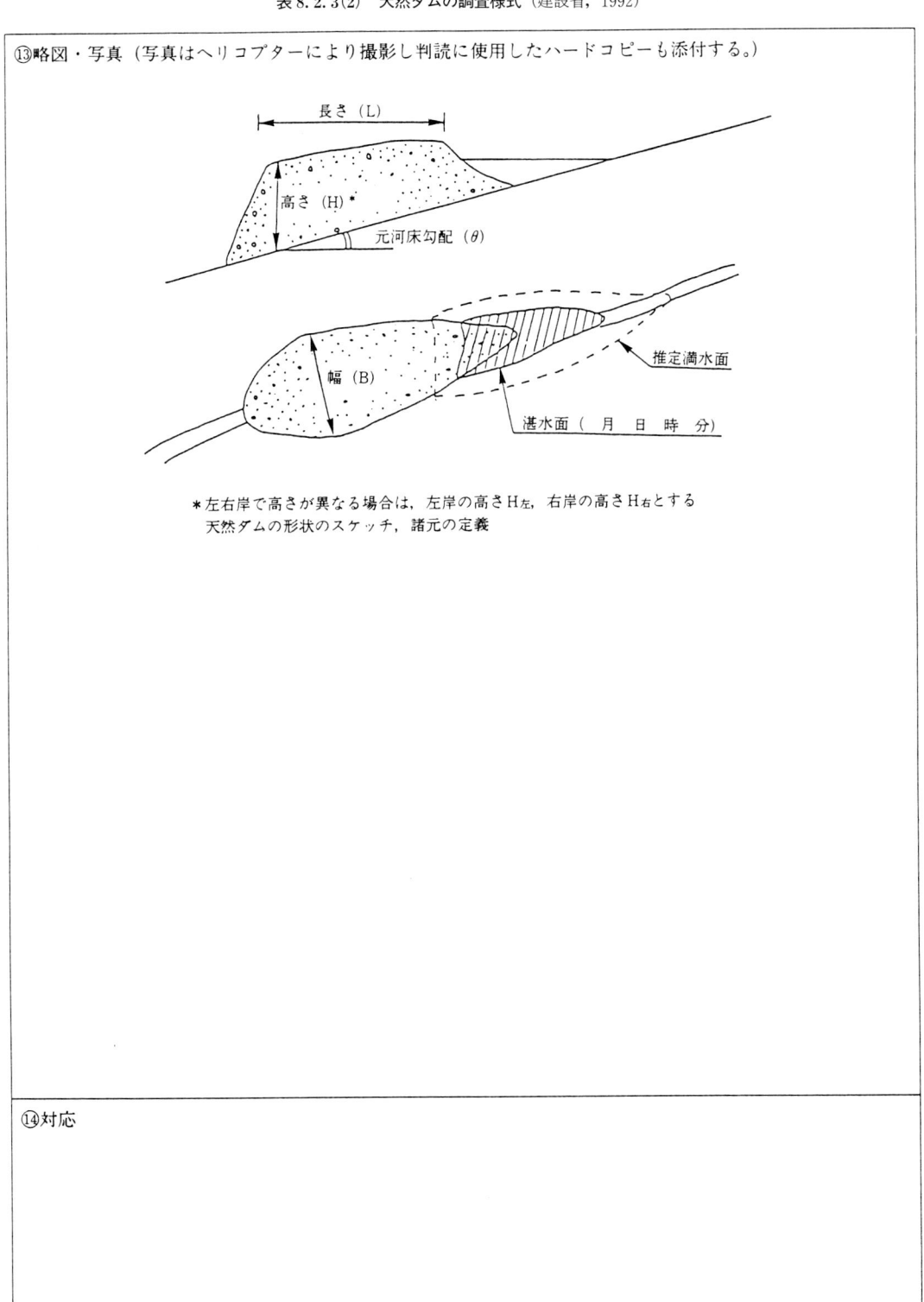

⑬略図・写真 (写真はヘリコプターにより撮影し判読に使用したハードコピーも添付する。)

長さ (L)
高さ (H)*
元河床勾配 (θ)
幅 (B)
推定満水面
湛水面 (月 日 時 分)

＊左右岸で高さが異なる場合は, 左岸の高さH左, 右岸の高さH右とする
天然ダムの形状のスケッチ, 諸元の定義

⑭対応

表 8.2.4 長大斜面崩壊・地すべりの概略調査，危険度概略判定及び応急対策工の検討 (建設省, 1992)

データベース	調査項目	加工・処理	判断・利用
①地形図 (1/5,000程度) (地形，人家，施設の配置図) ②地質図 (1/50,000程度) ③地すべり危険区域図 (1/25,000程度) ④他機関における調査成果	①長大斜面崩壊・地すべりの位置 ②長大斜面崩壊・地すべりの範囲 　(長さ，幅，面積) ③長大斜面崩壊・地すべりの形状 　(縦断図，横断図) ④崩土の到達範囲，土量 ⑤斜面・のり面における変状 ⑥地表移動量 (速度) の測定 ⑦長大斜面崩壊・地すべり周辺の地形，人家等の配置 ⑧人命，建物，施設等の被害状況	①発生場所，規模，被害状況の整理 ②斜面安定解析 ③危険区域の想定 ④危険概略判定	①長大斜面崩壊・地すべりの概要把握 ②応急対策工の計画 ③危険区域の住民の避難

表 8.2.5 長大斜面崩壊・地すべりの前兆現象 (建設省, 1992)

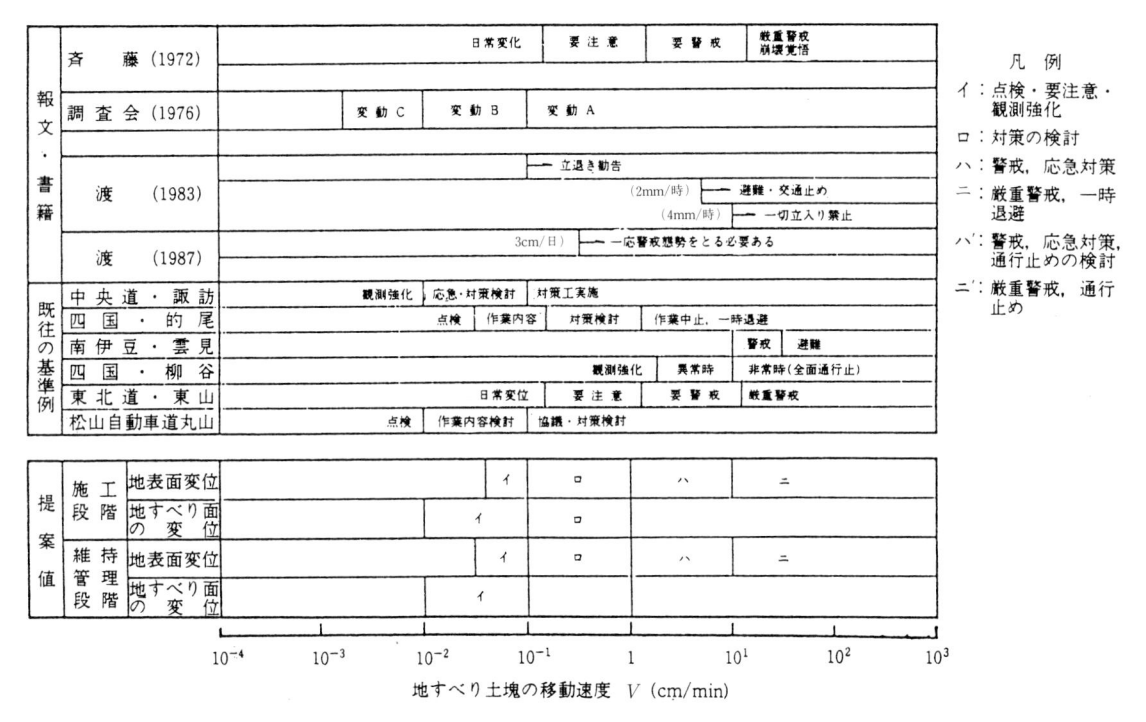

前兆現象の段階と対応	地表面の異常	構造物等の異常	音や振動などの異常	地下水や湧水などの異常
地すべり土塊が崩壊する直前に現れる現象で,非常に危険な状況を示している。早急に避難体制をとることが必要である。	・落石や小崩壊の発生 ・亀裂・段差の拡大（1時間10 mm以上）		・地鳴り ・根の切れる音 ・地面の振動 ・木の枝先の擦れ合う音	
地すべりの運動の初期段階から崩壊の直前までにわたって現れる現象で,かなり危険な状況を示している。警戒が必要で,場合によっては避難体制をとる必要がある。	・亀裂や段差の発生 ・地表面の凹凸の発生 （上記の項目は積雪時には確認しにくい）	・擁壁のクラックや押しだし ・舗装道路やトンネル内のクラック ・電線の弛みや引っ張り ・建物等の変形 　①戸の閉じが悪くなる 　②壁に隙間ができる ・橋などに異常を生じる	・家鳴り	・地下水位の急激な変化 　（枯渇や急増） ・地下水の濁りの発生 ・湧水に流量の変化 　（枯渇や急増） ・湧水の濁りの発生 ・新しい湧水に発生

図 8.2.2 既往の長大斜面崩壊・地すべりの管理基準値 (高速道路調査会, 1988 を一部改正)

ともなう土石流の発生が予想される場合には，下流の渓流に土石流の発生を検知するワイヤーセンサー，監視カメラ等を設置する．また，定期的に地上・ヘリコプター等から斜面の変状を調査することも重要である．さらに，応急対策，恒久対策の実施時にも工事の安全確保のための監視を行う必要がある．

(2) 応急対策（応急復旧）および恒久対策（本復旧）

長大斜面崩壊・地すべりの活発化による二次災

```
                              ┌─START─┐
                              └───┬───┘
                        地震・豪雨・火山活動の発生
                                  │
                        長大斜面崩壊・地すべりの発生
                                  │
                              概略調査
```

| 地震・豪雨・火山活動のデータに関する情報収集
降雨に降る情報収集
火山活動に関する情報収集 | 地上調査
①長大斜面崩壊・地すべりの位置
②長大斜面崩壊・地すべりの範囲（長さ、幅、面積）
③長大斜面崩壊・地すべりの形状（縦断図・横断図）
④崩土の到達範囲、土量
⑤斜面・のり面における変状等
・斜面・のり面上の亀裂
・小規模な斜面・のり面の崩壊
・地鳴り、地表の振動
・樹木の振動・傾き
・湧水・沢水の流量変化、濁り
・井戸の水位変化
・斜面・のり面下方の膨らみ
・構造物の亀裂
・家屋の建具の開閉具合
・水道管の隆起
・電線の弛みや引っ張り
・付近の住民からの情報収集
⑥地表移動量（速度）の測定
・ぬき板の設置
・伸縮計の設置
・構造物の亀裂の測定
・光波測距儀による距離測定
・のり面・斜面変状検知センサーの設置
・見通し線上の移動杭観測
⑦長大斜面崩壊・地すべり周辺の地形・人家等の配置
⑧人命・建物・施設等の被害状況 | 空からの調査
①長大斜面崩壊・地すべりの位置
②長大斜面崩壊・地すべりの範囲（長さ、幅、面積）
③長大斜面崩壊・地すべりの形状（縦断図・横断図）
④崩土の到達範囲、土量
⑤斜面・のり面における変状等
・斜面・のり面上の亀裂
・小規模な斜面・のり面の崩壊
・樹木の傾き
・構造物の亀裂
・湧水・沢水の流量変化、濁り
⑥地表移動量（速度）の測定
・空中写真（ビデオ）撮影と得られた画像からの移動量の測定
⑦長大斜面崩壊・地すべり周辺の地形・人家等の配置
⑧人命・建物・施設等の被害状況 |

```
                                  ↓
    監視 ←──当面安全── 危険度概略判定・拡大予測 ──危険→ 監視と周辺住民の避難
                      （簡易図表による判定）                   │
             ↓                                                 ↓
           監視                                      応急対策工（計画・実施）
             ↓                                      ・地表水排除工（水路工、雨水浸透防止工）
        危険度概略判定 ──危険──→                         （亀裂の埋め戻し）
             │                                            （亀裂にビニールシートを被せる）
         当面安全                                     ・地下水排除工（横ボーリング、揚水井工）
             ↓                                      ・押え盛土工
      周辺の住民の                                    ・頭部排土工
       避難の解除                                     ・土止柵工（崩土流出の防止）
             ↓
           監視
```

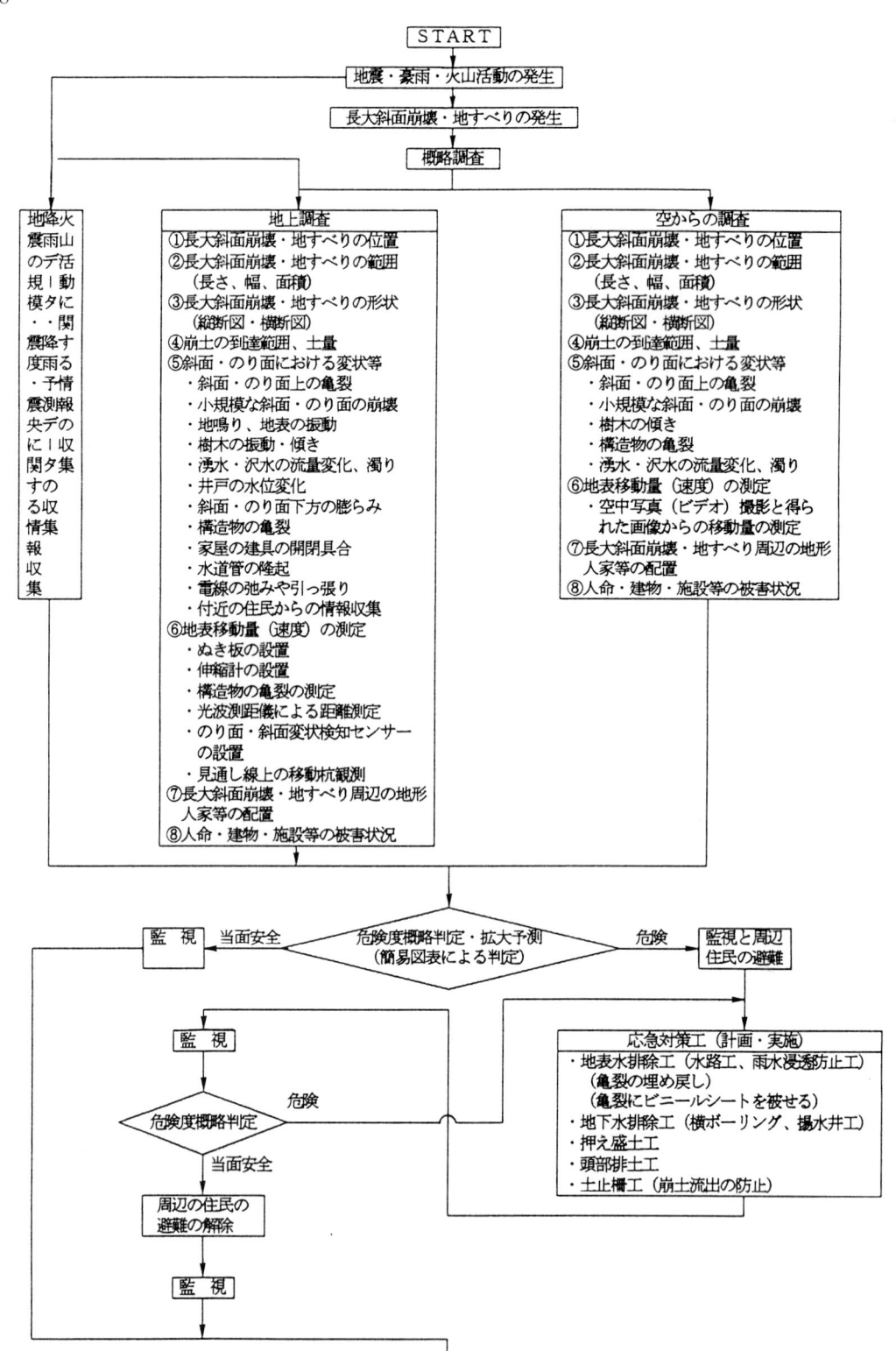

図 8.2.3(1) 長大斜面崩壊・地すべりによる 2 次災害防止及び対策の流れ（建設省，1992）

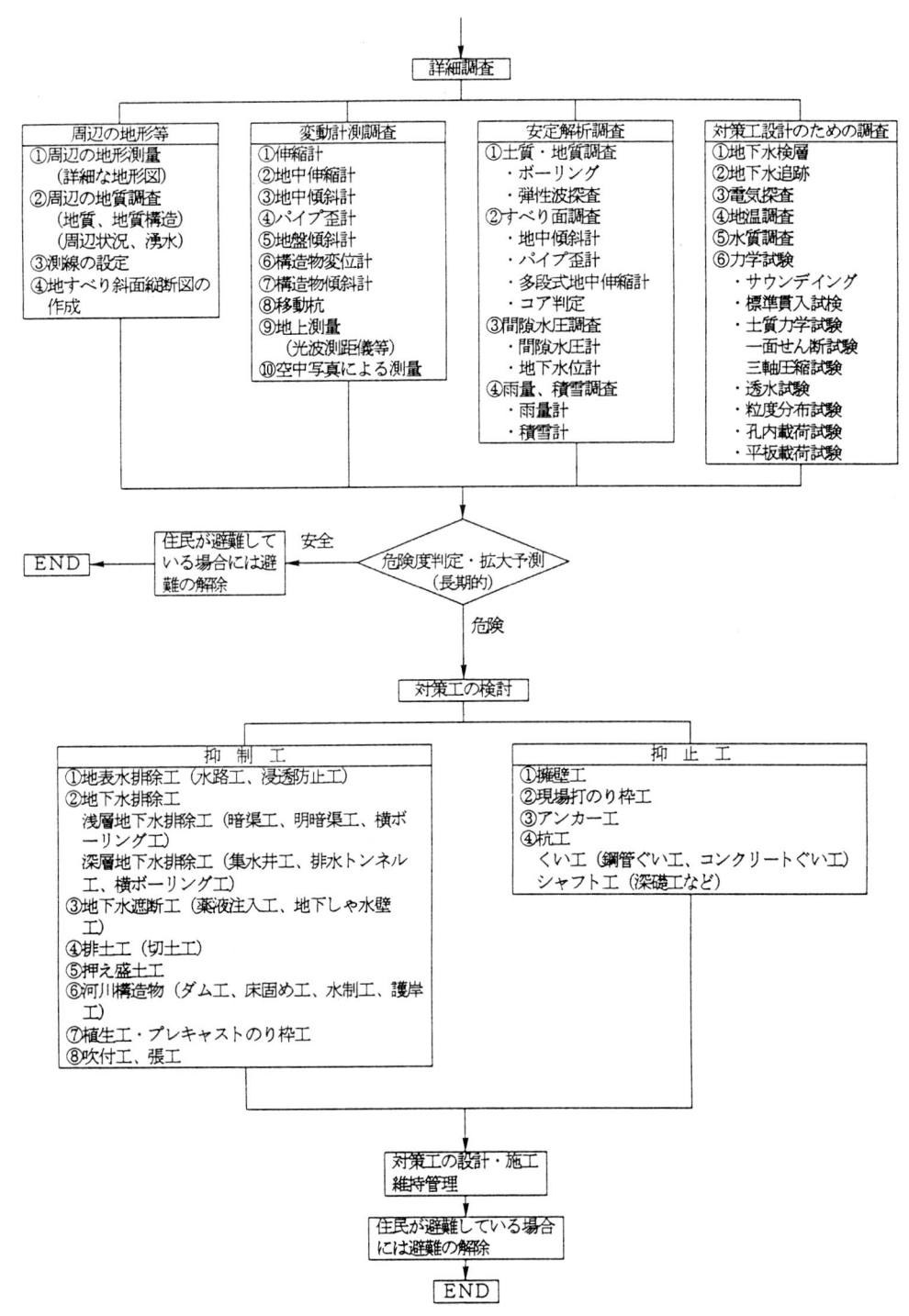

第8章 地震による土砂災害の回避　**169**

```
                              ┌─────────┐
                              │ 詳細調査 │
                              └────┬────┘
        ┌──────────────┬───────────┼───────────┬──────────────┐
┌───────────────┐ ┌───────────────┐ ┌───────────────┐ ┌───────────────┐
│ 周辺の地形等  │ │ 変動計測調査  │ │ 安定解析調査  │ │対策工設計のた │
│①周辺の地形測量│ │①伸縮計        │ │①土質・地質調査│ │めの調査       │
│ （詳細な地形図）│ │②地中伸縮計    │ │ ・ボーリング  │ │①地下水検層    │
│②周辺の地質調査│ │③地中傾斜計    │ │ ・弾性波探査  │ │②地下水追跡    │
│ （地質、地質構 │ │④パイプ歪計    │ │②すべり面調査 │ │③電気探査      │
│ 造）           │ │⑤地盤傾斜計    │ │ ・地中傾斜計  │ │④地温調査      │
│ （周辺状況、湧水）│ │⑥構造物変位計 │ │ ・パイプ歪計  │ │⑤水質調査      │
│③測線の設定    │ │⑦構造物傾斜計  │ │ ・多段式地中伸│ │⑥力学試験      │
│④地すべり斜面縦│ │⑧移動杭        │ │  縮計          │ │ ・サウンディング│
│ 断図の作成     │ │⑨地上測量      │ │ ・コア判定    │ │ ・標準貫入試験 │
│                │ │ （光波測距儀等）│ │③間隙水圧調査 │ │ ・土質力学試験 │
│                │ │⑩空中写真による│ │ ・間隙水圧計  │ │ ・一面せん断試験│
│                │ │  測量          │ │ ・地下水位計  │ │ ・三軸圧縮試験 │
│                │ │                │ │④雨量、積雪調査│ │ ・透水試験     │
│                │ │                │ │ ・雨量計      │ │ ・粒度分布試験 │
│                │ │                │ │ ・積雪計      │ │ ・孔内載荷試験 │
│                │ │                │ │                │ │ ・平板載荷試験 │
└───────────────┘ └───────────────┘ └───────────────┘ └───────────────┘
                                     │
                ┌─────安全          ◇危険度判定・拡大予測
┌──────┐  ┌────────────────┐       │ （長期的）
│ END  │←─│住民が避難して   │←─────┤
└──────┘  │いる場合には避難 │       │危険
          │の解除           │       ▼
          └─────────────────┘  ┌──────────────┐
                                │ 対策工の検討 │
                                └──────┬───────┘
           ┌───────────────────────────┴─────────────┐
┌───────────────────────────────────┐ ┌─────────────────────────┐
│          抑 制 工                 │ │        抑 止 工         │
│①地表水排除工（水路工、浸透防止工）│ │①擁壁工                  │
│②地下水排除工                      │ │②現場打のり枠工          │
│ 浅層地下水排除工（暗渠工、明暗渠工、│ │③アンカー工              │
│ 横ボーリング工）                   │ │④杭工                    │
│ 深層地下水排除工（集水井工、排水ト │ │ くい工（鋼管ぐい工、コン │
│ ンネル工、横ボーリング工）         │ │ クリートぐい工）         │
│③地下水遮断工（薬液注入工、地下しゃ│ │ シャフト工（深礎工など） │
│ 水壁工）                           │ │                          │
│④排土工（切土工）                  │ │                          │
│⑤押え盛土工                        │ │                          │
│⑥河川構造物（ダム工、床固め工、水制│ │                          │
│ 工、護岸工）                       │ │                          │
│⑦植生工・プレキャストのり枠工      │ │                          │
│⑧吹付工、張工                      │ │                          │
└───────────────────────────────────┘ └─────────────────────────┘
                   │
                   ▼
           ┌──────────────┐
           │対策工の設計・│
           │施工維持管理 │
           └──────┬───────┘
           ┌──────────────────┐
           │住民が避難している│
           │場合には避難の解除│
           └──────┬───────────┘
                  ▼
                ┌──────┐
                │ END  │
                └──────┘
```

図 8.2.3(2) 長大斜面崩壊・地すべりによる2次災害防止及び対策の流れ（建設省，1992）

害を防止・軽減するために，第二段階の応急調査結果を基に応急対策（応急復旧）を実施して，長大斜面崩壊・地すべりの運動を沈静化させて当面の危険を回避する．長大斜面対策・地すべりによる二次災害防止および対策の流れを図8.2.3に示す（建設省，1992）．なお，図8.2.3では基本的な対策の流れが地震による場合と同様であるため発生誘因が豪雨や火山活動の場合も含めて述べている．応急対策工法は長大斜面崩壊・地すべりの規模，移動速度，斜面周辺の地形や人家の配置，道路や資機材の利便性等により大きく異なる．一般的な応急対策工法には次のようなものがある．

（i） 地表水排除工（drain surface，水路工，雨水浸透防止工，亀裂の埋め戻し，亀裂にビニールシートをかぶせる）→これらは緊急措置としても用いられる．

（ii） 地下水排除工（subsurface drainage works，横ボーリング，揚水井工）

（iii） 押え盛土工（counterweight fill）

（iv） 頭部排土工（removal of head material）

（v） 土留柵工（fence structure）・谷止工（check dam，崩土の流出防止）

一般に地すべりでは長大斜面崩壊に比較して移動速度が比較的ゆっくりとしているので応急対策としていくつかの対策を並行して実施する場合が多い．一方，長大斜面崩壊では移動速度が急速で工事中の危険性も高く，地形が急で資機材の運搬が不便な場合が多いので実際に用いることができる応急対策の種類は限られる．応急対策の目標安全率は1.01～1.05程度とする場合が多い．

次に第三段階の詳細調査結果を基に，長期的にみて，長大斜面崩壊・地すべりによる災害発生の危険性が高いと判断された場合には，計画安全率を満たすように恒久対策（本復旧）を実施する．対策工法は大きく抑制工と抑止工に大別される．抑制工は地形や地下水の状態等の自然状態を変化させて，長大斜面崩壊・地すべりの活動を緩和させる工法である．抑止工は構造物を設置することにより構造物の持つ支持力や抵抗力により活動を停止させる工法である．これらの対策工法の中から，対策工の効果，現地の地形・地質，長大斜面崩壊・地すべりの規模，施工性，費用等を総合的に判断して採用する工法を選定する．採用される工法は1種類とは限らず，多くの場合数種類の工法が組み合わせられて用いられる．抑止工は長大斜面崩壊，地すべりの土塊の動きが活発な場合に施工すると施工が危険であるばかりでなく効果もあまり期待できないから，このような場合には抑制工を先行し，地すべりの動きを減少させてから抑止工を実施する．

（a） 抑制工（control works）

（i） 地表水排除工（drain surface）水路工，浸透防止工

（ii） 地下水排除工（drain subsurface）
浅層地下水排除工（暗渠工，明暗渠工，横ボーリング工）
深層地下水排除工（集水井工，排水トンネル工，横ボーリング工）

（iii） 地下水遮断工（groundwater interception works）薬液注入工，地下遮水工

（iv） 排土工（earth removal works），切土工

（v） 押え盛土工（counteweight fill）

（vi） 河川構造物（river structure）ダム工，床固工，水制工，護岸工

（vii） 植生工（vegetation works），プレキャスト法枠工（pre-cast crib works）

（vii） 吹付工（shotcrete），張り工（concrete facing wall）

（b） 抑止工（restraint works）

（i） 擁壁工（retaining wall）

（ii） 現場打法枠工（cast-in-place crib works）

（iii） アンカー工（anchor）

(iv) 杭工（pile）鋼管杭工，コンクリート杭工，シャフト工（深礎工等）

8.2.4 天然ダムの決壊対策
（1） 二次災害危険度判定

天然ダム（landslide dam）の形成にともなう災害形態としては，（a）天然ダムの決壊にともなう土石流，土砂流，洪水の発生・流下および氾濫・堆積による下流域での災害，（b）天然ダムの上流域への湛水による上流域における人家，施設の水没による災害の2種類がある．天然ダムは一般に山地で発生する場合が多いので，（b）の湛水による災害が起こる場合はまれであり，二次災害として事例の多いのは，（a）の決壊にともなう下流における災害である．また，二次災害の危険度判定手法に関しては，（b）の湛水域は，地形図を用いれば，現地調査により天然ダムの高さ（標高）を測定し満水時にはそれと同程度の標高までの上流域が湛水域となることが想定できる．そこで以下では主として，（a）の天然ダムの決壊による下流における二次災害の危険度判定手法について述べる．

第一段階の緊急調査および第二段階の応急調査の結果を基に天然ダムの決壊の可能性の予測とそれに伴う危険区域の予測を行い，二次災害の危険度判定を行う．天然ダムの決壊の形態（破壊の引き金）には大別すると，（i）天然ダムが満水になり越流（overtopping）することによるものと，（ii）パイピング（piping）によるものの2種類がある．これまで世界および日本で発生した天然ダムの決壊の大部分は（i）の越流によるものであり，（ii）のパイピングによる事例は極めてまれである．表8.2.6に越流による天然ダムに関する概略調査結果に基づく危険度概略判定について示す（建設省，1992）．

天然ダムの越流は満水と同時に起こると考えられるので，越流による天然ダムの決壊は天然ダムが満水するまでの時間（満水する時刻）を推定（満水までの水量を流入量で除する）し，これを決壊予測時刻とする．または，水位の上昇過程を観測してこの結果を外挿して推定することもできる．大きな天然ダムの場合には，満水までの容量を流域面積で除して満水に要する雨量を求めこれも参考にする．なお，既往の天然ダムの決壊の調

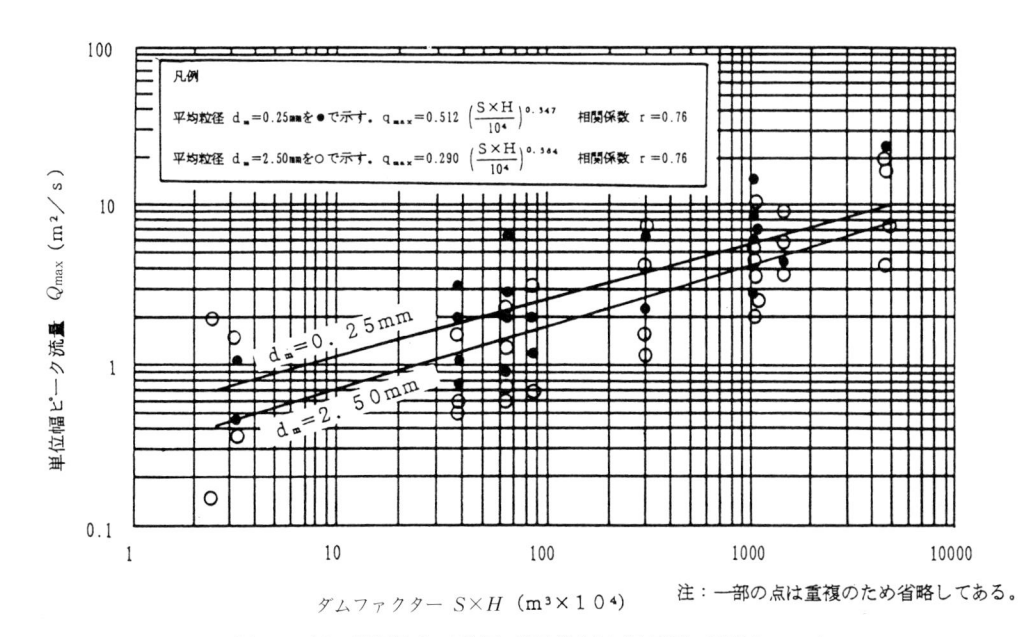

凡例
平均粒径 $d_m=0.25mm$ を●で示す． $q_{max}=0.512\left(\dfrac{S\times H}{10^4}\right)^{0.347}$ 相関係数 $r=0.76$
平均粒径 $d_m=2.50mm$ を○で示す． $q_{max}=0.290\left(\dfrac{S\times H}{10^4}\right)^{0.384}$ 相関係数 $r=0.76$

注：一部の点は重複のため省略してある．

図8.2.4(1) 単位幅ピーク流量の簡易推定図（粒径別）（建設省，1992）

表 8.2.6 天然ダムの概略調査,危険度概略判定の検討 (建設省, 1992)

データベース	調査項目	加工・処理	判断・利用
①地形図 (1/5,000程度) (地形, 人家, 施設の配置)	①天然ダムの位置 ②天然ダムの高さ ③天然ダムの長さ ④天然ダムの幅	①天然ダムの上流湛水範囲 ②天然ダムの上流湛水量 ③天然ダムの土砂量 ④天然ダム上流の流域（面積）	①上流湛水域内住民の危険度判定（湛水時刻, 湛水範囲） ②天然ダムが決壊した場合のピーク流量 ③天然ダムの決壊による下流危険範囲の予測
②地形図 (1/25,000程度)	⑤流域内の降雨状況（河川情報センター, AMeDAS） ⑥天然ダムへの流水流入量（断面積×流速） ⑦天然ダムの水位（変化） ⑧天然ダムの構成材料の透水係数 ⑨天然ダムの構成材料の粒度 ［天然ダムへの越流が始まっている場合］ ⑩天然ダムへの越流水川幅, 流量 ⑪越流による天然ダム堤体の土砂の侵食速度 ⑫越流による天然ダム堤体の侵食箇所と形状 ⑬天然ダムを形成する原因となった斜面崩壊・地すべりの活動状況（変状, 変位, 前兆現象） ⑭天然ダムを形成する原因となった斜面崩壊・地すべり形状（縦断面図）	（流出解析） ⑤天然ダムへの越流流入量の算定 ⑥天然ダムの水位上昇速度の算定 ⑦天然ダムの越流開始時刻の推定 ⑧越流による破壊の危険性の判定 ⑨パイピングの発生時刻の推定 ⑩越流により堤体の急速な破壊の可能性の検討 ⑪天然ダムを形成する原因となった斜面崩壊・地すべりの安全度の検討	④天然ダムの決壊予測（発生時刻, 危険度） ⑤天然ダムの決壊予測（発生時刻） ⑥天然ダムの決壊予測（危険度） ⑦斜面崩壊・地すべりの拡大とそれによる二次災害の予測（救助活動中, 避難中, 応急対策工事中）

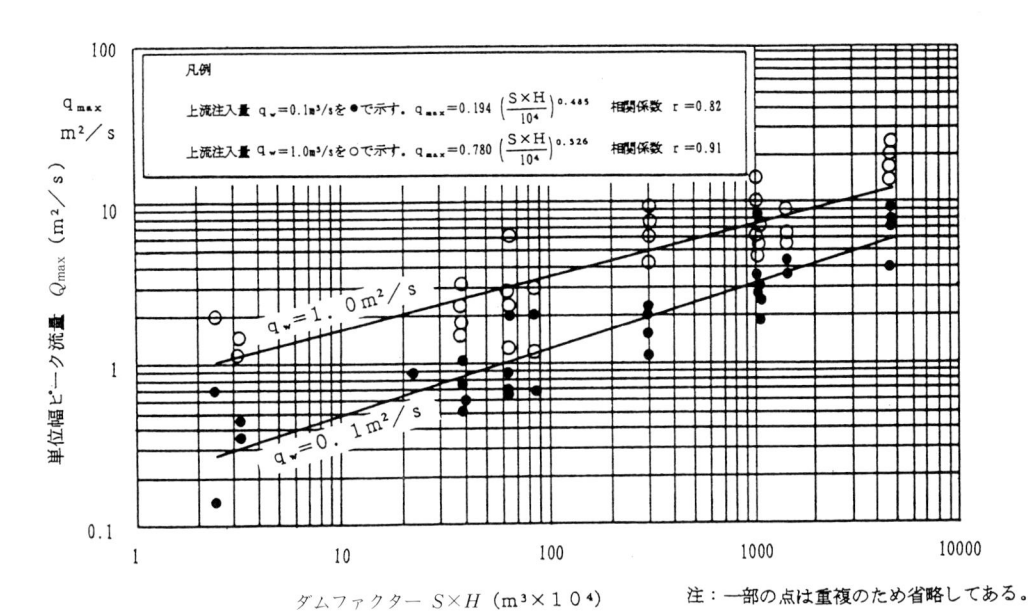

図 8.2.4(2)　単位幅ピーク流量の簡易推定図（上流からの流入量別）（建設省，1992）

表 8.2.7　天然ダムの越流による決壊危険度の傾向
（建設省，1992）

① 平均流量（平常時の流量）が大きく（流域面積が大きく）かつ堰高×湛水量が小さい（小さいダム）ほど，早い時期に決壊する傾向がある．
② 豪雨により形成された天然ダムは早く決壊し，地震により形成された天然ダムは決壊するまでの時間が長く，火山噴火により形成された天然ダムは決壊しにくい．
③ 満水になる時刻が決壊時刻の目安となる．
④ 天然ダムの決壊は，越流による急速な堤体構成材料の侵食による場合が多い．
⑤ 天然ダムの構成材料は粒度が小さく，含水比が高く，単位体積重量が小さいほど，越流が生じた場合には急速に決壊する（越流により容易に侵食が進む）．

査では全体の 2/3 が形成後 1 日以内に決壊しており，調査及び分析は災害発生後直ちに行わなければならない．越流による天然ダムの決壊に関する危険度評価手法としては，表 8.2.7 に示す定性的な方法がある（建設省，1992）．

パイピングによる天然ダムの決壊は天然ダムの提体の下流側に浸潤線（line of seepage）が到達する時間を次式により推定し，浸透水（seepage water）による下流法先でのパイピング，すべりなどの発生の危険性を検討する（建設省，1992）．

$$T = \frac{L}{k(\sin\theta + H/L)} \quad (8.2.1)$$

ここに，T；到達時間（sec），L；天然ダムの長さ（m），k；透水係数（m/sec），H；天然ダムの高さ，θ；元河床勾配である．なお，元河床勾配（θ）は地形図などから概略値を求めても良い．天然ダムの提体の透水係数（coefficient of permeability）は実測するのが難しいと考えられるので $k = 10^{-4} \sim 10^{-5}$ m/sec（$10^{-2} \sim 10^{-3}$ cm/sec）を参考値とする．

さらに，天然ダム本体の決壊のみならず，二次災害の拡大に関しては，天然ダムを形成する原因となった斜面崩壊や地すべりについても崩壊の拡大に対する危険度（安全度）を検討する必要がある．これについては 8.2.3(1) 長大斜面崩壊・地すべりの二次災害危険度判定の項を参考にして行う．

天然ダムの決壊により生ずる土石流，土砂流，洪水のピーク流量（peak discharge）については，天然ダムが越流により徐々に侵食される場合を想定して行われたシミュレーション計算結果から，図 8.2.4(1)，(2) に示すようにダムファクター（dam factor，単位幅貯水量（S）×ダムの高さ（H））と単位幅ピーク流量 Q_{max} の関係が得られ

ており，これを利用する方法がある．なお，天然ダムが一気に決壊すると想定される場合には次式によりピーク流量 Q_{max} を求める方法もある（建設省，1992；石川ら，1992）．

$$Q_{max} = \frac{8}{27}\sqrt{g \cdot B \cdot h^{3/2}} \qquad (8.2.2)$$

ここに，Q_{max}：ピーク流量（m³/sec），g：重力加速度（m/sec²），B：川幅（m），h：天然ダムの水深（m）である．

天然ダムの決壊による被害区域の予測は，想定されたピーク流量を用いて次式により下流河川の各地点での水深を求めて，各地点での護岸高や河岸高と比較することにより氾濫の有無および氾濫区域を予測する（建設省，1992；石川・他，1992）．

$$R = \{nQ_{max}/(IB_d^{1/2})\}^{3/5} \qquad (8.2.3)$$

ここに，R：水深（m），n：粗度係数，Q_{max}：ピーク流量，B_d：川幅（m），I：河床勾配である．

下流の護岸工や河岸高等のデータは地震発生直後に調査するのでは時間がかかり過ぎるので，天然ダムの形成が予想される河川では事前にこれらを調査しておき，さらに危険水位を何段階かに想定して洪水の氾濫予想区域を地形図等に想定しておくと良い．

天然ダムの決壊による二次災害を防止するとともに，応急対策及び恒久対策の検討のデータを収集するために，天然ダムに関する監視を継続的に行い，災害の危険が迫ってきた場合には被害を受ける可能性のある地域の住民を避難させる．監視する項目としては，降雨量，流入量，水位，震度（余震による），提体の変状（越流している場合には侵食速度の変化）等であり，とくに天然ダムの決壊にともなう土石流等の発生が予想される場合には，下流の渓流に土石流の発生を検知するワイヤーセンサー等を設置する．また，定期的に地上・ヘリコプター等から提体の変状を調査することも重要である．さらに，応急対策，恒久対策の実施時にも周辺の斜面を含めて工事の安全確保のための監視を行う必要がある．

第三段階の詳細調査結果に基づく天然ダムの安定性の検討のながれを表 8.2.8 に示す（建設省，1992）．この段階の危険度評価で長期的にみて天然ダムの決壊の危険性がある場合には恒久対策（本復旧）を行う．

(2) 応急対策（応急復旧）および恒久対策（本復旧）

天然ダムの決壊の主な形態は越流による急速な提体の侵食によるものが多く，天然ダムへの貯水量が多くなるほど決壊時のピーク流量が増して下流域での災害も増大する．また，天然ダム上流への湛水による上流の人家や施設の水没が発生する場合もある．このことから，天然ダムによる被害を防止・軽減するためにはまず第一に湛水池の水位上昇を抑えて（あるいは水位を低下させて）越流をおこさせないか，越流が生じても安全に越流するように処置を行う必要がある．天然ダムの形成・決壊による二次災害防止および対策の流れを図 8.2.5 に，応急対策（復旧）工法の検討の流れを図 8.2.6 に示す（建設省，1992）．なお，図 8.2.5 では基本的な対策の流れが地震による場合と同様であるため発生誘因が豪雨や火山活動の場合も含めて述べている．天然ダムの形成後の応急対策（復旧）工法には次のものがある．

(a) 施工場所が天然ダム付近
  (i) 提体開削（spillway excavation），排水路設置
  (ii) 提体撤去（removal of material）（小規模な場合）
  (iii) ポンプ（pump），サイフォン（siphon）による排水
  (iv) 遮水壁（impervious wall）の設置（グラウティング，鋼矢板）
  (v) 下流法先へのフトン篭（gabion works），ブロックによる床固工

第8章 地震による土砂災害の回避

表8.2.8 天然ダムの詳細調査と安定性の検討 (建設省, 1992)

データベース	調査項目	加工・処理	判断・利用
①地形図 (1/5,000程度) (地形、人家、施設の配置図)	①天然ダムの形状 (縦断図、横断図)	①天然ダムの決壊と洪水記録シミュレーション	①天然ダム決壊による下流への被害発生範囲及び危険度の予測
	②上下流河道の縦断図 (縮尺1/1,000程度)		
	③下流・平野部の平面図 (縮尺1/2,500程度)		②下流の避難範囲の設定
②過去の降雨記録	④流域内の降雨状況		
③過去の洪水流量観測記録	⑤洪水予測 (流出解析)		
	⑥天然ダムの構成土砂の粒度	④天然ダム下流斜面の安定解析	
	⑦天然ダムの構成土砂の空隙率		
	⑧天然ダムの構成土砂の強度 (C, φ)	③パイピングによる破壊予測	③上流湛水域の危険判定
	⑨河床の各土層の強度 (C, φ)		
	⑩天然ダムの高さ		
	⑪天然ダムの長さ		
	⑫天然ダム上下流の勾配		
	⑬天然ダム上流湛水位		
	⑭天然ダム下流への漏水量	⑤天然ダム上流の湛水範囲と時刻	
	⑮天然ダム構成土砂の透水係数		
	⑯河床の土層構成		
	⑰河床の各土層の透水係数		
	⑱河床勾配		
④地方機関における調査成果 (地震、土質等)	⑲対策工設置予測箇所における地形縦横断図	⑥対策工の検討	④対策工の選定・設計
	⑳対策工設置箇所の地質、土質		
⑤天然ダム内部の浸透解析 (地下水位変化)	㉑天然ダムを形成する原因となった斜面崩壊・地すべりの形状 (縦断図、横断図)	⑦天然ダムを形成する原因となった斜面崩壊・地すべりの安定度の検討	⑤対策工工事中の二次災害の防止
	㉒斜面崩壊・地すべりの活動状況 (変状等)		
	㉓斜面崩壊・地すべりの構成土砂の土質強度		

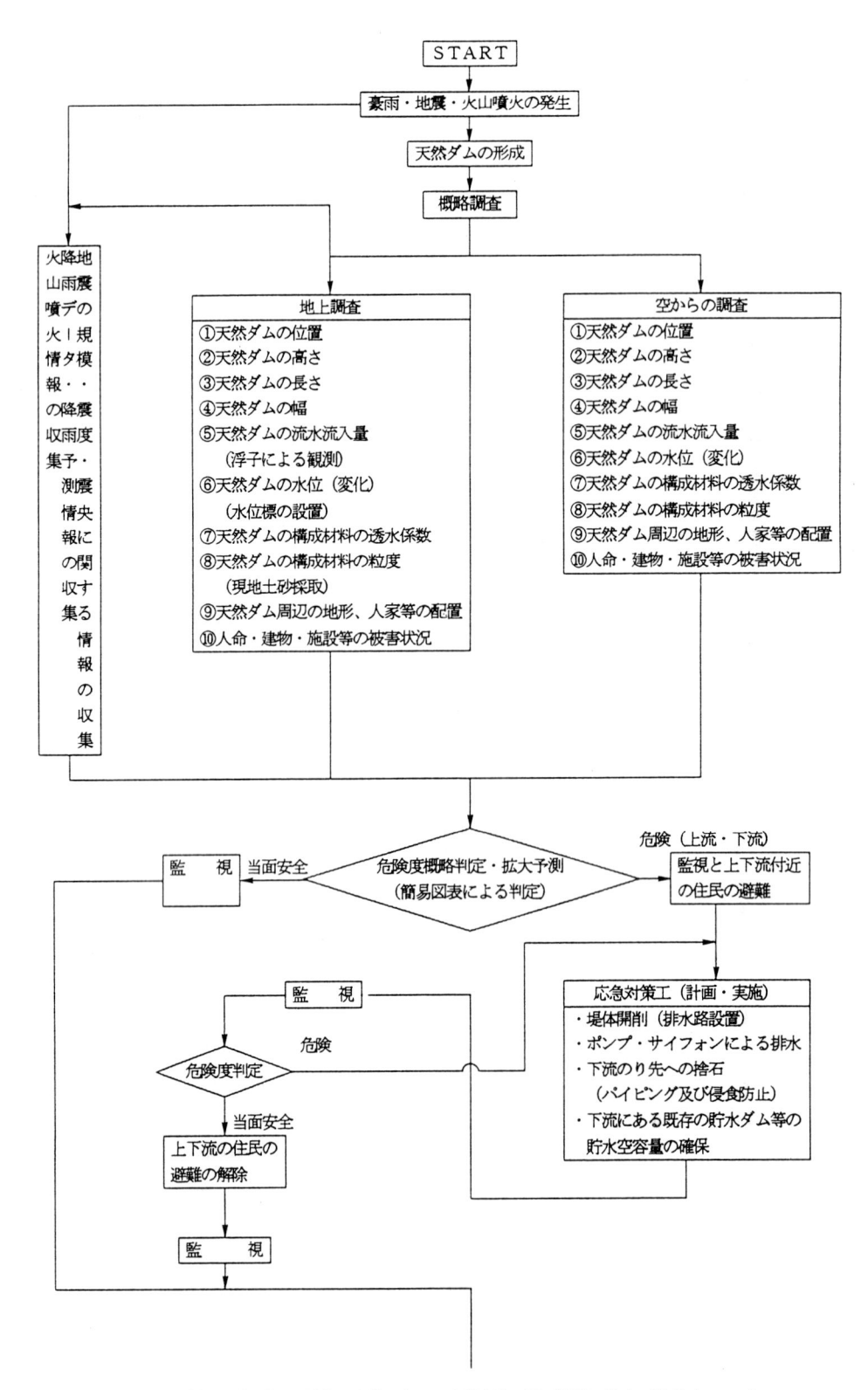

図 8.2.5(1) 天然ダムの形成・決壊による 2 次災害防止及び対策の流れ（建設省，1992）

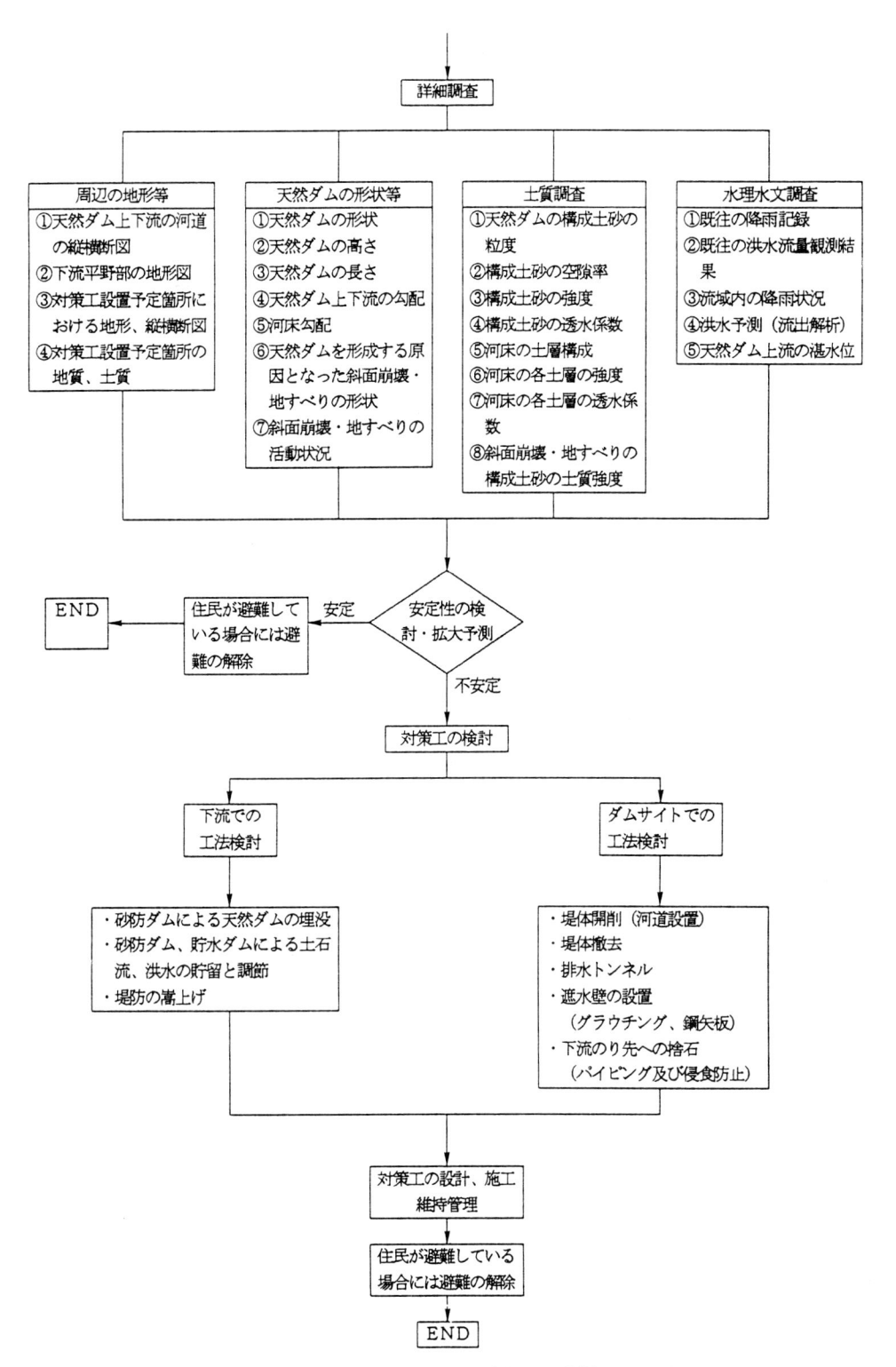

第8章 地震による土砂災害の回避　177

図8.2.5(2)　天然ダムの形成・決壊による2次災害防止及び対策の流れ（建設省，1992）

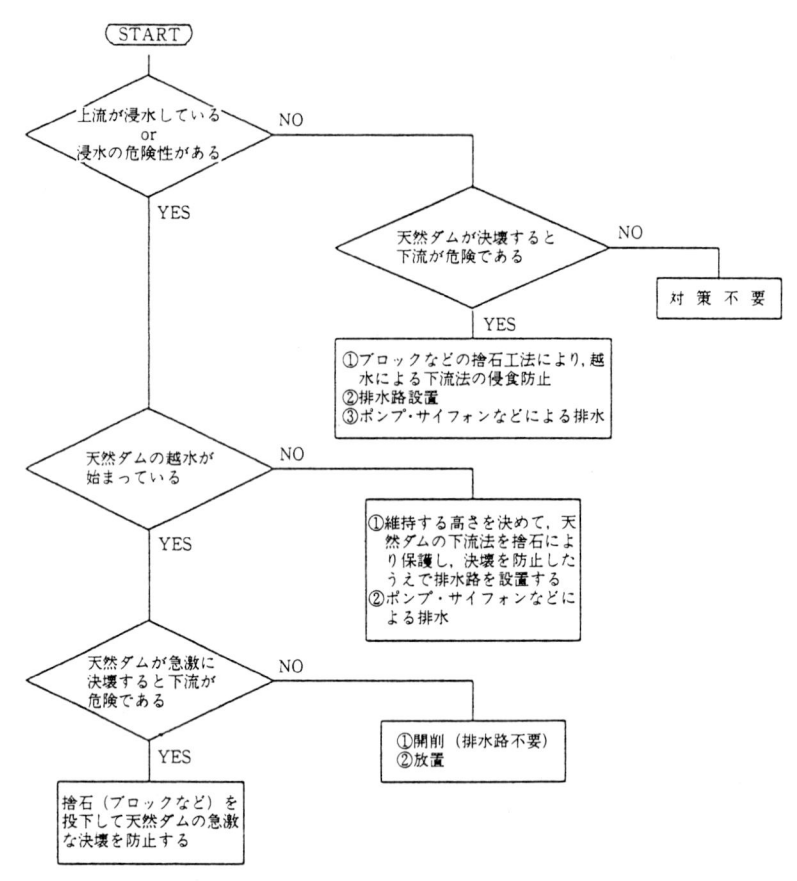

図 8.2.6 天然ダムの応急復旧工法検討の流れ (建設省, 1992)

(block groundsel) の設置 (パイピング及び侵食防止)

(b) 施工場所が天然ダム下流
 (i) 下流堤防の嵩上げ (raising of levee)
 (ii) 砂防ダムの除石 (excavation of sediment), 貯水ダムの水位低下 (drawdown of reservoir level) による土石流, 洪水の貯留 (strage) と調節 (regulating)

費用および施工性の面から応急対策 (復旧) 工法としては, 一般には天然ダムの提体やその付近の地山を開削して緊急時の洪水吐 (emergency overflow spillway) を設置する場合が多い. この際, 提体掘削にともない洪水時に排水路の河床, 河岸が侵食されて天然ダムが決壊した例 (1976年のグアテマラ (Guatemala) のクエマヤ (Quemaya) における天然ダム等) もあるので, 床固工や護岸工等の侵食防止対策が必要である. また, 提体の開削により天然ダムの形成の原因となった斜面崩壊や地すべりが活発化してさらに大規模な崩壊をまねく危険性も高い. このような場合には天然ダムの提体を開削することなく水位低下を図る方法としてポンプやサイフォンによる排水が有効である. この方法は1980年のセントへレンズ山 (Mt. St. Helens) 噴火にともなって形成されたスピリット湖 (Spirit Lake) および1983年のユタ (Utah) 州のシスル湖 (Thistle Lake) の応急対策に用いられた (Schuster, 1986).

天然ダムの下流法先がパイピングや越流により侵食されて天然ダムの決壊が起こることが予想される場合には, 下流法先におけるパイピング, 侵食を防止するために, 巨石, コンクリートブロックあるいはフトン籠などを下流法先に積む工法を

採用する．なお，応急対策（復旧）工の施工中も天然ダムや周辺の斜面の崩壊に対する監視が必要である．

応急対策終了後，あるいは応急対策を実施しない場合でも，詳細調査により天然ダムが長期的に見て不安定と判断される場合には，長期的に安定になるようにあるいは決壊しても下流に災害を引き起こさないように恒久対策（本復旧）を実施する．恒久対策工は次に示すように施工場所の違いにより天然ダムの付近で行うものと，天然ダムの下流で行うものの2種類に大別できる．
  （a） 施工場所が天然ダム付近
    （ⅰ） 提体開削（排水路設置）
    （ⅱ） 提体撤去
    （ⅲ） 排水トンネル
    （ⅳ） 遮水壁の設置（グラウティング，鋼矢板）
    （ⅴ） 下流法先へのブロック等による床固工の設置（パイピング及び侵食防止）
  （b） 施工場所が天然ダム下流
    （ⅰ） 砂防ダムによる天然ダムの埋没（left in place）
    （ⅱ） 下流堤防の嵩上げ
    （ⅲ） 砂防ダムの除石・建設，貯水ダムの水位低下による土石流，洪水の貯留と調節

実際に採られてきた対策工としては，天然ダムの形成箇所における対策工が大部分を占める．その中で最も一般的な対策は応急対策工と同様に提体を開削して洪水による侵食に耐えるような護岸や床固工を設置して新たな河道を設置する工法である．なお，天然ダムおよびその付近の掘削により周辺斜面に残っている崩壊や地すべりの残土の不安定化を招く場合があるので設計・施工に当たっては十分な検討が必要である．そのような恐れがある場合には排水トンネルの設置を行う場合がある．

8.2.5　土砂災害防止施設の復旧
（1）土砂災害防止施設の復旧の基本方針
土砂災害防止施設（砂防設備，地すべり防止施設，急傾斜崩壊防止施設等）が地震により被災した場合の調査および復旧（restoration）の流れは基本的には図8.2.1に示す土砂災害に関する震後対策の流れと同様に3段階に分けられる．
（ⅰ）　施設復旧の第一段階（first step）
震度が大きく被害の激しい地域にある重要な土砂災害防止施設を中心に施設の被害の概略を短時間の内に把握するとともに，施設の被害による土砂流出や洪水等の大きな二次災害の発生の危険性が切迫している施設については緊急的な二次災害防止のための対応（緊急措置（urgent correspondence））をとる段階
（ⅱ）　施設復旧の第二段階（second step）
震度の大きな地域内の土砂災害防止施設について全体的な被害状況を把握し，施設の被災度，重要度を判断し，短期間のうちに施設の損傷の拡大が懸念される施設等については必要に応じて迅速に応急復旧（temporary restoration）を行う段階
（ⅲ）　施設復旧の第三段階（third step）
震後ある程度時間が経過してから，被災した施設について本復旧のために必要な調査を行うとともに必要に応じて本復旧（permanent restoration）を行う段階
（2）緊急措置
第一段階の緊急調査（urgent investigation）の結果，施設の被害が著しく，施設全体の崩壊の危険性が高く，これにともない土砂，水が一度に流出する危険性があり周辺および下流の人命・人家等への危険が高いと判断される場合には緊急措置を実施する．

緊急措置は工事をともなわない施設管理および人命の保護上の措置が重点となり，被災状況に応じて実施する．例えば施設の破壊にともなう土砂および水の流出により下流の人命，人家等への危

険性が高いと判断される場合には，二次災害を受ける地域の市町村長および関係機関に対して情報を提供し警戒避難を助言する．さらに土砂災害防止施設の破壊および施設周辺の斜面崩壊による被害を防止するため，監視装置を設置し，監視を行う．また，土砂災害防止施設およびその周辺の地盤のクラックへの雨水，流水の浸入を防止するためシート等による覆工を行う．

(3) 応急復旧

第二段階の応急調査（rough investigation）により得られた土砂災害防止施設の被災形態・程度・規模および周辺に与える影響から，下記の（i）〜（iv）の条件に該当すると判断される場合には応急復旧を実施する．

(i) 余震，中小豪雨，融雪，洪水等により，施設の被害が拡大すると予想される場合．

(ii) 余震，中小豪雨，融雪，洪水等により，施設が破壊しこれにともない多量の土砂や水が下流へ流下し，二次災害が発生する可能性がある場合．

(iii) 緊急措置の内容・程度から判断して，施設の維持，二次災害防止への効果が十分でない場合．

(iv) 本復旧を行うまでの期間が長い場合．

なお，基本的には図8.2.7に示すフローチャートに従い土砂災害防止施設の被災度の判定（judgment on degree of damage of sediment control facilities）を行い，その結果「機能喪失」と判定された施設が応急復旧の対象となる（土木学会，1998）．図8.2.7は応急復旧の必要性の判定および工法の選定のみならず後述の本復旧工の必要性の判定および工法の選定にも利用される．

なお，「機能喪失」（loss of function）と考えられる被害形態・状況は砂防ダム・床固工，護岸工を例にとると以下に示すものが考えられる．

砂防ダム，床固工の機能は，ダム天端を所定の高さに維持し，その上流の渓床堆積土砂の急激な

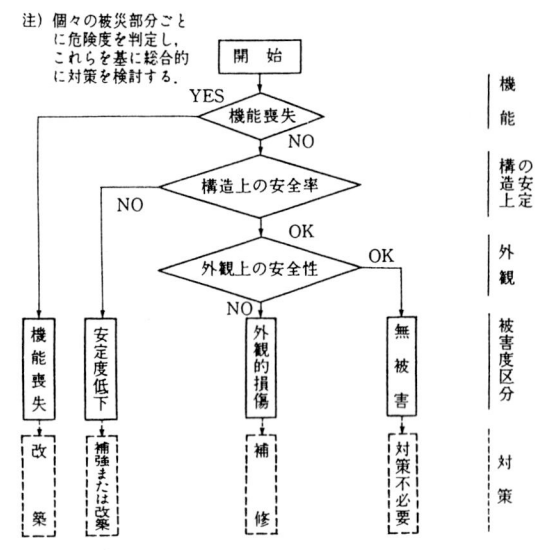

図8.2.7 土砂災害防止施設の被災度判定のフローチャート
（土木学会，1998を一部改変）

流出を防止し，上流から流下してくる土砂の流出を調節することと考えられる．したがって，堤体の転倒，滑動，内部からの破壊によりダム天端が全体的および部分的に所定の高さに保持されていないものは，上記機能を果たすことができないと判断し「機能喪失」の状態にあると判断する（図8.2.8）．一般に砂防ダム，床固工の前庭部，袖部の破壊は，上記の砂防ダム等の機能に直接影響を与えるものではないので，「機能喪失」の判定には含めない．

護岸工については，護岸工が原形をとどめずに破壊した場合，護岸工の破壊にともない周辺の地盤や構造物に影響を与えた場合，および破壊した護岸工の材料や背後の土砂が流出して河道に堆積した場合を「機能喪失」と判定する（図8.2.9）．

土砂災害防止施設の応急復旧工法を選定するに当たっては，下記の①〜⑤の事項に配慮し，現地の状況に合わせて適切に判断し決定する．

① 応急復旧の目的（施設の維持，二次災害防止）を達成できること

② 迅速に現地で施工できること

③ 復旧資機材の入手が容易であること

④ 本復旧工事に当たり手戻りとならない（本復

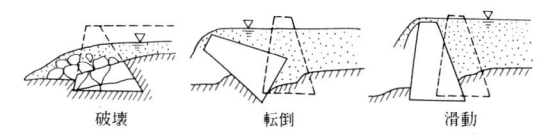

図 8.2.8 砂防ダム，床固工の機能喪失の例（土木学会，1998）

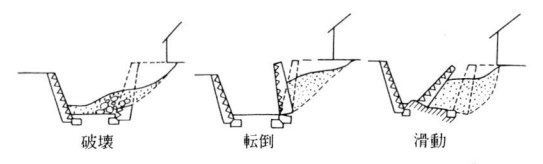

図 8.2.9 護岸工の機能喪失の例（土木学会，1998）

旧へ無理なく移行できる）こと
⑤ 経済的にすぐれていること

（4）本復旧

　第三段階の詳細調査（detailed investigation）結果に基づき，本復旧工事の必要性，および復旧の水準（どの程度の復旧を行うか）を判定する．判定は土砂災害防止施設の機能，構造上の安定，外観上の安定を考慮して行う．すなわち基本的には土砂災害防止施設の被災度に応じて，先に示した図 8.2.7 に示す被災度判定フローにより本復旧工事の必要性や水準を判定する．一つの施設の中で安定度低下の部分と外観的損傷有りの部分が混在する場合等が考えられるが，このような場合は，まず個々の被災部分について判定を行って適切な対策工を選定し，その後，施設全体としてどのような工事を実施するか総合的に検討する．

（ⅰ）「機能喪失」（loss of function）の判定
　機能喪失と判定される被災形態・状況は「（3）応急復旧」に示したとおりである．

（ⅱ）「安定度低下」（decline of stability）の判定
　地震により被害を受けた状態において，施設の滑動，転倒，応力破壊（内部破壊）等の設計条件に対する必要な安全率（構造上の安定性）が確保されていない場合は，長期的には破壊が進行し，また将来の地震，豪雨時や大洪水時等に施設が破壊し，施設の機能を喪失し，2次災害が発生する危険性があると考えられる．すなわち施設の構造が設計基準に基づく安全率等を満足していない場合は「安定度低下」と判定する．また，設計基準に示す形状を満足していない場合も，長期的には施設の機能喪失につながる恐れがあるので，「安定度低下」と判定する．

（ⅲ）「外観的損傷」（damage to outside appearance）の判定
　土砂災害防止施設に構造上の安定性には直接関係ないと考えられる縦クラック，斜めクラック等が発生している場合でも，人々に不安感を抱かせる状態で放置しておくのは防災施設として好ましくない．また長期的には，クラックを放置しておくと凍結融解（freezing and thawing）等により，施設の老朽化を早める結果となり好ましくない．したがって，このような「外観的損傷」が認められる場合には基本的には補修が必要と判断する．
　外観上，人々に不安感を抱かせる例として，砂防ダムの堤体下流面からの漏水が見られる状態が考えられる．ただし，下流面が濡れる程度の軽微な漏水は河川構造物であるので不安感を抱かせるとは考えられないので除く．
　また，水平，垂直方向にかかわらず，多数のクラックが発生して人々に不安感を抱かせる場合は外観的損傷と判定する．
　本復旧の程度（種類）は被災度（安定性）区分に対応して，改築，補強，補修および対策不必要の4手法の中から選定する．ただし，「安定度低下」の状態に対しては，補強又は改築のいずれか適切な方を経済性，施工性，緊急性等を考慮して選定する．

① 改築（reconstruction）：被災施設が「機能喪失」または「安定度低下」している場合は全体的あるいは部分的に取り壊し，建設し直す．
② 補強（reinforcement）：被災施設が「安定度低下」している場合は，設計基準を満足するように施設の形状・強度を設計基準を満足するように大きくする．
③ 補修（repair）：被災施設に「外観的損傷」が認められる場合には，外観上の不安感をなくし，

老朽化を防止・軽減するために漏水防止やクラックへの樹脂注入等を行う．

④ 対策不必要：とくに工事は行わない．

引用文献

土木学会（1998）阪神・淡路大震災調査報告第8巻土木構造物の応急復旧と今後の対策，p. 256-262

石川芳治，井良沢道也，匡尚富（1992）天然ダムの決壊による洪水流下の予測と対策，砂防学会誌，45巻1号，p. 14-23

石川芳治（1999）地震による土石流の発生に係わる地形，地質条件，砂防学会誌，51巻5号，p. 35-42

建設省（1986）土木構造物の震災復旧技術マニュアル（案），p. 79-84

建設省（1992）災害情報システムの開発報告書第Ⅲ巻基幹施設編，p. 353-404

建設省（1997）土砂災害に関する防災システムの開発報告書，p. 293-351

高速道路調査会（1988）地すべり危険地における動態観測施工に関する研究報告書，p. 143

砂防学会（1996）砂防設備の耐震設計に関する検討委員会報告，砂防学会誌，48巻6号，p. 37-60

Schuster, R. L. (1986) *Landslide dams : processes, risk, and mitigation*, American society of civil engineers, p. 164

索　引

ア　行

アカタ（Acata）　136
味大豆地すべり（Ajimame Landslide）　56
圧縮応力（compression stress）　3
圧縮亀裂（compression crack）　158
阿寺断層（Atera Fault）　7,107,113,図5.2.1
跡津川断層（Atotugawa Fault）　113
アナカパ（Anacapa）　138
アービン（Arvin）　138
アラミトスーシールビーチ（Alamitos-Seal Beach）　138
アリアス強度（Arias intensity）　151
アンカー工（anchor）　170
アンカレッジ地震（Anchorage Earthquake, 1964）　17
安山岩（andesite）　78,89
安政東海地震（Ansei Toukai Earthquake, 1854）　30,33,34,36,113,表2.2.1,表5.2.1
安政南海地震（Ansei Nankai Earthquake, 1854）　113,表2.2.1,表5.2.1
アンゼルス（Angeles）　138
安息角（angle of repose）　34
安全率（safety factor, factor of safety）　21,148
安定度（stability）　158
安定度低下（decline of stability）　181
伊豆大島近海地震（Izu-Oshima Kinkai Earthquake, 1978）　17
伊豆半島沖地震（IzuHantou-Oki Earthquake, 1974）　127
和泉層群（Izumi Group）　84
位相（phase）　10
一次災害（first disaster）　112,113,115
一体型すべり（coherent slide）　141,142,149,150,152
一体型地すべり（coherent landslide）　152
糸魚川－静岡構造線（Itoigawa-Shizuoka Tectonic Line）　7,113
入戸火砕流堆積物（Ito pyoclastic flow deposits）　89
移動速度（velocity）　140
伊那谷断層（Inadani Fault）　113
今市地震（Imaichi Earthquake, 1949）　52,76,表2.2.1
石廊崎断層（Irouzaki Fault）　127
岩（rock）　140
岩倉山（Iwakurayama）　17,58
岩なだれ（rock avalanche）　17,137
岩のすべり（rock slide）　137,140
Wilson & Keefer　136,148,149,152
受け盤（opposite slope）　91
ウッド・アンダーソン型地震計（Wood-Anderson seismograph）　141
Wood and Neumann　142
雲仙（Unzen）　41
雲仙地溝（Unzen graben）　42
運動形態（type of movement）　140,158
AEセンサー（acoustic emission sensor）　159
鋭敏比（sensitivity ratio）　17,18
永登地震（Yongdeng Earthquake, 1995）　25
液状化（liquefaction）　14,18,44
液状化による伸展や流動形態（liquefaction-induced lateral spread and flow）　149
液状化による地すべり（liquefaction-induced landslide）　139
S波（secondary wave）　3
SH波（SH wave）　4
SV波（SV wave）　4
越流（overtopping, overflow）　171
Episona　146
エルウッド（Elwood）　139
LSFLOW　121,134
円弧型地すべり（circular slide）　44
円弧すべり（rotational failure）　85
延命寺断層（Enmeiji Fault）　60
応急調査（rough investigation）　160,180
応急対策（temporary counter measures）　159
応急復旧（temporary restoration）　179
応力解放（stress release）　14
大阪層群（Osaka Group）　84
大谷崩（Oya-kuzure）　口絵-2,28
大山（Oyama）　63
オークランド（Oakland）　139
押え盛土工（counterweight fill）　170
遅い土砂の流動（slow earth flow）　137,149
尾根型斜面（divergent slope）　85
御岳（Ontake）　17,45
御岳高原（Ontake-kougen）　46

カ　行

外観的損傷（damage to outside appearance）　181

海原地震（Haiyuan Earthquake, 1920）　18,129
海溝型地震（trench type earthquake）　2,52,60,114
海溝型巨大地震（mega trench type earthquake）　113
海溝型大地震（large-scale trench type earthquake）　28
崖錐（talus）　158
崖錐堆積物（talus deposition）　14
改築（reconstruction）　181
改正メルカリ震度階（Modified Merical Intensity, MMI）　142
海底地すべり（submarine landslide）　14
回転（rotation）　14
回転すべり（slump, rotational slide）　140,149
海嶺（ridge）　136
帰雲城（Kaerikumo Castle）　107
家屋被害率（rate of damaged houses）　71
河岸段丘（river terrace）　89
加久藤火砕流堆積物（Kakuto pyroclastic flow deposits）　91
花崗岩（granite）　88,92
花崗斑岩（granite porphyry）　77
鹿児島県北西部地震（Kagoshima-ken Hokuseibu Earthquake, 1997）　52,76,88,表2.2.1
火山岩類（volcanic rocks）　91,92
火山灰（volcanic ash）　17,78
火山噴出物（volcanic products）　17
河川構造物（river structure）　170
加速度（acceleration）　148,116
加速度の経時変化（acceleration versus time）　149
カタストロフィック（catastrophic）　28
活断層（active fault）　1,6,107
滑動（sliding）　14
滑動力（downslope seismic force）　148
滑落崖（landslide scarp）　158
加奈木崩れ（Kanagi-Kuzure）　口絵-5,38
ガバメントヒル地すべり（Governmenthill landslide）　17
カブリロビーチ（Cabrillo Beach）　138
鎌倉地震（Kamakura Earthquake, 1241）　33
カリフォルニア（California）　136
軽石（pumice）　78
間隙水圧（pore water pressure）　21
監視装置（monitoring equipment）　158
岩質（lithology）　150
完新統（Holocene）　84
岩屑流（debris avalanche）　17,45
岩屑流堆積物（debris avalanche sediments）　40
関東地震（Kanto Earthquake, 1923）　口絵図-26, 12,17,52,60,115,118,表2.2.1,表5.2.1
関東南部地震（Kanto-Nanbu Earthquake, 1257）　33

関東ローム（Kanto loam）　78
貫入岩（intrusive rock）　18
岩の回転すべり（rock slump）　137
岩のすべり（rock slide）　137,140
岩の直線すべり（block slide）　137
岩盤崩落（rock slide）　14項
帰雲山（Kiunzan）　107
既往文献調査（past record investigation）　161
幾何減衰（geometrical damping）　9
危険区域（threatened area）　163
危険度（dangerous degree）　163
起震断層（earthquake source fault）　102,112
北伊豆地震（Kita-Izu Earthquake, 1930）　69,118,表2.2.1,表5.2.1
北丹後地震（Kita-Tango Earthquake, 1927）　52,70,表2.2.1
畿内・東海道地震（Kinai-Tokaido Earthquake, 1096）　33
機能喪失（loss of function）　180
Keefer　20,136,140,141,142,145,146
Keefer & Wilson　142,146
起伏量（relief energy）　73,81
木船城（Kihune Castle）　107
逆断層（reverse fault）　3
急性型地すべり（rapid landslide）　53
Q値（quality factor）　9
境界要素法（boundary element method）　13
共振（resonance）　10
強震記録（strong-motion record）　149
強震動（strong motion）　8
強震計（strong motion seismograph）　8
共役断層（conjugate fault）　3
極限平衡法（limited equilibrium method）　21
巨大地震（great earthquake）　30
亀裂（fissure）　18
緊急時洪水吐（emergency overflow spillway）　178
緊急時の洪水吐（emergency overflow spillway）　178
緊急処置（urgent correspondence）　159,179
緊急調査（urgent investigation）　160,179
キングシティ（King City）　136
グアテマラ（Guatemala）　178
杭工（pile works）　171
クエマヤ（Quemaya）　178
屈折（refraction）　9
倉並地すべり（Kuranami Landslide）　57
クリープ（creep）　39
黒雲母花崗岩（biotite granite）　77
玄倉（Kurokura）　64
群発地震（earthquake swarm）　6
警戒・避難体制（warning and evacuation system）　157

傾斜角（angle of slope, slope angle） 80,93
傾斜方位（orientation） 92
傾斜変換点（knick point） 85
継続時間（duration） 10
K-NET（Kyoshin Net） 8
慶長地震（Keichou Earthquake, 1605） 30
頁岩（shale） 77,88
ケルン郡地震（Kern County Earthquake, 1952） 138
限界移動量（critical displacement） 150
限界加速度（critical acceleration） 148
減衰（attenuation） 9
減衰定数（damping factor） 12
検層（logging） 8
現場打法枠工（cast-in-place crib works） 170
元禄地震（Genroku Earthquake, 1703） 113, 表2.2.1, 表5.2.1
恒久対策（permanent restoration） 160
合計の滑動力（total downslope force） 148
更新統（Pleistocene） 84
剛性率（rigidity） 4,142
洪積世（Diluvium） 17
洪積層（Diluvium） 78
構造物被災度調査（investigation on damage degree of structures） 161
国府津・松田断層（Kouzu-Matsuda Fault） 7
神戸層群（Kobe Group） 84
郷村断層（Goumura Fault） 70
越山谷（Koshiyamadani） 107
湖成堆積物（lacustrine sediment） 31
互層（alternation of strata） 17,31,33
固有周期（natural period） 11
ゴレタ（Goleta） 139
コンプトン（Compton） 138

サ 行

災害対策本部（disaster prevention headquater） 160
最大加速度（peak acceleration） 11
最大主応力（major principal stress） 19
最大振幅（maximum amplitude） 11
最大すべり抵抗力（maximum resistance） 148
最大速度（peak velocity） 11
最大変位（peak displacement） 12
再発地すべり（re-activate landslide） 17
サイフォン（siphon） 174
再来周期（return period） 2,6,7
材料（material） 140
相模地震（Sagami Earthquake, 1924） 60,64,69
相模湾断層（Sagami-Wan Fault） 60
砂岩（sandstone） 77,88

砂岩・頁岩（sandstone/shale） 33
差別侵食（differential erosion） 78
砂防堰堤，砂防ダム（sabo dam, check dam） 29
砂防施設（sediment control facility） 159
砂礫層（gravel layer） 31
サンアンドレアス断層（San Andreas Fault） 136
サンガブリエル（San Gabriel） 138
サンクレメンテ（San Clemente） 138
残積土（residual soil） 17,139
サンタアナ（Santa Ana） 138
サンタイネツ（Santa Ynez） 139
サンタクララ（Santa Clara） 139
サンタクルーズ山地（Santa Cruz Mountains） 137, 139
サンタバーバラ地震（Santa Barbara Earthquake, 1978） 139
サンタスサーナ（Santa Susana） 139
山頂小起伏面（flat-topped mountain） 29
サンフェルナンド地震（San Fernando Earthquake, 1971） 138,151
サンフランシスコ地震（San Francisco Earthquake, 1906） 136
サンホアキオン（San Joaquin） 138
サンマルコス（San Marcos） 139
散乱（scattering） 9
サンローレンツ（San Lorenzo） 139
Scheidegger 134
シエラネバタ（Sierra Nevada） 138
指向性（directivity） 9
地震（earthquake） 1
地震応答解析（seismic response analysis） 19
地震が単位時間に発生する回数（number of earthquake per unit time） 146
地震基盤（seismic bedrock） 9
地震時（dynamic situation, seismic situation） 148
地震時の有効粘着力（seismic effective cohesion） 149
地震断層（seismic fault） 26,70,141
地震動（earthquake motion） 1
地震による滑動力（downslope seismic force） 148
地震による年平均生産土砂量（mean rate of annual debris production of earthquake-induced landslide material） 147
地震波（seismic wave） 1
地震モーメント（seismic moment） 4,7,142
地震モーメントの年間合計値（total annual seismic moment release） 146
地震力（seismic force） 14,22
地すべり（landslide） 137
地すべり防止工（landslide control facility） 159
シスル湖（Thisle Lake） 178
七面山（Sichimenzan） 口絵-4,32

沈み込み (subduction) 1
沈み込み帯 (subduction zone) 136
質量 (mass) 148
実体波 (body wave) 3
実体波マグニチュード (bodywave magnitude) 141
信濃川断層帯 (Shinanogawa Fault) 113
地盤傾斜計 (surface inclinometer) 158
地盤の液状化 (soil liquefaction) 137
地盤沈下 (ground settlement) 137
地盤の破壊 (ground failure) 137
Jipson 136
島原四月朔地震 (Shimabara-shigatusaku Earthquake, 1792) 口絵-9, 43
島原地震 (Shimabara Earthquake, 1922) 44
島原大変 (Shimabara Catastrophe) 口絵図-9, 44
四万十層群 (Shimanto Group) 88
下浦断層 (Shimoura Fault) 60
遮水壁 (impervious wall) 174
斜面安定解析法 (slope atability analysis) 21
斜面構成物の強度 (strength of slope material) 148
斜面の傾斜 (slope steepness, slope angle) 148
斜面変動調査 (slope displacement investigation) 161
斜面崩壊 (slope failure) 28
斜面崩壊防止工 (slope failure control facility) 159
周期 (period) 8
褶曲 (fold) 6
集中質量法 (lumped mass method) 13
自由落下 (falling) 14
周波数領域 (frequency domain) 8
周波数応答関数 (frequency response function) 13
重複反射理論 (multiple reflection theory) 13
重力 (gravitational load, gravity) 148
重力加速度 (the acceleration due to the gravity, gravity acceleration) 148
Schuster 178
主要動 (principal shock) 11
詳細調査 (detailed investigation) 160, 181
衝上断層 (thrust) 29
常時微動 (microtremor) 80
焦家地すべり (Jiaojia Landslide) 表6.4.1
上載荷重に対する間隙水圧比 (ratio of pore pressure to overburden stress) 149
上灘地すべり (Shangtan Landslide) 表6.4.1
上流部への湛水 (backwater flooding) 156
初期微動 (preliminary tremor) 9, 11
植生工 (vegetation works) 170
初生地すべり (first-time landslide, primary landslide) 17
除石 (excavation of sediment) 178
シラス (Shirasu) 89, 92
白鳥山 (Shiratoriyama) 35

震央 (epicenter) 2, 89, 141
震央距離 (epicentral distance) 2
震源 (hypocenter) 2, 88
震源域 (hypocentral region) 2, 76, 88
震源距離 (hypocentral distance) 9
震源スペクトル (source spectrum) 9
震源断層 (earthquake source fault) 2, 88, 94
震源の深さ (focal depth) 2
人工埋め立て地 (manmade fill) 137
進行速度 (rupture velocity) 2
震後対策 (post-earthquake disaster prevention measves) 156, 159
伸縮計 (extensometer) 158
浸潤線 (line of seepage) 173
深成岩 (plutonic rock) 18
震生湖 (Shinsei Lake) 61, 115
新生地すべり (first-time landslide, primary landslide) 17
震前対策 (pre-earthquake disaster prevention measures) 156
深層風化 (deep weathering) 78
伸展 (lateral spread) 140
伸展および流動 (lateral spreads and flows) 141, 142, 152
震度 (seismic intensity) 4, 142
浸透水 (seepage water) 173
振動数 (frequency) 9
震度階級 (seismic intensity scale) 4
震度係数 (seismic coefficient) 22
陣馬平山 (Jinbadairasan) 56
振幅 (amplitude) 8
水平震度係数 (horizontal seismic coefficient) 21
水理水文調査 (hydraulic and hydrological investigation) 161
スコリア (scoria) 17
スピリット湖 (Spirit Lake) 178
すべり抵抗力 (resisting force, opposiug porce) 148
すべりの厚さ (thickness of potential landslide) 148
すべり面 (sliding surface) 17
すべり面検知ケーブル (slip surface detective cable) 159
すべり面の接着 (cohesive bond) 150
スペクトル解析 (spectral analysis) 11
スランプ (slump) 18, 85
スレーキング (slaking) 38
生産土砂量 (amount of sediment yield) 82, 118
脆性破壊 (brittle failure) 2
脆性的挙動 (brittle behavior) 149
成層構造 (stratification structure) 31
正断層 (normal fault) 3
石英安山岩 (dacite) 41

石英斑岩（quartz porphyry） 78
節理（joint） 14,18,91
遷急点（knick point） 85,91
先駆現象（precursor） 20
善光寺地震（Zenkouji Earthquake, 1847） 口絵-15〜20,17,52,表2.2.1,表5.2.1
扇状地堆積物（alluvial fan deposit） 89
線状凹地（linear depression） 32,39
前震（foreshock） 6
鮮新統（Pliocene） 84
せん断応力（shear stress） 2,19
せん断弾性係数（shear modulus） 12
せん断破壊（shear failure） 2
セントヘレンズ山（Mt. St Helens） 45,178
千屋断層（Senya Fault） 7
走向（strike） 3,84,88
造構運動（teconic movement） 18
増幅（amplification） 9
層理（bedding/stratification） 38
層理面（bedding plane） 17,18
側方崖（side cliff） 158
側方亀裂（side crack） 158
ソフト対策（passive measures） 156

タ 行

第一段階（first step） 159,179
大規模直下型地震（large shallow direct hit earthquake） 112
大規模崩壊・地すべり（large-scale collapse, large-scale landslide） 14,28,29,158,161
第三紀層（Tertiary strata） 6,78
第三系（Tertiary system） 84
第三段階（third step） 160,179
耐震性（aseismicity） 157
堆積岩帯（sedimentary rock belt） 29
堆積岩類（sedimentary rocks） 88,92
堆積段丘（accumulation terrace, depositional terrace） 31
第二段階（second step） 160,179
第四紀（Quaternary） 6
高田地震（Takada Earthquake, 1751） 口絵-6〜8,102,表2.2.1,表5.2.1
滝越（Takikoshi） 46
卓越周期（predominant period） 11,78
卓越周波数（predominant frequency） 11
タコマ地震（Tacoma Earthquake, 1949） 22
縦ずれ（dip-slip） 3
縦波（longitudinal wave） 3
谷型斜面（convergent slope） 85
谷止工（check dam） 174
多重反射（multiple reflection） 10
立川断層（Tatchikawa Fault） 7
ダム係数，ダムファクター（dam factor） 116,171,173
タフト地震（Taft Earthquake, 1952） 151
単位体積重量（specific weight, unit weight） 148
段丘（terrace） 84
段丘堆積物（terrace deposit） 89,92
丹沢山地（Tanzawa Mountains） 64,68
弾性反発説（elastic rebound theory） 2
湛水池（reservoir） 30
断層（fault） 18
断層運動（fault motion） 1
断層破壊の進行速度（rapture velocity in the fault） 2
断層地形（fault topography） 84
断層粘土（fault clay） 2
断層破壊面積（rupture area） 142
断層破砕帯（shear fracture zone） 2
断層変位量（fault slip displacement） 142
断層面（fault plane） 2
断層面積（fault area, rupture area） 4
丹那断層（Tanna Fault） 7
断裂帯（fracture zone） 136
地殻（earth crust） 3
地殻変動（crustal deformation） 77
地下水遮断工（groundwater interception works） 170
地下水排除工（surface drainage works） 170
地形（slope geometry, topography） 150
地形計測（morphometry） 94
地形判読（photo interpretation） 38
地中傾斜計（borehole inclinometer） 158
地中伸縮計（borehole tensioned wire） 159
千々石断層（Chijiwa Fault） 43
地表水排除工（drain surface） 170
地表地震断層（surface earthquake fault） 2
秩父古生層（Chichibu Palaeozoic formation） 77
中央構造線（Median Tectonic Line） 7
柱状節理（columnar joint） 91
沖積層（Alluvium） 9,84,89
沖積世（Alluvium） 17
超過確率（exceedance probability） 152
調節（regulating） 178
長大斜面崩壊（large-scale slope failure） 161
跳躍（saltation） 14
直線型斜面（planar slope） 86,117
直線すべり（block slide, translational slide） 137,140,149
直線すべり（無限長斜面型）（shallow landslide） 148
貯水ダムの水位低下（drawdown of reservoir level） 178

直下型地震（shallow direct hit earthquake） 2,52, 78,112
貯留（strage） 178
チリ地震（Chile Earthquake, 1960） 17
津波（tsunami） 14
堤体開削（spillway excavation） 174
堤体撤去（removal of material） 174
堤防の嵩上げ（raising of levee） 174
テハチャピ（Tehachapi） 138
伝上崩れ（Dennjou-kuzure） 46
天正地震（Tenshou Earthquake, 1586） 102,表2.2.1,表5.2.1
転倒崩壊（toppling failure） 91
天然ダム（landslide dam） 54,57,58,112,115,129, 156,160,161,171,174
天然ダムの決壊（failure of landslide dam） 156,159
デンバー地震群（Denver Earthquake Swarm, 1962） 44
伝播経路（wave path of a seismic wave） 9
等価摩擦係数（equivalent coefficient of friction） 49,134
党家岔地すべり（Dangjiucha Landslide） 129
凍結融解（freezing and thawing） 181
透水係数（coefficient of permeability, hydraulic conductivity） 173
動的計画法（dynamic programming method） 21
頭部排土工（removal of head material） 170
土塊（landslide mass） 148
土塊の強度（strength of slope material） 148
土塊の移動量（displacement of the block） 149
十勝沖地震（Tokachi-Oki Earthquake, 1968） 44
徳山白谷（Tokutama-Shiratani） 107
床固め工（grounsel, consolidation works） 29,174
土砂（soil） 140
土砂移動現象（landslide） 140,141
土砂移動現象の発生する範囲（total area affected by landslide） 148
土砂災害（sediment disasters） 14
土砂災害危険区域図（hazard map） 157
土砂災害防止施設の被災度の判定（judgement on degree of damage of sediment control facilities） 180
土砂の回転すべり（soil slump） 137
土砂の伸展（soil lateral spread） 137
土砂の崩落（soil fall） 137
土石流（debris flow） 41,44,61
土石流堆積物（debris flow sediments） 31,41,92
土石流段丘（debris flow terrace） 29,35
栃久保地すべり（Tochikubo Landslide） 57
土地利用の規制（control of land use） 157
鳥取地震（Tottori Earthquake, 1943） 52
トップリング（topple, toppling） 140

土留棚工（fence structure） 170
鳶崩れ（Tonbi-Kuzure） 29

ナ 行

内部減衰（internal damping） 9
内部摩擦角（internal friction angle） 22
内陸型地震（intra-plate earthquake） 52,136
内陸直下型地震（inland type earthquake） 28
中木地すべり（Nakagi Landslide） 127
長野県西部地震（Naganoken-Seibu Earthquake, 1984） 17,46,130
流れ盤（dip slope） 91
流れ山（mud-flow hill） 44,48
なぎさ現象（shore phenomenon） 10
名立崩れ（Nadachi-kuzure） 口絵-7,8
南海地震（Nankai Earthquake, 1946） 52
南海トラフ（Nankai trough） 113
軟弱地盤（soft ground） 9
ナンノ谷（Nanno-Dani） 102
新潟地震（Niigata Earthquake, 1964） 20,44
仁川地すべり（Nikawa Landslide） 17,87,128
二次災害（secondary disaster） 112,113,115,159,163
二重山稜（twin ridges） 158
日本海中部地震（Nihonkai-Chubu Earthquake, 1983） 18
ニューポートビーチ（Newport Beach） 137
ニューマーク法（Newmark Analysis） 149
抜け（Nuke, landslide） 53,58
根尾白谷（Neo-shiratani） 107
根尾谷（Neodani） 口絵-24,25
根尾谷断層（Neodani Fault） 7,113
熱水（hydrothermal solution） 43
熱水変質（hydrothermal alternation） 19
根府川（Nebukawa） 17,61
粘着力（cohesion） 22
粘土層（clay layer） 31
粘板岩（slate） 77
濃尾地震（Nohbi Earthquake, 1891） 口絵-21～25, 52,102,118,表2.2.1,表5.2.1
ノースリッジ（Northridge） 139
ノースリッジ地震（Northridge Erthquake, 1994） 139
延岡－紫尾山構造線（Nobeoka-Shibisan tectonic line） 88
法枠工（crib works） 170

ハ 行

排土工（earth removal works） 170
パイピング（piping） 171,178

索　引

パイプひずみ計（stress strain gage of pipe）　158
白亜紀（Cretaceous）　84
パークフィールド地震（Parkfield Erthquake, 1966）
　　図7.4.11,表7.3.1
箱根火山（Hakone Volcano）　68
破砕帯（crush zone）　18
破砕物（cataclastic material）　2
パサデナ（Pasadena）　138
ハザードマップ（hazard map）　157
発生数（frequency）　146
発生範囲（area）　146,158
ハード対策（active measures）　156
Harp　136,140
波面（wave front）　9
パミス（pumice）　17
パミスタフ（pumice tuff）　17
張り工（concrete facing wall）　170
パワー・スペクトル（power spectrum）　11,83
速い土砂の流動（rapid soil flow）　137
Hanks　142
Varnes　140
反射（reflection）　9
パンチョカムロス（Pancho Camulos）　140
ハンチントンビーチ（Huntington Beach）　138
稗田山崩れ（Hiedayama-Kuzure）　29
ピーク流量（peak discharge）　173
歪み（strain）　2
歪依存性（strain-dependency）　12
左横ずれ断層（left-lateral fault）　3,88
微地形（microtopography）　158
引張応力（tensile stress）　3
引張破壊（tensile failure）　149
引張亀裂（tension crack）　158
比抵抗探査（resistivity survey）　43
P波（primary wave）　3
兵庫県南部地震（Hyougo-ken-nanbu Earthquake, 1995）　口絵-28～30,17,52,75,83,114,128,表2.2.1
表層すべり（shallow slide）　85
表層土（surface soil）　91
表層剥離（exfoliaton）　92
表層崩壊（surface slope failure）　14,91
表面波（surface wave）　3
表面波マグニチュード（Richter surface-wave magnitude）　141
ビンセント（Vincent）　138
フォーカス（focus）現象　10
フォッサマグナ（Fossa Magna）　32
フォンノーマン（Von Norman）　138
深さ（depth）　140
吹付工（shotcrete）　170
福井地震（Hukui Earthquake, 1948）　52,83

富士川（Fuji River）　35
富士川断層（Fujikawa Fault）　113
富士山（Mt. Fuji）　113
復活地すべり（re-activate landslide）　17
物理的風化（mechanical weathering）　14
復旧（restoration）　159,179
フトン篭（gavion works）　174
プレキャスト法枠工（pre-cast crib works）　170
プレートテクトニクス（plate tectonics）　1
プレート間地震（interplate earthquake）　2
プレート境界地震（inter-plate earthquake）　136
プレート内地震（intraplate earthquake）　2
ブロックダイヤグラム（block diagram）　83
ブロックによる床固め工（block groundsel works）　174項
分化（differentiation）　43
分散型土砂崩壊（disrupted soil slide）　137,138,140
分散型崩壊や崩落（disrupted slide and falls）　140,141,142
分散型地すべり（disrupted landslide）　149,150
粉体流（pulverulent flow）　45
分離度（internal disruption ratio）　140
平均変位速度（mean slip velocity）　7
平坦（planation）　32
ベイブリッジ（Bay Bridge）　139
平面・縦横断測量（land survey）　160
へき開（cleavage）　39
ヘブゲン湖地震（Hebgen Lake Earthquake, 1959）　128
ベラニカストリートホテル（Velanica street Hotel）　137
片理（schistosity）　18
方位（aspect）　81,85
宝永スコリア（Hoei Scoria）　68
宝永地震（Houei Earthquake, 1707）　口絵-2,29,34,36,38,41,113,表2.2.1,表5.2.1
崩壊型（fall and flow）　158
崩壊面積率（rate of slope-failure area, area ratio of slope failure）　65,71,72,79,97,118
崩壊分布（distribution of slope failure）　84
防災意識の向上（education and publication for disaster prevention）　157
放射特性（radiation）　9
崩積土（colluvial soil）　17,139
崩落（fall）　140
補強（reinforcement）　181
補修（repair）　181
ボルサチカ（Bolsa Chica）　138
ボーリング（boring）　31
ホルンフェルス（hornfels）　78
本震（main shock）　6
本復旧（permanent restoration）　179

ポンプ (pump) 174

マ 行

埋没 (left in place) 179
マグニチュード (magnitude, earthquake magnitude, M) 4, 28, 140
マグマ発散物 (magmatic emanation) 43
摩擦 (friction) 9
松代群発地震 (Matsushiro Earthquake Swarm, 1965-67) 44
マディソン岩盤地すべり (Madison Rockslide) 128
松越 (Matukoshi) 46
松越地すべり (Matukoshi Landslide) 46, 130
眉山 (Mayuyama) 口絵-9, 17, 41
マリコパ (Maricopa) 138
慢性型 (creep) 158
マントル対流 (mantle convection) 1
右横ずれ断層 (right-lateral fault) 3, 88
密度 (density) 12
水鳥 (Midori) 口絵-24・25, 102
宮城県沖地震 (Miyagiken-Oki Earthquake, 1978) 52
虫倉山 (Mushikurayama) 56
明応地震 (Meiou Earthquake, 1498) 30
モーメントマグニチュード (moment magnitude) 140, 141, 142

ヤ 行

柳久保地すべり (Yanagikubo Landslide) 58
山田断層 (Yamada Fault) 70
山津波 (yamatunami, catastrophic debrisflow) 115
ヤンブ法 (Janbu method) 21
有限要素法 (finite element method) 13
有効内部摩擦角 (effective friction angle) 149
有効粘着力 (effective cohesion) 149
ユタ (Utah) 州 178
緩い砂の埋め立て地 (loose sandfill) 137

溶岩円頂丘 (lava dome) 41
溶結凝灰岩 (welded tuff) 89, 92
擁壁工 (retaining wall) 170
養老・伊勢湾断層 (Yourou-Isewan Fault) 107
養老断層 (Yourou Fault) 113
抑制工 (control works) 170
抑止工 (restraint works) 170
横ずれ (strike slip, lateral slip) 3
横波 (transverse wave) 4
余震 (aftershock) 6, 60, 156
余震域 (aftershock region) 6, 13, 88

ラ・ワ 行

落石 (rockfall, rock fall) 14, 85, 91, 137, 140, 150
ラブ波 (Love wave) 4
Reid 2
Richter 140, 142
流動 (flow) 140
流路工 (channel works) 29
龍陵地震 (Longling Earthquake, 1976) 26
緑化工事 (re-vegetation works) 38
履歴 (previous history) 150
臨界すべり面解析法 (analysis of critical slip surface) 21
レイリー波 (Rayleigh wave) 4
礫岩 (conglomerate) 77
炉霍地震 (Luhuo Earthquake, 1973) 26
ローカルマグニチュード (Richter local magnitude) 141
ロスアンゼルス (Los Angeles) 138
六甲花崗岩 (Rokko granite) 84
露頭 (outcrop) 39
露頭崖 (outcropped scarp) 85
ロマプリータ地震 (Loma Prieta Earthquake, 1989) 139
ロングビーチ地震 (Long Beach Earthquake, 1933) 137
割れ目 (fissure) 6

編者
中村浩之　東京農工大学大学院農学研究科国際環境農学専攻
土屋　智　静岡大学農学部森林資源学科森林科学講座
井上公夫　日本工営株式会社コンサルタント国内事業本部
石川芳治　京都府立大学農学部森林科学科砂防学・森林土木学講座

執筆者
川邉　洋　三重大学生物資源学部森林資源学講座山地保全学研究室
千木良雅弘　京都大学防災研究所地盤災害研究部門山地災害環境研究分野
吉松弘行　(財)砂防・地すべり技術センター斜面保全部
沖村　孝　神戸大学都市安全研究センター都市構成研究分野
下川悦郎　鹿児島大学農学部生物環境学科資源環境学講座
地頭薗隆　鹿児島大学農学部生物環境学科資源環境学講座

口　絵(編集責任者：井上公夫)	4.2, 4.3　井上公夫
第1章(編集責任者：中村浩之)	4.4　石川芳治
1.1, 1.2, 1.3　川邉　洋	4.5　川邉　洋
第2章　中村浩之	4.6　沖村　孝
第3章(編集責任者：土屋　智)	4.7　地頭薗隆・下川悦郎
3.1, 3.2, 3.3, 3.4　土屋　智	第5章　井上公夫
3.5　千木良雅弘	第6章　中村浩之
3.6　川邉　洋	第7章　石川芳治
3.7　吉松弘行	第8章　石川芳治
第4章(編集責任者：石川芳治)	索引編集　井上公夫
4.1　石川芳治	

本書の執筆にあたっては，つぎの成果の一部を使用した．
①「平成9年度地震による伊豆半島の土砂災害調査業務委託報告書」
　委託者：建設省中部地方建設局沼津工事事務所工務二課
②「地震砂防に関する研究，砂防に関する調査研究論文集 No.8」
　委託者：(社)全国治水砂防協会

書　名	地震砂防
コード	ISBN4-7722-4014-4 C3051
発行日	2000年2月1日初版第1刷発行
編　者	**中村浩之・土屋　智・井上公夫・石川芳治**
	Copyright ⓒ 2000　Nakamura, H., Tsutciya, S., Inoue, K. and Ishikawa, Y.
発行者	株式会社 古今書院　橋本寿資
印刷所	三美印刷株式会社
製本所	渡辺製本株式会社
発行所	**古今書院**　〒101-0062 東京都千代田区神田駿河台2-10
電　話	03-3291-2757
FAX	03-3233-0303
振　替	00100-8-35340
	検印省略　Printed in Japan